中国轻工业"十三五"规划教材

家具史（第二版）

陈于书　主　编

苗艳凤　熊先青　副主编

中国轻工业出版社

图书在版编目(CIP)数据

家具史/陈于书主编. —2 版. —北京:中国轻工业
出版社,2024.8
普通高等教育室内与家具设计专业"十三五"规划
教材
　ISBN 978-7-5184-1621-9

Ⅰ.①家…　Ⅱ.①陈…　Ⅲ.①家具-历史-世界-高
等学校-教材　Ⅳ.①TS664-091

中国版本图书馆 CIP 数据核字(2017)第 224791 号

责任编辑:陈　萍
策划编辑:林　媛　　责任终审:李克力　　封面设计:锋尚设计
版式设计:王超男　　责任校对:李　靖　　责任监印:张　可

出版发行:中国轻工业出版社(北京鲁谷东街 5 号,邮编:100040)
印　　刷:河北鑫兆源印刷有限公司
经　　销:各地新华书店
版　　次:2024 年 8 月第 2 版第 7 次印刷
开　　本:787×1092　1/16　印张:23.5
字　　数:600 千字
书　　号:ISBN 978-7-5184-1621-9　　　定价:59.00 元
邮购电话:010-85119873
发行电话:010-85119832　010-85119912
网　　址:http://www.chlip.com.cn
Email:club@chlip.com.cn

序

家具有着完全不同于任何其他行业的独特属性，其首要特点是行业集中度低，这是由消费者需求的多元化和完全竞争的市场特点决定的，尽管近年来行业集中度有了很大的提高，但其本质属性不会改变。

其次，家具是一种典型的工业产品，具有工业产品的一切共同属性，如必须满足工业化生产的需要。除了办公与公共家具等少数品类之外，其他家具产品其具体的客户事先是未知的，没有明确的对话对象，这就意味着市场销售的不确定性以及随之而带来的巨大风险。企业在产品研发、生产、递送与市场营销环节都充满了挑战，战略水平与运作能力备受考验。由于人、物和环境中的变量无限，从来不会有标准答案，但也充满了无边无际的创造空间。

同时，与几乎所有其他工业产品所不同的是家具又兼具环境属性，这又与建筑和室内密不可分。一般的工业产品，通常只需要考虑单件产品的设计与制造，如汽车、手机、家电等。而家具就必须考虑配套，考虑与其他产品的功能组合或分工，考虑与其他产品的风格兼容，还要考虑楼盘格局与室内调性，进而与生活风格相关联。而建筑与室内则没有家具所必备的那些工业和市场属性。

家具行业也要吸收和利用人类所创造的一切文明成果，未来中国家具行业的格局与形态主要应当取德国工业4.0和意大利设计创新体系之长，结合中国自身独特的国家禀赋在满足本国人民对美好生活向往的同时，也应创造具有国际价值和引领世界潮流的当代家具。

德国以大工业见长，大工业为主体，以重型设备与自动线为标志。在信息化时代为了响应消费者的个性化需求，植入大规模定制和柔性生产方式以及互联网+，基础是大数据和物联网。这个体系的终极目标是将企业从现在B2B2C的运作模式切换为C2B模式，理论上可以完全按照客户的需求倒过来进行产品生产和将价值递送给消费者。而这种模式的实现不是个别企业自己能够独自完成的，而是需要进行产业重组，构建新的产业生态系统。

但产品的创新设计不是工业4.0能够全部解决的，中国是一个多民族的多元化社会，而且发展梯度非常大，其体量相当于整个欧洲。纯粹的制造业思维是不够的、不现实的，也是危险的。

德国的短板恰恰是意大利家具产业体系的优势所在，那就是整个产业生态都是按照设计驱动来建立的，依靠的是以中小型企业为主体的产业集群。意大利设计从潮流的研究、场景的构筑，到概念设计，以及最终的解决方案，能够始终给消费者带来不一样的惊喜感觉，并引领着全球设计的走向。

意大利不仅有着成熟、前沿并不断进化着的、深厚的设计理论体系，同时，也有着肥沃的设计土壤。高度专业化分工合作的中小型企业集群是一个充满创新活力的社会，集群文化比经济更加牢固地维系着源源不断的内生动力。在北部的伦巴地大区，几乎有着设计实践的一切条件，无论是材料、结构还是工艺技术，只要设计师提出要求，就一定会有人帮他实现，这在德国几乎是不可想象的，因为德国都是大企业，没有人愿意为一个设计原型而开放自己大规模制造所用的生产线。

工业4.0是基于数理逻辑推演的，其脉络非常清晰、易懂，但设计创新体系看不见、摸不着，因此很难看清楚、很难理解，也说不清、道不明。但设计本来就没有、也不应该有标准答案，也正因为如此，才有着无限的创造空间，才有着无穷的魅力。纯粹的逻辑思维无法还原设计的全貌，无法解释设计世界的神奇魔力。

设计是一种哲学，也只有依靠哲学思维才能领悟设计及其创新体系的真谛。如果说德国工业 4.0 是"术"的话，那么意大利设计创新体系可以称之为"道"。

中国在地理上幅员辽阔，相当于整个欧洲，在人口上更是任何西方国家都无法相提并论的，而且历史悠久，是整个东方文明的发祥地。西方有罗马，东方有中华。

当代中国高速发展，一切都远未定型。因此，任何单一、狭隘和静态的思维都是不可取的，我们应当兼收并蓄其他文明的一切有益养分，并在此基础上充分发挥自己的一切优势，自成一体。其中，中国的国家禀赋是我们自己的特殊土壤，中国家具产品及其工业体系的未来形态离不开这种禀赋。这包括我们的独特资源、历史文化、上层建筑、社会基础、地域差异、国民素养、价值取向、发展梯度等。

北欧现代家具没有明显的斯堪的纳维亚特色的具象元素，但有着北欧的"魂"，那就是实用、自然、人性和纯净。意大利现代设计也没有元素上的定式和定势，但也有其核心的学术理念，那就是 3E 理念，即：美学（Estetica）、人体工程学（Ergonomia）和经济性（Economia）。

中国现代家具应当秉承何种理念，目前尚无定论，也没到下结论的时候，而是还在探索和发展之中，这需要学术界和实业界的共同努力，既离不开设计师和工程师群体充分的设计和生产实践，也需要理论工作者和思想者高屋建瓴的高远眼光和深邃的洞察力。但当代中国家具的特性也并非完全无迹可寻，而是有信号的，四十多年来市场潮流的变迁已经留下了它的轨迹。消费者在文化影响下的价值取向与学界的理想世界一直处于无形又强力的博弈之中，制造业为了自身的生存和发展，更多向前者妥协，但学界也并非无所作为，只是气候条件尚未成熟，符合事物发展规律的大潮终将涤荡一切落后的思想意识。亚文化毕竟还不是文化，主流文化对亚文化不会无限地接纳，而是会予以过滤，予以选择性的吸收，并优胜劣汰、吐故纳新。我们还需要时间。

而中国家具制造体系的分布应当与上述产品形态相匹配，在相当长的时间内，其最基本的特征将依然是多元化。既有最现代的制造方式，包括工业 4.0，也有传统的手工业生产方式，而更多的形态将是两者的有机结合以及由此所派生出来的无限细分形态。手工不是用来做机器可以做得更好的事情，而是可以做机器做不到的事，中国传统的非物质文化遗产可以极大地提升包括家具在内的现代工业产品的价值。

同时，既有大工业体系，也有高度专业化分工合作的、中小型企业为主体的产业集群。既有通用的标准化作业和流水线生产，也有大量目前还十分空缺的高精尖专用设备和柔性生产。既有集中，更有分化。集中为了效率，而分化有利于创新。

中国家具必须致力于产业升级，具体包括：

① 生产手段与装备的升级。如 CNC（数控机床）、CAD（计算机辅助设计）、FMS（柔性生产系统）、JIT（即时生产）等。

② 集群与企业的功能与职能升级。即：改变内部运作模式、增强能力或节约资源。

③ 产品升级。包括设计、材料创新、独特工艺技术、新产品/生活方式/品牌等。

④ 价值链升级。向价值链上有更多机会的终端移动，如：服务与体验等。

对于企业纵横联合而言，未来中国家具企业生态群依然是少数企业在红海市场里沉淀为大型、甚至超大型企业，并会带动一批微型企业共同发展。企业群体将依然是中小型企业占主导。但能够生存下来或滋生出来的中小型企业不是现在这种高度同质化状态，而是在各个细分领域的设计创新型企业，这些企业中有的可以成为极具品牌价值的潮流领导者，有的可以成为潮流的狩猎者，而潮流跟随者的生存空间会日益狭小。

中国家具业辉煌的未来，要靠大家一起努力，共同打造。各利益相关者肩负着行业与社会的共同责任，各自需要有所作为。如此，我们有理由相信，中国家具定能从现在的制造大国真正走向设计和制造强国。这个梦想也是我们这一代人所肩负的历史使命，我们责无旁贷。今天的学子是明天的行业栋梁，也是中国家具在未来能够引领世界的希望。

本套教材为第二版，第一版家具系列教材出版至今已经有了将近十年的时间，十年来在该专业大学本科教学中发挥了应有的作用，但时代与行业发展都很快，我们需要植入国内外最新的思想、理念、工具、模型和方法等各方面的研究成果来予以更新，以期更好地满足新时代家具专业教育的需要。系列丛书由十部独立的教材所组成，同时也互相兼容，在整体上涵盖了家具行业的全部专业领域，主要目标是为高等院校家具专业的本科学生提供完整的系列教材，同时也可以为建筑设计、室内设计和工业设计的师生提供相关联的参考，还可为家具企业的管理与技术人员提供系统的理论知识和实用工具。教材作者均为目前国内高校家具专业的在职骨干教师，思维开放、活跃。

其中，多部教材已出版。《家具与室内设计制图》《家具表面装饰工艺技术（第二版）》分别由中南林业科技大学李克忠、孙德彬老师编著，《室内与家具人体工程学》由浙江农林大学余肖红老师编著，《非木质家具制造工艺》由山东工艺美术学院薛坤老师编著，《家具专业英语实务》由顺德职业技术学院刘晓红老师编著，《家具史（第二版）》《木质家具制造学》和《家具设计》分别由南京林业大学陈于书、李军和许柏鸣老师编著。

许柏鸣教授为本套丛书总策划与各部教材大纲审定人。

知识无限，基于我们的现实水平，错漏之处在所难免，恳请读者及同仁斧正。

普通高等教育室内与家具设计专业"十三五"规划教材编写委员会主任

2018 年 5 月 29 日

前言

家具是一种凝固的艺术，是人类生活的缩影，因为它浓缩了人类对物质的驾驭能力，沉淀着社会的政治文化，更凝结着艺术家智慧的结晶。当我们回顾家具物品时，可以从中感受到先辈们探索和进步的足迹，也可领悟凝聚在家具中的丰富内涵。更重要的是，了解中外古今家具的发展历程，对于我们更好地理解今天的家具设计现状，进而指导今后的设计工作具有重要的实践意义。

家具是文化与历史的产物。家具之演变形成与当代工艺家、艺术家追寻的理念有着不可分的关系，我们不仅要追问家具的根源，而且对其形式之演进更不能忽视，往往造型、装饰、机能的改变，也伴随着当时人文思潮的大变动而变迁。尤其谈到设计和制作，更要了解是为什么而设计，是为什么而制作。先人创造的物品，后人可不费吹灰之力得到；但是如何了解其精华之所在，重新思考评估，汇集成系统并加以运用，推动中国家具的进一步发展，才是我们的最终目的。

本教材每部分都是在分析某个历史时期、历史背景的基础上，突出介绍相应历史阶段家具的种类、造型特征、结构特点、选材、工艺技术以及家具发展特征等方面的内容。书中在充分利用出土实物和文献、传世资料的同时，以图文并茂的形式，对主要家具的发展特征进行分析评述，旨在增强家具史学的形象性和可读性，使读者对各个时期、各个地区的家具能有一个比较形象直观的认识，避免单纯文字描述的呆板和晦涩难懂，更有利于充分体现家具艺术的时代风格和特有魅力。此外，书中加入了编者多年来的研究成果，其中包括美国家具的发展历史、民国家具、新中国成立后30年的中国家具、改革开放后的中国家具，也是其他类似书籍中没有的内容。

本教材集专业性、知识性、实用性、科学性和系统性于一体，图文并茂、深入浅出、通俗易懂，可适合国内有关轻工、美术、艺术、建筑工程以及林业等院校中开设的"工业设计""艺术设计""室内设计""产品设计""木材科学与工程""建筑设计""家具设计"等相关专业或专业方向的学生使用，也可供从事这方面工作的专业技术人员参考。为此，编者特意在每章内容前注明学习目标，每小节后布置了作业和思考题，有利于读者的学习和掌握。

由于家具史内容较多，跨越历史时期较长，故本书的撰写从西方古典家具、中国传统家具和现代家具三部分展开阐述。本教材是2009年中国轻工业出版社的普通高等教育室内与家具设计专业"十二五"规划教材《家具史》的全新改版。全书由多年从事家具设计教学研究与设计实践的南京林业大学家具设计系主任陈于书副教授主编和统稿。本次修订丰富并调整了第一部分西方古典家具的内容，重新编写了第二部分中国传统家具与第三部分现代家具。

本教材的编写与出版，承蒙南京林业大学家居与工业设计学院和中国轻工业出版社的筹划与指导，此外，本教材还参考了国内外相关教材和参考书中的部分图表资料，在此表示最

1

衷心的感谢；同时，也向所有关心、支持和帮助本书出版的单位和人士表示谢意。

由于家具史学所涉及的内容广泛，加之编者的水平和视野所限，书中难免存在不足，在此恳请读者提出宝贵意见，不吝指正。

陈于书

2017 年 2 月

目录

第一部分
西方古典家具

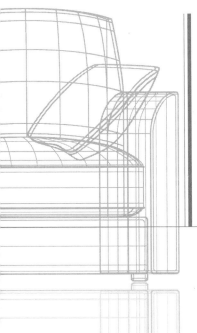

第一章 古代家具
（约公元前3200年—4世纪）

学习目标： 要求了解古埃及、古西亚、古希腊和古罗马的家具发展概况及主要特征。

西方古代家具以古埃及家具为开端，亚述和希腊早期家具都曾受到埃及的影响。公元前5世纪，古希腊家具随其文化的高度发展而出现了新的形式，进而影响到罗马家具的发展。

第一节　古埃及家具
（约公元前 3200 年—前 30 年）

古代埃及是古代文明的发祥地之一。古埃及家具主要是指古埃及文明时期家具，距今有4000多年历史，古埃及家具是西方家具发展的起源。埃及位于非洲的东北部，以尼罗河为中心，其东西为干旱的沙漠，南北濒临地中海和尼罗河的几处大瀑布，仿佛一个天然的屏障，人们逐渐聚集在此居住。

埃及人信奉灵魂不死的观念，认为死后保存肉体便可在天国求得永生，好比植物在冬季死去，来年可以再生一样，因此，在埃及厚葬之风盛行。由于陵墓是为死者继续过人世间的生活而准备的，因此必须布置一些死者生前使用的，以及可能在来世需要的物品。特有的地理位置、干燥的气候条件以及埃及人的信仰特征，使得许多埃及家具得以保存至今。如今，从法老、贵族的陵墓中挖掘出来的各种随葬家具为我们研究古埃及家具提供了极为珍贵的一手资料。

一、家具样式

与埃及文明一样，古埃及的家具也发展到相当高的水平。当时已有椅子、桌子、躺椅、床等家具。

（一）凳子

古埃及家庭最常用的家具是凳子，有的作日常用具，有的用于礼仪场合。其中最为简洁和原始的是一种 X 形折叠凳。从遗留下来的一些古埃及的生活场景推断，妇女可以坐在椅子、方凳甚至当坐凳用的厚垫上，但不能坐在折叠凳上。只有男人才有特权坐在折叠凳上（图 1-1-1 和图 1-1-2）。折叠凳以木材为基材，凳面由织物或动物皮制成或编织而成，略下凹，四条圆柱形腿呈 X 交叉，腿下端做成鸭头形式，连接在一横木上，鸭头处用象牙镶嵌成眼睛和鼻孔形状，形象生动。这种 X 形交叉腿的折叠形式一直沿用到现在。

此外，还有三条腿的凳子和四条腿的凳子（图 1-1-3 至图 1-1-5），但在古埃及，它们都不及折叠凳重要。图 1-1-5 是一张公元前 1400 年的黑漆乌木镶象牙方凳（收藏于大英博物馆），凳面是皮质的，微微向下凹，凳面和腿间横撑之间安装垂直和倾斜的支柱，四条腿的上部以象牙镶嵌成当时流行的莲花瓣和水滴纹样，下部细腰，至脚部呈喇叭状，并有一圈圈弦纹。英国专家根据考古发现介绍，这四条腿运用了车木技术，并判断当时已经有了车床。

还有一种低矮的凳子，是放在礼仪用椅前面的脚凳，通常采用丰富的不同装饰，代表使用者的权威的高低。

图 1-1-1　折叠凳
（仿制品）

图 1-1-2　豹纹
折叠凳

图 1-1-3　三腿凳

图 1-1-4　方凳

图 1-1-5　方凳

（二）椅子（图 1-1-6 至图 1-1-9）

在古埃及，椅子是财富、权威的象征。埃及传统的椅子，腿部都雕刻成兽腿形状，上面有编织的坐垫和斜靠背。椅子通常要有装饰图案，从几何形到风景的雕刻应有尽有，也有的采用镀金或贴金箔装饰。

埃及艺术家和工匠创造的巅峰时期是第十八王朝，当时埃及正处于国家昌盛、社会高度繁荣的时期，图坦阿蒙法老的陵墓于1924年在"王陵之谷"中被完好无损地发现。在其陵墓中出土的珍贵文物，有一件宝座（图 1-1-6，现存开罗博物馆），通体贴有金箔，腿部雕刻成狮足形，扶手上装饰着飞翼、神蛇和王冠，靠背上由白银、方解石、琉璃等材料描绘出国王生前的生活场景（图 1-1-7），王后正在给坐在宝座上的国王涂抹圣油，天空中太阳神光芒四射，人物的服饰都用彩色陶片和翠石镶嵌而成，结构严谨，技术高超。而且由于椅子的座面较高，所以使用时前面配有脚凳。同时，图中也清晰地显示椅子座面和靠背加有软垫。图1-1-8 和图 1-1-9 是同一时期的靠背椅和黄金扶手椅。

图 1-1-6　宝座

图 1-1-7　椅背上的图案

图 1-1-8　靠背椅

图 1-1-9　黄金扶手椅

（三）床及头架

除了坐具外，床（图 1-1-10 至图 1-1-12）也是当时比较重要的家具。古埃及床的形式简洁，矩形框架，前腿比后腿高，使得床头一端稍高，无床头板（床屏），脚端设有踏板，以防床垫和床上织物滑落到地面。踏板常贴有瓷片装饰。床面较窄（因为当时夫妻不常睡在一起）。床不高，很少超过 30cm。采用车木腿或动物腿形，尤以公牛和狮子腿最为常见。后来的帝政式家具借用了这种形式。

床面用动物皮编制而成，上面覆盖亚麻垫或兽皮，有些用塞着稻草的垫子。当时尚无枕头，头部主要靠木、铁或象牙制的头架支撑，装饰丰富，加上一个亚麻衬垫，使用十分舒适。以莲花、纸莎草花为主要装饰题材。

需特别注意的是，千万别将这些日常生活用床与殡葬床（图 1-1-12）混淆，后者用于存放国王以及其他重要人物尸体。这种床一般非常高，同时也非常窄。通常用金、银、珐琅装饰。整个床采用动物造型，除了采用动物腿脚造型外，床头采用动物头部造型，脚端采用动物尾巴造型，床头模仿狮子、公牛或斯芬克斯的身体造型。

图 1-1-10　床　　　　　　图 1-1-11　床及头枕　　　　图 1-1-12　图坦阿蒙殡葬床

古时不用枕头，床上用头架（图 1-1-13 和图 1-1-14），可抬高人的头部以利呼吸，同时为了不破坏已理好的发型。后来，日本也曾使用类似的头架，中非的一些地方至今还在使用这种头架。

（四）箱柜

古埃及家庭通常使用箱、柜存放亚麻布、衣物、珠宝、化妆品、镜子以及死后可以带走的物品。箱柜形式有的简单，有的复杂。中王国时期，埃及工匠已能制造盖子和抽屉，为安装铰链柜门形式的产生奠定了基础。图 1-1-15 的箱柜带有抽屉和盖子，边框上雕饰象形文字。这些符号图形文字在此时期的家具上都有所表述，是家具装饰的一种表现形式。图 1-1-16 箱子是从图坦阿蒙坟墓中挖掘出来的。箱子采用拱形盖子，上面描绘图坦阿蒙在森林狩猎的场景，长方体柜身面板上描绘图坦阿蒙驾驶着二轮马车率领军队击败努比亚军队的场景。整个箱子的装饰表达的都是图坦阿蒙的英勇精神。可见家具是文化的重要载体。

图 1-1-13　头架　　　图 1-1-14　头架　　　图 1-1-15　箱柜　　　图 1-1-16　箱子

二、材料、结构和装饰

由于埃及地处沙漠地带，只产棕榈树和少量的榕树、罗望子、柳树，这些材料尺寸较小，因此家具用的木材匮乏，需进口大量的木材制作家具，有苏丹的乌木、叙利亚和腓尼基的橄榄树木、无花果木、杉木和松木。高档家具还用金、银、骨和象牙等珍贵材料。许多床和椅子上则还用织物、皮革、绣制品、羽毛垫子。

埃及人完善了大部分的细木工工艺，在古埃及的壁画中可以发现，当时的工匠已经能使用锯、斧、刨、凿、弓、锥、刀、磨石等工具，古埃及家具结构简单，主要通过木销和木钉连接。当时已经使用浮石来磨平家具，并应用鱼胶。埃及的木材资源并不丰富，但埃及手艺人具有用可获得的材料制造出最好东西的本领。他们发明了一种拼木技能，还发明了许多连接方法，从榫眼、榫到楔形榫。小的不规则的木头被接合到一起，裂缝被填塞和缝缀起来。

他们很早就利用薄板和镶嵌技术来包覆劣质的木材，乌木、象牙、彩色玻璃和石头都被用作镶嵌的材料。到第十八王朝时，随着各种胶黏剂的应用，制作出精美的薄板，图坦卡蒙时期的家具表现出了最好的精美薄板和镶嵌技术。

古埃及家具的装饰与使用者的社会地位有关，地位越高所使用家具装饰性就越强。柜子和珍宝箱大多以色彩明快的几何图形装饰。其中部分镶饰着蓝白二色的彩色瓷片和质地并不珍贵的石片。椅凳床等家具常用浅浮雕装饰，植物题材有莲花和纸莎草，动物题材多为尼罗河流域常见的狮子、公牛、猎鹰、鸭子等。有的通体雕饰，有的只在腿部、椅子扶手和靠背部位进行雕饰。装饰较为华丽的还镶嵌陶瓷、玻璃、珐琅、金、象牙等。用于宫廷礼仪的家具还用贴金箔装饰。此外，家具上覆盖刺绣品也是当时常用的装饰手法。

三、小结

古埃及家具外形工整严谨，底部采用朝同一方向的仿兽腿形进行雕刻装饰，家具表面采用浅浮雕或镶嵌装饰，样式基本为植物与几何图案，材质多为硬木、亚麻、皮革等材料，以木销和木钉为结构方式。

古埃及文化艺术是表现埃及法老和宗教神灵的文化艺术，是表现君主与贵族等统治阶级生前死后均能享乐的文化艺术，古埃及家具的使用者仅限于统治者，其敦实的造型形态，充分显示了人类征服自然界的勇气和信心、使用者权威与地位，同时也成为欧洲家具的典范。

古埃及家具为后世家具的发展奠定了坚实的基础。几千年来，家具设计的基本形式都未能完全超越埃及设计师的想象力，尤其是跟随拿破仑参加埃及战争的艺术家们，记录下了这些家具的图样并且将它们带回欧洲，对19世纪的欧洲家具设计再次产生了强烈的影响。因此，埃及的家具不论从数量上还是在质量上都可称得上西方家具最优秀的楷模，并为后人研究埃及艺术史提供了丰富的史料，即使是在现代化生活的今天，从埃及家具的研究中我们仍然可以得到许多有益的启示。

作业与思考题

1. 古埃及有怎样的信仰？气候条件如何？这些对家具研究有什么样的影响？
2. 古埃及家具的造型特征是什么？
3. 古埃及家具有什么样的装饰特点？

第二节　古西亚家具
（约公元前 3500 年—7 世纪）

古西亚也是古代文明的发祥地之一，是指美索不达米亚地区，包括两河流域（即幼发拉底河和底格里斯河流域）上游、下游与伊朗高原、小亚细亚、叙利亚、巴勒斯坦和阿拉伯半岛。它被里海、黑海、地中海和波斯湾所包围，这些海湾也就构成了它的天然界限。西方人习惯上把这一地区称为古代东方或古代近东。

古巴比伦王国于公元前 1894 年建立。随后在北部出现了亚述帝国并于公元前 8 世纪灭巴比伦。公元前 6 世纪波斯人又占领了两河流域，建立了横跨亚、非、欧的波斯帝国。在古西亚的版图上，虽然经历了上述许多王朝的更迭，但由于地域文化相近，民族习性和宗教大致相同，地理及气候条件基本一致，因此共同创造了具有鲜明特色的西亚艺术。由于缺乏干燥的气候环境和埃及的墓葬习俗，家具未能长期保存，故现在只能从古建筑遗迹的浮雕上见到当时的家具形象。

图 1-1-17　浮雕石刻

一、家具样式

在一块表现阿瑟巴尼帕尔国王和王后进餐的浮雕石刻（图 1-1-17）中，真实地描写了古代亚述式家具的式样。国王随心所欲地半躺在床上，与坐在宝座上的王后一起共饮，庆祝战争的胜利。床面很高（约 70cm），床头向内弯曲形成台面供使用者支撑手臂，台面下突出的填充物正好与使用者的腰部曲线相吻合，床面上铺陈着带丝穗的垫褥。床前设高几，为卧于床上的人提供享用的物品，这种享乐设计的家具是古西亚人生活的写照。这件石刻证明了古代亚述人有斜躺着用餐的习惯，所有的家具都特别高大，因此在王后的椅子下面垫有脚凳。亚述统治者在躺椅上进餐和谈论的生活方式，为后来的希腊和罗马社会所传承并普及。

图 1-1-18 是描述森那凯里布（Sennacherib，公元前 704—前 681 年）大帝进攻敌城堡的浮雕中所表现的椅子，靠背上端用鹰装饰，椅子腿为松塔形，高高的踏板与座面，松塔圆台装饰的椅子腿，椅子横档下的支撑为俘虏造型，充分显示了统治者的权威。

图 1-1-18　浮雕中的宝座

二、装饰

当时，家具的主要装饰方法是浮雕和镶嵌。另外，蜗形图案的装饰也已十分普遍，这种图案在古埃及家具中是很难见到的。特别值得注意的是，在家具腿部底端出现的倒松塔形装饰，不少专家认为这足以证明当时已经具有车木制作技术。在椅面和床面等铺有带穗饰的垫褥，各种装饰图案显现出华丽的风采，具有浓厚的东方风味，同时也说明古代亚述人比埃及人更追求物质的享受。

三、小结

在西亚建筑遗迹的浮雕上，记载着公元前 7 世纪亚述家具的形象，其品种、造型和装饰与古埃及家具十分相似。对于同是奴隶主统治的社会，权利依然是家具所要呈现的主题，古西亚和古埃及运用了同样的手法来表现使用者权位的高贵。反映在家具上，便是贵族所使用的家具普遍都较高，座椅前设有脚踏。此外，华丽的镶嵌、雕刻装饰依然是显示富有最直接的方法。较具特色的是车木椅腿的出现，以及在榻、椅和凳上都铺设有穗子镶边的软垫，显示出华丽的东方色彩。

作业与思考题

1. 古西亚家具的主要装饰方法是什么？
2. 古代亚述人就餐时采用什么样的方式以及使用什么样的家具？

第三节 古希腊家具
（公元前 11 世纪—前 1 世纪）

古希腊文明是西方文明的主要源头之一，是西方文明最重要和直接的渊源。古希腊不是一个国家的概念，而是一个地区的称谓，其位于欧洲南部，地中海的东北部，包括希腊半岛、爱琴海和爱奥尼亚海上的群岛和岛屿、土耳其西南沿岸、意大利西部和西西里岛东部沿岸地区。公元前 5—6 世纪，特别是希波战争以后，经济生活高度繁荣，产生了光辉灿烂的希腊文化，对后世有深远的影响。古希腊人在哲学思想、诗歌、建筑、科学、文学、戏剧、神话等诸多方面有很深的造诣。这一文明遗产在古希腊灭亡后，被古罗马人破坏性地延续下去，从而成为整个西方文明的精神源泉。

遗憾的是，古希腊家具的遗物极少，我们也大多只能从文献描述、建筑石刻、瓷瓶画、墓葬石碑等间接地了解当时的成就。

一、家具样式

（一）椅子

希腊家具最杰出的成就就是一种叫克里斯莫斯（Klismos）的轻巧靠背椅（图 1-1-19 至图 1-1-20），主要由妇女使用，以优美的线条、适宜的比例和简洁的形体为特征。它由适合人体背部曲线的靠背和向外弯曲的军刀状椅腿构成，座面编织而成，上面放置软垫，其表面几乎看不到多余的装饰。在等级制度的社会中，座椅是具有等级性的家具。希腊的座椅之所以能表现出如此优美和单纯的形式，大概与他们在精神上追求解放的民主倾向有关，充分体现了古希腊人在坐具设计上的聪明才智。

作为自由民主的古希腊，家具的最大的特点是考虑人使用的舒适性。高尺度的座椅设计所追求的象征性已不再需要。日常生活中，降低了坐具的高度，取消了脚踏，使人的脚能自然舒适地直接着地。它对 18 世纪末 19 世纪初欧洲椅子的设计，如法国的执政内阁式和英国的摄政式，产生了极其深远的影响。

（二）凳子

古希腊常见的凳子是一种叫"地夫罗斯（Diophros）"的四条腿凳子（图 1-1-21），在贵族和平民中都广泛使用。其矩形凳面，用皮革编结而成，使用时上面再放置坐垫。四条旋木腿支撑，腿间很少用横档。

图 1-1-19　克里斯莫斯椅

图 1-1-20　复制的克里斯莫斯椅

图 1-1-21　地夫罗斯凳

（三）床

古希腊的社交生活延续了古西亚统治者享乐的思想，继承了古西亚人斜躺着就餐的习惯，喜欢横卧在床上，进行喝酒、就餐、交流和娱乐等活动。在古希腊男人专用房间中会布置一种叫"克里奈（Kline）"的床（图 1-1-22 和图 1-1-23），靠墙放置，床边配置一张小型桌子，放置食物和饮料。克里奈是从古埃及的床发展而来，但踏板和分离的靠枕消失了，采用方形或车木腿形，床面较高，前腿高出铺面形成床头，可以倚靠，使用时常常铺有厚厚的垫褥，床头放有枕头。垫褥和枕头采用羊毛或亚麻织物表面，装饰着丰富的图案，宴会前洒上香水。整件床用木材制作，也有采用青铜制的动物形腿。脚架常采用绘画或镶嵌宝石、象牙、金属等装饰方法，以棕榈树为主要装饰题材。克里奈兼具床、躺椅及沙发的功能，是古希腊的一种重要家具。古希腊在床的造型设计上趋向简洁、轻盈。这与古西亚家具在表现实用主题的同时还要表现权力思想是不一样的。

（四）桌子

古希腊时期的桌子主要用于放置食物，配合躺椅一起使用。桌面较低，以便于就餐后放置在躺椅下面。较为流行的是"三腿桌"（图 1-1-22 和图 1-1-23）。这种桌子是古希腊家具的创新，矩形桌面的桌子，由三条直腿支撑，上粗下细，脚端模仿狮爪形，装有一条腿的一端放置在躺椅的头部。尽管它的功能与一般的桌子并无区别，但在艺术形式上却是一大突破。同时，它也体现了古希腊人在几何上对三角形稳定性的明确认识。

图 1-1-22　克里奈和三腿桌　　　　　　图 1-1-23　克里奈和三腿桌

二、材料、结构和装饰

古希腊家具常用雪松、白松、柏木以及少量其他木材。但希腊人喜爱户外活动，所以，还使用了耐候性的材料，如石材、大理石、青铜等。与埃及和中东国家一样，木材上还经常镶嵌或镶贴金属、象牙和进口木材。

这时的家具构造简洁，榫卯结构还没有出现。家具主要通过木销连接，平板制作采用栅栏式。

在公元前 7 世纪，希腊人学会了车削技术，所以古希腊家具的腿多做成圆形。希腊家具的装饰几乎都与建筑有关，多受三个柱式的影响，即多立克式、爱奥尼式及科林斯式。腿部一般雕刻有玫瑰花结和一对棕叶饰，棕叶周围被切掉，呈现"C"形漩涡状切痕。平板和框架上镶嵌进口木材或贵重金属。青铜家具采用捶打和雕刻装饰，石制家具采用凿刻装饰。大型桌子装饰浅浮雕和绘画装饰。床、躺椅和坐具上覆盖贵重的东方织物。

三、小结

古希腊家具的造型更多地体现了古希腊人自由民主的生活方式，重视家具的形式美，以优美的线条、适宜的比例和简洁的形体为特征。但在公元前4世纪和前3世纪，便开始退化，早期简洁明快的线条、朴素的风格逐渐被繁杂化。

古希腊家具对其后西方许多时代的家具艺术都曾产生过或多或少的影响。其中影响较大的是古罗马、文艺复兴、新古典艺术以及帝政式的家具。在这些家具中，有一些是在形式上的模仿，有的则是运用古希腊的装饰题材并着力表现出古典艺术的特点，而更多的是融合了包括古希腊家具在内的多种艺术因素而进行的创新。

作业与思考题

1. 请简单描绘出古希腊克里斯莫斯椅，并简述其主要特征。
2. 古希腊家具的主要特征是什么？
3. 请简要探析古希腊家具的成就与艺术思想。

第四节 古罗马家具
（公元前9世纪—4世纪）

古罗马文明是西方文明的另一个重要源头。古罗马文明的发展晚于西亚各古代国家和埃及、希腊的文明发展。古代罗马在建立和统治庞大国家的过程中，囊括和吸收了先前发展的各古代文明的成就，并在此基础上创建了自己的文明。

古罗马家具是在古希腊家具文化艺术基础上发展而来的。在罗马共和国时代，上层社会住宅中没有大量设置家具的习惯，因此家具实物不多。帝政时代开始，上层社会逐渐普及各种家具，并使用一些价格昂贵的材料。由于年代久远，古罗马的木质家具大多已腐朽损坏。公元79年8月24日，意大利那不勒斯的维苏威火山爆发，埋葬了庞贝、赫库兰尼姆等古城。在熔岩、火山灰和泥浆冷却以后，许多建筑物及其装饰却被保存得非常完好，许多精致的壁画也保持完好状态，但却被掩埋到3m深的地下。从18世纪开始进行的对庞贝和赫库兰尼姆的发掘，为研究古罗马家具文化艺术提供了非常丰富的资料，我们对罗马家具的研究主要源于一些壁画、石刻以及大理石或青铜家具遗物。

一、家具样式

（一）椅子

罗马人日常生活中使用最多的是坐具，有木制、铜制或大理石制的，与优雅的古希腊家具相比，古罗马椅子形态变得厚重、笨拙，失去了原有的优雅感（图1-1-24至图1-1-27）。

（二）凳子

庞贝古城出土的折叠凳（图1-1-28），采用X形交叉的腿，脚为尖尖的鹰嘴形式，座面两侧是厚重的木块，中间为绳编。这种执政官礼仪用凳凭借着鹰的神威显示出至高无上的权威。

（三）桌子

罗马人在桌子方面创造了许多新的种类。其中包括厚重的大理石桌，由桌面和基座组成（图1-1-29）。长方形桌面为木材或大理石，大理石基座，基座雕刻精致装饰华丽，多以半狮

图 1-1-24　克里斯莫斯椅　　图 1-1-25　青铜椅　　图 1-1-26　青铜椅　　图 1-1-27　石椅　　图 1-1-28　折叠凳

半鹫的怪兽或其他一些类似的怪兽为题材。这些怪兽是神灵的表现，是权力的象征。底座下部中间是卷曲的植物装饰纹样，吸收了古埃及的文化艺术。有人认为这种桌子并不是餐桌，而是用来陈列贵重物品或作为庭院家具。整件家具显得十分厚重、庄严。这种桌子到意大利文艺复兴时期演变成一种台架桌，十分流行。后来的巴洛克风格、19 世纪初的设计中也很多借鉴了这种形式的桌子。

罗马人特别偏爱的是一种来自希腊的三腿桌，采用圆形桌面和动物腿形，有木制、铜制、银制或大理石制的（图 1-1-30 至图 1-1-32）。

脚凳是罗马时期一种必不可少的家具。其功能与古希腊的脚凳一样，配合宝座和躺椅使用。罗马人特别偏爱一种侧面装饰丰富、形状极似长而低矮的盒状脚凳（图 1-1-35）。有的甚至在每个角落装饰有完整的斯芬克斯、神话中的飞禽或类似题材的图像。

图 1-1-29　大理石桌基座　　图 1-1-30　三腿桌　　图 1-1-31　三腿桌　　图 1-1-32　三腿桌

（四）床

古罗马人受古西亚和希腊人生活方式的影响，也有斜躺在床上进餐的习惯。受古希腊的影响，伊特鲁里亚的床（图 1-1-33）采用平直腿型，床的一侧较高，床上斜躺着的夫妻靠在高的一头。高出的一段采用罗马柱的爱奥尼克柱式，由两个相连的大圆形涡卷所组成。床腿截面为长方形，但用涡卷和棕榈图案装饰。

图 1-1-33　床

受古西亚的影响，罗马人也有很多床采用车木腿（图 1-1-34），有的在脚底部加有两条狭长的底座。床头装有优美的 S 形头架，高的一端通常用马或骡子头装饰，偶尔采用天鹅的头或人物题材。

公元前 1 世纪，庞贝附近一座别墅的卧室中，有一件多彩的床（图 1-1-35）。床置于正中墙前，四条车木腿，从中可见到古希腊和东方家具的影响。床面与下横

撑间的嵌板上用象牙镶嵌，并在两边加设了动物
浮雕，底腿上端用象牙雕刻的人物群像，床上一
左一右是 S 形头架，其中间嵌板也用象牙镶嵌。
下面的足台造型与床呼应，四腿也是象牙雕刻的
人物群像，台面与下横撑间红色嵌板用象牙镶嵌
着与床同样的纹样，端庄华美，做工精致。

图 1-1-34　床

图 1-1-35　床及脚凳

二、材料和装饰

　　制作古罗马家具的材料有名贵木材、青铜、
石材和大理石。当时已有柳条编制的家具，使用
时，在家具表面通常覆盖织物。

　　古罗马家具采用与古希腊一样与建筑有关的
装饰题材，青铜家具表面常用浮雕装饰手法，采
用雄狮、半狮半鹫的怪兽、人像或叶形等装饰纹
样，或以名贵木材、金属作贴面和镶嵌装饰。

三、小结

　　古罗马家具在造型和装饰上受到了古希腊的影响，但当罗马人借鉴古希腊艺术时，希腊
艺术便失去了其原有的适宜比例和轻巧造型，而更多地显示其民族特色，即古罗马帝国的那
种严峻的英雄气概在家具上得到了充分的反映。家具造型坚实、厚重、威严、壮丽，加上以
雄狮、半狮半鹫的怪兽、桂冠等题材的豪华装饰，构成了一种男性化的艺术风格。

　　古罗马人虽然征服了希腊，但在文化艺术上却又被希腊人征服。同时，承袭了罗马早期
伊特拉里亚文化，并受到埃及文化和东方文化的影响，以后不断地发展。罗马艺术由于其社
会环境和民族特点，在吸收各种各样文化的基础上，又有其独特之处。罗马文化艺术更倾向
于实用主义，在内容上多为享乐性的世俗生活，在形式上追求宏伟壮丽，在手法上强调写实
性，表现出一种严峻、冷静、沉着的鲜明特征，在艺术史上占有极其重要的地位。

作业与思考题

1. 简述古罗马大理石桌的造型特征。
2. 古罗马家具的主要特征是什么？
3. 简述古罗马家具的装饰特点。

结语：

　　古希腊与古罗马家具共同形成了欧洲古典家具的源头，在中世纪仍长期存在，尤其是
19 世纪初的法国帝政时期的家具模仿了大量的古罗马家具样式，将古罗马铜质和大理石家
具转变为木质，实际上是对古罗马设计精神的误解。

　　"方形兵阵"和严密而灵活的军团组织，构成了效率较高的"战争机器"，它使罗马帝国横跨
欧、亚、非三洲。但对奴隶的残酷剥削和镇压，以及王公贵族奢靡的享受和堕落，日益加重了人
民的痛苦和怨愤，使帝国经济日益衰退，社会动荡不安。于公元 476 年，欧洲北部的日耳曼人最
终灭亡了西罗马帝国，将欧洲带入了另一个时期——基督教的文化和艺术取得统治地位的时期。

第二章 中世纪家具
（476—1453年）

学习目标： 要求掌握中世纪时期，西方家具在宗教影响下的发展情况，重点掌握哥特式家具的主要特征。

中世纪是欧洲历史上的一个时代（主要是西欧），由西罗马帝国灭亡（476 年）数百年后，在世界范围内，封建制度占统治地位的时期，直到文艺复兴时期（1453 年）之后，资本主义抬头的时期为止。在这一千年的历史中形成了融合希伯来文化、日耳曼文化、古希腊、古罗马文化为一体的基督教文明。

人们通常将这个时期的艺术分为三个形式：即拜占庭艺术、仿罗马式艺术和哥特式艺术。中世纪前期的家具风格以拜占庭式和罗马式为主流。到 12 世纪后半叶，中世纪的代表哥特式艺术风靡整个欧洲大陆，人们的视野被引向天空，垂直耸立的哥特式风格被广泛地引入到建筑和家具设计中。

第一节　拜占庭家具
（395—1453 年）

395 年，罗马帝国分裂为东西两部。东罗马帝国以巴尔干半岛为中心，环绕着整个土耳其和黑海区域，领属包括小亚细亚、叙利亚、巴勒斯坦、埃及以及美索不达米亚和南高加索的一部分。首都君士坦丁堡，是古希腊移民城市拜占庭旧址，故又称拜占庭帝国。1453 年，奥斯曼土耳其军队攻陷君士坦丁堡，也代表了拜占庭帝国的灭亡。

尽管边界动荡不定，但这一整个地区的艺术基本上仍然保留着拜占庭风格，并且将这一风格延续了一千多年，它的影响甚至延伸到更远的地方。拜占庭艺术，约 5—15 世纪中期在东罗马帝国发展起来的艺术风格，成为希腊和罗马古典艺术与后来的西欧艺术之间的纽带。拜占庭艺术是以君士坦丁堡（即古希腊城市拜占庭）为中心的拜占庭帝国（即东罗马帝国）和基督教会相结合的官方艺术，融合了古典艺术的自然主义和东方艺术的抽象装饰特质。

拜占庭艺术的最大特点是其装饰性、抽象性和宗教寓意。现在存世的拜占庭艺术作品大多是教堂中的镶嵌画、壁画和绘画手卷，题材包括耶稣、圣母与圣子、天使、历代圣人、历代皇帝和主教，以及天堂和地狱。马赛克镶嵌画多为装饰性的，平面构图公式化，善用光辉耀目的颜色，主色为金色和蓝色，间以白、紫、蓝、黄、粉红、绿、红、黑等颜色的图案。

不幸的是这一时期的家具实物没有被保存下来，我们所掌握的唯一证据是这时期的图片纪录——手稿上描绘的装饰物、象牙雕刻、壁画和镶嵌画等。

一、家具样式

（一）坐具

宝座（图 1-2-1 至图 1-2-3）是拜占庭流行的一种坐具，是上层社会礼仪用椅。造型似建筑，形态厚重，木质构造，用雕刻、镶嵌、绘画装饰，通常还配置一只合适的脚凳。宝座上方有罩篷。豪华的宝座用珍贵材料制作，并饰以珠宝和豪华而罕见的织物，配上装饰华美的坐垫。

拜占庭的家具实物已毁于战火，硕果仅存的是意大利拉文纳大主教博物馆的马克西米宝座（图1-2-1），被认为是拜占庭样式的代表作品。上面刻有马克西米的花体字，他是拉文纳的主教，也是查士丁尼皇帝（527—565年）在546—556年间委派的总督。这件宝座可能是当时的皇帝送给这位主教大人的礼物，由皇帝的专用作坊制作。这件宝座用木材做框架，外覆象牙雕刻板。采用桶状基体，靠背采用古罗马时代的圆拱形式，结合精美的雕刻技法构成了雍容华贵的宝座形式。宝座里侧象牙嵌板上雕刻着基督耶稣圣·约翰的幼年时期，外侧则是耶稣及四大福音传来喜讯的场景，两侧分别是他的受难和胜利的场景。这些嵌板由动物、鸟、叶饰图样组成的条饰所框起来。整件家具采用刚直、庄重，体现了礼仪用椅的权威形象。拜占庭的象牙雕刻技术堪称一绝。象牙雕刻的板面常用于箱子、首饰盒、圣物箱、门等重要的装饰部位。

图1-2-3爱德华一世加冕宝座高踞在伦敦威斯敏斯特教堂。从1301年开始，除爱德华五世和爱德华八世外历代的英国国王都是坐在这把椅子上加冕的。宝座下原有一块被称为"运气之石"（Scone）的圣石，它原是苏格兰国王传统的加冕座位，是其权力的象征。1297年，爱德华一世将它从苏格兰带到了伦敦。

拜占庭沿袭了古代时期的折叠凳形式，凳子、长凳采用车木腿，配合各种椅子、宝座使用的脚凳非常多见，而且具有多种尺寸和形态。

（二）橱柜

据资料记载，那时的家庭用品多存放在箱子中。箱子形式多样，有从收藏珠宝类的小盒子到可以兼作坐具、床、桌子的大型收藏箱。有些制作简陋，而有些则用框架结构，并用优良的木材、金、银、象牙装饰表面。当时还没有出现衣橱或带抽屉的箱子。

庙宇和宫殿中利用书架存放珍贵的手抄本，这些书橱（图1-2-4）制作精细，采用建筑形式的山形墙、壁柱或装饰画装饰。

（三）床

床也沿袭了古罗马的形式，但优美的"S"形头架消失了，有的采用车木腿支撑，有的像建筑一样用圆柱支撑着顶盖。约公元1000年，奥托三世国王的《圣经·新约》书封面上象牙饰物中的床（图1-2-5），上面有穹形顶盖，圆柱支撑，床前设有脚凳，圆拱装饰。哥特时期沿用了这种顶盖床的形式。

图1-2-1 象牙宝座　　图1-2-2 宝座　　图1-2-3 宝座　　图1-2-4 书橱　　图1-2-5 床

二、材料、结构和装饰

与其他地方一样，拜占庭家具的主要用材也是木材。遗憾的是，由于木材的天然特性，这些家具无法保存至今。此外，象牙是拜占庭家具的常用材料。家具表面还常用贵重的金属、珠宝镶嵌装饰，使用时覆以织锦。随着公元 6 世纪丝绸工艺的发展，丝绸开始被大量用于家具的软包，不仅增添了装饰性，而且给家具使用增加了舒适性。

拜占庭家具的构造方式基本延续了古罗马家具的制造方式，没有太多改进，喜用车木构件。拜占庭家具融合东西方韵味，注重色彩的灿烂与装饰的华丽，常用雕刻、镶嵌、绘画方式。其中，拜占庭的象牙雕刻、金属雕刻与织锦技术等在豪华的拜占庭文化中占有重要地位。象牙雕刻的板面常用于椅子、箱子、门等重要的装饰部位。家具使用时表面总是覆盖上各种织锦。装饰纹样以阿拉伯蔓藤花纹、象征基督教的十字架、花环、花冠以及狮身鹫首的怪兽、狮子、毒蛇等动植物纹饰结合为基本特征。

三、小结

拜占庭家具是古罗马风格的延续，融合了希腊文化的精美艺术和东方宫廷的华贵表现形式。造型僵直、庄重，以显示神威。

拜占庭的文化和宗教对于今日的东欧国家有很大的影响。此外，拜占庭帝国在其 11 个世纪的悠久历史中所保存下来的古希腊和古罗马史料、著作，以及理性的哲学思想，也为中世纪欧洲突破天主教神权束缚提供了最直接的动力，引发了文艺复兴运动，并深远地影响了人类历史。

作业与思考题

1. 简述拜占庭艺术的风格特点。
2. 试分析拜占庭家具的主要特征。

第二节　罗马式家具
（9—12 世纪）

当东罗马帝国千年不绝之时，西罗马帝国灭亡后的欧洲本部却一蹶不振，古罗马艺术也失传了。9 世纪左右，在经历了 300 多年混战后，西欧终于形成了法兰西、意大利、德意志、英格兰、西班牙等十几个民族国家，在此基础上，各民族的文化艺术才逐渐发展起来。

9—12 世纪，西欧兴起"罗马式"艺术风格，主要体现在建筑、雕刻、绘画及工艺美术等方面。"罗马式"（Romanesque）一词意指"像罗马"，故也叫罗曼式、罗马风、仿罗马式风格，指的是模仿古罗马建筑的拱券和檐帽、柱子等式样。最初由 19 世纪法国历史学家德热维尔从语言学角度用来指使用罗马语（即拉丁语）系的各国，如用意大利语、法语、西班牙语的西南欧各国，但自 1824 年起被法国艺术史学家德科蒙用作表达一种受到古罗马文化影响的欧洲中世纪早期艺术风格。罗马式风格于 12 世纪中叶起渐渐被哥特式风格所取代。

一、家具样式

（一）椅子

罗马式椅子主要分为礼仪用椅和日常用椅两种。礼仪用椅制作豪华，家具整体显得厚重、庄严。具有代表性的礼仪用椅是现存于法国国家图书馆的梅罗文加王朝（8 世纪）的青铜折叠椅——达格贝尔国王的宝座（图 1-2-6），它在铸造工艺上继承了古罗马人的技巧，X

形交叉形式、动物腿型，脚端的狮子头造型也完全仿造了古罗马风格，但从整体上要比古罗马家具显得笨重，而且也缺乏古罗马家具细腻的雕刻装饰。

罗马式日常用椅大多数都采用了车木构件，这无疑是对古代家具的粗劣模仿（图1-2-7至图1-2-9）。这类椅子除了用车木构件外，很少采用其他装饰方法，椅子主要构件都是车木，靠背、两侧和底面下方采用古罗马建筑的连拱形式。这类车木构件的椅子对后来的17、18世纪的椅子产生了巨大的影响。

而此时在北欧一带还流行一种椅子（图1-2-10），采用北欧日耳曼民族常用的动物和丝带交织图案，平面雕刻，做工粗糙，设计上明显地带有北方条顿民族的粗野形态。

图1-2-6 青铜折叠椅　图1-2-7 车木椅　图1-2-8 车木椅　图1-2-9 车木椅　　图1-2-10 扶手椅

（二）箱柜

最为常见的储藏类家具是长箱（图1-2-11至图1-2-13），用铁条、铆钉装饰，有的在表面进行平面雕刻，主要产自德国、西班牙、法国与英国。南方多用材质较软的杉木、椴木制作，装饰丰富；北方多用坚硬的橡木制作，装饰简单。

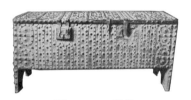

图1-2-11 长箱　　　　　图1-2-12 长箱　　　　　图1-2-13 箱子

这时，立式橱柜（图1-2-14）开始出现，结构与箱子相似，但增加了一个柜门，整件家具高而窄，平顶盖或呈尖顶形式，橱柜表面与边角处采用较多的金属件或铁皮胛骨，同时又起到了装饰作用。这一点为以后的家具装饰开辟了新的道路。

（三）床

床（图1-2-15和图1-2-16）大多采用车木腿型，床头高出，床侧喜用圆拱装饰，床面铺草袋，再在上面铺上毛毯、兽皮，当作床垫。

图1-2-14 橱柜　　　　图1-2-15 浮雕中的床　　　　图1-2-16 绘画中的床

二、材料、结构与装饰

木材是罗马式家具的主要用材,除了松木等低档木材外,常用的有胡桃木、橡木、欧洲椴木与栗木。此外,铜、铁、象牙、珍珠母也常用于罗马式家具中。

中世纪的整个欧洲家具制作技术发展较慢,家具连接主要靠榫卯接合、钉接合以及铁件的加固作用。罗马式家具方正、笨重,结构简洁,几乎所有支撑构件采用垂直的车木构件,橱柜采用中欧流行的拱形顶。

绘画与雕刻是罗马式家具最常用的装饰手段。绘画题材不仅限于几何或织物图案,还包括宗教或象征意义的各种人体和场景。罗马式家具主要在厚板上采用动植物纹样的高浮雕形式,较为生动形象。家具采用车木构件为垂直支撑。受东方或摩尔人的影响,喜用几何图案和星形进行镶嵌装饰。家具表面总是覆盖各种织锦,使原本粗糙的铁或木材制作的家具增添几分华丽。铁的使用不仅作为装饰,主要还起到了结构的加强作用。罗马式风格的后期,这种铁制的涡卷装饰几乎成为唯一的装饰题材。

三、小结

罗马式家具可以说是罗马式建筑的缩写,其主要标志是采用古罗马建筑的拱券和檐帽、柱子等作为家具构件的表面装饰手法,家具较为粗犷与简陋。但由于罗马文化的优秀遗产大部分在战火中焚毁,加上历经战火,经济恢复尚不理想,所以这时的家具无论从造型上还是从制作工艺上看,根本无法与真正的古代文化相比,设计上明显地带有北方条顿民族的粗野形态。

作业与思考题

1. "罗马式"一词的意义是什么?
2. 简述罗马式家具的主要特征。

第三节　哥特式家具

(12—15 世纪)

随着贸易的复兴、中产阶级的出现以及行会组织的发展,12 世纪后半叶起,西欧渐渐流行起哥特式风格。"哥特式(Gothic)"一词的来源颇难说清。一种说法,"哥特"本指西欧日耳曼部族。意大利著名画家拉斐尔在给教皇利奥十世的信中首先用到"哥特式"一词,借以批评这种继罗马式后兴起的新的建筑样式,蕴涵"野蛮"的讽刺意义。此后,16 世纪的意大利艺术评论家乔尔乔欧·瓦萨里把介于欧洲古代与文艺复兴之间的所有艺术都贬称为"哥特人的创作","哥特式"之名在艺术史上遂沿用至今。其实,哥特式艺术与哥特人并无任何联系,它出现的时候,"哥特人"也早已融化在西欧其他民族之中了。而另有一说称 Gothic 源于德语 Gotik,词源是 Gott 音译"哥特"(意为"上帝"),因此哥特式也可以理解为"接近上帝的"的意思,"哥特式"只是德语词的音译,平时所说的一切"哥特式"都可以理解为"形式上或感觉上给人一种接近上帝的意味",比如哥特式建筑艺术、文学、音乐等。

哥特式风格起源于法国，随后很快扩展到欧洲各国（尤其是北部）信奉基督教的地区。它在各个地区发展状况不尽相同，在法国最为兴盛，表现得最纯粹、协调，在英国有所简化，而意大利人似乎对这种风格并不太感兴趣，只在毗邻法国的北部地区稍有发展。因为那是古罗马帝国的边远地区，受古罗马风格的影响较少，因而哥特式艺术才得以生根。而在意大利民族文化根深蒂固的南部地区，则根本找不到"纯粹"的哥特式艺术。

充分体现哥特式艺术独特风格的还是教堂建筑，哥特式教堂使宗教建筑的发展达到了前所未有的高潮，最具代表性的是法国的巴黎圣母院、英国的坎特伯雷大教堂、德国的科隆大教堂、意大利的米兰大教堂、西班牙的巴塞罗那大教堂等。

哥特式建筑的特点是尖塔高耸、尖形拱门、大窗户及绘有圣经故事的花窗玻璃。在设计中利用尖肋拱顶、飞扶壁、修长的束柱，营造出轻盈修长的飞天感。新的框架结构以增加支撑顶部的力量，使整个建筑以直升线条、雄伟的外观和教堂内空阔空间，常结合镶着彩色玻璃的长窗，使教堂内产生一种浓厚的宗教气氛。

一、家具样式

（一）椅子

16 世纪以前，椅子一直是稀有的家具。在中世纪，椅子同样被看作权威的象征，即使在极其豪华的住宅中，也很少有两把以上的椅子，一般由主人或重要的来宾使用。典型的哥特式座椅（图 1-2-17 至图 1-2-19）采用垂直线条，座面下封闭成箱形，座面装有铰链，好比一个带盖的箱子，靠背极高，采用嵌板结构。当时将靠背做得特别高的目的就是把椅子作为权威的象征，同时也极为

图 1-2-17　教会椅　　　图 1-2-18　教会椅　　　图 1-2-19　教会椅

强调椅子在空间中的体量感。这种高背椅常放在大厅正面的高台上，有时上部还装有顶盖（作为一种身份地位的象征，常出现在宝座、高背椅、床的上面）。垂直高大的形态、火焰式的窗花格、几何图案或亚麻布纹样最具哥特时期家具文化艺术特色，象征着至高无上的权势和威仪，雄伟气派。

（二）凳子

图 1-2-20　祭坛装饰中的长椅

凳子依然是最常用的一种家具，在家中除主人（或重要来宾）外都使用凳子，座面下采用支架形式，也有将座面下制作成可存放物品的箱子形状，从而形成箱式凳。长凳与普通凳子的区别在于其长度，可几个人同时使用，有的长凳还装有高靠背、扶手或顶盖，即成舒适、实用的长椅（图 1-2-20 和图 1-2-21），下部的箱体仍作收藏用，可谓沙发的基本雏形。图 1-2-21 靠背还可以翻折过来，形成桌面，座椅也就成为餐桌，实现功能的转变。这是中世纪时期对家具的一项重大改进。

（三）桌子

哥特时期桌子的变化也并不大，主要是餐桌，继续沿用古罗马时期以来的支架桌形式（图1-2-22），矩形桌面，长而窄，使用时在桌上铺以美丽的刺绣桌布。后期的支架桌，桌面可以翻开（图1-2-23），桌面下可以放置物品，为以后书桌的产生奠定了基础。

图 1-2-21　长椅

图 1-2-22　支架桌

图 1-2-23　支架桌

（四）箱柜

在中世纪，箱子可谓是最重要的家具，被派作多种用途，既当收藏物品的容器，也用于旅行时的搬运箱，同时又用作坐具、桌子，长箱还可当床用。13世纪的箱子做工粗糙，一般表面加有锻造而成的蔓叶花饰。14世纪以后的箱子（图1-2-24）表面多用哥特式建筑上的衣褶纹样、缝隙装饰、火焰纹样、窗花格等精细雕刻，有的也采用一些战争题材。

餐具柜（图1-2-25和图1-2-26）是整个中世纪最普遍使用的一种家具，也是一种显示使用者社会地位的家具，在中世纪的大厅中占据重要位置，主要用来展示主人的精美餐具。它是一种开放式搁架，搁架的层数标志着主人的地位高低。一位男爵的餐具柜可以制作成两层，比他高一级的则多加一层，以此类推，搁架最多的是王室中使用的餐具柜。有的餐具柜甚至还装有顶盖。

橱柜是指带柜门的橱，可用来收藏餐具、食物、布料等物品（图1-2-27至图1-2-29）。大型的橱柜，一般采用直线造型，用以收藏武器和其他一些物品，有的则用来收藏教堂用的书籍和圣器。15世纪初，食品柜的正面柜门上穿有窗花格纹样的小洞，便于空气流通，这是中世纪时期家具的另一项重大改进。

图 1-2-24　长箱

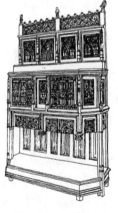

图 1-2-25　餐具柜

图 1-2-26　餐具柜

图 1-2-27　橱柜

图 1-2-28　橱柜

图 1-2-29　橱柜

（五）床

哥特时期的床很多都用顶盖，一开始顶盖安装在顶棚上，与床并不直接连接，后来慢慢演变为由床柱支撑，成为床架的一部分。顶盖的大小表示了使用者的地位高低，床面一半大的顶盖则用于地位稍低的人（图 1-2-30 和图 1-2-31）。床上的布帘、织物、皮毛的品质和种类也用以显示使用者的身份地位。

图 1-2-30　床

图 1-2-31　床

二、材料、结构与装饰

木材仍然是制作家具的主要用材。整个欧洲以橡木为主，法国、西班牙和意大利也用胡桃木，欧洲中部以及黑海地区用松木等软质木材。也有坐具采用金属制作，使用时表面铺上软垫和织物。锁、合页等装饰五金用铁制作，采用敲打、透雕工艺。

14 世纪左右，从法兰芒引入一种将薄板嵌入框架的技法，即所谓的框架嵌板结构，使得哥特式家具结构制作复杂，但这样一来，不仅使装饰家具表面变得更加容易，而且也解决了制作大型家具的问题。嵌板是木板拼合制作，上面布满了精致的雕刻装饰。几乎家具每一处平面都被划分为规则的矩形，矩形内或是火焰形窗花格纹样，或是布满了藤蔓花叶根茎和几何图案的浮雕，这些纹样大多具有基督教的象征意义，精致华丽。

哥特式家具与当时哥特式建筑风格一致，模仿哥特建筑上的某些特征，如尖顶、尖拱、山形墙、细柱、垂饰罩、连环拱廊、线雕或透雕的镶板装饰等，主要采用雕刻、镀金和绘画装饰，几乎不用镶嵌工艺。家具表面常铺上软垫、织锦使用。

叶形装饰、唐草、S形纹样等是哥特式家具边框的主要装饰题材；衣褶纹、火焰纹、窗花格等是嵌板装饰的主要题材。这些装饰题材几乎都取材于基督教圣经的内容。例如有三片尖叶构成三叶饰象征圣父、圣子和圣灵三位一体；四叶饰象征着四部福音；鸽子与百合花分别代表圣灵和圣洁；橡树叶则表现神的强大和永恒的力量等。

三、小结

哥特式家具从造型、装饰题材到制作工艺直接受哥特式建筑风潮的影响。家具造型以垂直线条强调垂直庄重的形态，采用尖顶、尖拱、卷叶饰、棂花格、束柱以及浮雕等装饰，庄重、雄伟、严谨，象征着权势及威严，极富特色。

哥特式艺术始于12世纪的法国，盛行于13世纪，至14世纪末期，其风格逐渐大众化和自然化。成为国际哥特风格，直至15世纪，因为欧洲文艺复兴时代的来临而迅速没落。不过，在北欧地区，这种风格仍延续了一段相当长的时间。该风格在18世纪重新被肯定，"哥特复兴"运动推崇中世纪的阴暗情调。在19世纪之后仍偶尔被应用。

作业与思考题

1. 试临摹一件哥特式高背椅，并简要说明其主要特征。
2. 中世纪时期在家具上的两项重大改进是什么？

结语：

西方基督教的兴起，象征着古代的结束和中世纪的开始。漫长的中世纪是"上帝"统治人类的时代，时间跨度将近一千年。这个时期，艺术完全被宗教所统治，成为服务于宗教的宣传工具。一些古板笨重的家具，大部分被教会人士所占有，这些人当时以能代表神或接近神而自居，为了显示其尊严和高贵，他们创造了居高临下的环境和气氛来进行宗教活动，于是形成了教会中使用的高座位家具。除了教会用家具以外，民用家具几乎没有什么小部件，它们通常简单且做工粗糙。结实、体积大、朴素无华是这类家具的特点。不管是在其朴实的形状上还是装饰细节上，基督教的影响都是很明显的。家具的外观是直线型的，以垂直为主，家具庄重、严谨。

第三章 文艺复兴时期的家具
（14—17世纪）

学习目标： 掌握在人文主义的影响下，西方各国家具发展的变化，重点掌握意大利、法国、英国家具的主要特征。

文艺复兴是指14世纪在意大利各城市兴起，于16世纪在欧洲盛行，并一直延续到17世纪的一场思想文化运动，带来一段科学与艺术革命时期，揭开了近代欧洲历史的序幕，被认为是中古时代和近代的分界。

文艺复兴的中心思想是所谓的"人文主义"，它要求文学艺术表现人的思想和感情，科学为人生谋福利，提倡个性自由以反对中世纪的禁欲主义和教会统治一切的宗教观。文艺复兴运动于15世纪在意大利达到高潮，16世纪初传播到法国、西班牙、佛兰德斯（西班牙的殖民地）等地，英国和德国由于哥特式艺术根深蒂固，文艺复兴运动发展缓慢，直到16世纪末才在这些地区有所发展。

家具作为艺术和技术的综合体，必然卷入这场革命，并以人们可见的形象表达自己对这场巨大变革的态度和决心。由于新兴的资产阶级拥有大量财富，因而追求生活的享受和豪华。这些因素都促使文艺复兴时期的家具一反中世纪家具的僵板琐碎而追求具有人情味的曲线和优美的层次，讲求正立面的和谐比例。造型上，尤其是橱柜类家具，模仿古希腊、古罗马建筑的式样（圆柱、基座、檐和山墙等），使得外观厚重庄严，线条粗犷，具有古典建筑的严谨、和谐的美。装饰题材上也消除了中世纪时期装饰中的宗教色彩，赋予了更多的人情味。

第一节　意大利文艺复兴家具

文艺复兴运动的中心是意大利，佛罗伦萨在十字军东征中获得了很大的好处，不仅成为繁荣的毛纺业和金融业的中心，而且是文艺复兴运动的发源地。其思想不久就波及罗马和威尼斯等意大利各地。以美第奇家族为首的意大利各城市的商人贵族们掌握着城市的政治和文化的领导权，为了炫耀其地位和门第，他们雇用了当时一流的艺术家设计建造宫殿般豪华的府邸，使其成为后来欧洲各国宫殿的典范。

一、家具样式

（一）椅子

文艺复兴时期，随着贵族的社交生活丰富和思想方式的转变，哥特时代的箱式座椅不再流行，取而代之的是以古罗马为基础的近代化轻便椅子，也称聊天椅。其中最具代表性的是但丁椅和萨伏那洛拉椅，由古罗马的执政官坐席加上扶手和靠背演变而来。

但丁椅（图1-3-1和图1-3-2）因意大利诗人但丁（Alighieri Dante，1265—1221年）喜欢使用这种左右共有四根S形粗腿折叠式扶手椅而得名。采用矩形靠背，扶手端头通常采用涡卷装饰，真皮座面，上面也可置放软垫使用。这种椅子表面采用镶嵌和雕刻装饰，广泛用于公共的礼仪性活动场所。

萨伏那洛拉椅（图 1-3-3）因意大利天主教著名僧侣萨伏那洛拉（Girolam Savonarola，1452—1498 年）喜欢使用这种两侧共有 10 根以上细的 S 形腿折叠式扶手椅而得名。座面较高的用于接见、会议、传道等；低的用于用餐、看书等个人生活中。

斯卡贝罗椅（图 1-3-4 和图 1-3-5）是 16 世纪末流行的一种轻便靠背椅，前后两块花瓶状、扇形雕花板或三条腿做支撑，靠背也采用相似的雕花板形式，座面呈八角形或四方形，表面略向下凹，有的座面下方带有抽屉，主要摆放在大厅的四周或大型餐桌周围。

图 1-3-1 但丁椅　　图 1-3-2 但丁椅　　图 1-3-3 萨伏那洛拉椅　图 1-3-4 斯卡贝罗椅　图 1-3-5 斯卡贝罗椅

16 世纪的意大利还流行一种椅子（图 1-3-6 至图 1-3-9）。四条方直腿，带车木装饰，靠背略向后倾斜，两端有车木柱头或狮子雕饰，有的靠背和座面下横档用卷曲纹样的雕花板装饰，扶手或曲或直，用圆柱支撑，曲线扶手常顺势而下做成涡卷形端头。为了提高舒适性，这时期许多座椅的座面已开始使用弹性材料，而且还出现了配合家具木工的软包师。他们用意大利热那亚的天鹅绒、法国里昂的绢丝、西班牙科尔多瓦的皮革、比利时的粗毯等制作软包座椅。

折叠椅（图 1-3-10）带有明显的哥特式遗风，直线靠背，靠背和扶手部位采用雕刻装饰，座面下是 X 形交叉的椅腿，几乎没有任何装饰，在结构、装饰上略显粗犷。

图 1-3-6 扶手椅　　图 1-3-7 扶手椅　　图 1-3-8 扶手椅　　图 1-3-9 扶手椅　　图 1-3-10 折叠椅

图 1-3-11 长椅

卡萨盘卡是一种柜式长椅（图 1-3-11），起源于当时的长箱，加设靠背和扶手，既有收藏物品的功能又有坐的功能，也是后世长沙发的雏形。下部底座较简洁，采用建筑的檐板、台座和扶壁柱形式。两边的扶壁柱相对涡卷纹中雕饰图案，座面无雕琢，配有软垫子以增强舒适感。扶手呈涡卷形曲线。这种长椅通常摆放在大厅正面的高台上，用作接见，象征着使用者的富有和权威，是一种"权威性长椅"。

（二）长箱

15世纪初，以美第奇家族为首的商人贵族支配着佛罗伦萨的政治、经济和文化活动，其子女的婚礼则是他们向市民显示权威和财富的良机，因而婚礼家具一时间流行起来。卡索奈（Cassone，长箱）是一种带盖的长箱（图1-3-12），用以装陪嫁物，一般成对制作，分别刻有新郎、新娘的家徽。婚礼时，装满嫁妆的卡索奈，通过繁华的街道，送到新郎家的府邸。这种招摇过市、炫耀地位财富的时机，他们绝不会轻易放过的。于是他们雇用当时一流的艺术家（包括技师、画家、雕刻家和高级工匠）进行精心制作，采用雕刻、镶嵌和彩绘等装饰手法，精巧地表现古代神话、使徒生涯、战斗场面、自然风光、花卉和果实、几何图案、美德寓言等装饰题材。

到了16世纪，长箱的设计发生了变化，装饰手法已不用涂饰、镀金、镶嵌，而是喜欢在胡桃木上采用高浮雕（图1-3-13）。其原因之一是画家的社会地位发生重大变化，不再靠在长箱上做装饰画来获得工钱。另一个原因是16世纪府邸的天棚和壁面有壮观壁画，如在长箱上作画就会主次不分。这一时期的长箱已不局限于婚礼场合，而在府邸内沿墙壁摆着很多长箱，既可装饰室内，又可收藏壁毯或在其上铺放丝绸垫子作为凳子用。另外，长箱还可放在床的一侧起到踏台的作用，同时又可收藏衣物、亚麻布、家庭用品等。

图1-3-12 长箱

图1-3-13 长箱

（三）桌子

意大利文艺复兴的桌子种类十分丰富，并且带有地区特征，如托斯卡纳、翁布里亚的桌子造型朴素、端庄，利古里亚的桌子较为豪华。以长方形桌面为主。桌子结构继承了古罗马时期以来的架足式（图1-3-14和图1-3-15），具有浓厚的古罗马大理石桌的遗风，呈现华丽、庄重而和谐的气度。

15世纪后期，以四条腿支撑的台架桌形式出现（图1-3-16）。桌子的式样更多姿多彩，桌面形式各异，有圆形（图1-3-17）、方形、六角形以及深受人们喜爱的八角形（图1-3-18）等。

图1-3-14 架足式桌子

图1-3-15 架足式桌子

图1-3-16 台架桌

（四）橱柜

意大利文艺复兴时期有一种叫克里敦（Credence）的矮形橱柜（图1-3-19），以其实用性受到人们的喜爱。呈长方形，长度超过高度。每个橱柜一般设有二三个柜门和抽屉，门与

图 1-3-17　圆桌

图 1-3-18　八角形桌

门之间由挡板或有凹槽的壁柱隔开，底座多用雕刻装饰。

　　文艺复兴时期的意大利城市新贵们不仅喜好炫耀自己的财富，同时也喜好炫耀自己的博学和教养。在贵族的府邸中，主人都要拥有一间豪华的书斋，里面收藏书籍、工艺美术品和武器甲胄。因此陈列柜成为必备的家具（图 1-3-20 和图 1-3-21），也从卡索奈演变而来，一般分上下两层，有的还附加一层抽屉。柜子的主要装饰手法是浮雕，大量使用檐板和半柱等罗马建筑的装饰手法，同时古希腊的人体柱像也是常用的手法。

图 1-3-19　橱柜

图 1-3-20　陈列柜

（五）床

　　文艺复兴时期的床有两种主要形式，一种仍是由四根高高的车木圆柱支撑的顶盖大床（图 1-3-22）。此图是关于圣母玛利亚出生时的一幅壁画，卧室内四壁挂有壁毯，大理石地面上铺放地毯，室内的家具数量较少，只有必要的长箱和椅子。床面非常高，四根车木圆柱支撑着顶盖，床侧配置着长箱。

　　此外，矮型四柱床当时也很流行（图 1-3-23），四根车木圆柱，床头和床侧通常采用精美的雕刻。由于意大利的气候温暖，人们喜欢将这种开放式的床放在地台上，另外配上顶盖和踏板，顶盖安放在用壁毯掩饰的墙壁铁架上，再挂上华丽的床幔。

二、材料、结构与装饰

　　胡桃木代替了中世纪时期粗糙、坚硬的橡木成为意大利文艺复兴家具的主要用材，由于胡桃木要比橡木质地细腻、色泽美观，更适合精细的浅浮雕和阿拉伯装饰。此外，松木、西洋杉常用于制作不透明涂饰的家具。橡木、栗木及其他一些低档木材用于普通家具的制作。文艺复兴时期的家具立面部位常用精美的进口木材，乌木、冬青除了其本身优美的纹理外，

图 1-3-21 陈列柜

图 1-3-22 顶盖床

图 1-3-23 矮柱床

油漆后还可以产生非常漂亮的光泽，故常用于高档的家具制作中。此外，贵重金属、大理石、织锦、皮革等材料主要用于家具装饰中。

意大利文艺复兴时期的家具主要吸收了古希腊、古罗马家具造型的某些因素，同时又赋予新的表现手法，尤其突出表现在吸收了建筑装饰的手法来处理家具造型。把建筑上的檐板、扶壁柱、台座、梁柱等建筑装饰局部形式移植到家具装饰上，同时还充分利用了绘画、镶木、雕刻和石膏浮雕等手法。家具装饰多不露结构部件，而强调表面雕饰，精美的家具大多与雕刻工艺相结合，装饰题材取消了中世纪的宗教色彩，大多喜欢花形、织物、蔓藤花纹、女像柱、丘比特、棕叶饰等。重大历史事件、神话、花园景色以及婚礼场景也是设计师们所热衷的主题。

三、小结

意大利文艺复兴时期的家具在理论上以文艺复兴思潮为基础；在造型上排斥象征神权至上的哥特风格，提倡复兴古罗马时期的艺术形式，式样显示出较大的自由度，曲线被广泛地使用，喜用高浮雕装饰，层次起伏更加明显，大量使用檐板、半柱、涡卷花饰等罗马建筑的装饰手法，整体造型显得厚重、庄严、线条粗犷，具有建筑的结实和永恒的美。

作业与思考题

1. 文艺复兴的宗旨是什么？
2. 试分析总结意大利文艺复兴家具的造型特征。
3. 在但丁椅、萨伏那洛拉椅、斯卡贝罗椅中任选一件绘制其三视图。
4. 简述卡索奈长箱的作用和造型特征。

第二节 法国文艺复兴家具

文艺复兴运动 14 世纪发端于意大利，但对欧洲各国的家具风格也产生了一些影响。法国在地理上与意大利接壤，又具有罗曼司民族的共同基础，因此在欧洲首先受到意大利文艺复兴的影响。

法国的文艺复兴萌生于法兰西斯一世（在位 1515—1547 年）。其主要原因是法兰西斯一世曾受到意大利宫廷生活的熏陶和他对文艺复兴运动怀有的强烈感情；其次，15 世纪末到 16 世纪初的意大利战争中，法国从意大利带回大量的人文主义作品、艺术品和古代手抄本，深深地影响了法国的文化艺术界。而战乱的侵扰又使大批艺术家逃亡到法国，意大利的文化就这样被带到了法国。可以说，法国的文艺复兴是在成熟的意大利文艺复兴运动的影响下，结合本国的特点及法兰西斯一世个人的爱好而产生的。

1533 年，法兰西斯一世的儿子亨利二世（在位 1547—1589 年）与佛罗伦萨美第奇家族的格德琳·美第奇结婚，意大利文艺复兴的特征在法国文化艺术方面越加明显。从宫廷到贵族府邸都流行意大利风格的家具，但同时这些家具仍多少保留了一些法国后期哥特式特点。

从亨利四世（在位 1589—1630 年）起，法国的艺术开始走下坡路，如过多的装饰、滥用柱饰和檐条等，这种盲目模仿和追随意大利文艺复兴风格的做法，一直延续到路易十三（在位 1610—1643 年）时期。

在路易十三时代，由于路易十三的母亲出身意大利美第奇家族，意大利的形式和技术在法国自然得到认可和推荐。当时还从意大利和荷兰招来了大批优秀工匠，他们将本国的技术和法国的特点很好地结合在一起，制作了许多优秀作品。另外，路易十三的王后是西班牙人，她又将西班牙风格带到了法国。因此，这个时期的法国的艺术就形成了一种混合形式。但这时的法国家具并没有生搬硬套和盲目模仿这些形式，反而形成一种很少刻意装饰、实用、舒适的特点。

一、家具样式

（一）椅子

哥特式高靠背椅（图 1-3-24）在这时继续沿用，但雕刻装饰花纹改换为文艺复兴风格，有的椅子则取消了座位下的箱子，改成开放形式（图 1-3-25）。

文艺复兴新出现的椅子主要沿用意大利和佛兰芒的样式（图 1-3-26），靠背设计像文艺复兴建筑物墙面上的浮雕，扶手也常用古希腊神话人物或动物像作为装饰，腿部一般是仿希腊、罗马建筑立柱。17 世纪后，许多椅子的扶手、座面和靠背常用织物或皮革包面的软垫，变得更加舒适（图 1-3-27）。

文艺复兴时期，法国上流社会的妇女们流行穿有宽大下摆的裙装，为了坐下聊天时不失风雅，便出现了妇女专用的、座面前宽后窄、扶手向前扩展的聊天椅（图 1-3-28），这是法国文艺复兴时期流行的一种独特椅子造型。

随着家具的小型化，日常用椅也变得越来越轻巧，意大利的但丁椅和萨伏那洛拉椅同样

图 1-3-24　高背椅　　图 1-3-25　高背椅　　图 1-3-26　扶手椅　　图 1-3-27　扶手椅　　图 1-3-28　聊天椅

也广为流传。

（二）桌子

16世纪初期法国流行意大利风格的台架桌（图1-3-29），到16世纪后期流行起能伸缩的餐桌（桌的面板下部左右各藏有一块能伸出的面板，拉出后，可使桌面面积扩大近一倍）。桌子的设计方面除保留明显的意大利风格外，还采用了大量的高浮雕人像、动物及卷草图案作装饰，车木腿的大量使用与中世纪粗笨的方木腿形成了鲜明的对比。这是对古代家具的继承和发展，因中世纪的家具中大型的车木构件已不多见。长桌的样式虽然源于古罗马风格，但更加注重结构的合理和比例的优美。

（三）橱柜

法国文艺复兴时期的橱柜多模仿建筑样式，采用檐板、圆柱、半壁柱、横饰带等装饰，有的橱柜顶还采用破开的三角楣饰。家具表面采用浮雕、镶嵌装饰，常用寓言、神话题材。

陈列柜与餐具柜（图1-3-30和图1-3-31）外形模仿建筑物的造型，浑厚笨重，多用胡桃木或黑色的乌木制作。一般分上、中、下三层，上部有两到三扇雕刻木门，中间有两个抽屉，下面为基座。上部宽度通常小于下部。上下两部分都有橱有门，用于收藏贵重物品。柜门上则常用花卉、希腊神话人物、怪兽浮雕作为装饰。花卉有桂叶、棕叶、葡萄叶、橄榄叶、常青藤等，神话人物有四季女神、猎神、爱神等，怪兽有人面狮身兽、翼龙，还有大量的天鹅、鹰、狮、犬、鱼等不同形象，雕刻精美繁复。柜门两侧的门框多设计为门柱状，门柱的形状参照古希腊、古罗马神殿的那些立柱而设计，有雕工精美的柱头、柱础。有的甚至用人物雕像代替立柱。16世纪起流行柜的上檐设计成破开的三角楣饰。

文艺复兴初期，箱子仍然是常用家具，用来装器物，同时也是坐具。到17世纪后期，箱子逐渐不再流行，很少生产，原来一些制作精美的箱子很多被改造成高足柜。

图1-3-29　台架桌

图1-3-30　陈列柜

图1-3-31　餐具柜

（四）床

顶盖床（图1-3-32）的形式沿袭中世纪的式样，四根床柱支撑着顶盖。床身有复杂的雕花，床头与床尾常雕刻神话人物，立柱与床腿则多仿照罗马柱，或雕成人物或动物造型。顶棚装饰华丽的幔帐，能覆盖整个床身。当时法国的社交活动是在床边进行的，在宽阔的室内显得相当壮观。这种习俗一直延续了很长一段时间，因为当时的人们还没有现代人隐秘生活的习惯，在阴冷而空旷的室内接待客人自然要借助于床与帷幔了。

二、材料、结构与装饰

图 1-3-32 顶盖床

法国南部主要使用胡桃木制作家具，而北部地区则仍用橡木为主。到 17 世纪文艺复兴晚期，欧洲海运发达，开始进口东南亚木料，少数法国皇室家具使用了一种从印尼进口的黑色乌木，乌木质地比胡桃木更加细腻坚硬，可以雕刻出更精细的纹饰，不过容易扭曲变形。此外，象牙、贵重金属等用于镶嵌装饰中。家具表面的织锦装饰比其他国家更加常用。

法国文艺复兴时期的家具模仿建筑造型，结构简单、牢固，用圆柱、半壁柱、女像柱等作为垂直支撑，多呈对称形式。采用斜角接合，增加了装饰性。

法国文艺复兴时期的家具装饰仍然以实木雕刻为主，雕刻工艺的精美复杂是决定家具质量价格的最重要因素。常用的装饰题材有古希腊、古罗马建筑上的各种花纹、神像、怪兽造型，如爱神维纳斯、丘比特、太阳神阿波罗、月神狄安娜、海神特赖登、战神马尔斯、雅典娜、酒神狄奥尼索斯、四季女神、人面狮身像、翼龙、火蜥蜴（法兰西斯一世徽标）、豪猪（路易十三徽标）、天鹅、鹰、狮等。

三、小结

法国文艺复兴时期的家具在意大利文艺复兴家具的影响下，结合本国的特点，逐渐形成自己的风格。总体上还是模仿文艺复兴式的建筑样式，采用檐板、圆柱、半壁柱、横饰带等装饰，但各个部分之间的比例匀称，更加注重家具的装饰性与舒适性，为后来法国家具在世界的领先地位奠定了坚实的基础。

作业与思考题

1. 简述法国文艺复兴家具的造型特征。
2. 资料查阅：法国文艺复兴时期的两位主要家具设计师及其制作的家具的主要特征。

第三节　英国文艺复兴家具

英国的文艺复兴起始于亨利八世（在位 1509—1547 年）时期，他曾几次去过罗马，领略到文艺复兴盛期意大利的辉煌艺术，并带回了许多艺术家和工匠。他们根据英国的特点，设计制作了许多家具。但当时的家具仅停留在一些装饰细节上，并未摆脱哥特式装饰手法，形成了包含哥特式后期的装饰、文艺复兴式的雕刻纹样以及都铎王朝的蔷薇花饰三者交织的独特形式。

直到伊丽莎白一世（在位 1558—1603 年）时期，英国的家具才真正走上文艺复兴风格的道路。当时英国社会繁荣，物质丰富，工业生产和海外贸易都很发达，人们生活安定。社会上有实力的资本家和王公贵族纷纷效仿意大利宫殿的建筑形式和古典样式修建豪华邸宅。受其兴建风的影响，家具也开始追求舒适和华丽。英国的室内装饰和家具受到意大利、法国和德国文艺复兴的很大影响，但英国自己的民族特性也表现在艺术设计中，从而形成了英国文艺复兴家具文化。伊丽莎白时期家具最鲜明的特点是家具的车木立柱上突出的蜜瓜形装饰，常被称为英国文艺复兴家具伊丽莎白式蜜瓜形柱式。

英国的文艺复兴一直延续到前期雅各宾时期（1603—1649年），即从詹姆斯一世到查理一世。前期雅各宾时期的家具受到伊丽莎白一世风格的严重影响，几乎没有新的创造，只是逐渐由高向矮变化，装饰趋向简洁，家具造型规整，花瓶形雕刻装饰的比重减小。

1649—1660年是英格兰共和国时期，1658年前在克伦威尔病故前，一直由其统治英国。由于他是极端的清教徒，认为在家具上采用很多的雕刻违背了神的意愿，因而产生了装饰很少的简洁、纯朴而实用的家具。源于荷兰的球形旋木腿构成了这时期家具的主要特点。

一、家具样式

（一）椅子

英国文艺复兴时期的椅子多采用车木腿，许多部位进行雕刻装饰，靠背顶板和横档采用建筑圆拱或山形墙形式（图1-3-33和图1-3-34）。

与法国的聊天椅相似，英国的妇女们喜欢类似的椅子（图1-3-35）。这种椅子座面前宽后窄，呈梯形，车木腿，细长的背板上雕刻着文艺复兴风格的图样，具有哥特式高背椅的遗风。

伊丽莎白一世时期还流行一种叫佳斯特布雷椅的折叠椅（图1-3-36），因英格兰西部萨默塞特修道院的院长佳斯特布雷喜欢使用此椅而得名。

图1-3-33 扶手椅　　　图1-3-34 靠背椅　　　图1-3-35 扶手椅　　　图1-3-36 折叠椅

伊丽莎白一世时期开始出现护壁板椅（图1-3-37），也称板形靠背椅，继承了哥特式椅子的高背形式，前腿和扶手下的支柱采用车木形式，靠背上刻有家徽或文艺复兴式图案，是礼仪场所不可或缺的家具，明显继承了哥特式的高背椅的遗风。到雅各宾时期，这种椅子十分流行，成为都铎王朝以来最重要的扶手椅。

桌椅和黑色线轴椅是这时期的特殊形式。在英格兰西部的文化古城布里斯托尔的一座都铎时期的建筑物"红屋"里有一件可折叠的桌椅（图1-3-38），椅靠背翻过来就是桌面。现存于威尔士首府加地夫的一座16世纪的城堡中的黑色线轴椅（图1-3-39），是当时领主使用的家具，全部采用车木构件，座板采用橡木，其他部位也都用橡木制作，三角形结构造型，使这件家具显得轻巧独特，却仍不失刚劲和质朴。

（二）桌子

英国文艺复兴的桌子（图1-3-40）带有明显的英国风格，其中最突出的是腿部中央的蜜瓜形雕刻装饰，这种腿在伊丽莎白一世末期出现，并被认为是由意大利的花瓶托演变而来的形式，为广大英国人所喜爱。它改变了意大利、法国台架桌的形式，将雕刻精致的桌腿改为精致简洁的车木腿。在上层社会的住宅中，流行餐厅内布置大型的桌子，因此可伸缩推拉的桌子也比较常见。

图 1-3-37　护壁板椅

图 1-3-38　桌椅

图 1-3-39　黑色线轴椅

（三）橱柜

　　陈列柜（图 1-3-41）在英国也是一种显示身份地位的家具。分上、下两层，门和门楣都有丰富的雕刻，用来陈放瓷器、餐具等贵重物品。两侧的支柱喜用球状或蜜瓜形雕刻装饰。

（四）床

　　英国的床也带有顶盖（图 1-3-42），用蜜瓜形雕刻装饰的四根支柱和拱廊装饰的床头支撑着巨大的顶盖。顶盖上再挂上壁毯或天鹅绒做成的帷幔，形成一个温暖私密的小空间，刚劲、气派、华丽。在维多利亚阿伯特博物馆收藏的顶盖床，其尺寸为 $3.35m \times 3.35m \times 2.75m$，非常庞大。这种床常设在高级旅馆的客房内供贵族和富翁使用。

图 1-3-40　桌子

图 1-3-41　陈列柜

图 1-3-42　床

二、材料、结构与装饰

　　这时的家具大部分选用橡木制成，故也称为"橡木时代"。此外，用于家具的材料还有铁、织物、皮革等。

　　英国文艺复兴时期的家具结构跟欧洲其他国家一样，以水平和垂直构件为主。中产阶级的家具民族特性特别明显，工艺简单粗糙。贵族阶级的家具则十分豪华。

　　亨利八世时期的家具常采用哥特式后期的装饰、文艺复兴式的雕刻纹样以及都铎王朝的蔷薇花饰三者交织的独特形式。伊丽莎白时期的家具喜用阿拉伯蔓饰、爱奥尼亚柱的拱廊、花束等装饰，常用带花瓶形雕刻装饰的车木腿。前期雅各宾时期的家具装饰简洁，以几何形为主，家具镶板的排列也趋向规整，如 L 形、X 形、八边形或半圆形。

三、小结

　　英国把文艺复兴风格与自己传统的单纯刚劲的民族特性融合在一起，形成一种朴素严谨的风格。家具的镶板都呈规则的长方形，排列十分整齐，表现出沉着古板的性格。英国这种质朴的家具被移民到美洲大陆的清教徒们带到美国，由于适合美国殖民地时期的艰苦条件，所以在美国的移民中得到了发展。

作业与思考题

1. 英国文艺复兴时期的家具主要分哪两个阶段？其主要特征分别是什么？
2. 英国文艺复兴时期的家具主要采用什么材料？
3. 简述护壁板椅的主要造型特征。

第四节 德国文艺复兴家具

文艺复兴时期，南北日耳曼的家具式样差别极为明显。由于南日耳曼与意大利在贸易上的频繁往来，在形式上较早接受了意大利文艺复兴风格的影响，因此可以称为德国文艺复兴的正统派。到16世纪末南日耳曼的家具已达到盛期，古典的柱式、檐帽、人像柱以及大量文艺复兴装饰纹样出现在各种家具上。文艺复兴时期南日耳曼的家具生产中心是纽伦堡和奥格斯堡。

北日耳曼由于受哥特式风格的影响较深，文艺复兴风格的发展比南部德国要缓慢得多，直到16世纪末才逐渐呈现某些文艺复兴装饰特征，但北日耳曼以及北欧诸国的文艺复兴家具始终保持着一种朴实的北方民间传统风格。

一、家具样式

德国人特别偏爱箱柜类家具，因此德国家具中以柜类家具成就显著。其正面装饰都十分精美。相比之下，德国文艺复兴时期的其他家具品种，如桌、椅等家具都要逊色很多。

1541年，佛罗特在纽伦堡（南部）设计制作的橱柜（图1-3-43），采用橡木制作，模仿建筑样式。家具表面浮雕装饰涡卷饰、莨苕叶、花瓶、玫瑰花等图案。北部德国的陈列柜（图1-3-44），采用高浮雕装饰，圆环内侧面雕刻头像、涡卷饰、莨苕叶与圣经里的人物题材。

图1-3-43 橱柜

图1-3-44 橱柜

二、材料、结构与装饰

南北德国文艺复兴家具的主要区别在于材料的选用上。南部德国主要用松木、云杉、西班牙冷杉等软质木材，也常采用椴木和水曲柳制作家具，17世纪开始使用胡桃木制作家具。西北部德国一直沿用橡木制作家具，17世纪开始使用乌木制作家具，加以贝壳镶嵌和绘画装饰。

　　南部德国的家具结构承袭了 15 世纪末哥特式橱柜的结构形式，只是模仿文艺复兴式建筑的式样，并增加了文艺复兴式装饰。到 17 世纪，家具不再模仿建筑样式，边角采用斜角接合，线型变得流畅。北部德国的家具继续采用哥特式的框架嵌板结构。

　　南部德国受意大利影响，常用的装饰手法为在深色木材的家具表面镶嵌浅色木材、浅浮雕装饰，常用藤、叶等植物纹样装饰边框位置，大部分镶板保持素面。北部德国常用高浮雕的装饰手法，早期多运用花环、圆环内侧面雕刻头像，晚期则以人像柱、涡卷作为装饰。

三、小结

　　文艺复兴时期的德国家具表现出南、北区别，南部德国的家具受意大利文艺复兴风格的影响较大，而北部德国则更多地保持着朴实的北方民间传统风格。

作业与思考题

1. 文艺复兴时期的南北德国家具的主要区别表现在哪些方面？
2. 资料查阅：德国文艺复兴时期的主要家具设计师佛罗特的设计风格特点。

第五节　西班牙文艺复兴家具

　　西班牙的文化，是许多文明融合的结果。文艺复兴时期的西班牙家具也同样表现出多元文化的气息，与同时期的意大利、德国、法国等家具相比，在装饰细部及造型等方面都存在着很大的差异，其中最具代表性的是穆德哈尔式（Mudejar Style）与银匠式（Plateresque Style）。

　　穆德哈尔是指西班牙重回基督教政权后改宗基督教的摩尔人以及本土的安达卢西亚穆斯林，或是在亚拉冈与卡斯提尔地区的一种为强烈摩尔风格影响的本土建筑或装饰艺术。这种艺术形式不仅受到伊斯兰传统的影响，而且还体现出了当时欧洲特别是哥特式风格。这种艺术风格在建筑中，特别在钟楼建筑中，以极为精致和创造性地使用砖块和釉面瓷砖而闻名。穆德哈尔式家具采用多层框架嵌板结构，兼用哥特式与文艺复兴式花饰窗格、镶嵌和阿拉伯纹饰。

　　"银匠式"这一名词是从银匠行业借用而来，其含义是在原本朴素的哥特式风格的造型上，加上丰富繁琐的装饰。银匠式家具造型变化多端，装饰丰富细腻，模仿精细的银器加工艺术，喜欢在木质表面镶上大量晶莹剔透的金属饰片或雕刻图案。

　　随着建筑风格的简化，银匠式也逐渐退出了历史舞台，而穆德哈尔式则一直延续至今。

一、家具样式

（一）椅子

　　现存的西班牙文艺复兴时期的椅子十分丰富。有的椅子前腿间用涡卷雕花板连接，扶手前端弯曲成涡卷形，与意大利文艺复兴椅子相似，但其靠背与座面通常采用皮面雕花工艺，并用铜钉加固，显得粗犷很多。

　　除了车木腿的椅子外（图 1-3-45 和图 1-3-46），其中最具代表性的是一种叫"弗雷罗"的扶手椅（图 1-3-47 和图 1-3-48），即美国的使命派椅子。采用方腿装饰简洁，前腿高出座面支撑住扶手。文艺复兴后期，扶手支撑与腿分离。起初靠背僵直，后来改为微曲形式，增加了舒适性。靠近地面只有左右两侧的横撑。两前腿间采用穆德哈尔式的透雕板装饰，以此与意大利、法国椅子相区分。这种椅子腿部中间的透雕装饰很多设有合页，可以折叠。

　　流行于意大利的但丁椅也传到了西班牙，常采用压印凸形花纹的皮革包面，有的还在木质部位进行镶嵌细工装饰（图1-3-49），上层贵族和主教们在公共场合或仪式上广泛使用。

图1-3-45　扶手椅　　图1-3-46　靠背椅　　图1-3-47　弗雷罗　　图1-3-48　弗雷罗　　图1-3-49　但丁椅

（二）橱柜

　　在西班牙的特色家具中，有一种叫瓦格诺（Vargueno）的雕花立橱（图1-3-50）。被当作装有贵重小物品的旅行箱和移动书桌使用。这种橱柜的正面设有翻板，里面是很多小抽屉。内部抽屉的正面采用镶嵌细工装饰，所有图案都规则排列。柜体放在廊柱式的支架上，翻板翻下后落在向前伸出的支撑架上，可兼作写字台用。为便于搬运，在两侧旁板上装有坚实的铁把手。

二、材料、结构与装饰

　　西班牙文艺复兴家具用得最多的木材是胡桃木，西班牙东海岸地区比较常用橡木、栗木、松木。文艺复兴后期，西班牙比欧洲其他国家领先从美洲新大陆引入桃花心木，此外，还有产自美洲的冬青等其他木材。17世纪开始，西班牙也开始使用乌木制作一些深色的家具。贝壳、象牙、黄杨木主要用于镶嵌和贴面工艺。此外，西班牙文艺复兴时期的家具还运用了大量的铁件、织物和皮革，石材却用得不多。

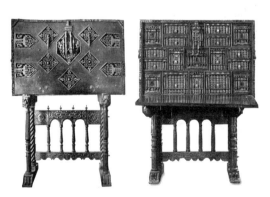

图1-3-50　瓦格诺

　　文艺复兴时期的西班牙家具继承哥特式的僵直形态，但在构造方式上进行了较大的改进。家具表面常覆有一层贵重、装饰性强的木材或其他材料，不仅节约了贵重材料，同时也增加了结构的牢固性（那些次等木材被包覆在里面，从而可有效防止其受潮变形）。但总的说来，由于西班牙不断地在战争，缺乏像欧洲其他国家一样的设计先锋和指导性书籍、资料的出版，使得这时的西班牙家具制作粗糙、工艺简陋。

　　文艺复兴时期的西班牙装饰闻名世界，集阿拉伯风格、意大利和佛兰德斯的自然风格、摩尔风格以及本土的几何风格于一身，表现为车木、透雕的铁（或青铜）装饰件、镶嵌细工和压花、刻花、染色、烫金等处理的皮革工艺。

三、小结

文艺复兴时期，西班牙家具在哥特式基础上，结合意大利文艺复兴、摩尔风格、伊斯兰装饰艺术以及西班牙本土文化，形成了具有浓厚地方特色的文艺复兴家具文化艺术。造型粗大、厚重，采用矩形形式，结构简单，有铁支撑和支架，铜钉显露，座椅用压印图案的皮革装饰，简洁、淳朴，具有阳刚之气。

作业与思考题

1. 简述西班牙文艺复兴时期家具的主要特征。
2. 简述西班牙文艺复兴时期雕花立橱的主要特征。

结语：

文艺复兴式家具在欧洲流行了近两个世纪，不同的国家都有各自的特点。总的说来，家具造型受古希腊、古罗马艺术的影响，同时又赋予新的表现手法，大量使用檐板、半柱、涡卷花饰等古典建筑的装饰手法，式样显示出较大的自由度，车木、高浮雕、曲线被广泛地使用，层次起伏更加明显，整体造型显得厚重、庄严，线条粗犷、立面比例和谐，具有建筑的结实和永恒的美。

文艺复兴家具样式具有冲破中世纪装饰的封建性和闭锁性而重视人性的文化特征，将文化艺术的中心从宫殿移向民众，以及在对古希腊、古罗马文化再认识的基础上具有古典样式再生和充实的意义。因此可以说，文艺复兴是家具史上的一个里程碑。然而，由于受当时技术水平的限制，家具产品还仅限于手工制作；同时，家具形式也受当时社会观念的制约，贵族和富商们一味追求奢华、宏大的场面，深深陷入雕琢烦琐、用材珍贵、形式臃肿的沼泽中，为巴洛克风格的产生埋下了种子。

第四章 巴洛克家具
（17—18世纪初）

学习目标：掌握巴洛克家具在西方各国的发展情况，重点掌握巴洛克家具的主要特征，以及法国与英国在这个时期的典型家具风格。

16世纪末17世纪初，整个欧洲的艺术风格开始进入了巴洛克时代，它是文艺复兴发展到盛期的必然产物，可以说是文艺复兴风格的延续和变形。"巴洛克"一词源于葡萄牙语"barrocco"，意为畸形的珍珠，并有扭曲、怪诞、不整齐的含义，是18世纪末期一些新古典主义理论家奉赠给自己不太赞同的前辈艺术的一个称号，与意大利人把来自北方的一切贬之为"哥特式"是一样的，实含讥讽之意。从时间上说，巴洛克艺术流行于17世纪到18世纪初。

巴洛克以浪漫主义为形式设计的出发点，追求宏伟生动、热情奔放的强烈艺术效果，采用各种曲折多变的线条（尤其是动感较强的S形曲线）、夸大的尺度、过度渲染的富丽堂皇和自由奔放的装饰，极具戏剧性。这种带有夸张效果的运动感，十分符合宫廷显贵们的口味，因此，很快便影响了意大利及欧洲各国，成为风靡一时的潮流。

第一节　意大利巴洛克家具

17世纪意大利产生了新兴贵族，由于贵族间相互竞争攀比，更加强调社会地位和权威性。共同的特点是装饰豪华，它常常利用外形的对比、技艺的精细和效果的豪华来获得较强的装饰性。17世纪，意大利的巴洛克家具由家具师、建筑师、雕刻家手工制作，发展达到顶峰。家具上的壁柱、圆柱、人像柱、贝壳、莨苕叶、涡卷形、狮子等高浮雕装饰，精雕细琢的细木工制作，是王侯贵族生活中高格调的贵族样式，极其华丽、多姿多彩，也影响着欧洲其他国家，尤其以罗马为中心的宫廷巴洛克家具风格直接影响到法国路易十四式家具的设计和制作。

一、家具样式

（一）椅子

巴洛克椅子（图1-4-1和图1-4-2）木质部位采用雕刻与涂金装饰相结合，雕刻纹样较为复杂，宽大的座面和高高的靠背用带有大型图案的天鹅绒、丝织物或印花皮革包衬，并且往往带有流苏。这一时期的椅腿一般是涡卷形脚，或是方形、自上而下逐渐收细的栏杆式支脚，末端再用上一个较小的面包脚或垂花脚，腿间多用X或H形拉脚档，带凹槽的曲线形扶手，由靠背处顺势而下，前端做成涡卷形式，整体端庄、豪华。

（二）橱柜

这个时期，陈列柜（图1-4-3至图1-4-5）代替了文艺复兴时代流行的卡索奈，成为一种更为豪华的室内陈设家具。这类家具正面设有壁柱，顶部采用檐口和山墙，外观犹如一座小型的巴洛克宫殿。用涡卷纹联系在一起的天使、美人鱼、狮子、鹰和黑人等形象增添了家具的华美厚重的效果；贝壳饰和叶饰施以描金彩绘，更显高贵豪华。建筑家冯丹（Vondane，1834—1714 年）设计制作的大型陈列柜（图 1-4-5），采用了罗马柯伦纳宫画廊的壁柱、上楣沟、山墙等建筑语言。精美雕刻在边框和檐帽，雕刻图案有天使、鸳、叶饰、涡卷纹等。

图 1-4-1　扶手

图 1-4-2　扶手椅

图 1-4-3　陈列柜

图 1-4-4　陈列柜

二、材料、结构与装饰

除了胡桃木逐渐取代橡木以外，意大利巴洛克家具采用的材料基本与文艺复兴时期的相同。意大利巴洛克家具强调整体结构，逐渐将富有表现力的装饰细部相对集中，而简化不必要的部分，但同时由于受文艺复兴严谨的形式束缚，使得巴洛克艺术没能在意大利得到充分的发展。

装饰方面，意大利巴洛克家具喜好富丽的装饰和雕刻，常用壁柱、圆柱、人像柱、贝壳、莨苕叶、涡卷形、狮子等高浮雕装饰，并施以镀金或彩绘处理，装饰极为豪华。精细的镶嵌细工、椅子座面、靠背的织物包衬，更添贵族气派。

图 1-4-5　陈列柜

三、小结

意大利巴洛克家具装饰豪华，整体效果宏伟而具有动感。在意大利的巴洛克时代，出自雕刻家和建筑家之手的家具多于家具工匠制作的家具，且这些作品既是家具，同时也成为装饰室内的艺术品，这也是其特色之一。

作业与思考题

1. 简述巴洛克与文艺复兴艺术风格的主要区别。
2. 简述意大利巴洛克家具的造型特征。
3. 选择一件意大利巴洛克椅子，并绘制出其三视图。

第二节 法国巴洛克家具

从 17 世纪后期起，法国受到意大利和佛兰德斯巴洛克风格的影响，对室内装饰和家具设计逐渐研究起来，并开始显露出自己的独特风格。1643 年，路易十三去世，由其长子路易十四（在位 1643—1715 年）即位，时年 5 岁，母后安娜摄政，国家大权由首相玛萨林（Jules Mazarin，1602—1661 年）掌握。1661 年，路易十四开始亲政，法国的室内装饰和家具造型受到意大利巴洛克风格的影响，也进入了巴洛克时期。这种新的装饰风格受到路易十四的移植和培育，得到充分的发展，达到了完全成熟的境地，从而形成了路易十四式风格，成为欧洲巴洛克风格的典范。

路易十四亲政后，为了显示法国的国威和宫廷权力，决定在巴黎郊外兴建宏伟的凡尔赛宫。凡尔赛宫犹如一座舞台，反映着以路易十四为中心的法国宫廷生活，贵族们纷纷迁居于此，以向国王表示忠诚。由于当时非常重视门第和等级，所以采取什么样的样式才能体现宫廷生活的权威，就成了路易十四时期室内和家具设计的"课题"。

一、家具样式

（一）椅子

路易十四时期的椅子，都是当时宫廷及贵族的旅馆、宅邸的前厅和客厅所留下来的古典家具。这些椅子的木质部位饰以繁多的雕刻，甚至涂金装饰，宽大的座面和高高的靠背用带有大型花纹的织锦或天鹅绒包面，并且往往带有流苏。宫廷中使用的椅子有详细规定，表示不同的地位和身份。路易十四式椅子木构架都是雕刻制作，多采用山毛榉和橡木。高靠背椅子底脚或是有力的方形栏杆，或是曲腿，沟槽装饰，底端做成涡卷样式。整件家具庄严、厚重、豪华，表现了使用者的身份、地位和权势（图 1-4-6 至 1-4-8）。

（二）桌子

台架桌（图 1-4-9）仍主要以大理石为桌面，以描金的莨苕叶和人物雕刻为桌腿，自上而下逐渐变细的栏杆式支脚，四脚间横撑，涡卷形曲线交织到中心，并以涡卷纹收尾，形成 X 形，望板下两腿间悬挂着精致的透雕装饰。桌底架的雕饰多是以莨苕叶和涡卷纹为主题。桌望板横饰带上也雕饰着精美的花饰，桌面则是大理石。整件家具豪华、庄重。

写字桌的造型形式是在台架桌基础上发展而来的（图 1-4-10）。左右两边各有四只底脚支撑，底脚或是有力的方形栏杆，或是涡带凹槽的卷形曲腿，底脚横撑为 X 或 H 形。有的桌子在中间用一总横撑与两边横撑连接。桌面前缘或直，或呈波状曲线。桌面下有节奏地排列着一组小抽屉。整件家具精致、豪华。

图 1-4-6 扶手椅　　　图 1-4-7 扶手椅　　　图 1-4-8 扶手椅　　　图 1-4-9 台架桌

（三）橱柜

橱柜是路易十四时代的最重要的储藏类家具，主要有小衣柜、大衣橱和陈列柜（图 1-4-11 至图 1-4-13）。

小衣柜，是这时出现的一种新的橱柜形式，柜体立面设置多个抽屉。采用了丰富的雕刻装饰，在当时十分流行。法国宫廷艺术家布尔于 1709 年制作的一件小衣柜（图 1-4-11）是典型的巴洛克风格的代表作。有 8 个支脚，外部 S 形腿，上端是带羽翅的女人头像雕饰，底脚是叶板纹和兽足雕饰，内侧对称四个支脚呈倒置 L 形，曲形叶饰纹顺势而下，底脚是倒置宝塔螺纹雕饰。上部柜体为两排抽屉，柜体下端角为圆形，柜上面和中间有两条精致的蛇腹雕饰横线。抽屉外形也饰以金色的轮廓，再配上精美的拉手、蔓叶雕饰。这件家具的所有雕饰都是青铜雕刻纹样镀金，黑檀木的抽屉表面用青铜镶嵌更纤细、优美的涡卷花叶雕饰。整件造型奇异、炫耀、庄严、豪华，象征着统治者的权力和财富，也反映出当时宫廷艺术的审美趋向。

图 1-4-12 是布尔于 1700 年左右为法国宫廷制作的大衣橱，橡木制作，乌木贴面，玳瑁与青铜镶嵌、镀金装饰。装饰手法与小衣柜十分相似。

图 1-4-13 是布尔约于 1675—1680 年间制作，下面是一底座，上面是一带抽屉与柜门的陈列柜。下面的两个雕刻人物形象分别是希腊神话的希波吕忒与大力神赫拉克勒斯。整件家具宏伟大气，豪华壮观。

图 1-4-10　写字桌　　　　图 1-4-11　小衣柜　　　　图 1-4-12　大衣橱　　　　图 1-4-13　陈列柜

二、材料、结构与装饰

法国路易十四时期，宫廷家具主要用胡桃木制作，表面镀金装饰；中产阶级使用的家具用胡桃木、橡木和山毛榉制作。青铜、龟甲常用于"布尔镶嵌"中。此外，匈牙利的编织，中国的丝绸、锦缎，荷兰乌得勒支的天鹅绒、毛毯，热那亚的红缎、压花皮革与天鹅绒，法国博韦的毛毯等也是法国巴洛克家具中常见的材料。

由于家具中大量运用青铜饰件增强了家具的结构强度，使得家具中可以运用一些如松木、榉木等次等木材作为内部构件。此外，路易十四式的桌椅类家具腿间多用 H 形或 X 形拉脚档。车木构件多为螺旋形车木，方形栏杆式支脚自上而下逐渐变细。

法国的巴洛克家具主要是宫廷家具，大多采用精致华丽的雕刻，以及精巧的镶嵌细木工艺和青铜雕饰镀金银，十分生动、豪华。装饰题材主要包括头盔、带翼的胜利女神、盔甲、战利品、玫瑰花、齿状装饰、寓言中的人物、爱神丘比特、太阳神、涡卷纹、莨苕叶饰、扇贝花饰等，与家具结构相互交织，呈对称形式，比例夸张。

三、小结

路易十四式家具是典型的巴洛克风格，家具外观运用端庄的体形与含蓄的曲线相结合而成，通常以对称结构设计，装饰夸张，整体豪放、奢华。家具表面多采用镶嵌、雕刻、镀金等装饰，看上去富丽堂皇。

作业与思考题

1. 法国巴洛克风格以什么为代表？其主要特征是什么？

2. 资料收集：谁是法国巴洛克时期最具代表性的家具设计和制作师？他们为法国家具的发展起到了什么作用？"布尔镶嵌"又指什么？

3. 资料收集：法国宫廷家具师布尔所创作的家具代表作有哪些？并分别详细介绍这些家具作品的造型、装饰等方法与特色。

4. 路易十四时期的椅子有哪些主要特征？选择一件将其绘制成三视图。

第三节　英国巴洛克家具

英国巴洛克风格的发展要稍晚于意大利、法国等欧洲内陆国家，起始于王政复辟的查理二世（在位 1660—1685 年）时代，经詹姆斯二世（在位 1685—1689 年）。直到威廉-玛丽（在位 1689—1702 年）时期才达到极盛阶段。

一、后期雅各宾家具（1660—1689 年）

从查理二世到詹姆斯二世为后期雅各宾时期。1660 年英国共和制垮台，在路易十四宫廷和荷兰过着流亡生活的查理二世回国继承王位，对共和制时代禁欲式的生活表示不满，于是在上流社会中重新恢复了奢华舒适的享乐生活，从而为制作艺术的发展提供了契机。查理二世把路易十四样式和尼德兰巴洛克风格引进到英国的室内装饰和家具设计领域，给当时贵族的生活趣味以很大的刺激。

（一）家具样式

1. 椅子

后期雅各宾时期的椅子多采用涡卷花饰和车木构件，靠背较高，座面与靠背织物包面或采用藤面，较多采用车木构件，有的座面前配有精美雕刻装饰的望板（图 1-4-14 至图 1-4-16）。

1666 年，伦敦大火几乎烧毁了市内的大半住宅及家具，它给英国的家具工业注入了新的动力。由于大火的原因，包覆椅子用的天鹅绒、织锦等织物严重不足，价格暴涨，迫使用户去寻找替代材料，因此编筐用的藤材出现在家具的座面和靠背上。藤材的材质和颜色与木材之间有着很好的调和效果，特别是在夏季，这种椅子透气性好、搬运方便，很快成为市民阶层中普遍使用的椅子。这种椅子靠背较高，采用螺旋纹车木立柱，前腿或是车木立柱加荷兰的球形脚，或是曲线腿加涡卷底脚。靠背顶板、藤芯边框、横档和座面前望板上常采用高浮雕或透雕莨苕叶饰、神话等题材。

图 1-4-14　扶手椅　　　　　　　图 1-4-15　扶手椅　　　　　　　图 1-4-16　藤背椅

2. 桌子

这时的台架桌多采用车木腿或涡卷形腿，前后腿间曲形横撑交织成 X 形，家具表面采用精美的薄木拼花贴面技术（图 1-4-17）。

英国从这时开始流行一种折叠桌，叫门腿桌（Gateleg Table，图 1-4-18）。底座两侧分别用铰链连接附设的支架，可以像门一样打开，支撑上翻后的桌面。需要时可以将桌面变大，变成一个大的圆形或椭圆形桌面。不用时，可收拢与主框架并合，桌面下翻，节约空间。这种桌子后来流传到美国殖民地时期，成为当地十分受欢迎的家具。

3. 橱柜

这时的橱柜（图 1-4-19 和图 1-4-20）也多用精美的薄木拼花贴面装饰，以球形脚、车木腿最为多见，曲线形腿底端常加工成涡卷形。

图 1-4-17　台架桌　　　　　　　图 1-4-18　门腿桌　　　　　　　图 1-4-19　抽屉柜

（二）材料与装饰

这个时期的大部分家具由橡木制作，胡桃木的应用逐渐增加。此外，椴木、乌木、贝壳、黄铜等材料常见于镶嵌中。17 世纪 60 年代后期，藤材开始大量用于椅子的靠背与座面。

除常见的车木构件、高浮雕、镀金等装饰外，17 世纪后期，由法国和尼德兰的工匠传入英国的贴面技术，发展成较为成熟的薄木拼花贴面技术。其方法是将不同明暗的木材切割成小薄片后拼嵌成各种图案，除木材外还使用贝壳、黄铜等材料，并将鸟兽等野生动物图案组织在阿拉伯花纹、海草、花束、花篮之中，构成精美的装饰图案。常用椴木或乌木碎片组成带式纹样作家具的边饰。

图 1-4-20　陈列柜

（三）小结

后期雅各宾家具采用较多的直线和方形板面，造型都较瘦长，装饰较为严谨，整体豪华、洗练。涡卷纹雕刻、螺旋形车木构件、精细的薄木拼贴、球形脚、藤面等也是这一阶段家具的特点。

二、威廉-玛丽式家具（1689—1702年）

1688年詹姆斯二世得子，这意味着他的长女玛丽将不能继承王位。玛丽的丈夫奥伦治亲王威廉三世便进行了光荣革命，于1689年继承了英国的王位。威廉三世自幼生长在荷兰，十分推崇荷兰式家具，在他的影响下，英国的室内装饰和家具设计具有荷兰风格的明显特点，因此这个时期英国的家具称为威廉-玛丽式或英国-荷兰式。同时，威廉-玛丽式家具还吸收荷兰、西班牙、中国和印度的东方特点。虽然威廉三世在位只有短短的13年，但对英国甚至欧洲的艺术产生了较大的影响。它与意大利、法国等独特丰满的巴洛克形式不同，艺术风格上端庄华丽、古雅讲究。

（一）家具样式

1. 椅子

17世纪末18世纪初，英国逐渐摒弃了后期雅各宾时代流行的藤面椅和车木椅，开始兴起另两种椅子。一种是法式椅子（图1-4-21），用天鹅等羽毛作填充物，用锦缎或天鹅绒作包面的面料；另一种称为"假发椅"（图1-4-22），专供妇女使用，这时的贵妇人出席宫廷沙龙时喜欢用假发装扮，为使就座者的发型和姿态更加显眼，椅背较高，椅背的高度有时是座面到地面高度的2.5倍。椅子多采用拱形靠背和喇叭形脚。

2. 写字桌

18世纪初出现了一种带翻盖的写字桌（图1-4-23至图1-4-25），桌面设置抽屉，倾斜的翻盖打开成水平状时，可在上面写字，桌子后部是一个带抽屉架，可以放置小型物品。高型的写字桌面正前方还装有一个柜体，可以放置书籍等物品。低矮型的写字桌多用喇叭形柱腿加球形底脚形式，腿间用X形横撑连接。高柜桌桌面下方通常采用抽屉柜形式，球形底脚。

图1-4-21 扶手椅

图1-4-22 靠背椅

图1-4-23 写字桌

图1-4-24 书桌柜

3. 橱柜

柜类由于受到荷兰的影响，形体较大，装饰仍用薄木拼花贴面技术，但废除了以往那种模拟建筑细部的装饰手法，多是喇叭形柱脚、球形脚（图1-4-26和图1-4-27）。这种橱柜传到殖民地时期的美国，深受喜爱，至今仍广为流行。

图 1-4-25　书桌柜

图 1-4-26　橱柜

图 1-4-27　橱柜

（二）材料与装饰

这时由于胡桃木已大量取代橡木，故又称为"胡桃木时代"。家具表面通常进行镀金、绘画、油漆处理。家具大部分采用螺旋形车木构件，车木直腿常有喇叭形，底足有爪球形、梨形、兽爪状、涡卷形等，腿间横撑常为 X 形。雕刻纹饰常以叶饰、花纹、C 形涡卷纹和螺旋为主题，还常常油漆、镀金。

（三）小结

与英国民族的严谨作风相吻合，这个时期的英国家具在后期雅各宾的基础上，追求洗练豪华的气势。采用较多的直线和方形板面。造型都较瘦长，装饰较为严谨。受荷兰和中国的影响，家具腿部采用喇叭式的车木形态，脚端则用球形，软包座面与靠背，使用东方油漆工艺。

作业与思考题

1. 英国巴洛克风格可细分为哪两种风格？其主要造型特征分别是什么？
2. 英国后期雅各宾时期为什么会兴起藤背椅？其主要特征是什么？
3. 英国巴洛克家具的主要用材有什么特点？
4. 这个时期的家具对美国殖民地时期的家具起了什么影响作用？

第四节　德国巴洛克家具

1618—1648 年，德国进行了历史上著名的"三十年战争"，给德国的经济造成了严重的破坏。加上哥特式的严重影响，德国在家具发展的进程上比其他国家缓慢。17 世纪后期，随着城市财力和权力的衰退，而新的贵族阶级逐渐富裕起来，开始大力兴建府邸、制作高档的家具和购置贵重的室内陈设品，以显示自己的社会地位和财富，从而促进了德国巴洛克家具的发展。

一、家具样式

（一）南部德国

17 世纪后期的南部德国，慕尼黑是艺术活动最活跃的地方。巴伐利亚选帝侯与意大利萨瓦诸侯国的玛丽亚公主之间的联姻，使德国与意大利巴洛克艺术有了频繁的交往。另外，从都灵来的建筑家也给德国带来了地道的意大利巴洛克样式。在巴洛克时代，法国凡尔赛宫的室内和家具设计是包括德国在内欧洲各国宫廷的楷模。17世纪末到18世纪，慕尼黑的宫廷中也传入了法国皇家的装饰风格。这就形成了以慕尼黑为中心的南部德国风格。但其家具造型远不及法国和意大利活泼，装饰手法也较为简单（图1-4-28至图1-4-30）。

图1-4-28　扶手椅

图1-4-29　橱柜

图1-4-30　橱柜

（二）北部德国

丹麦自1523年、瑞典自1654年起分别受到德国的统治，因此北部德国的影响来自波罗的海到斯堪的纳维亚诸国。这时北部德国的家具在受到南部影响的同时，还受到了朴实的北欧传统民间风格的影响。大型橱柜、写字桌仍是上层社会家庭中重要的家具。柜门嵌板多分割成很多小块，采用不同的装饰手法，表现出不同的地方特色（图1-4-31至图1-4-33）。

图1-4-31　扶手椅

图1-4-32　橱柜

图1-4-33　写字桌

二、材料、结构与装饰

与其他国家一样，胡桃木是这个时期德国家具的主要用材。此外，贵重金属、珍珠母、象牙、贝壳、石头用于家具的镶嵌装饰。采用雕刻和薄木拼贴镶嵌工艺，装饰精细华美而又统一。螺旋纹车木圆柱、檐口、涡卷纹饰等是常见形式。椅子的靠背和座面常用各种织物包面。

17世纪后期，由于受中国大漆家具的影响，德国也出现了用大漆涂饰的家具。这种装饰手法非常适合于表现巴洛克的华丽气质。达格利（Gerhard Dagly，活动期为1680—1714年）是第一个掌握大漆技术的德国人，他创造性地运用了大漆技术，并将其运用到柜类、桌、箱、钢琴、烛台等器具上。他除了采用在黑底色上撒上金银粉或其他金属颜料的手法外，还在浅奶油色的底色上使用红、绿、蓝等彩色，将家具装饰成瓷器一样。

三、小结

德国巴洛克家具也有南、北区别。南部德国受意大利、法国巴洛克艺术影响较多，但相比而言，家具造型趋向稳重，装饰也有简化。北部德国的巴洛克家具较多地保留了朴实的北欧传统民间风格。

作业与思考题

1. 简述南北德国的巴洛克家具的主要区别。
2. 资料收集：更多德国巴洛克家具图片，并简要介绍其来源与造型等特征。

第五节　美国早期殖民地式家具

美国的家具史是美国历史的缩影，它反映出当时美国社会的经济、政治情况以及人们的价值观。

自 1492 年哥伦布发现美洲新大陆后，美洲便成为欧洲列强扩展疆域、掠夺财富的地区。英国、西班牙、荷兰、葡萄牙、法国等都在美国建立了自己的殖民地。早期殖民地时期，移居北美大陆的移民处于创业阶段，他们在极其艰苦的条件下，采伐树木、耕地种田、建立家园，美国的家具也同样经历了艰苦创业，从而形成自己独特的风格。这些殖民者们在掠夺财富的同时，也给美洲大陆带来了欧洲文化，他们用各自熟悉的家具形式来制作家具。欧洲的一些精美家具店拥有设计书籍，这些书籍描绘有当时流行的家具式样，而且注明哪里可以制作这些家具。一些贵族通常拥有这些书籍，方便他们向工匠交代一些他们想打造的家具细节。但直到 18 世纪这些家具设计书籍才传到美国。由于当时欧美之间的交通需要很长时间，使得殖民地风格相对欧洲来说要滞后一些。但随着交通时间的缩短，这种风格的滞后现象也逐渐减少。同时，由于美国当时的艰苦条件，美国的家具工匠肯定不及欧洲宫廷家具师那么好的手艺与条件。

此外，美国的木材资源比欧洲丰富得多，于是他们利用美国当地的木材代替了那些在欧洲家具中较为流行的木材。殖民之间的差异加上美国当地的影响，促使美国家具形成新的特征——地域特征。如 17 世纪新英格兰家具带有浓厚的英国味道，而纽约家具则采用荷兰巴洛克风格。这种地域特征到 18 世纪中期最为明显。由于不同文化之间的交流融汇，直到 19 世纪 20 年代这种地域特征才逐渐消失。

这样，两个重要的元素，即继承与环境，在美国家具的风格形成中起了重要的作用。美国家具继承了欧洲家具的比例和装饰，但当地木材的应用以及取消了过度的装饰，从而衍生具有独特设计美感的美国家具。

当时，美国家具制作主要分为两类。一类是主要模仿当时欧洲宫廷中流行家具式样。另一类则大量采用车木技术，就风格而言，它们并不追求当时流行的贵族样式，而采用早期的一些家具样式，有的甚至采用乡村风格。

与欧洲相比，给美国家具风格命名比较困难。因为在欧洲的家具风格一般都以当时的君主的名字命名。总体看来，美国家具风格的命名主要有两种形式，一是传承欧洲君主命名的形式，二是采用一些特别的家具设计师和人物的名字命名。可以理解，由于时间的滞后和来自不同国家的风格也同时影响那些殖民地区，那些以君主名字命名的家具与欧洲的这些家具并不完全一样。

一、美国雅各宾式（约 1607—1690 年）

美国最早的两个殖民地是詹姆斯镇（Jamestown，1607 年）和普利茅斯（Plymouth，1620 年），当时正值英国的乔治一世时期（1603—1625 年），所以美国最早的家具常常以形态朴素的雅各宾式为范本。因此，有人把美国早期殖民地式家具称为美国雅各宾式。也有资料将这时的家具称为"朝圣（Pilgrim）家具"，但这仅限于当时比较少部分人使用的一种家具形式。当时，北欧还没有完全从中世纪摆脱出来，意大利文艺复兴设计的影响开始到达英国。16 世纪，一些古典元素开始运用到英国的家具设计当中。布绉图案开始被拱廊嵌板所取代，厚重的球根状的腿脚应用到家具上。带箍线条饰、几何纹饰和涡卷带饰图案被应用到雕刻中，这种佛兰德的风格也通过设计书籍和移居到美国的佛兰德胡格诺派教徒工匠传入美国。

（一）家具种类

1. 餐具柜

餐具柜是当时殖民们的一种最重要的家具形式，主要用来存放食物、家居用品以及银器和其他贵重物品，也是身份地位的象征。富有的家庭则将其装饰得丰富一些，贫穷的家庭则简单一些。餐具柜有两种形式：一种上面设有柜门，下面是开放式的架（图 1-4-34）；另一种则是上下两层都带柜门的橱柜形式（图 1-4-35）。这两种餐具柜大多模仿欧洲流行的乌木色泽而漆成黑色。家具立面采用中间有球状装饰的纺锤形半立柱装饰。图 1-4-35 是波士顿地区的一种餐具柜，用当地红橡与红枫为主材，采用建筑造型，半柱、车木栏杆支撑，几何形框架嵌板结构。上层两侧内凹，主人可以展示银器与瓷器。顶上可以覆盖织物，下层有两个柜门与两个抽屉，这种柜子在新英格兰十分常见。

2. 箱柜

与餐具柜比较接近的是箱柜。箱柜制作简单，只由六块木板组成，有的表面可能加些粗糙的雕刻装饰。这时在美国流行三种箱柜。一种叫"向日葵"柜（图 1-4-36），流行于美国康涅狄格州首府哈特福德一带，由于柜的中间嵌板上雕刻向日葵图案而得名。一种叫"哈德利"柜（图 1-4-37），通常由橡木和松木制成，来自于 17 世纪后半叶的康涅狄格峡谷一带。平面雕刻叶型图案和漩涡纹饰，通常还雕刻有家具所有者姓名的首写字母。与"向日葵柜"相比，它的图形安排得比较松散，雕刻覆盖了整个柜子。有的再施以红、蓝、绿、黑等丰富的色彩以突出雕刻图案和装饰线型，现存 100 多款此类箱柜。第三种是"吉尔福特"柜（图 1-4-38），柜子表面彩绘花卉和蔓藤。这些早期的矮柜由放毯子的箱子发展而来，有的在柜子底部装有一个或两个抽屉。较高的有两三个抽屉，柜子上方是一个储藏空间，带一个向上翻的箱盖。直到 17 世纪末，抽屉柜才开始真正出现。

还有一种比较少见的架上箱柜（图 1-4-39），将箱子放置在一个车木框架上。此类箱柜表面通常着浅色油漆。

3. 椅子

17 世纪的美国，很多质朴而实用的椅子流行于世，有与雅各宾时期护壁板椅相似的椅子、欧洲上层社会流行的法金盖尔椅、有车木构件的椅子等。

图 1-4-34　餐具柜　　　　　　　图 1-4-35　餐具柜　　　　　　图 1-4-36　"向日葵"柜

图 1-4-37　"哈德利"柜　　　　图 1-4-38　"吉尔福特"柜　　　　图 1-4-39　架上箱柜

　　当时流行的车木构件的椅子主要有两种类型：布鲁斯特椅和卡弗椅。布鲁斯特椅与卡弗椅由殖民地开拓时代著名的人物布鲁斯特（William Brewster，1567—1644 年）和卡弗（John Carver，1576—1621 年）而得名。两者除座面采用木板外，其他部位几乎由车木构成，座面多为绳子编织而成，极具田园风格，故也称田园椅。卡弗椅（图 1-4-40 和图 1-4-41）相对简洁，采用较少的车木构件，靠背处只有一列纺锤形圆棒；布鲁斯特椅（图 1-4-42 和图 1-4-43）的靠背上、扶手下，有的甚至座面下方都有纺锤形圆棒。类似的还有一种板条椅（图 1-4-44），其靠背由多条木板排成阶梯状构成。

　　护壁板椅（图 1-4-45）只是在殖民早期制作。靠背采用嵌板形式，实木座面，靠背嵌板有时用平面雕刻装饰。

图 1-4-40　卡佛椅　　图 1-4-41　卡佛椅　　图 1-4-42　布鲁斯特椅　　图 1-4-43　布鲁斯特椅　　图 1-4-44　板条椅

　　软包椅可以算是当时一种比较豪华的家具。这种座椅靠背和座面部分采用皮革或织物软包，织物多采用土耳其织物。椅子整体体态僵直，前腿和前腿间的横撑采用车木形式（图1-4-46和图1-4-47）。这类由大量车木构件组成的家具主要采用水曲柳、榆木、山胡桃木和枫木制作，开始时构件较大，显得比较厚重，后来逐渐变细、变轻巧，现在也一直在美国生产并使用着。

图1-4-45　护壁板椅

图1-4-46　软包椅

图1-4-47　软包双人椅

4. 桌子

　　这时的桌子有两种基本形式，其主要区别在于桌面下方的底座。一种是框架结构的底座（图1-4-48和图1-4-49），无论尺寸大小、桌面下是否安装抽屉，多用车木腿组成框架支撑着桌面。另一种折叠桌（图1-4-50），也叫"门腿桌（gate-leg table）"，有两扇可以折动的桌面，底座框架两侧分别用铰链连接附设的支架，可以像门一样打开，支撑上翻后的桌面。不用时，可收拢与主框架合并，桌面下翻，节约空间。

图1-4-48　台架桌

图1-4-49　高架桌

图1-4-50　折叠桌

5. 凳子

　　凳子（图1-4-51）的形式与框架式底座的桌子相似，是17世纪后期的一种简便实用的坐具形式，主要由四条脚端微微向外侧的车木腿组成，腿间有横撑和望板。

6. 桌椅

　　美国这时也有桌椅形式（图1-4-52），椅子靠背向前折动后架在扶手上方，作桌面使用。

（二）材料、结构与装饰

　　美国当地盛产木材，这个时期的主要家具用材有当地的这些松木、枫木、桦木、橡木、胡桃木、山胡桃木、樱桃木、榆木、水曲柳等。松木主要用作桌面，材质稍硬的用于家具的着力部位，其中最为常见的是橡木和水曲柳，这种厚重、坚固、粗犷的木材非常适合文艺复兴家具宽大、厚重和直线型的风格特征。

由于当时的美国金属加工还不发达，所以钉子、螺钉等比较少，主要靠手工锻造而成，此外，胶也是很难买到。于是，当时的木质家具主要依靠框架嵌板结构和榫卯接合，常见的有燕尾榫、搭口接、木销、木楔等。只有无法应用榫卯接合的地方才使用钉接合，如橱柜的底板、背板、铰链和其他五金件的固定等。

17世纪末以前，抽屉也是采用钉接合（图1-4-53），其安装则采用标准的侧向安装方法，即在抽屉旁板中间位置开一条槽，在对应的橱柜内侧用钉子固定两条小木条作抽屉轨道使用。为了适合槽和钉子的构造，抽屉部件必须有一定的厚度，有的甚至厚达25mm。由于抽屉大都采用橡木制作，所以抽屉的重量很大。

图 1-4-51　凳子

图 1-4-52　桌椅

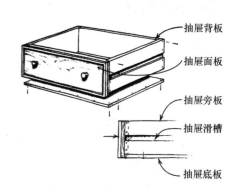

图 1-4-53　17世纪的抽屉结构

这时的家具以实用为前提，取消了多余的雕刻、镶嵌等装饰，家具表面喜欢采用做旧的方法，以创造出一种历史时间感。车木构件是这个时期家具的一大特色，椅子、桌腿、床架等很多部分都采用了车木构件。橱柜立面多运用了半柱装饰，不同地区的半柱形式也有所不同。车木技术在美国作为木工技术的一个独立分支，逐渐发展。车木制造者不仅为木工提供车木工件，还开发出自己的产品，如布鲁斯特椅和卡弗椅整体采用车木构件，其接合部分也相应采用了车木榫头和钻孔。此外，雕刻（特别是浅浮雕）是框架嵌板结构的平面部位的主要装饰手法。17世纪的美国家具大多采用自然界的植物形象和文艺复兴时期的装饰题材。

（三）小结

美国早期殖民地家具主要是在英国雅各宾式家具的基础上，在艰苦创业阶段、缺乏制作家具的能工巧匠、大量丰富的当地木材等条件下，美国殖民者们从实用出发，将家具的造型单纯化，以直线为主，较多地运用了车木构件，家具形态低矮、厚重、装饰简朴，为了节约空间，出现了折叠式家具，如门腿桌，形成了美国简朴、实用的家具风格。

二、美国威廉-玛丽式（约1690—1725年）

威廉·玛丽（在位1689—1702年）于1689年继承王位后，更进一步增强了英国与美洲大陆的联系。一些工匠和新的设计观念从欧洲各个国家，特别是英国，源源不断地流入美国。首先接受这些新观念的当然是一些港口城市，如波士顿、纽约和费城，随后慢慢向内陆延伸，并在那里得到很好的发展，加上当地的一些审美、技术和材料，形成了一种新的设计风格。

　　为了与英国保持一样的时尚，是威廉-玛丽式家具得以在美国存在的基础。17世纪的最后20年，在新英格兰和英国之间，随着政府、个人贸易交往的日益密切，物品的进口也十分方便，富有的殖民者们可以轻易地购买到当时许多最新的、最时尚的家具样式。到18世纪，威廉-玛丽式家具在美国一些主要的港口城市流行开来。

（一）家具种类

1. 箱柜

　　燕尾榫在抽屉中的应用使得这个时期的箱柜变得轻而牢固，而且也使形体变得高大。那种早先上面翻盖、下面安装1～2个抽屉的箱柜一直流行到18世纪20年代，而沿海城市则从17世纪70年代就开始制作四个抽屉的箱柜（图1-4-54）。从18世纪初开始，美国开始出现一种存放衣物的高脚柜（图1-4-55），形似欧洲文艺复兴后期的橱柜。这种高脚柜最初形式是将箱柜架于腿支架上，中间是一个宽抽屉，车木腿通常呈倒杯形或喇叭状。随着风格的发展，这种高脚柜也逐渐演变得更加统一协调（图1-4-56）。高脚柜取代了17世纪的餐具柜，成为18世纪美国家具的一种重要形式。由于这些家具更多地倾注了制作者的技艺和客户的审美品位，成为美国威廉-玛丽式家具的代表。

图 1-4-54　箱柜　　　　　图 1-4-55　高脚柜　　　　　图 1-4-56　高脚柜

2. 书桌

　　受英国威廉-玛丽式家具影响，这时的书桌主要有两种形式，一种是正面略有倾斜的书桌（图1-4-57和图1-4-58），倾斜的盖子翻下后可作为写字桌面。还有一种就是书桌柜形式，柜子下方是一个带有球脚的抽屉柜或书桌形式，桌面上方带翻盖，上部则是一个柜体，深度略浅，以增加稳定性，可以用来存放书籍（图1-4-59）。

图 1-4-57　箱柜　　　　　图 1-4-58　高脚柜　　　　　图 1-4-59　高脚柜

3. 其他桌子

威廉-玛丽时期出现许多不同用途的桌子，如卧房使用的梳妆桌、喝茶或咖啡、打牌及其他休闲活动时使用的桌子、方便存放的折叠桌等。

梳妆桌 （图 1-4-60）通常与高脚柜搭配在同一房间使用，因此，它们结构、形式十分相似。典型的威廉-玛丽式梳妆桌通常采用四条车木腿，正立面中间是两根装饰用的车木挂落，有的在腿间横撑连接处有向上的一根相似车木装饰，而高脚柜则有六条车木腿，正立面中间是两条前腿，腿间横撑连接。

门腿桌 （图 1-4-61）在这时达到了巅峰，主要用作餐桌，两扇可以折动的桌面分别架在可以折动的门扇支架上。不用时，可收拢与主框架并合，桌面下翻，节约空间。这种桌子大部分采用圆形与椭圆形，直径 1.2～1.5m。另一种折叠桌 （图 1-4-62）两侧采用蝴蝶翅膀形折动支架，所以称为"蝴蝶桌"。这种桌子稳定性不及门腿桌，因此其尺寸也要略小些。门腿桌与蝴蝶桌在桌面下中间支架两端通常安装抽屉。由于其方便、实用、节约空间，非常适合当时的生活需要，所以这种折叠桌形式在整个 18 世纪的美国一直十分流行。

此外，这时还有其他形式的许多桌子，如咖啡桌、茶桌等。其结构形式十分相似，大都采用车木腿形式，腿间加横撑，有的脚端略向外撇。桌面有长方形、椭圆形、八角形等多种形状。

图 1-4-60　梳妆桌　　　　　图 1-4-61　门腿桌　　　　　图 1-4-62　蝴蝶桌

4. 椅子

这时椅子的结构虽然没有多大变化，但在风格形式上逐渐演变成巴洛克风格，呈现出威廉-玛丽式家具的特征。大量运用了车木腿和横撑，扶手呈曲线形态，前端做成涡卷形式。威廉-玛丽式椅子比雅各宾式的要高，有的高达 1.2m。椅子靠背仍然保持直线造型，但略向后倾斜，增加了舒适性。两条后腿一直向上延伸成靠背两侧的有力支撑。靠背中间有的安装栏杆，有的做成藤芯，有的则采用皮革软包形式。靠背顶板雕刻精致 （图 1-4-63 至图 1-4-66）。费城地区，椅子靠背流行拱形顶板和垂直栏杆的形式。新英格兰的椅子靠背顶板常采用佛兰芒的涡卷图案进行透雕装饰，与装饰华丽的顶板相呼应，比较讲究的椅子前腿会采用西班牙式脚 （图 1-4-64）。

由于 18 世纪初的伦敦在家具中流行使用藤材，随着英国椅子的进口，这种风格也很快在波士顿盛行。但美国的椅子不是采用整个藤制靠背，而是将藤芯编入椅背中间的框架中，这不仅给椅背两边留出两条窄长空间，而且为两条椅子后腿进行车木加工提供了条件。整个椅子不仅强调垂直的视觉感受，而且增添了虚实对比，使椅子显得更加生动 （图 1-4-65）。这种藤背椅子一直流行到 18 世纪 30 年代。

还有皮革软包的椅子，被称为"波士顿椅"（图1-4-66）。这种椅子大约于1715年开始流行，流行了大约35年。波士顿椅使用车木前腿和横撑、西班牙式脚，整体造型与其他椅子一样显得窄长，座面和窄长的靠背中间采用皮革软包，边部采用装饰铜钉。当时的皮革并不比藤与织物昂贵。大多数椅子靠背顶板两边采用波状曲线，中间平直。两条后腿外侧起阳线一直连到顶板。波士顿椅是当时一件十分重要的家具，其原因有二。一是从椅子侧面看，椅子靠背呈S形，增加了椅子的舒适性。同时，这也是以前的直背椅在风格上的一大改进。另外，由于靠背采用手工加工的曲线形式，再以皮革软包，而不能采用车木形式，增加了制造成本，使得这种椅子比车木构件椅子贵3～4倍。二是这种款式可以说是后来安妮女王式的前奏。波士顿椅被大量制作，并不断被卖到纽约和费城，对当地的家具工匠产生了较大的冲击，他们不得不降低价格与此竞争，但波士顿椅的销量一直很好。这从侧面反映了18世纪初殖民者间已经进行贸易往来。

图1-4-63　靠背椅　　　图1-4-64　新英格兰椅　　　图1-4-65　藤背椅　　　图1-4-66　波士顿椅

5. 软体家具

全包休闲椅（后被称为"翼状椅"，图1-4-67）在这时出现。与这时的许多其他家具一样，这种休闲椅也大胆运用了车木前腿和横撑、西班牙式脚。扶手和前腿上端成卷筒状，两者用流畅曲线连接。最初的软包都十分饱满，坐垫充满羽绒，非常厚实。18世纪，弹簧尚未使用，软包主要采用绷带支撑。座面下前望板造型优美，并且采用了软包形式，这是当时休闲椅（Easy Chair）所特有的一种形式。由于18世纪的纺织品比较昂贵，因此这种休闲椅也是当时比较贵重的家具，主要放置在卧房中使用。

另一种软包椅是躺椅（图1-4-68），其造型风格基本与当时没有软包的椅子十分相似，只是比例大不相同。靠背低短，座面长1.5m。为确保稳定性，有八条腿，另外还增加了许多横撑。软包坐垫做成独立的形式，可以分开使用。这种躺椅主要用作日间小憩，靠背可以调节角度。

图1-4-67　翼状椅

（二）结构与装饰

由于燕尾榫的应用，美国威廉-玛丽式家具可以采用以前框架嵌板结构所不能采用的形式，抽屉和柜体的重量减轻，为强调垂直形态的美国威廉-玛丽式家具奠定了基础。

抽屉结构（图1-4-69）在这个时期发生较大的改进。18世纪初，抽屉零件较为厚重，采用较大的燕尾榫接合，抽屉底板用钉接合。1725年以后，抽屉零件变轻、变薄，并改用一系列精细的燕尾榫连接，抽屉底板安装在榫槽内。抽屉结构的改进是整个家具结构技术的缩影，表明了家具制作技术在不断改进。

图 1-4-68　躺椅

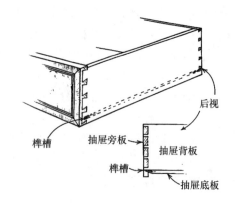

图 1-4-69　抽屉结构

美国威廉-玛丽式家具的装饰主要可分为三种类型：薄木拼贴、雕刻和车木。薄木拼贴是将具有美丽纹理或树瘤的薄木拼贴在家具表面的装饰手法，是这个时期家具的主要表面装饰方法。当时的薄木厚3mm，比现在家具上的薄木要厚得多。美国威廉-玛丽式家具的雕刻装饰主要集中在椅子上。美国雅各宾式家具主要采用平面雕刻，以文艺复兴和中世纪的植物、带状饰、几何题材为主，而威廉-玛丽式椅子的雕刻多以巴洛克佛兰芒图案为主，雕刻图案与家具零部件融为一体，通常采用透雕形式，雕法大胆、生动（图1-4-70）。此外，同时作为美国威廉-玛丽式家具结构部件的车木也是其重要的装饰部分，车木构件形式丰富（图1-4-71和图1-4-72）。有的车木轮廓起伏较小，通常呈中心对称，主要用于桌子的腿和横撑；有的车木则起伏较大，造型元素变化丰富，由球形、奖杯、喇叭形、花瓶形等多个单元组合而成，常见于梳妆桌和高脚柜。

图 1-4-70　椅靠背顶板

图 1-4-71　车木横撑

图 1-4-72　车木腿

（三）小结

这个时期，欧洲大陆开始流行洛可可风格，但由于欧美之间交通的问题，使得美国的家具比欧洲流行的风尚要滞后一些。实际上，这个时期的美国家具还属于巴洛克风格，结合美国当地的条件，采用一些简化的巴洛克样式。此外，一种带有涡卷和槽线的家具脚——"西班牙式脚"，开始出现在这时的家具上。这时的家具广泛采用车木腿，形式丰富，花样繁多，有倒转杯形、喇叭形和小圆脚等。

作业与思考题

1. 美国早期殖民地时期流行哪些箱柜形式？

2. 美国早期殖民地时期流行的车木构件椅子具有哪些特征？

3. 美国早期殖民地时期雅各宾式家具与英国雅各宾时期的家具有哪些异同？

4. 美国威廉-玛丽式家具中有哪些大的改进？对家具发展有什么作用？

5. 美国威廉-玛丽式"翼状椅"的主要特征是什么？

结语：

　　文艺复兴摆脱了中世纪的阴影，而巴洛克则带领人们走向更自由奔放的新天地，人类的世俗生活得到了根本的肯定和充分的发展。从历史的角度出发，巴洛克艺术所表现出的那种奔放、豪华、宏大的气势是无法取代的。巴洛克风格可以说是一种极端男性化的风格，是充满阳刚之气的，是汹涌狂烈和坚实的。巴洛克家具打破了以往那种规整方正的直线形式，大胆地运用多变的曲线，并着重装饰，摒弃了直接模仿建筑的手法，使之彻底摆脱了从属于建筑的局面，这是家具领域的一次飞跃。在坐卧类家具上，应用织物软包形式，开创了软体家具的先河。

　　但巴洛克艺术所呈现的烦冗浮华的风气，也是其致命的弱点，到一定时期必将被另一种风格所取代。

第五章 洛可可家具
（18世纪初—18世纪70年代）

学习目标： 掌握洛可可家具在西方各国的发展情况，重点掌握洛可可家具的主要特征以及美国殖民地家具风格，以及法国与英国在这个时期的典型家具风格。

"洛可可"一词来自法国宫廷庭园中用贝壳、岩石制作的假山"Rocaille"，意思是此风格以岩石和蚌壳装饰为其特色，是巴洛克风格与中国装饰趣味结合起来的、运用多个S线组合的一种华丽雕琢、纤巧烦琐的艺术样式。

17世纪末18世纪初，法国专制政体渐露危机。对外作战失利，经济面临破产，宫廷中享受之风却日趋豪华而近于糜烂。资产阶级借机向国王要权，国王一统天下的局面已成历史。贵族不再以挤进凡尔赛宫为荣，他们纷纷迁居巴黎，摆脱了在凡尔赛宫时国王的大臣们严格的监督，兴建城市的住宅，开始过一种快乐而又时尚的生活，结果巴黎代替了凡尔赛宫，成为法国的文化中心。这时期艺术领域的重大变化主要反映在室内装饰和家具上，被称为"洛可可艺术"。洛可可艺术是18世纪初在法国形成的一种室内装饰手法，随后传到欧洲的其他国家，成为18世纪流行于欧洲的造型装饰艺术。

第一节　法国洛可可家具

一、摄政式家具（1715—1723年）

1715年9月1日，路易十四在怨声载道中死于凡尔赛宫的权威之床。路易十四死后，由他的曾孙，年仅5岁的路易十五（在位1723—1774年）继承王位，由于路易十五年龄尚小，不能当政，由摄政王奥尔良公爵菲利浦摄政（在位1715—1723年）。

菲利浦摄政后马上将宫廷从凡尔赛宫迁移到巴黎市内自己的府邸"罗瓦雅尔宫"，在丘伊尔丽宫为年仅5岁的路易十五进行了即位典礼，确立了他的国王王位。奥尔良公爵是继艺术家伯拉之后又一位领导法国宫廷艺术的杰出人物，他有着良好的艺术修养和鉴赏力，在他的努力下，法国宫廷艺术放弃了巴洛克的拘谨形式，逐渐形成了一种自由、优雅的艺术形式，这种艺术形式也就被称为摄政式或奥尔良式。

虽然法国摄政时期只有八年时间，但它的名字却与一种更自由、更宽容和更加舒适的生活方式联系在一起。受宫廷的影响，贵族和新兴的资产阶级纷纷效仿，把自己的府邸改造成造型简练、优雅的小规模的住宅。此时，上流社会活动的主要场所也不再流行路易十四时期的豪华大厅，而是喜欢用小巧雅致的沙龙。宫廷的日益非规范化，不断增长的新的富有阶级追求与贵族一样的高雅与华贵，促使时尚朝着优雅和舒适的趣味发展，为法国的家具发展创造了条件，家具形态发生变化，开始追求雅致精细的风气。圆润柔婉的造型，严密的结构，自由流畅的曲线，富于韵味的装饰，青铜镀金的雕饰，构成了优美灵巧的摄政式家具，不仅成为路易十五式家具风格的前奏，同时也被路易十五式所吸收，成为洛可可家具的主要特点。

（一）家具样式

1. 椅凳

摄政式椅子（图1-5-1和图1-5-2）的风格表现为从路易十四时期的直线形向外廓曲线形的一种过渡形式。椅子的尺度较小，使其可以较方便地从沿墙摆放搬动到所需的位置，以便于们进行交际。与路易十四时的椅子相比，这种椅子显得更为精致和优雅，外廓更加柔美，有着更多的精美的浅浮雕装饰，不太讲究严格的对称性。

一般而言，摄政式椅子的靠背较路易十四式的低，椅背的顶部常常是波状曲线形式，上面雕刻贝壳、莨苕叶饰或涡卷纹。两侧背框架仍为垂直边框。靠背下方有横档，略高于座面。扶手弯曲，扶手支撑柱内缩于前脚，与座面的侧档连接在一起。座面下的望板呈凸肚形，雕成扇贝形，两侧搭配连绵的莨苕叶饰或涡卷纹。摄政式凳子（图1-5-3）通常与椅子配套作为脚凳使用，或单独使用。造型风格基本与椅子一致，但渐渐地取消了腿间的X形拉脚档。

图1-5-1 扶手椅　　　　　　　图1-5-2 扶手椅　　　　　　　图1-5-3 凳子

2. 桌子

桌子风格的变化与椅子一样显示了同样连续的演变。靠墙桌（Console table，图1-5-4）与墙上的镶板相呼应，并放置在其下方，镶板上通常安装镜子。两条桌腿和望板采用精美的雕刻和镀金装饰，大理石台面，前沿呈中间外凸波状曲线。

台架桌（图1-5-5）继续采用架桌形式，长方形桌面，S形曲腿，腿间仍用X形拉脚档。大理石台面，木质部位采用扇贝、涡卷叶饰等精美的雕饰。

特别重要的类型是写字桌，桌面上通常铺设皮革（图1-5-6），桌下横向排列三个抽屉。黄檀镶嵌，弯腿上端、拉手等处青铜镀金装饰。

图1-5-4 靠墙桌　　　　　　　　　　　　图1-5-5 台架桌

3. 橱柜

始创于路易十四时代的小衣柜，开始在摄政时期流行。其功能相当于目前的抽屉柜、斗柜。面板下是抽屉，曲线形的望板，柜腿逐渐向细长、高挑方向发展。凸曲线外形，正面中间凸出，两侧内收成流畅的曲线造型。家具边部、抽屉面板、脚和其他部位都贴有仿金的铜箔，装饰细部常常是对称的（图 1-5-7）。

图 1-5-6　写字桌　　　　　　　　　　　　　　图 1-5-7　小衣柜

（二）材料、装饰、结构

见"路易十五式家具"。

（三）小结

摄政式家具在造型上富有变化，出现了结构上的曲线造型，弯腿已成为主要的形式，望板常常做成向下、向外弯曲的凸曲面形。家具的制作工艺精湛，特别是青铜镶嵌、薄木贴面和细木工技术。

二、路易十五式家具（1723—1774 年）

1724 年，路易十五亲政，他重新将王室的活动中心转回到凡尔赛宫，并且将几个小房间重新装修，采用轻巧、明快的室内装饰手法及家具。法兰西贵族素以文明开化著称于欧洲，法国上流社会的生活方式当时也被视为全欧洲最优雅、最高贵的。18 世纪的法国是沙龙文化的黄金时代，当时的沙龙是进行政治、文学、艺术、哲学讨论或举办小型舞会的社交活动场所，妇女在社交活动中起着一定的支配作用。

从 1745 年起，路易十五的情妇蓬帕杜尔夫人（Pompadour，1721—1764 年）成为凡尔赛宫沙龙的主人，那里集中了一批著名的学者、艺术家、文学家、政治家、银行家等，成为左右法国文化艺术走向的重要力量，也成为洛可可艺术风格的倡导者。蓬帕杜尔夫人是一位富裕市民的妻子，她容貌美丽、才能非凡，富有教养。她 19 年的宠妃生涯基本顺乎启蒙时代的思想潮流，由于她的作用，法国文学、艺术界的大师们得以与政府有直接往来。由于她的参与而修建的几座豪华建筑的建造，如埃弗勒宫即今天的爱丽舍宫、巴黎西郊圣日耳曼的赛尔别墅、巴黎东北角马恩河上香镇的香堡、凡尔赛宫附近的美景宫等，不仅为艺术家提供了必要的生活条件，而且也为他们提供了施展才华的机会。建筑师加布里埃（Jacques Anqe Gabriel，1698—1782 年）、家具师埃班（Jean Francois Oeben，1721—1763 年）及德拉诺瓦（Louis Delanois，1731—1792 年）、画家布西（Francois Boucher，1703—1770 年）及拉·杜（La Tour，1704—1788 年）等人参与了这些建筑的改建设计与装饰工作，使之成为华丽、优雅的洛可可艺术的典范。

（一）家具样式

1. 椅子

在路易十五时代的休闲气氛中，贵族们十分偏爱椅子，于是涌现出一批造型优美、坐感舒适的新的座椅形式。它们将艺术与功能完美地结合在一起，形成了流芳百世的洛可可式家具。

其中最具代表性的是叫"佛提尤（Fauteuil）"和"贝尔杰尔（Bergere）"的两种椅子。佛提尤（图1-5-8和图1-5-9）是一种扶手向外侧敞开并向内缩进一段的椅子。座面与靠背用天鹅绒包衬，整体曲线流畅，腿部多为S形，脚端用猫爪或山羊脚状收回弯曲底脚。贝尔杰尔（图1-5-10）即安乐椅，是一种按照妇女身体比例和服装而设计的宽大而舒适的低扶手椅，靠背及侧面均装有软垫，座面采用较厚的弹性座垫，通体用华丽的织锦包面，豪华、舒适。有的安乐椅的扶手部位做成状似翅膀形（图1-5-11），座面既深且宽，是特别为了适合贵妇们极为宽大的衣裙而设计的，主要用于沙龙中。

梳妆椅（图1-5-12）形体较小，专为那个时代长发的梳理而设计的，靠背的顶端中央向下凹，就座者可舒适地靠在靠背上方便美发师帮助梳理。图中的椅子腿间保留了路易十四时期的X形拉脚档。

书写椅（图1-5-13）是一种造型独特的小型扶手椅。座面呈菱形，前后各一条腿，靠背较低且与扶手连成一体，呈马蹄形。在凡尔赛宫的书房中就有此椅，据说路易十五就非常喜欢这种椅子。

图 1-5-8　佛提尤

图 1-5-9　佛提尤

图 1-5-10　贝尔杰尔

图 1-5-11　贝尔杰尔

图 1-5-12　梳妆椅

图 1-5-13　书写椅

观牌椅（图1-5-14）是一种特殊的安乐椅，靠背上端装有宽软垫，供人站在背后把胳膊放在上面观战而设计的。打牌是当时社会的一种风尚，当一个人坐在椅子上对局时，另一人可站在背后用胳膊架在靠背顶端的软垫上舒适地观战。

沙龙也是当时男女相识、相恋的主要场所，为了便于恋人间的亲密交谈，产生了一种恋人椅（Veilleuse）。这是一种两把成对使用的长椅。椅子的靠背变成床头，扶手装在椅子的前面，成为一种变形的椅子。在伦敦的维多利亚·阿尔伯特博物馆，收藏着一把蓬帕杜尔夫人使用的恋人椅，是洛可可风格成熟时期的典型作品（图 1-5-15）。

在路易十五时代，在沙龙和妇女卧室内常见一种叫"卡那派
(Canapa)"的长沙发（图 1-5-16），约有 3 张扶手椅长，有 6 或 8 条腿，
长靠背呈波浪起伏状，左右扶手同佛提尤一样向外张开。这种沙发并不
是为三个人而准备的，而是为穿撑裙的妇女使用，如果出席沙龙的男士
坐到这张长沙发上，就会被认为没有教养而不受欢迎。

在洛可可的沙龙生活中，为了适合不同的休息姿势，产生了一种由

图 1-5-14　观牌椅

两件或三件坐具组合而成的组合沙发（图 1-5-17）。这种沙发组合豪华、
优雅，很快得到上层社会女性的青睐，被誉为"公爵夫人"。沙发组合一端采用贝尔杰尔型
的安乐椅，脚端则是靠背低矮的贝尔杰尔。三件套的在中间部位加上相同高度的凳子。这种
沙发组合对沙发的女主人来讲特别方便，可以代替床。盖上毛毯就可休息。使用后，每件家
具可拆开放置，非常方便。

图 1-5-15　恋人椅　　　　　　图 1-5-16　长沙发　　　　　　图 1-5-17　组合沙发

如此纷繁多样的椅子，满足了法国上流社会王公贵族们追求奢华安乐的需求，也凝聚了
巴黎一流的家具师、雕刻家的心血。而在我们眼中，它们又代表了一种文化和生活方式。

2. 桌子

洛可可时代也是桌子的黄金时代，随着沙龙文化的流行，法国的桌子形式和种类发生了
很大的变化。洛可可式桌子形体变小，结构趋简，取消了四条腿之间的横撑连接，重量变
轻，搬动方便。细长的曲腿，精致的镶嵌工艺，优美、雅致。

"标罗 (Bureau)"或称事务用桌、写字桌。18 世纪中期，中国的大漆工艺开始传入欧
洲。图 1-5-18 是宫廷家具师乔布特（Gilles Joubert, 1689—1775 年）于 1759 年为路易十五
制作完成的写字桌。桌面覆盖黑色天鹅绒，边缘用金色穗带装饰，采用橡木制作，桌子通体
用红色大漆工艺，装饰图案类似中国的山水风景，明显受到中国大漆工艺的影响。桌子立面
与四条腿上的卷叶饰青铜镀金装饰，在红色背景下显得十分醒目。图 1-5-19 写字桌采用薄
木镶嵌工艺，青铜镀金装饰，桌面一圈围边也用卷叶纹样。图 1-5-20 是一款勃艮第风格的
书桌柜，桌下有三个大抽屉，桌面靠里部位是带抽屉的书柜。图 1-5-21 桌面上有一块可翻
转开启的活动圆弧形门板，翻开后可作写字台使用。

梳妆桌可以说是洛可可桌类家具中最具魅力的一种，不仅造型优美，而且结构也十分合
理。常与标罗结合在一起，兼具梳妆及写字的功能（图 1-5-22）。梳妆桌配有精巧的机械装
置，上层桌面可向后滑动一半，抽屉向前打开，内部分成三部分，中间的一块装有镜子，可
向上翻开，方便照镜。左右两侧向外翻开，内可存放香水等化妆用品。桌面、抽屉面板等处

采用了精美的镶嵌装饰。

此外，还有早餐桌、牌桌、咖啡桌等，具有前述的装饰工艺和风格特点。可以说，欧洲所出现的桌子形式和种类在洛可可时代已基本完善。

图 1-5-18　写字桌　　　　　图 1-5-19　写字桌　　　　　图 1-5-20　写字桌

图 1-5-21　写字桌　　　　　　　　　图 1-5-22　梳妆桌

3. 橱柜

路易十五时期的橱柜家具有小衣柜（图 1-5-23 至图 1-5-25）、墙角柜、大衣橱、书柜等，其表面多采用薄木拼贴、镶嵌、青铜镀金等装饰手段。

图 1-5-23　小衣柜　　　　　图 1-5-24　小衣柜　　　　　图 1-5-25　小衣柜

小衣柜在当时已成为一种时尚的家具，它的外形更优雅，尺度也较小。最常见的是两个抽屉的小衣柜，依然采用摄政时期以来的曲面造型。望板的中心部位呈向下凸起的曲线形状，这是它的另一个特点。早期的小衣柜抽屉间有一根外露的横档，但后来随着结构的改进将其隐藏在抽屉面板后面。小衣柜普遍采用大理石台面，常用薄木镶嵌与青铜镀金装饰，采用花、草、叶子等植物题材。各种色彩的东方清漆的应用也十分流行，多用黑色底漆，使得其他表面装饰的效果十分突出。但是白底彩绘也是典型的一种洛可可装饰手法，特别在意大利更为常见。

（二）材料、结构与装饰

在摄政式和路易十五式家具中，最主要的材料是木材、清漆、织物和青铜。此外，瓷器、大理石、藤材也用于一些家具的制作。木材中，山毛榉是坐具的主要材料。胡桃木在法国北部和西部地区用得最多，但橡木也同时继续使用。而在以波尔多为中心的法国东南部，乌木已不再流行，开始使用桃花心木制作家具。此外，用到的木材有樱桃木、梨木、椴木、铁力木、郁金香木、榆木树根等。织物类有来自荷兰乌得勒支和意大利热那亚的天鹅绒，中国的丝绸、锦缎，奥伯卡马夫 （C. F. Oberkampf）在法国工厂制造的印度风格的印花布等。青铜饰件取代了路易十四时期的镀金雕刻件，成为家具中的一个重要组成部分，如青铜制作的公羊的头、女人的半身像、假山、把手、锁等。

18 世纪起，法国家具中方直的靠背、座面逐渐变成圆形，僵直的腿形也变成优美的 S 形曲线形式。由于曲线的大量运用，使得家具结构发生了巨大的变化。以前，水平与垂直构件在家具外部清晰可见，但是如今却被隐藏起来，也就改变了家具的结构形式。摄政时期处于过渡时期，家具尚保留了一些直线形态，多数呈对称构成形式。S 形曲腿开始使用，但许多家具仍保留了腿间 X 形交叉的横撑。路易十五式家具的细部装饰采用不对称形式，家具外形采用流畅蜿蜒的凸曲线。

摄政式和路易十五式家具装饰反对直线的运用，装饰的细节充满了想象力，借鉴了中国、日本的东方装饰图案，也从侧面反映出当时对中国、日本艺术的热情。多运用贝壳的曲线、皱折和弯曲形构图分割，装饰烦琐、华丽，绚烂多彩，以及中国卷草纹样的大量运用，具有轻快、流动、向外扩展以及纹样中的人物、植物、动物浑然一体的突出特点。受荷兰影响，镶嵌细工在这个时期家具比以前更为常见，中心采用花、果实和田园生活的场景，并用青铜雕饰构成洛可可式流动柔软的曲线装饰。1748 年，法国发明了一种仿中国漆的马丁漆。此后，仿中国的漆绘装饰在法国迅速流行开来。

（三）小结

法国路易十五式家具以华丽轻快、精美纤细的曲线著称，以回旋曲折的贝壳形曲线和精细纤巧的雕饰为主要特征，以凸曲线和细长的弯脚为造型基调，以中国漆为一种时尚，形成了一种轻快精巧、优美华丽、闪耀虚幻的风格，成为洛可可家具的代表。与巴洛克家具相比，路易十五式家具是一种更为纤巧优美的宫廷贵族风格的式样。

作业与思考题

1. 法国摄政式家具的主要特征是什么？
2. 法国路易十五式家具的主要特征是什么？
3. 选择一件法国路易十五式椅子，绘制其三视图。
4. 这时期的法国家具师行会组织有什么作用？出现了哪些宫廷家具师？他们有哪些代表作品？

第二节　英国洛可可家具

一、安妮女王式家具（1702—1714 年）

1702 年，根据英国王位继承法的规定，由玛丽的妹妹安妮继承威廉三世的王位，史称安妮女王（Queen Anne，在位 1702—1714 年）。自安妮女王即位后，英国国民的生活水平逐渐上升，中产阶级的财力日益增大。科技的进步、工商业的发展和殖民地的扩张，使得这个国家在财富和军事实力上都达到了前所未有的高峰。大量豪宅和宫殿的建造使得室内装饰与家具得到了充分的发展。

18 世纪初，英国社会已形成一种与宫廷生活方式相反的较为轻松的生活方式，非常适合于英国的乡村生活。英国的贵族大都不喜欢城市的生活，当没有政治或社交活动或比较少时，他们宁愿住在乡下而不愿住在伦敦。因此，乡村住宅随着其主人在这一世纪生活水平的迅速提高而变得更加华丽。他们中有许多人经历过旅行教育，熟悉欧洲的艺术趣味，从而对英国艺术的发展起到了很大的推动作用。

（一）家具样式

1. 椅子

薄板靠背椅（图 1-5-26 和图 1-5-27）是安妮女王时期家具的代表作品。轻盈优美的猫脚是此椅子的一个典型特征，而靠背中央花瓶形的靠背板，源于英国温莎椅靠背中间的薄板形式，成为安妮女王式椅子的又一个典型特征。结构坚实又具装饰性的薄板靠背，以适宜的弯曲形式适合人体的背部曲线，轻巧的弯腿与背框曲线和谐地相连，弯腿的膝部通常有节制地雕饰贝壳、狮面、涡卷花饰等题材。

带扶手的薄板靠背椅（图 1-5-28），扶手呈涡卷形，前方落在座框上，而并不与前腿连接，断面呈圆形，但在肘部接触部位处理得很平坦。起初，弯腿之间采用 H 形拉脚档连接以增加强度，但随着风格的演变，这些拉脚档逐渐被取消。两条后腿轻微地向后倾斜。双人椅也采用同样的形式。这时的躺椅仍十分流行，同样采用薄板靠背和弯腿形式。

靠背与扶手相连、织物包面的翼状椅（图 1-5-29），则是安妮女王时期家具中最具代表性的安乐椅。轻巧的弯腿，高高的靠背，两侧添翼，并向前延伸与扶手相连，扶手向外呈卷筒状。整体造型流畅、舒适、优雅。

图 1-5-26　薄板靠背椅　　图 1-5-27　薄板靠背椅　　图 1-5-28　扶手椅　　图 1-5-29　翼状椅

2. 其他家具

这时的其他家具基本延续上述的装饰工艺和风格特点，轻巧的弯腿、简洁的装饰（图 1-5-30 至图 1-5-33）。自 17 世纪末兴起的高型橱柜继续流行，形体较大，装饰仍用薄木拼花贴面技术，主要用球形脚或底座形式，也有采用弯腿形式，但容易损坏。

（二）材料与装饰

这个时期的家具仍以胡桃木为主要用材。安妮女王式家具以轻盈优美的猫脚为特征。为了与之相呼应，家具表面素净、简洁，没有过多的装饰。只是偶尔在局部进行镀金或雕刻装饰。细腻、优美的贴面和镶嵌细工是这个时期的一个特色。同时，受中国风格的影响，有的家具中应用了油漆彩绘，通常以黑、红为主。

图 1-5-30　凳子

图 1-5-31　沙发

图 1-5-32　写字桌

图 1-5-33　抽屉柜

（三）小结

安妮女王式家具是一种非常英国化的家具，它以简洁的造型、洗练的装饰、均衡的比例和完美的曲线表现出一种优雅、谦逊、理性的美。优美的 S 形曲腿是安妮女王时期家具的最重要特征，这种优雅的曲线被应用在椅子、桌子、餐具柜、烛台等众多家具的腿部，成为安妮女王式家具的典型标志。这种风格的家具与 17 世纪后期的威廉-玛丽式产生了鲜明的对比，以轻盈、优美、典雅的曲线，博得人们的喜欢。

虽然安妮女王统治英国只有 13 年，但这一时期设计的家具却流行了数十年，甚至到今天，安妮女王式仍然是英美家具设计的主流系列之一。

二、早期乔治式家具（1714—1760 年）

在斯图亚特王朝的最后一位国王——安妮女王以后是汉诺威王朝，它从乔治一世（在位 1714—1727 年）起，历经乔治二世（在位 1727—1760 年）、乔治三世（在位 1764—1820 年）、乔治四世（在位 1820—1830 年）、威廉四世（在位 1830—1837 年），最后到维多利亚女王时期（在位 1837—1901 年）。这里讨论的早期乔治时期指的是乔治一世到乔治二世期间，时间 1714—1760 年。

（一）家具样式

这时的家具样式基本沿用安妮女王时期的式样，只是由于当时的社会风尚和使用材料的不同，促使家具又开始向豪华、古典方向发展。安妮女王时期纤巧优美的 S 形弯腿多被动物腿取代，成为爪球脚或蹄形脚，而沙发的靠背通常采用波浪曲线（图 1-5-34 至图 1-5-41）。18 世纪，由于对休闲生活的追求，从而促使许多新形式的家具产生。如人们对桌子的需求除了写字功能以外，同时也希望能够玩乐时使用，于是就出现了多功能牌桌，除了具备写字桌的功能以外，有的还兼具打牌、下棋、梳妆桌的功能（图 1-5-39）。

（二）材料与装饰

18 世纪 20 年代，桃花心木开始大量应用于家具中，取代了长久以来的胡桃木，从而改变了家具的设计风格和装饰特征。

桃花心木的大量使用有两个重要的原因。一是英国的胡桃木主要来自法国，但由于虫灾

图 1-5-34 靠背椅

图 1-5-35 靠背椅

图 1-5-36 扶手椅

图 1-5-37 扶手椅

图 1-5-38 扶手椅

图 1-5-39 牌桌

图 1-5-40 书桌柜

使得法国的胡桃木濒于绝迹，1720年，法国禁止了胡桃木的出口。二是为了弥补原材料的不足，在 1721 年，英国废除了桃花心木的关税，从英殖民地和西印度群岛大量进口桃花心木。由于桃花心木比胡桃木材质更好、强度更大、更易雕刻且能防腐防蛀，使得它一举取代了胡桃木的地位，成为表现豪华壮丽的古典题材的最佳选择。除了桃花心木以外，部分

图 1-5-41 沙发

家具继续使用胡桃木制作。18 世纪中期起，还使用了一些挪威云杉、瑞典和英国的橡木、西班牙胡桃木、巴西红木等。软木类如山毛榉、桦木、松木、西洋杉、梨木等常用于家具的镀金或油漆部位。山毛榉还被用作椅子框架部位，橡木用作抽屉滑道。

　　早期乔治式家具的装饰趋向于豪华、古典。最初沿用安妮女王式的风格，但纤巧优美的 S 形弯腿被动物腿取代，成为爪球脚或蹄形脚。狮子头、涡卷叶饰、复杂的岩石和贝壳、女神像，巴洛克的手法仍有沿用。

（三）小结

　　早期乔治式家具在安妮女王式家具的基础上增加了一些装饰，趋向豪华，破坏了安妮女

王时期原有家具的简洁、优雅之美。安妮女王时代优美的弯腿，在这个时期变成粗胖的动物腿形，并配以威严的爪球脚。除了在腿的膝部雕饰扇贝、叶形装饰外，还有大量的狮子、头像等题材，雕刻装饰过于繁多。所以，从某种意义上说，早期乔治式家具没有太大的突破，甚至可以说是一种艺术风格的倒退。

三、齐宾代尔式家具（1740—1779 年）

齐宾代尔（Thomas Chippendale，1718—1779 年）是英国家具界最有权威和成就的家具师，也是第一个得以本人名字命名家具风格的平民，从而打破了以君主的名字给家具风格命名的惯例。

齐宾代尔于 1718 年 6 月 6 日出生于约克郡的奥特勒，1729 年，他到奥特勒附近的法伦霍尔学习木工，学成后搬到伦敦，成为一名独立的家具师。齐宾代尔的设计活动从 18 世纪 30 年代开始，齐宾代尔风格的流行则从 40 年代到 1765 年。1754 年，他建立了包含工厂、仓库、商店的齐宾代尔商行。此后，几经周折，齐宾代尔的商行逐渐完善起来，包括会计室、居室、椅子工房、木器工房、玻璃工房、干燥室、油漆工房、展品厅、仓库等，雇用了许多工人和技术人员进行大规模的家具生产。

1754 年，齐宾代尔出版了著名的《客户与家具师指南》（*The Gentleman and Cabinet-makers Director*），该图册收录了当时伦敦主要家具工厂里所能发现的家具设计，包含设计图与文字说明。虽然此书远非介绍洛可可风格第一本书，但是却较完整地反映了乔治时期家具形态的基本特征，其中展示家具 162 件，装饰 41 件，细部图 42 件，并以图解的方式切合实际地分析了各种家具风格，使得人们清晰地了解到自早期乔治式以来有关家具的发展状况。这本书一经出版，就被众多人所喜爱，读者包括哲学家、历史学家、建筑师、雕刻家、家具师及贵族阶级，并很快得以普及，而书中所包含的内容也很快成为英国社会最流行的家具形式，齐宾代尔从此名声大振。

1759 年和 1762 年，他又分别出版了该图册的第二版和第三版，其社会地位日益提高。1760 年，由著名美术品收藏家托马斯·洛宾逊推荐，加入了艺术协会。这个协会由艺术界、制造业和商界共同出资设立，会员有贵族也有学者，齐宾代尔是其中唯一的一位家具师，因而更使他成为英国家具界的权威人士。由此也意味着英国的家具设计已进入洛可可的鼎盛时期。

1758 年从意大利留学回来的建筑师罗伯特·亚当将新古典主义带到了英国，齐宾代尔清醒地认识到他那本图册中的作品的局限性，于是马上与亚当建立了合作关系，制作新古典主义家具，并且将他制作的优质桃花心木家具展示在亚当设计的建筑中。他在 1762 年出版的该图册第三版中，加入了许多新古典主义风格的家具。作为一代宗师，齐宾代尔是名副其实的，新的思想带来新的启发和新的创造，使他能够在历史发展的转折点跟上形势，足以表明他的智慧与远见。

1779 年 11 月 13 日，这位英国 18 世纪最伟大的家具大师因病逝世，留给后世无数家具精品和创新设计理念。他的家具不仅对英国国内产生巨大影响，而且对北欧、西班牙、意大利、美国等也产生了较大的影响，从而确定了英国家具在世界上的地位。

（一）家具样式

尽管图册中出自齐宾代尔本人的作品很少，但他的成名家具中所包含的设计思想和技术水平与之相比毫不逊色。

　　齐宾代尔的设计活动从 18 世纪 30 年代开始，其风格的流行则从 40 年代到 1765 年，起初受法国摄政式的影响较大，从 50 年代起主要受路易十五式影响，大胆采用了洛可可式典雅、优美的自由曲线。1755 年到 1760 年期间，正是中国风在欧洲劲吹的时候，中国园林及建筑给了齐宾代尔无数的创作灵感和创作题材，设计出一系列具有中国情调的椅子、床、桌子、柜子等家具。在他的设计中，床的形式借鉴中国的亭子、椅背采用中国建筑中窗花格的形式。家具多用直腿，也有的仿中国竹家具的竹节式样。这些家具对当时的英国甚至整个西方来讲无疑是一种特殊的异国情趣。从 60 年代开始，他的作品开始受亚当的影响转向新古典主义。

1. 椅子

　　齐宾代尔一生中设计和制作的家具可谓种类繁多、数量庞大，其中最具代表性的是座椅。他采用材质细腻易于雕刻的桃花心木作基材，背板采用薄板透雕技术，将绶带、网纹以及岩石与贝壳巧妙地结合在一起，既轻巧又美观，使他的家具获得了极大的活力。

　　根据齐宾代尔式椅子靠背的不同，大致可分为三种形式：①薄板透雕靠背（Splat back，图 1-5-42 和图 1-5-43），椅子靠背立板通常透雕成绶带、竖琴等花纹，前腿多为流畅的 S 形动物腿、爪球脚（少数采用方直腿）；②阿利斯靠背（Allis over back），靠背全部采用中国风格或哥特式窗花格为构图形式，椅子前腿为方直腿（图 1-5-44）；③梯背（Ladder back），靠背为梯形横格式，由四根较细的横档构成，多呈耳朵形透雕装饰（图 1-5-45）。

　　齐宾代尔式椅子若采用 S 形弯腿，腿间通常没有横撑；若采用直腿，腿间常用中国传统家具的横撑形式。靠背最上方的顶板与靠背板连为一体。沙发造型风格基本与座椅的一致，或曲线腿或直线腿，靠背成波浪状曲线（图 1-5-46 和图 1-5-47）。

图 1-5-42　扶手椅　　　图 1-5-43　靠背椅　　　图 1-5-44　扶手椅　　　图 1-5-45　扶手椅

图 1-5-46　沙发　　　　　　　　　图 1-5-47　沙发

2. 橱柜

　　齐宾代尔创作的许多家具融洛可可、哥特式、中国情调和其他风格于一体，但毫无牵强之感。这件混合东方的中国形式、法国的洛可可风格和中世纪的哥特式三种风格的陈列柜

（图 1-5-48），采用带有挑檐的中国亭子作为顶部的搁架，取代以前常用的山墙顶饰，桃花心木制作，局部镀金装饰，维多利亚阿尔伯特博物馆收藏。

3. 床

齐宾代尔设计的床（图 1-5-49）主要体现了法国洛可可和中国亭子的造型特点。洛可可床的豪华床帷，中国亭子样式的顶盖、窗花格床屏，维多利亚阿尔伯特博物馆收藏。

（二）材料

齐宾代尔式家具多用材质细腻、易于雕刻的桃花心木作基材。

（三）小结

齐宾代尔式家具在简洁朴实的英国风格上吸取了洛可可式纤细柔和的曲线美，并

图 1-5-48　陈列柜　　　　图 1-5-49　床

融合了东方艺术的格调（如喜欢用中国的回纹和窗格图案作装饰），促进了中西方文化的交流。家具线型单纯而有力，给人一种稳健、优雅的感觉。

作业与思考题

1. 英国洛可可家具可细分为哪些式样？其主要特征分别是什么？
2. 绘制安妮女王式薄板靠背椅与翼状椅的透视草图，并简述其主要造型特征。
3. 18 世纪的英国出现了哪些新家具形式？
4. 为什么说齐宾代尔是英国家具界最有权威和成就的家具师？
5. 齐宾代尔式椅子的靠背有哪三种形式？
6. 资料收集：齐宾代尔式各类家具图片资料，归纳分析其特征，并总结思考我们在设计过程中可以借鉴的地方。

第三节　意大利洛可可家具

18 世纪的意大利，也处于巴洛克风格向洛可可风格转变的过程中，但这种转变不仅远比其他欧洲国家迟缓，而且也不明显。这大概与其民族性格有关，意大利人天生有着热情、奔放、豪爽的个性，自然对巴洛克风格表现的壮美抱有强烈的共鸣，而对洛可可艺术女性化、纤巧、优雅的气质很难接受。

从文艺复兴时期起，意大利的佛罗伦萨、罗马等南方地区的建筑与家具一直处于欧洲的前列，培育了许多优秀的艺术家，同时也成为欧洲艺术的中心。但当欧洲的艺术由巴洛克风格向洛可可风格转变的过程中，这些地方则死死抱着巴洛克风格不放，逐渐失去了装饰艺术的中心地位。随后，出现洛可可式家具仍保留多多少少的巴洛克味道。

而靠近法国的威尼斯、都灵、米兰、热那亚等北方地区，它们快速地吸收路易十五式的特点，较早成为意大利洛可可艺术的中心。威尼斯始终保持着它的声望和财富，因此不仅领导了家具生产的新时代，而且还形成了独有的完整形式，以致后来有许多意大利的洛可可家

具被称为威尼斯式家具。意大利的洛可可风格具有通俗的闹剧气氛，尤其体现在威尼斯的家具中。威尼斯，这座神秘而戏剧化的城市对18世纪的广大旅行者来说是一个令人目眩的歌剧、戏剧、化装舞会、狂欢节和豪赌的中心。在这种环境下，工匠们夸张了法国洛可可的特点，使得威尼斯式家具具有强烈的感染力。

一、家具样式

（一）椅子

受法国影响，18世纪初开始在意大利出现的椅子完全是一种全新的样式，改变了原先雕刻豪华、造型僵直的形象。靠背或是透雕，或是软包，座面变低，框架雕刻、镀金装饰，优美的S形曲腿，扶手后缩，以适合妇女宽大的裙子下摆（图1-5-50至图1-5-52）。

图1-5-50　扶手椅　　　　图1-5-51　扶手椅　　　　图1-5-52　沙发

（二）桌子

18世纪意大利的桌子形体也逐渐变小，增加了曲线轮廓和装饰，与室内环境和旁边的椅子更加适合。相比北方地区，南方地区的靠墙桌，明显受巴洛克风格影响较深，家具依然保持厚重的造型和豪华的装饰（图1-5-53）。而北方的靠墙桌（图1-5-54）也一改以前笨重、豪华的造型，采用纤细优美的S形曲腿，桌面前沿呈波状曲线，望板是重点装饰部位，通常雕饰贝壳、莨苕叶饰。

（三）花架

这个时候的花架（图1-5-55）造型也呼应时代特色，整个底座采用曲线环绕的轮廓，表面采用彩绘装饰，大理石台面则采用外凸轮廓与之呼应，整个造型十分夸张与动感。

图1-5-53　靠墙桌　　　　　图1-5-54　靠墙桌　　　　　图1-5-55　花架

（四）橱柜

意大利洛可可橱柜柜体与腿连为一条连续流畅的曲线，柜体立面多向外凸出，有时整个柜体立面呈鸭梨状外凸（图1-5-56）。

二、材料与装饰

意大利洛可可家具以胡桃木为主要材料，喜欢在家具表面进行贴面、彩绘、雕刻、镀金装饰。多以大理石为桌、台面。洛可可的装饰纹样常被放置在矩形的框架内，其特征是轻巧和优雅的贝壳形、植物形和C形的涡卷，这些都借用了古典建筑上的飞檐、棕叶饰带、瓮形等装饰元素。

威尼斯是18世纪漆饰家具的中心，特别是硝基漆家具的生产中心。这种漆与中国的大漆相比，涂饰质量虽然差些，但施工操作方便又节省时间，透明的漆膜可取得意想不到的效果。其涂饰的方法是先在家具表面着色，然后贴上有中国题材彩绘的剪纸，最后罩一层清漆。油漆后整体效果华丽，十分适合意大利人的审美情趣。

图 1-5-56 书桌柜

三、小结

这个时期意大利南部地区的家具较多地保留了巴洛克遗风，而意大利北部的洛可可风格家具没有单纯地模仿法国家具，也没有像德国、奥地利那样对过度的装饰充满热情，而是吸收了意大利传统艺术风格，以威尼斯、都灵等地为中心，形成了有地方特色的洛可可风格。然而，从此时的意大利洛可可风格中已看不到文艺复兴及巴洛克时代的繁荣，也没有像法国一样形成一种成熟的风格，可以说这时的意大利家具风格正处于休养生息的阶段，新的潮流正孕育其中。

作业与思考题

1. 意大利洛可可家具是以哪里为中心？
2. 意大利洛可可家具主要特征是什么？
3. 资料收集：意大利彩绘家具图片，并比较中、意彩绘家具的区别。
4. 课外拓展：这个时期德国家具的形式及特点。

第四节 美国后期殖民地式家具

一、美国安妮女王式（约 1725—1760 年）

18世纪20年代后期，美国家具风格又开始向安妮女王式转变。当然，这种转变一开始并不明显，而且变化缓慢。18世纪30年代，安妮女王式家具在美国开始流行，并一直流行到18世纪60年代。

18世纪初，美国的社会阶层开始明显，殖民中出现了一些富有人士，并逐渐形成了自己的社交网络。他们谈吐文明，举止优雅，同样要求使用的家具并不仅仅是财富的象征，而更要是优雅生活的象征，这为典雅优美的安妮女王式家具在美国流行奠定了坚实的基础。

（一）家具种类

在向安妮女王式家具的转变过程中，同时受巴洛克风格的影响，美国家具产生了新的形式，原有的家具也发生了变化。

1. 箱柜

这个时期的抽屉柜在结构上并没任何改变，只是在外形上变成安妮女王式。那种带有翻盖的箱柜在城市不再受欢迎，但在乡村继续制作。没有翻盖的抽屉柜在城市流行开来，其装饰元素也随着风格而变化，为了与整体造型相呼应，原先的球脚被 S 形弯脚取代（图 1-5-57）。由于抽屉之间增加了隔条，取消了抽屉面板四周的线型，使得家具外表看上去更加简洁。抽屉柜面板和底板四周采用优美的线脚处理。为创造良好的视觉感受，特别注重抽屉尺寸在高度上的划分。

这时的高脚柜的变化要比箱柜明显很多，底座上的车木腿和横撑几乎完全被四条具有优美 S 形的弯腿所取代，风格凸显（图 1-5-58）。柜子的整体高度也有所增加。柜子的曲线形望板也随着风格的演变，逐渐变得更加流畅。在后期的安妮女王式高脚柜顶上还增添了三角楣饰（图 1-5-59），两侧和中间的圆形尖顶饰，增加了视觉感受性。

2. 书桌柜

这个时期的书桌柜受英国影响，主要分高低两种形式（图 1-5-60 和图 1-5-61）。矮的书桌柜下柜与抽屉柜结合，上面带翻盖，盖子翻下可作桌面，桌面内侧设置小搁架与抽屉。高的书桌柜则再在上方加一书柜，下层为带翻盖的抽屉柜，盖子翻下可作桌面，上层为书柜，细线书柜和书桌的连体形式。这时的造型样式也发生了相似的变化：S 形弯脚、抽屉之间安装隔挡几乎成为一种基本形式，有的高型书桌柜还装有三角楣饰，看上去像一个高柜。书桌内外的制作都十分讲究，式样美观大方，充分反映了家具制作师的高超技艺和用户的审美品位。

图 1-5-57 抽屉柜　　　图 1-5-58 高脚柜　　　图 1-5-59 高脚柜　　　图 1-5-60 书桌柜

3. 桌子

这个时期，优美的 S 形弯腿取代了以前的车木腿和横撑，大大改变了桌子的风格样式。同时，由于经济的繁荣以及休闲时间的增加，从而产生了许多不同使用功能的安妮女王式桌子。

除了优美的 S 形弯腿取代了以前的车木腿和横撑外，安妮女王式梳妆桌（图 1-5-62）抽屉数量要比威廉-玛丽式梳妆桌多，威廉-玛丽式梳妆桌一般有三个抽屉，而安妮女王式梳妆桌在三个抽屉上方再增加一个窄长小抽屉。一些波士顿的梳妆桌甚至有六个抽屉，分成两排，每排三个。

18世纪20年代，喝茶成为美国人的一种习惯而流行开来，与之配套的陶瓷、银器和家具等成为人们关注的焦点。其中最为常见的是一种长方形、望板细长、S形弯腿的茶桌（图1-5-63），面板缩进四腿，桌面一圈边沿凸起，防止汁水流出。由于茶桌尺寸相对其他家具要小，而且制作简单快捷，便于家具制作师集中精力在一些细小部位，因此，茶桌也成为当时家具的代表作品。

图1-5-61 书桌柜　　　图1-5-62 梳妆桌

在英国雅各宾时期，三腿桌（图1-5-64）上放置蜡烛台的形式已经存在，但在安妮女王时期更为流行。这种三腿桌小巧玲珑，三条波状曲线腿，动物脚爪，中间车木圆柱支撑着圆形桌面。稍大的三腿桌桌面用铰链做成可以翻折形式，不用时可以将桌面翻折垂直放置一边，节省空间。这种桌子在费城一带较受欢迎，并一直流行到19世纪。

随着社会的繁荣，人们社交活动和休闲娱乐时间增多，除了喝茶，打牌也成为当时一种流行的活动。这种活动兴起于法国，流传到英国，最后也来到美国，成为当时一些富有阶级的消遣活动。于是，牌桌（图1-5-65）也应运而生。牌桌的最大特点就是可以折叠的桌面与翻折的两条后腿。使用时桌面翻开放置在打开的两条后腿上，不使用时可以收拢靠墙放置。桌面有圆有方，但方形桌面更为流行。这些牌桌集聚了当时最新款式，做工精细，台面中间铺有绣制品，桌边的凹槽可以放置筹码，四角做成塔楼形式，可用来放置蜡烛台或饮料。安装在边角的四条腿向外延伸，从而给使用者提供更多的膝部空间。

威廉-玛丽时期的门腿桌非常实用并一直流行。到安妮女王时期，这种桌子也做了一些变化，被称为"活动翻板桌"（图1-5-66）。桌面下的车木腿和横撑被四条S形弯腿取代，宽度两侧分别安装一块翻板，翻板向上翻平时，形成整个桌面，通常为椭圆形或长方形，桌子两侧不设抽屉。

图1-5-63 茶桌　　　图1-5-64 三腿桌　　　图1-5-65 牌桌　　　图1-5-66 活动翻板桌

4. 椅子

安妮女王式家具在椅子设计上做了很大的改进，运用了较多优美的曲线。波士顿椅是威廉-玛丽风格盛行时期第一件运用波状曲线靠背的椅子，预示运用曲线的安妮女王风格即将来临。

继波士顿椅之后，在18世纪20年代的新英格兰出现早期的安妮女王式椅子，即薄板靠背椅（图1-5-67）。这种椅子采用花瓶形薄板靠背，上端连接向两侧拱起的靠背顶部横档，下端安装在水平横撑上。采用车木前腿和横撑，西班牙式脚或球形脚，更多地保留了巴洛克风格特色，显示出新旧风格的结合。

　　这个时期最著名的安妮女王椅（图1-5-68）采用花瓶形靠背板（侧面成曲线型），靠背顶部采用轭形，饰以浅浮雕，下端通过一块边上有装饰嵌线的木板安装在座面后的横档上，两条前腿采用优美的S形弯腿，腿间用车木横撑连接，形成H形拉脚档。椅子座面活动，中间嵌装软垫。这种椅子最早于18世纪30年代在波士顿出现，后来迅速流行开来，成为一件新英格兰安妮女王式椅子，但在比例上并不再像英国安妮女王椅一样强调垂直的比例。这种椅子也存在一些地区特征，沿海地区会做得更为时尚，如在椅子靠背上端雕刻扇贝形图案，整体风格也有所不同。罗德岛的椅子比较轻巧，纽约、费城的椅子则要矮而宽些，特别是接近18世纪60年代，木质部位采用更多的雕刻图案（图1-5-69），显示齐宾代尔风格的一些趋向。

　　5. 软体家具

　　由于时代的进步和社会的繁荣，人们更加追求生活的舒适，于是软体家具得到更大的发展。为了增加舒适感，软体家具造型更加宽松、随意。休闲椅（图1-5-70）具有安妮女王式椅子的许多典型特征，采用S形弯腿，简化的车木横撑。

图1-5-67　薄板靠背椅　　　图1-5-68　安妮女王椅　　　图1-5-69　安妮女王椅　　　图1-5-70　休闲椅

　　沙发（图1-5-71）是这个时期家具的新形式，由双人椅和全包软体椅接合形成。由于当时住房面积有限，织物的价格非常高，只有有钱人家才能买得起沙发，所以美国安妮女王式沙发制作得并不多。其造型主要追随安妮女王式家具，S形弯腿，卷筒状扶手，流畅的曲线靠背。

　　这时的躺椅也采用了S形弯腿，但由于沙发使用更加方便、舒适、优雅，所以躺椅逐渐被沙发取代（图1-5-72）。

　　6. 床

　　与中国传统的架子床相似，这种床也有四根高高的床柱（图1-5-73），主要用来悬挂床帷。造型风格也是典型的安妮女王式，两条S形弯曲的前腿，拱形床屏。床帷挂上后，只露出四根床柱、腿和床屏上半部分。这时期的低柱床，除了床柱变矮外，也采用安妮女王式造型。

（二）材料、结构与装饰

　　这个时期，胡桃木和一些果木是主要用材，其次是黄松。不同地区之间的材料差别非常明显。例如，新英格兰家具通常应用胡桃木、樱桃木和枫木；而纽约、费城的家具较多采用胡桃木和进口的桃花心木。

　　大量燕尾榫的运用改变了威廉-玛丽式家具的制造方式。安妮女王式家具继承威廉-玛丽式家具的结构，只是在形式上进行美化，制作上更加精细，如橱柜的燕尾榫数量增加，抽屉部件和嵌板变薄。

图 1-5-71　休闲椅

图 1-5-72　沙发

图 1-5-73　床

安妮女王式家具几乎不用太多附加的装饰，而是通过优美的造型和大面积暖色木材来表现家具的美感。优美的 S 形曲线取代了威廉-玛丽时期的车木和严谨的线型。S 形弯腿成了安妮女王式家具的标志。以胡桃木为主的薄木镶嵌用在家具表面，以显示财富。

（三）小结

美国安妮女王式家具主要流行于 18 世纪 20—50 年代，各个地区会有不同差异。由于美国的殖民者主要是商人与打工者，所以美国安妮女王式家具并不只是简单模仿当时英国宫廷的样式，而是更多地制作英国和低地国家中产阶层的家具式样。这时的美国家具工匠已经出生并成长在美国的第二代或第三代，他们制作家具时在继承传统的基础上更多地结合了当地的特色。总的来说，美国安妮女王式家具讲究优美的曲线，特别是 S 形弯腿，家具追求优雅舒适，家具形式与种类也日趋丰富多样。

二、美国齐宾代尔式（约 1760—1785 年）

18 世纪中期，美国社会阶层的逐渐形成促使贵族阶层不仅追求优雅舒适的生活环境，更注重生活的品质和富有。于是优雅、内敛的安妮女王式家具也逐渐被强壮、张扬的齐宾代尔式家具所取代。齐宾代尔式家具源于 18 世纪 30—40 年代的英国，集法国洛可可、中国装饰和哥特风格于一身，沿用安妮女王式家具上的 S 形弯腿，但改用了爪球脚，多用桃花心木制作，雕刻丰富。

（一）家具种类

齐宾代尔式家具多数继承了前期家具的样式，同时出现了一些新的样式，有些家具更加流行，有些则逐渐消退。

1. 箱柜

齐宾代尔式抽屉柜（包括高脚柜、双层衣柜、书桌柜等其他柜体）一改安妮女王式抽屉柜的平直正立面，多用凹凸正立面，有三种基本形式：一是源于法国的中间比两边凸出的凸曲线型（图 1-5-74），少数也有中间内凹两边凸起的内凹曲线型；二是源于英国、荷兰或德国的中间比两边凹进约 2cm 的闸块式（图 1-5-75）；三是柜体下侧向外鼓起的鸭梨型，事实上，这类鸭梨型箱柜通常与凸曲线型结合，形成多个方向的曲线形式（图 1-5-76）。

双层衣柜（图 1-5-77）分上、下两层，都是抽屉，非常实用。这种柜子不仅用于卧室，还常放置在会客室用来显示使用者的社会地位和品位。

图 1-5-74　抽屉柜

图 1-5-75　抽屉柜

图 1-5-76　抽屉柜

齐宾代尔式高脚柜（图 1-5-78）比安妮女王式的要高大、厚重，腿变得短而强劲有力，家具整体显得威武雄壮。

2. 书桌柜

书桌柜继续有高、矮两种形式（图 1-5-79 和图 1-5-80）。作为家中的文化和财富的象征，这时高的书桌柜在家具中占据重要地位。家具制作师将高脚柜和抽屉柜的制作手段结合应用到书桌和书柜的结合体。下面柜体也有与抽屉柜相似的三种凹凸基本形式。

图 1-5-77　双层衣柜

图 1-5-78　高脚柜

图 1-5-79　书桌柜

图 1-5-80　书桌柜

3. 桌子

齐宾代尔式的桌子品种多样，款式丰富。

梳妆桌（图 1-5-81）通常与高脚柜配套制作，整体变高，腿部变短，正立面依然保持平直。

喝茶仍然是一项重要的社交活动。这时，费城的方形茶桌（图 1-5-82）采用了洛可可的一些造型手段，而北方城市则更多地保留了巴洛克风格。这时出现了两种特殊形式的茶桌，一种是中国式桌子（图 1-5-83），另一种是转塔式桌子（图 1-5-84）。中国式桌子，受中国明式桌子的影响，直腿，嵌入式桌面，桌面边缘有凸起的一圈，腿与望板间用透雕的角牙支撑并装饰，腿间用洛可可式 X 形交叉的横撑连接，中间装有尖顶饰。美国新罕布什尔州的朴次茅斯现存 7 件这种桌子。转塔式桌子现存波士顿，仅有 6 件，受巴洛克风格和牌桌角部的塔楼的影响，桌面边缘采用连续的 14 个或 12 个塔楼形式。

三腿桌一直非常流行，到这时发展到巅峰。三只优美的弯脚，爪球脚。其中最受欢迎的是一种荷叶边的三腿桌（图 1-5-85），桌面边缘装饰成荷叶边造型，桌面可以翻折，以便不用时存放。

图 1-5-81　梳妆桌

图 1-5-82　茶桌

图 1-5-83　中国式茶桌

图 1-5-84　转塔式桌

这时的靠墙桌（图 1-5-86）主要放在餐厅或大厅使用，大理石台面，S 形弯腿，爪球脚，整体造型变大，并增加了雕刻装饰。

牌桌同样也进行了风格的演变。费城的牌桌采用 S 形弯腿，爪球脚，四角做成塔楼形式（图 1-5-87）。北方的牌桌四角不做成塔楼形式，而在望板部位增加了装饰。纽约的牌桌采用曲线边缘，通常有五条腿，其中一条可以转动以支撑翻起的桌面（图 1-5-88）。

用作餐桌的活动翻板桌（图 1-5-89）也有类似的变化，S 形弯腿，爪球脚，望板部位增加了装饰。

图 1-5-85　三腿桌

图 1-5-86　靠墙桌

图 1-5-87　牌桌

图 1-5-88　牌桌

图 1-5-89　活动翻板桌

4. 坐具

齐宾代尔式坐具的腿形主要有两种类型：一种是基于早期乔治式的 S 形弯腿；另一种是受欧洲和中国影响的直腿。

齐宾代尔式椅子与安妮女王式的椅子的椅腿、靠背顶板、靠背板等都差别较大（图 1-5-90）。齐宾代尔式椅子若采用 S 形弯腿，腿间通常没有横撑（图 1-5-91 和图 1-5-92）；若采用直腿，则腿间常采用中国家具的横撑形式（图 1-5-93 和图 1-5-94）。齐宾代尔式椅子靠背顶板与靠背板连成统一的整体，靠背板采用洛可可或哥特式装饰图案透雕装饰。

齐宾代尔式休闲椅（图 1-5-95）采用爪球脚，靠背上端采用蜿蜒曲线。此外，靠背和座面采用华丽的锦缎包面，使得整件家具显得更加豪华、稳健。

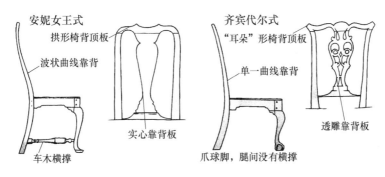

图 1-5-90　安妮女王式椅子与齐宾代尔式椅子比较

图 1-5-91　靠背椅　　　图 1-5-92　扶手椅　　　图 1-5-93　靠背椅　　　图 1-5-94　扶手椅

美国齐宾代尔式沙发（图 1-5-96）在当时还是非常昂贵的家具，所以一般占据房间的主要位置。靠背和座面前沿采用波状曲线、卷筒状扶手，直腿或 S 形弯腿（爪球脚），进口织物包面。

5. 床

齐宾代尔式高柱床的床柱也改用了直腿（图 1-5-97）或 S 形弯腿（爪球脚，图 1-5-98），但是直腿的形式更为多见和流行。

图 1-5-95　休闲椅　　　　　图 1-5-96　沙发　　　　　图 1-5-97　床

（二）材料、结构与装饰

这个时期家具材料的地区特征十分明显。新罕布什尔州喜用有皱状纹理的枫木，罗德岛喜用桃花心木，康涅狄格州喜用樱桃木、胡桃木、橡木、黄松和郁金香木为费城家具的主要用材，南卡罗来纳州喜用胡桃木制作家具，只有查尔斯顿则以桃花心木主，其次才是胡桃木。

美国齐宾代尔式家具延续了安妮女王式家具的结构，除了比例和装饰外，家具构造方式几乎一模一样，只是在一些细节处理上更为精制。

除了雕刻外，美国齐宾代尔式家具将装饰元素融入设计当中，包括凸曲线型、内凹曲线型和鸭梨型。此外，齐宾代尔式箱柜表面的拉手、锁眼等使用面积较大、抛光的黄铜装饰。

图 1-5-98　床

（三）小结

一直以来，美国的家具风格总是比英国伦敦的要晚一二十年甚至三四十年，但是齐宾代尔的《客户与家具师指南》（*The Gentleman and Cabinet-makers Director*）以及相关书籍的出版促使英国流行时尚很快到达美国，不再像以前那样延迟那么久。美国齐宾代尔式家具满足了美国上层人士的需要，集法国洛可可、中国装饰和哥特风格于一身，安妮女王式家具上的S形弯腿变得矮粗，采用爪球脚，多用桃花心木制作，雕刻丰富，富有光泽，整体感觉趋向厚重、粗壮、豪华。

三、美国温莎椅

（一）温莎椅的由来

温莎椅是指起源于英国（图 1-5-99），后来甚至至今在美国一直流行的主要由车木构件组成的一种实木椅子。它是美国中产家庭的象征，后来被美国社会各阶层人士使用，也就成为民主风格的代表。

这种椅子以实木座面为结构中心，椅腿直接在座面下方与座面连接，靠背由一组纺锤形杆件组成，也直接插入座面。与其他椅子不同的是，温莎椅的后腿并不向上延伸成为靠背支撑，前腿也不向上延伸成为扶手支撑。

关于"温莎椅"名称的由来，相关的传说却很多，但很有可能这是因为早期英国泰晤士河流域生产这种车木构件组成的椅子，而温莎则是其销售中心，即这种椅子从这里被运送到伦敦及其他许多地方，所以，这种椅子由此而得名。

图 1-5-99　英国温莎椅

（二）分类

温莎椅是美国历史上最有特征和最重要的一种大众化家具，为各阶层人士所喜爱。概括起来，美国温莎椅可分为低背温莎椅、梳背温莎椅、扇背温莎椅、袋背温莎椅、圈背温莎椅、弓背温莎椅、杆背温莎椅、温莎写字椅和温莎长椅九种基本形式。

低背温莎椅（图 1-5-100 和图 1-5-101）被普遍认为是美国的第一种温莎椅，大约起源于18 世纪40 年代的费城。其靠背由一组差不多长短的细长纺锤形杆件组成，靠背与扶手连成一圆润的曲线形状，靠背中间上端搭脑加工成相同的曲线形，扶手前端向外弯曲或加工成与肘关节一样的形状。

梳背温莎椅（图 1-5-102 和图 1-5-103）因其靠背上端像个梳子而得名。这种椅子在美国的产生几乎与低背温莎椅在同一时期，起源于 18 世纪 50—80 年代，它是低背温莎椅的发展，高高的靠背给人体提供了舒适的支撑。起源于费城，后来在新泽西、纽约和新英格兰也有制造。大多数梳背温莎椅都有扶手，靠背由一组细长的纺锤形杆件（多为 9 根）组成，它们穿过中间的圈形扶手通向最上端曲线形搭脑，形状好像当时妇女使用的梳子，横撑两端挑出，并多有涡卷形装饰。

图 1-5-100　低背温莎椅　　图 1-5-101　低背温莎椅　　图 1-5-102　梳背温莎椅　　图 1-5-103　梳背温莎椅

扇背温莎椅（图 1-5-104 至图 1-5-106）起源于 18 世纪 70 年代，有扶手椅和靠背椅两种，靠背椅与扶手椅除了扶手以外，其他构造基本相同。扇背温莎椅靠背的纺锤形杆件上端展开，形成漂亮的扇形，扇背温莎椅因此而得名，靠背两端优美的车木支撑与中间细长纺锤形杆件（扶手椅通常是 5 根，靠背椅常见的是 7 根）具有不同形状。由于高而向后倾斜的靠背容易被损坏，因此为了弥补这一缺陷，有的扇背温莎椅在背部增添了一对"V"字形张开的细长的纺锤杆件，不仅增强了靠背的强度，而且也给椅背增添了美感。

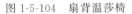  

图 1-5-104　扇背温莎椅　　　　图 1-5-105　扇背温莎椅　　　　图 1-5-106　扇背温莎椅

袋背温莎椅（图 1-5-107 和图 1-5-108）大约于 18 世纪 50—60 年代最初在美国费城制作，在以后的 70 多年中成为流行的温莎椅之一，因此，留存到现在的袋背温莎椅数量较多。据说，当时人们在使用这种椅子时，习惯将一种当时十分流行的用丝带装饰的布袋披盖在椅背上，并用丝带固定在圈形扶手上，目的是使就座者在寒冷的房间里避免吹到冷风，袋背温莎椅因此而得名。袋背温莎椅的靠背构造其实与梳背温莎椅非常相似，只是上端变成弓形，它向前延伸与圈形扶手连接。有的袋背温莎椅的靠背上端再增添了与梳背温莎椅相似的横档，中间的 3～7 根纺锤形杆件穿过弓形横档，再与上面的梳背连接，这种椅子也叫三背温莎椅（图 1-5-108）。

圈背温莎椅（图 1-5-109 和图 1-5-110）的靠背与扶手为一整体，组成椅圈，故翻译成"圈背温莎椅"。起源于 18 世纪 80 年代，它是美国家具设计的一个重大创新。欧洲没有这种椅子，这是美国所特有的一种温莎椅。这种椅子的椅背与扶手连成一个整体（约 1″宽、3/4″厚），靠背向下弯曲到扶手位置再将其扭曲而向前延伸成为扶手，扶手支撑向前倾斜，当时在纽约十分流行。

图 1-5-107　袋背温莎椅　　图 1-5-108　三背温莎椅　　图 1-5-109　圈背温莎椅　　图 1-5-110　圈背温莎椅

弓背温莎椅（图 1-5-111 和图 1-5-112）起源于 18 世纪 80 年代，是最为简洁和易于加工的一种美国温莎椅，通常成套制作，使用方便，而且适合任何场合。因此，弓背温莎椅，尤其是弓背温莎靠背椅比其他温莎椅数量都要多。弓背温莎椅的靠背向下弯曲成弓形，直接连接在座面后端。有扶手的弓背温莎椅，扶手直接与弓背相连接，不过这种椅子数量不多。弓背温莎椅有时模仿赫普尔怀特式椅子的样式，在弓背中间靠下向内收缩，因此也叫"球背椅"（图 1-5-113）。

图 1-5-111　弓背温莎椅　　　　　图 1-5-112　弓背温莎椅　　　　　图 1-5-113　球背椅

杆背温莎椅（图 1-5-114 和图 1-5-115）大约起源于 19 世纪初，流行了 30 年左右。这种椅子在设计和结构上与 18 世纪传统的温莎椅相比，有着很大的突破，既没有靠背与扶手连在一起的椅圈，也没有弓形靠背，明显受 1790—1815 年联邦式家具的影响，靠背变得有点方形，这也是杆背温莎椅最明显的特征。腿间的横撑也改变传统的 H 形横撑连接，而是采用 4 根横撑分别安装在前腿间、后腿间和两侧，前后横撑高，两侧的低。腿部、靠背车木构件一般都加工成竹节形式，腿部多有 3 个竹节，前腿间的横撑、后腿间的横撑安装在中间的竹节位置，两侧横撑安装在最下面的竹节位置。受联邦式家具的影响，扶手椅的扶手也多为直线形。座面加工的马鞍形并不明显，形状接近方形。车木腿向外张开的角度也变小了。

温莎写字椅（图 1-5-116 和图 1-5-117）起源于美国，大约于 18 世纪 60 年代开始出现。由于其特殊的结构，其数量比其他温莎椅要少得多，保存至今的就更少。温莎写字椅实际上是在上述各式温莎椅的基本形式上加装写字板或抽屉。一块巨大的桨状实木写字板是其主要特征，一般位于椅子右侧扶手处，但偶尔也有在左边的。有的写字椅还在书写板和座面下方安装抽屉，方便贮存物品。

图 1-5-114　杆背温莎椅　　图 1-5-115　杆背温莎椅　　图 1-5-116　温莎写字椅　　图 1-5-117　温莎写字椅

　　温莎长椅（图 1-5-118 和图 1-5-119）是指一种带靠背的可以供两人以上就座的、没有软垫的椅子。温莎长椅的起源与低背温莎椅、梳背温莎椅一样早，实际上是普通温莎椅的加长形式，一般有低背、梳背、弓背、圈背、杆背 5 种形式，但低背的较常见。座面呈长方形，前面边缘平直，整个挖成马鞍形。绝大多数温莎长椅都有扶手，只有很少数的温莎长椅没有扶手，长的椅子有 6、8 甚至 10 条腿。

图 1-5-118　　温莎长椅

图 1-5-119　　温莎长椅

　　当然，除了以上九种基本形式的温莎椅以外，美国的工匠还制作了许多相关的产品，如温莎摇椅（图 1-5-120 和图 1-5-121）、儿童温莎椅（图 1-5-122 和图 1-5-123）、按比例缩小的温莎椅（并不是专为儿童设计）等。

图 1-5-120　温莎摇椅　　图 1-5-121　温莎摇椅　　图 1-5-122　儿童温莎椅　　图 1-5-123　儿童温莎椅

（三）小结

　　美国温莎椅以其独特的优美形式展现给我们的是美国式的设计理念、自信的姿态和精湛的工艺技术，它并不以烦琐的装饰来吸引人们的视线，传达的完全是一种设计精神，这种设计精神概括为一个词，那就是"独立"。细细地体会美国温莎椅，我们不难发现深深扎根在其中的美国的这种民族特性。

作业与思考题

1. 美国威廉-玛丽式家具的流行期是什么时候？
2. 美国威廉-玛丽式家具的装饰主要可分为哪几种类型？
3. 以薄板靠背椅为例，简述美国安妮女王式家具的地区差别。
4. 美国齐宾代尔式柜类立面造型有哪些形式？
5. 美国温莎椅有哪几种基本形式？各自的主要特征是什么？

结语：

洛可可式家具风格，是在巴洛克家具造型基础上发展起来的一种新的家具形式。在外国古典家具的历史中，二者都是具有浪漫抒情、委婉华丽的动态曲线家具，然而却又有各自不同的特色：巴洛克家具具有豪华、雄壮、奔放的男人性格；洛可可家具则是秀丽、柔婉、活泼的女人气质。洛可可家具在造型手法上，其流动自如的曲线和曲面应用，应该是巴洛克曲线造型的升华。因此，有的学者将两者统称为浪漫时期家具。

洛可可式的家具设计是对新的社会形态和生活方式的响应，它强调生活的舒适性和愉悦感。家具变得较易搬动，以使交际活动更方便、更舒适，尺度变小了，变得更优雅和随意了，为了适应使用者的各种要求，多功能的家具也出现了。

洛可可家具以多变的曲线和曲面，体现出运动中的抒情效果，但在制作技术上存在着很大的难度。这种曲线家具对环境的要求也非常高，不易有效地利用有限的空间。因此，随着社会文明的发展，随着人们审美心理的改变，每一种家具都有一定的流行期，洛可可风格也不例外。于是，以直线为主的新古典主义家具随后取代了洛可可式家具。

第六章 新古典主义家具

（18世纪70年代—19世纪前期）

学习目标： 掌握新古典主义家具在西方各国的发展情况，重点掌握新古典主义家具的主要特征，以及法国、英国与美国在这个时期的典型家具风格。

17—18世纪的欧洲，巴洛克和洛可可风格盛行一时，在某种意义上反映了封建统治者生活的腐化、奢侈和封建制度的专制和腐朽。18世纪中叶起，世俗社会已经开始厌倦洛可可风格的烦琐装饰方法和变幻莫测的曲线，简洁明快的新古典主义风潮悄然兴起。

从1738年起，古代废城赫库兰尼姆、庞贝及雅典和帕斯托姆的希腊庙宇中的考古发现，向世人展示了丰富多彩的古罗马、古希腊装饰艺术。这些艺术形式与文艺复兴运动以来人们从建筑的宏伟外观上所得到的印象大不相同，古代的艺术形式再次成为当时艺术设计的主题和基础。

1764年，德国美术史家温克尔曼（Johann Joachim Winckelmann，1717—1768年）出版了《古代艺术史》（*The History of Ancient Art*）一书，注重和谐、单纯、统一的美学理念，极力推崇古希腊艺术所体现的"高贵的单纯与静穆的伟大"。

从这些发掘的实物和著作中，人们看到了古希腊艺术的优美典雅、古罗马艺术的雄伟壮丽。于是，许多人开始攻击巴洛克和洛可可风格的烦琐和矫揉造作（在家具上大量使用烦琐的装饰、多变的曲线以及贵重金属镶嵌），并极力推崇古代艺术的合理性，肯定地认为应当以古希腊、古罗马家具作为新时代家具的基础，从而开始追求真正的古典主义，即新古典主义（Neo-Classicism）风格。18世纪中叶至19世纪初的这场欧洲家具改革运动是以瘦削直线为主要构成特色的新古典式家具风格取代了以曲线装饰而著称的巴洛克和洛可可风格。

新古典主义风格主要盛行于法国和英国，但各自渗入了自己独特的风格特点，并迅速传播到欧洲其他国家和美国。欧洲新古典家具文化艺术的发展，大致可分为两个阶段：一个是盛行于18世纪后半叶（1770—1800年）的法国路易十六式，英国的亚当、赫普怀特和谢拉顿式，美国的联邦式以及意大利、德国等18世纪后期的家具式样，以路易十六式为代表；另一个是流行于19世纪前期（1800—1830年）的法国帝政式，英国的摄政式，美国、意大利、德国等帝政式，以法国帝政式为代表。

第一节　法国新古典主义家具

一、路易十六式家具（1774—1792年）

早在18世纪50年代，新古典主义艺术就首先在法国的一些建筑物的室内装饰和家具上体现出新古典主义艺术的部分特点，但真正的新古典主义家具在法国形成并推广还是在路易十六（1754—1793年）统治时期（1774—1792年）。

1774年路易十六继承法国王位，虽然路易十六是个形体粗壮、优柔寡断、有些木讷的男人，但路易十六式家具则表现出灵巧、优雅的风格特点，这在一定程度上应归功于路易十六王后玛丽·安托瓦尼特（Marie Antoinette，1755—1793 年）。

玛丽王后 1755 年诞生在维也纳，父亲是哈布斯堡家族的神圣罗马皇帝弗兰西斯一世，母亲是著名的奥地利女王玛丽·泰莉莎。她的少女时代是在以母亲所喜好的环境下成长的，有来自中东的漆器、来自亚洲和法国的瓷器以及装饰有石刻花纹的花瓶。虽然少女时期的玛丽对正规教育毫无兴趣，却对艺术和美学充满天赋，从小就在艺术的环境中接受熏陶。成为王后以后，她很快就开始寻求从宫廷传统中解放出来的道路，热衷于对各类宫廷艺术特别是宫廷装饰风格的改造，在她的大力倡导及宫廷家具师、建筑师的努力下，形成了一种既有古典意味又颇具时代特点的艺术风格，即路易十六式。因此，从某种意义上讲，路易十六式也可称为"玛丽·安托瓦尼特式"。

（一）家具样式

1. 坐具

路易十六式坐具采用由上而下逐渐变细的圆柱腿，常沿长度方向镂刻出直线状或螺旋状的沟槽（图 1-6-1）。靠背呈方形、梯形或卵形，一般不与座垫后的横档直接相连接。前腿向上延伸，并向后弯曲，成为扶手的支撑。扶手有软衬垫。扶手的端头常常呈涡卷形，略微伸出扶手的支撑之外。座垫通常有正方形的、圆形的、梯形的。座面下的座框微曲。软垫织物喜用条纹或小图案的丝绸、锦缎或其他高级面料（图 1-6-2 至图 1-6-4）。

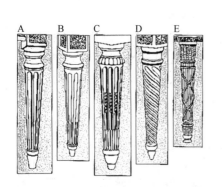

图 1-6-1　椅腿造型

图 1-6-2　扶手椅

图 1-6-3　扶手椅

图 1-6-4　沙发组合

2. 桌子

路易十六时期的桌子种类丰富，有餐桌、写字桌、梳妆台、咖啡桌等。多采用直线结构处理，腿部方柱或圆柱形由上而下逐渐收缩变细，并开槽装饰，整体显得纤巧、灵秀、优美。18 世纪末，银行业还不如现在那样发达，一些富人为放置贵重物品所需，提出桌子需有个隐藏空间或复杂的锁具的功能，于是推动了这个时期桌子的机械机构与多功能的发展。许多桌子安装有机械机构，可实现多功能转变，如餐桌可兼有写字桌、梳妆桌的功能（图 1-6-5 至图 1-6-8）。

图 1-6-5　多功能桌　　　　　　　　　　　　图 1-6-6　多功能桌

图 1-6-7　多功能桌　　　　　　　　　图 1-6-8　多功能桌

3. 橱柜

路易十六式橱柜（图 1-6-9 至图 1-6-12），无论高柜还是矮柜，主要采用直线造型，腿部方柱或圆柱形由上而下逐渐收缩变细，并开槽装饰，常用青铜镀金装饰。这个时期的家具（包括橱柜）也用女像柱装饰。图 1-6-10 小衣柜与图 1-6-12 书桌柜经常被称为 18 世纪最著名的法国家具，由法国宫廷家具师里兹奈尔受路易十六王后玛丽·安托瓦尼特所托为凡尔赛宫制作的家具。家具上镶嵌有十分珍贵的 17 世纪的日本漆器，这些漆器是从 1660—1680 年的日本大型屏风或橱柜中切割下来的。小衣柜的基本形态由里兹奈尔历经了至少 7 年才完成，长方形台面前方略微缩小成喇叭状，前方做成倒角形式，前缘微凸，中间为独特的梯形嵌板。柜体下方两个大抽屉，柜体上方的楣板分成三个较浅的抽屉。柜体正面用青铜镀金的月桂树花环装饰。书桌柜的上半部分，里兹奈尔沿用小衣柜的做法，而在柜体下方增加了双门柜体，正面则为矩形嵌板，采用相同的青铜镀金边框。

4. 床

这个时期，无论是日间休息的榻还是晚上睡觉的床，形式也开始简化，整体外形采用直线形式，腿部方柱或圆柱形由上而下逐渐收缩变细，并开槽装饰，常用青铜镀金装饰（图 1-6-13 至图 1-6-15）。原先的顶盖床或柱子床一改原来整体包面的形式，虽然仍悬挂床帷，但开始可以看见床的结构形式。床腿同样采用雕有直线凹槽的圆柱腿。脚端雕成水果或花卉式样。装饰图案和纹样几乎采用了这个时期的所有的典型样式，床屏紧靠着墙。顶篷的外形与床的类型匹配（图 1-6-14 和图 1-6-15）。

图 1-6-9　小衣柜

图 1-6-10　小衣柜

图 1-6-11　书桌柜

图 1-6-12　书桌柜

图 1-6-13　榻

（二）材料与装饰

受英国影响，大约从 1670 年开始，桃花心木开始在法国出现，并逐渐流行。特别是美国革命战争（1775—1783年）结束后，随着法国与美国贸易的增加，法国从西印度群岛进口大量这种木材，使得桃花心木制作家具变得更加流行。同时，沙比利、乌木、郁金香木、椴木、果木等主要用于镶嵌细工。

路易十六式家具装饰以薄木镶嵌、雕刻、镀金、镶嵌陶瓷、金属等为主，装饰题材是古典的纹样，如古希腊的科林斯柱、棕榈叶、浮雕、带纹、绳结纹、鸟羽、蔓草纹样，古罗马建筑中的檐饰、柱饰、月桂树叶、橡树叶、盾牌、莨苕叶饰等。此外，采用铜饰的黑漆和金漆家具也较流行。

图 1-6-14　床

图 1-6-15　床

（三）小结

路易十六式家具的主要特点是放弃了洛可可式家具的过分矫饰的曲线和华丽的装饰，追求结构的合理性和简洁的形式，因此，家具的结构重点放在水平线和垂直线的处理上，强调机能和结构的力量。以直线和矩形为造型基础，无论圆腿或方腿，都是上粗下细，并且带有类似罗马石柱的槽形装饰，脚端采用球形或水果状等雕刻装饰。与洛可可式的S形腿相比，不仅减少了家具的用料而且提高了腿部的强度，同时获得了一种明晰、挺拔、轻巧的美感。这些家具式样简朴、精练；做工讲究，装饰文雅；多以直线为主，很少采用曲线，即使采用曲线，也只是比较规整的圆、椭圆或其中一部分。而不像洛可可式的曲线那样自由奔放；旋涡面少，平直面多，方中有圆，柔中带刚，显得轻盈优美，实用性更强。

二、执政内阁式家具（1792—1799 年）

1789 年法国发生的资产阶级革命借助人民的力量以排山倒海之势推翻了波旁王朝的封建专制统治。1792 年，法兰西第一共和国成立，法国路易十六式家具宣告结束。1795—1799 年法兰西共和国后期，在行政上由执政内阁行使职权，被称为执政内阁时期。1799 年拿破仑发动了雾月政变，推翻了执政内阁，建立了国民议会，成为法兰西共和国第一执政，实际为独裁者。1804 年，法兰西共和国改为法兰西帝国，拿破仑为法兰西人的皇帝，称拿破仑一世。在家具史中，我们把拿破仑执政以前的家具风格称为执政内阁式，执政以后的式样称为帝政式。

执政内阁时期家具（图 1-6-16 至图 1-6-20）是路易十六时期进入帝政时期的一种过渡性时期的家具。在此期间，法国不仅在政治上反对皇室的专制政体，同时也着力排斥奢华的宫廷装饰和家具，开始另一种形态的家具改革，虽然为时较短，但对于家具文化艺术风格的演变有很大的影响。这个时期的家具平直表面居多，曲线减少，家具立面也改用平面柱装饰为多。

宫廷与贵族的家具仍然偏爱桃花心木制作，但榆木、胡桃木、果木、山毛榉等普通木材也常应用。自 1770 年以来，桃花心木一直是法国家具的主要用材，并以实木本色为主，多用黄铜装饰，青铜装饰减少。

由于法国大革命的影响，这个时期的家具装饰没有路易十六式那样精致，也不像后来的帝政式那样厚重。镶嵌装饰减少。家具的装饰题材有雏菊、菱形、古希腊的金属套圈，以及一些矛、箭、鼓、号、星、手、自由帽和三角形等象征革命的图案。

显然，在那个动荡的年代里，是不会有很多家具生产出来的，即便有也不会是最好的。因此，这个时代要形成并保持一种完整的家具艺术形式几乎是不可能的，像摄政时期一样，它只是一个转变时期，即处于路易十六式向帝政式过渡的艺术阶段。这是反对王朝专制体制的同时对宫廷的装饰艺术和家具风格加以排斥的结果，摒弃了路易十六时代的法国浪漫古典样式，转向忠实模仿古希腊、古罗马的古典风格，继而向帝政式发展。

图 1-6-16 扶手椅

图 1-6-17 扶手椅

图 1-6-18 抽屉柜

图 1-6-19　书桌台

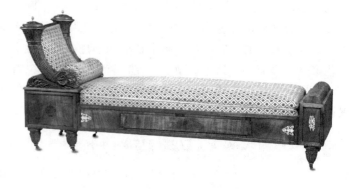

图 1-6-20　榻

总的说来，法国执政内阁时期家具在前期路易十六家具风格的基础上，将设计的重点完全放在对古希腊、古罗马的模仿上，在家具设计中几乎均以古典家具为依据，并把一些矛、箭、鼓、号、星、手以及自由帽和三角形等象征革命的图案用于家具装饰上，形成了一种单纯典雅的古典主义风格，而逐渐失去了法国家具的华丽纤巧的特色。

三、帝政式家具（1799—1830 年）

1799 年 11 月 9 日拿破仑发动政变，推翻执政内阁政府，夺取政权，自任首席执政官。1804 年拿破仑正式称帝——历史上称为法兰西第一帝国。直到 1814 年 4 月 13 日拿破仑在巴黎枫丹白露宫签署退位诏书。在设计史上，这一时期家具称为法国帝政式家具，又叫作拿破仑家具。

作为法兰西帝国的皇帝，拿破仑充分认识到艺术和装饰美术对于显示统治者权力的作用。为了使自己的权威和法国的荣誉炫耀于世，提倡的却是一种能够体现帝国威势的风格，把以枫丹白露宫为代表的许多宫殿改装成帝政样式。他希望法国与罗马帝国一样强大，把统一巨大的欧洲作为自己的理想，因而把古罗马帝国时代的雄伟样式、古埃及新王国时代的专制式样和古希腊时代的轻盈优美风格都吸收到帝政样式中。拿破仑的这种思想，通过宫廷建筑师拜西埃（Charles Percier，1764—1838 年）和封丹（Pierre Frontaine，1762—1853 年）得到具体实现。

（一）家具样式

1. 坐具

帝政式坐具（图 1-6-21 至图 1-6-26）明显地模仿着古罗马石材家具的造型，前腿支柱多采用半狮半鹫怪兽，结构单纯庞大，显示出生硬笨重之感。沙发多采用高直背，框架上刻饰着古典花纹。

拿破仑宝座（图 1-6-21）是典型的帝政式家具代表作。显示了至高无上的权势地位。宝座木质框架镀黄金色，圆靠背、圆座面，前腿兽头兽脚，周边是古代的棕榈饰、玫瑰饰、串珠饰等雕饰点缀，深红的天鹅绒包覆的面料，用金线绣出装饰图案，中间金色的"N"字则是拿破仑名字的字头。整件家具表现出严肃庄重的形象，雕塑般的造型构成了纪念碑式的形式，把拿破仑军事独裁夸大的、充满好战精神的"帝国风格"表现得淋漓尽致。

另一件扶手椅（图 1-6-22）造型奇特，椅子后半部分跟古希腊克里斯莫斯椅十分相似，靠背枕木为宽大的曲线形，镶嵌铜涡卷纹和棕榈饰，中间是透空的连环拱栅栏式，两条后腿军刀式造型。前腿用乌木制作两个狮身鹰头展翼的怪兽。整件家具既有庄重威严之气势，又有曲线的柔软之感，这种不太协调的生硬，正是法国帝政式家具的体现。

这时的沙发（图1-6-23）与前面这款扶手椅如出一辙，靠背两端用古罗马的狮子头雕饰，扶手前端则用古希腊的带翅膀的狮身人面像雕饰，四条后腿采用古希腊克里斯莫斯椅的军刀式造型，四条前腿采用古罗马的动物脚爪形式，饱满的软垫给椅子增加了舒适感。图1-6-25脚凳与图1-6-26扶手椅与此沙发为一套。

图 1-6-21　拿破仑宝座

图 1-6-22　扶手椅

图 1-6-23　沙发

图 1-6-24　扶手椅

图 1-6-25　脚凳

图 1-6-26　扶手椅

2. 桌台架

帝政式桌台架类家具也呈现同样的风格趋向，主要模仿古罗马、古希腊、古埃及的形式与装饰。这件雅致的脸盆架（图1-6-27）灵感源自古希腊和古罗马的三足香炉或火盆，设计师查尔斯·佩西耶（Charles Percier，1764—1838年）曾经对此做过专门研究。脸盆架的装饰与拿破仑金色宫殿的墙面装饰及梵蒂冈拉斐尔的壁画十分接近。脸盆架的底座造型和三角形曲线支架形式源自著名的古罗马三足架形式。脸盆架用海豚与天鹅装饰，工艺精致，寓意拿破仑是太阳王路易十四的合法继承者。每位法国国王的长子都被称为"皇太子（Dauphin）"，这个词还有海豚的意思。这种欢快的海洋生物装饰在三条支架内侧，寓意地中海——法国的南部边界，包围着拿破仑的出生地科西嘉岛。天鹅，一种被认为能在死亡时发出凄美声音的生物，通常与太阳神阿波罗联系在一起，路易十四就自诩为太阳王。天鹅也是美丽和父母关爱的象征。当危险来临时，天鹅会张开翅膀并发出嘶嘶的尖叫声，将它们的孩子保护在自己强壮的白色翅膀下。拿破仑的妻子约瑟芬和孩子们也常常被喻为天鹅和小天鹅。天鹅同样也是拿破仑十分钦佩的一位人物——法国文艺复兴时期国王弗朗西斯一世妻子克劳德的象征。

3. 橱柜

帝政式橱柜多为巨大而呈长方形，在结构上完全以生硬的直线去模仿古代建筑的轮廓，家具多采用深红色桃花心木薄木贴面，配以镀金青铜雕饰，对比强烈，给人一种沉重而严肃之感（图 1-6-28 和图 1-6-29）。

1809 年，为拿破仑王妃玛丽·路易斯（1791—1847 年）设计制作的橱柜（图 1-6-29），采用橡木框架，桃花心木贴面镶嵌，红色亮光漆底上嵌以金色的雕饰。雕刻题材有古代神话中的小天使、女神、花环、涡卷棕榈饰、天鹅，以及代表雅典皇后的蜜蜂等，遍布柜表面，装饰得非常华丽。尤其引人注目的是柜面上呈现了王妃玛丽·路易斯的形象，更使家具增辉添彩。这件大尺寸的橱柜采取古代柱式建筑形式，表现出炫耀、浮夸、有气势的帝政式家具风格。

图 1-6-27　三腿桌

图 1-6-28　抽屉柜

图 1-6-29　橱柜

1804 年，拿破仑设立了法国荣誉军团勋章，不论种族和民族、不论男女、不论是否是军人，也不论宗教信奉，只要忠于自由和平等的信条，并在军事或其他方面为法国建立卓越功勋的人，都可以被授予勋章，并成为荣誉军团的成员。这件古埃及神殿塔门形勋章柜（图 1-6-30）就是在那样的背景下产生的，真正再现了埃及风格，柜的飞檐上是象征古埃及法老的展开双翼的神蛇图腾。橱柜的正面中间装饰有带着翅膀的圣甲虫图腾，两侧是两条眼镜蛇盘绕着莲叶茎上，眼镜蛇的眼镜是柜子的锁孔，当将银钥匙插入时，蛇的身体会往前移动，柜子旁边的柜门就能打开。每边共有 22 个抽屉，内装勋章和贵重的物品。抽屉由上而下尺寸逐渐变大，抽屉编号刻在一八角形银牌上固定在抽屉上边缘。每个抽屉面板中央镶嵌着带着翅膀的银圣甲虫，右侧翅膀可以通过铰链打开，变成抽屉拉手的功能。整个柜子采用桃花心木制作，银雕饰，而非当时常见的青铜镀金装饰。这件勋章柜巨大宏伟、庄严单纯，结构巧妙，做工精细，表现出大帝国不可一世的风格特征。

图 1-6-30　勋章柜

（二）材料与装饰

帝政式家具喜用桃花心木制作实木家具，只在大幅面的板面才用单板。家具表面常用青铜镀金装饰。喜用黄杨木、椴木做薄木镶嵌材料。椅子靠背、座面常用织物包面。

帝政式家具将古典建筑的

细部，如柱头、扶壁柱、檐板和饰带等作为家具正面的装饰，将古希腊、罗马常见的花环、月柱、莨苕叶饰、忍冬叶、天鹅、鹰、狮首和埃及金字塔、狮身人首怪兽等装饰图案以及戴头盔的战士、胜利女神、环绕"N"（拿破仑姓名首字母）字的花环、月桂树、胜利花冠、棕榈树、蜜蜂等与战争有关的题材作为当时家具的主要装饰图案，还特别喜欢用蜂巢作为富有和权威的象征。

为了表现纪念性的装饰效果，极力利用雕刻和凹凸形装饰，有的采用饰有金色青铜面饰的柱头和柱基的桃花心木圆柱，有的直接将金色青铜面饰装饰在桃花心木表面上。椅子座面和靠背的布料、帘幔和布帷的布料喜欢用大红色，因为它象征革命和热情。同时把装饰图案用金线绣在这种大红色的布料上。总之，桃花心木的紫黑色、青铜镀金饰件的金色和布料的大红色，几乎成了帝政样式表现在色彩上的"注册商标"，色彩华丽而沉着，颇有点军人的气度。

（三）小结

帝政式家具为了显示权威与荣耀，恪守着严格的对称法则，采用笨重的造型和刻板的线条来显示其宏伟和庄严，用模仿的手段处理古代艺术，大量采用与战争有关的题材，形体厚重而结实。帝政式家具巨大方正的形体表现出一种不朽的纪念意义的装饰效果，但帝政式家具忽视实用性与结构的合理性，用盲目的模仿手段将古典建筑的轮廓和细部以及古典装饰拼凑在家具上，显露出一种夸大、生硬和伪装的弱点。与同属于新古典主义的路易十六式家具相比，远不如其完美。这也许就是帝政式家具流行时间较短的原因。

从来没有一个风格会比帝政式和法国的民族气质如此不协调。厚重、坚实皆非法国人之特性，却是拿破仑时期家具的路线，表现得有些拘泥造作。此观点在滑铁卢战役拿破仑战败后，帝政式家具在法国马上开始衰退的事实中获得印证。但这种样式却随着拿破仑的侵略战争流传到世界很多国家，如美国的帝政式，英国的摄政式，德国、奥地利的毕达迈尔式等，这与拿破仑自身的感召力、法国政治和军事实力以及时代的流行趋势是分不开的。

拿破仑之后，法国处于政局动荡、王政复辟与革命的变革之中，家具也是在哥特式、洛可可式、新古典主义之间进行变化，进入了混乱时期。在这之后，在工业革命那雄健的脚步的带动下，法国也进入了机械化生产的时代。伴随廉价的工业生产家具的普及，传统风格的家具开始衰退。

作业与思考题

1. 法国路易十六式家具的主要特征是什么？
2. 选择一件法国路易十六式椅子，绘制其三视图。
3. 课外拓展：路易十六时期有哪些代表性的家具师？他们制作了哪些经典的家具作品？
4. 法国帝政式家具的主要特征是什么？
5. 法国帝政式家具的装饰特点是什么？

第二节　英国新古典主义家具

18世纪60年代，英国首先开始工业革命。工业革命给英国工业注入了极大的活力，资产阶级队伍迅速壮大，城市得到发展，手工业有逐步向机械化生产发展的趋势。同时，美洲殖民地的开发、海外贸易的扩展更使得英国显示出巨大的潜力和优势。与其他国家一样的是，英国在艺术领域也掀起了一阵古典复兴的热潮。1770—1830 年，在英国的贵族和绅士的生活方式中，流行着这种理性的浪漫主义或浪漫的理性主义。英国的新古典主义家具是以亚当、赫普怀特和谢雷顿的个人风格为代表的。

对 18 世纪的英国家具设计有巨大影响的齐宾代尔式，在乔治三世刚一即位就很快衰落了。庞贝和赫库兰尼姆古代遗址的发掘，使英国对复兴古典艺术的兴趣日益高涨，即使在室内装饰和家具设计领域，也能看到古典化的倾向。以罗伯特·亚当（Robert Adam，1728—1792 年）为代表的建筑师，为意大利古典艺术的辉煌成就所感动，一马当先地投身于新古典主义运动之中，并对整个英国的新古典主义运动起到了巨大的推动作用。继齐宾代尔之后，英国在乔治三世时期，又出现影响世界家具界的设计师，即亚当、赫普怀特（George Hepplewhite，1727—1786 年）和谢拉顿（Thomas Sheraton，1751—1806 年），并形成个人风格，他们与齐宾代尔共称为乔治王朝的四大名匠。

一、亚当式家具（1760—1792 年）

罗伯特·亚当，苏格兰建筑师、室内与家具设计师，为帕拉第奥式建筑师威廉·亚当之子。青年时代的罗伯特与兄长约翰以学徒的身份跟随父亲威廉，在诸多城堡、宫殿的扩建计划中协助威廉。父亲威廉·亚当死后，哥哥约翰·亚当继承了家族事业并且在英国军需处担任要职，很快便让弟弟罗伯特加入其中成为合伙人。经过了一系列大型工程建筑的设计后，罗伯特·亚当的才华全面开花，其设计大师的地位也得到广泛认可。

在 1754—1758 年间，罗伯特·亚当曾游学于意大利，对古罗马及文艺复兴时期的古典主义风格进行了深入的研究。回国后与兄弟詹姆斯创办了设计事务所，设计了不少从外观结构乃至室内装潢、家具协调统一的建筑。罗伯特的设计风格加入了自己的特点，融合了古罗马设计精髓，并参考希腊、拜占庭与巴洛克建筑而创作了更为灵活多变的风格，掀起了复兴古典艺术的风潮，成为英国新古典主义运动的先驱。18 世纪后期，亚当式家具流行于英国伦敦，取代了享誉已久的齐宾代尔式家具。

亚当兄弟一生设计了很多建筑及室内装饰，同时由罗伯特·亚当设计了很多典雅的家具与其配合，两人合著的《亚当兄弟建筑作品集》（*The Works of Robert Adam and James Adam*）影响深远，集中展示了注重功能且更为优美、轻巧的新古典主义建筑、室内、家具风格，成为英国新古典主义运动的先驱。但是亚当自己并不制作家具，这些家具的制作则由当时英国一些著名的家具师承揽，其中最负盛名的家具师齐宾代尔、赫普怀特、谢拉顿等人都曾是亚当式家具的制作者。尤其难能可贵的是洛可可家具师齐宾代尔，在其晚年受亚当影响跟随时代潮流，也设计制作了大量充满新古典主义情调的家具（图 1-6-31 至图 1-6-33）。

图 1-6-31　靠背椅

图 1-6-32　扶手椅

图 1-6-33　扶手椅

（一）家具样式

1. 椅子

亚当早期的作品明显具有洛可可遗风（图 1-6-34 和图 1-6-35）。这两款家具是亚当于 1764 年为劳伦斯·邓达斯府邸设计的，采用装饰植物纹样的动物腿型，公羊头单独安装在坐框角落与腿部上端，波浪状靠背，其他框架部位均用植物纹样雕饰，镀金装饰。

后期的亚当式椅子（图 1-6-36 至图 1-6-38），腿呈细条、尖形，截面呈方形或圆形，由上至下逐渐变小，方腿配以梯形或马蹄形脚，圆腿则配以车木脚。靠背以方形、圆形、盾形为主，多为实木透雕或镶板中心加软包，形式简洁。亚当式的盾形椅背弯曲，后腿为希腊式军刀状腿。通常前腿上部延伸与扶手连接，部分扶手有软垫。亚当式椅子很少使用拉脚档。

图 1-6-34 扶手椅

图 1-6-35 沙发

图 1-6-36 扶手椅

图 1-6-37 扶手椅

图 1-6-38 扶手椅

2. 其他家具

亚当式家具一般长而狭（图 1-6-39），外形轻巧，自上而下逐渐变细的直腿或方或圆，常雕有凹槽。靠墙桌（图 1-6-40）装饰集中在望板上，桌面很多采用半圆形大理石，当时颇为流行。亚当设计的家具中，有一种宴会厅家具（图 1-6-41 和图 1-6-42）非常有名，多为自助餐准备，由餐桌、两侧为放餐具的柜子和容器、桌下的红酒冷冻器等组成，构成了亚当式家具的重要特色。

（二）材料与装饰

亚当式家具主要用材是从西班牙进口的桃花心木，但几乎不再沿用在家具表面进行镀金装饰。安妮女王时期以来较少采用的薄木镶嵌再度流行，常用浅色木材椴木与其他深色木材或油漆相搭配，装饰图案主要采用几何纹样，强调与室内装饰格调的协调性。此外，枫木、郁金香木、梨木也用于镶嵌装饰，有的也用一些来自亚洲和美洲的木材制作家具。青铜主要用在把手上，起强调结构线的作用。浮花织锦、花缎和丝绸都是最常用的软包面料。

图 1-6-39　沙发凳

图 1-6-40　靠墙桌

图 1-6-41　餐厅家具

图 1-6-42　餐厅家具

　　亚当兄弟还运用了一种新材料来复制意大利装饰家设计的浅浮雕形式，这种材料被叫作"混合涂料"，用人造大理石和胶混合而成，从而可以制作一些强度大、耐久性好、品质精良的工业产品，特别适合用于墙与顶棚的装饰。

　　亚当式家具装饰丰富但不生硬，多以薄木镶嵌为主，雕刻装饰较以前减少，装饰图案以花饰、带饰、凹槽纹样、狮身人面像、维纳斯、月亮女神、丘比特等古典题材居多，形成一种规整、优美、朴素的古典美，更加注重装饰美和实用性。

（三）小结

　　亚当式家具典雅、优美，采用对称形式，结构简洁规整，多数地方采用方形直线框架构成，不仅形式上具有古典风格的特色，而且在结构和装饰上都做了更加合理的处理。家具多用直线，简单而朴素，线条明晰而稳健，形成一种规整、优美、朴素的古典美。

二、赫普怀特式家具（1770—1786 年）

　　在 18 世纪后期，亚当的新古典主义设计虽然占据主流，可是在家具设计与制造领域，推动这个潮流的著名家具师却是赫普怀特和谢拉顿。他们继承了亚当古典主义设计风格，但都对其进行了改进与创新，使之更适合公众趣味，在谋求家具大众化方面功不可没。赫普怀特在 1775—1786 年间为亚当制作了许多家具，为亚当式家具的发展做出贡献。同时，他也是英国新古典时期的一位家具设计大师，受到亚当式家具和法国式家具的影响，他设计的作品比例协调优美，造型纤巧雅致，具有高雅的古典艺术之美。

赫普怀特出生在英国北部的达勒姆郡，1985 年 11 月与他儿子一起创办了自己的公司，不到一年去世。赫普怀特生前默默无名，死后才因其作品的发表而声名远播。1788 年，在他死后第二年，他的遗孀爱丽丝·赫普怀特（Alice Hepplewhite）编辑出版了集他一生的经验所编写的《家具制作师及软包师指南》（*Cabinet Maker and Upholsterers Guide*），书中刊载了 300 多件家具设计图稿。这是自 1762 年齐宾代尔出版的第三版《客户与家具师指南》（*The Gentleman and Cabinet-makers Director*）以来汇集图片最多的书籍。书中不仅汇集了当时流行的家具，也包括赫普怀特和他儿子公司制作的家具。该书的出版发行，不但使赫普怀特名声大振，而且对英国及其他欧洲各国的设计师和家具师都产生了巨大的影响。

（一）家具样式

1. 椅子

赫普怀特的风格特点集中体现在椅子的设计上（图 1-6-43 至图 1-6-46），特别是椅子靠背的设计独具匠心，有盾形、卵形、心形、椭圆形、圈形等，其中盾形靠背最体现其特色。椅背的装饰物有威尔士王子的羽毛标志、麦穗、古琴、花瓶、棕榈叶、窗头花格等图案，都是镂空透雕，很少有软靠垫。椅子的前腿喜欢采用上粗下细的直线形方腿或圆腿。靠背一般不与座框直接连接，而是支在伸出的后腿上。后腿多为方腿，向后弯曲呈军刀状。扶手较短，向外弯曲形成怀抱状。

图 1-6-43　扶手椅　　　图 1-6-44　靠背椅　　　图 1-6-45　扶手椅　　　图 1-6-46　扶手椅

2. 桌台架

赫普怀特设计的许多桌子多比较小巧简约，直线尖腿，有的用马蹄脚，木纹清晰可见，整体简洁单纯而又典雅别致（图 1-6-47 至图 1-6-49）。

（二）材料与装饰

赫普怀特的家具不仅使用高级木材，如桃花心木、乌木等，也用椴木、枫木、桦木等普通木材，使得不同层次和经济能力的人都能购买。织物面料有棉布、亚麻、丝绸等，图案多为条纹、方格，或在其中夹杂一些碎花。

受亚当的影响，家具装饰主要采用古典题材，但赫普怀特特别偏好使用威尔士王子的羽毛标志、麦穗、古琴、花瓶、棕榈叶、窗头花格等装饰题材。

（三）小结

赫普怀特的作品将古典韵味恰如其分地糅进家具设计当中，家具造型纤巧优雅、比例协

图 1-6-47　靠墙桌

图 1-6-48　翻板桌

图 1-6-49　餐具架

调优美，兼具古典式的华美和路易十六式的纤巧，这恰与亚当式家具较为严肃规整的古典造型形成了强烈的对比。

三、谢拉顿式家具（1770—1806 年）

18 世纪后期英国新古典时期的后起之秀托马斯·谢拉顿（1751—1806 年）是英国乔治王朝时代最后一位伟大的家具设计家和制作师。

谢拉顿 1751 年出生于赫普怀特的家乡——英国北部的达勒姆郡，父亲是小学校长。他自己是一位虔诚的教徒，30 岁前一直写一些宗教传单，同时在家乡学习家具制作，并以此谋生。1790 年，他带着妻子和两个孩子搬到伦敦，停止家具的制作，开始通过教绘画与为一些如兰开斯特的杰罗斯（Gillows of Lancaster）等家具厂绘图为生。就从那时起，他积累了大量的设计图纸，为 1791 年《家具师与软包师图集》（*Cabinet Maker and Upholsterer's Drawing Book*）的出版奠定了基础，该书到 1802 年共出了三个版本。这本书按字母顺序说明了家具用语、种类、装饰样式，对初学者帮助非常大，同时影响也较为深远。1803 年，他又出版了《家具辞典》（*Cabinet Dictionary*），这本书指导性地详细阐述了木家具与软体家具贸易的各个方面。接着，他开始着手写他的第三部书《家具师、软包师及综合艺术家大百科全书》（*Cabinet Maker and Upholsterer and General Artist's Encyclopedia*），全书准备写 125 部分，遗憾的是，到 1806 年，这本书只完成了 30 部分，谢拉顿就去世了。

虽然至今没有发现谢拉顿制作的家具实物，但他著写的这些有关家具设计的图书很好地反映了他的家具风格，并被当代的家具设计师广泛借鉴，死后名声大振。其主要原因是他的作品造型精炼优雅、装饰单纯、结构简单和朴实、淳厚的英国味道非常适合朴实的市民生活方式，将市民生活中不可缺少的简洁性、艺术性、实用性集中体现在家具设计中。

（一）家具样式

1. 椅子

谢拉顿设计了许多造型独特的椅子（图 1-6-50 至图 1-6-57），轻巧而优美，尺寸比例适度。受路易十六后期椅子的影响，他设计的椅子大部分靠背呈方形或矩形，采用方尖腿，成为其风格的代表特征。椅背中间镂空饰有精巧的雕刻，采用奖杯、竖琴、栅栏等形式。

2. 其他家具

其他家具方面（图 1-6-58 至图 1-6-60），谢拉顿风格与赫普怀特式并没有太大的区别，同样也喜欢采用上粗下细的细长形腿，书柜顶部常设计破山墙式上楣或平顶起檐，柜门采用玻璃花格（图 1-6-60）。

图 1-6-50　扶手椅

图 1-6-51　扶手椅

图 1-6-52　扶手椅

图 1-6-53　扶手椅

图 1-6-54　靠背椅

图 1-6-55　靠背椅

图 1-6-56　靠背椅

图 1-6-57　靠背椅

图 1-6-58　靠墙桌

图 1-6-59　翻板桌

图 1-6-60　书柜

（二）材料与装饰

　　谢拉顿主要以桃花心木制作餐厅、卧房和图书馆家具，以玫瑰花木、椴木和漆绘家具制作客厅家具，其软包布料包括素色、条纹、花缎、丝绸和锦缎等，偶尔也采用藤材。

　　谢拉顿式家具装饰简朴，大量运用薄木拼花贴面和绘画装饰，因为雕刻费工费时而被大量简化，一般采用羊齿、贝壳、椭圆、垂花饰等古典图案。

（三）小结

谢拉顿式家具以轻便、简朴、实用著称，所设计的以直线为主，强调纵向的伸展，家具比例协调，外形修长优美，结构坚固耐用。他认识到应在实用的基础上表现家具造型的美，这种典型的英国风格显示出来的轻便与朴素感在欧洲家具史上是前所未有的，宣告了英国古典家具的终结。

四、摄政式家具（1811—1837 年）

英国的摄政时期是指 1811—1820 年，乔治三世因精神错乱不能理政，而由威尔士王子（即后来的乔治四世）摄政。1820 年，乔治三世去世，他正式即位成为乔治四世（在位1820—1830 年）。1830 年他的兄弟继位，即威廉四世（在位 1830—1837 年）。广义的摄政时期是指 1811—1837 年，这一时期的政治和文化都表现出与众不同的特质，被看作乔治王时代到维多利亚时代的过渡期。

受法兰西帝国风格的影响，这个时期的设计者表现出对希腊、罗马古代艺术的浓厚兴趣，同时，埃及、中国、印度等题材也风行一时。这个时期比较著名的家具师有尼格拉斯·莫里（Nicholas Morel，创作期为 1795—1830 年）和托马斯·霍普（Thomas Hope，1769—1831 年），受法国宫廷建筑师拜西埃和封丹的影响，在 19 世纪初的英国创作了大量的具有法国味道的家具。

（一）家具样式

1. 坐具

摄政式坐具（图 1-6-61 至图 1-6-67）多模仿古代家具的形式，前腿多为上粗下细的柱式，古希腊的军刀状后腿，截面为矩形，自上而下地逐渐收小。腿间没有拉脚档。有的受古埃及的影响，常在前腿上端雕刻有狮子头像，前腿与扶手连成一体，狮爪脚。有的则采用古罗马凳子的影响，椅子前端加工成 X 形交叉状。也有的扶手前端做成文艺复兴时期的涡卷形式。靠背微曲，多呈方形或长方形。整件家具犹如古代家具的集成体，显得粗犷而笨拙。

摄政式沙发也很讲究时尚，常常依据古代家具原型。沙发两侧一高一低，高侧上端雕刻有狮子头像，狮爪脚。矮侧向内涡卷，中心雕有动物的头部。这类沙发主要用于倚靠，类似于中国的榻，常配有长枕。

图 1-6-61 扶手椅　　　　图 1-6-62 凳子　　　　图 1-6-63 沙发

2. 其他家具

摄政式家具品种丰富，造型上也表现出同样的风格趣味（图 1-6-68 至图 1-6-72）。

图 1-6-64　扶手椅

图 1-6-65　沙发

图 1-6-66　靠背椅

图 1-6-67　躺椅

　　在 1784 年煤气灯及之后的电器灯具发明之前，家庭室内的人工照明主要依靠由动物脂肪或烟少又好闻的蜂蜡制成的蜡烛。由于蜂蜡价格昂贵，因此很少用于日常所需，只有在诸如宴会厅、舞厅等重要的娱乐活动场所将多支蜡烛点亮在华丽的枝形吊灯或装饰烛台上。此外，在一些空间较大的房间中，则用枝状大烛台来点亮空间。这些大烛台通常放置在桌子或壁炉架上，也有很多则采用可移动的高高烛台，称为落地烛台（图 1-6-70）。

图 1-6-68　书桌

图 1-6-69　牌桌

图 1-6-70　烛台

　　这烛台原为一对，椴木制作，这种木材纹理优美，材质柔软，适合于雕刻和着色。色彩保持完好，可能为与室内装饰相协调，加工成浅灰和浅蓝色。三只海豚头朝下位于三角形底座上，底座边框雕饰华丽的涡卷花纹，下面是三只带凹槽的面包型圆脚。海豚身上刻有鳞片，尾巴上翘，并且随意地打了一圈靠在烛台的直立的带凹槽的圆柱上。与其他落地烛台不同，这对烛台支架的上端玻璃罩壁内有一烛托，是其原先设计的一部分。圆柱上方有一个三角形平台，拐角处雕刻三只公羊头，嘴叼装饰性帷幔，与上端玻璃罩壁上的公羊头上的青铜

图 1-6-71　书桌

图 1-6-72　边柜

镀金的装饰性帷幔、狮鹫之间悬吊的链条相呼应，设计巧妙。烛台上华丽的涡卷形、装饰性帷幔、公羊头及垂花饰等古典主义装饰题材的使用，从侧面反映受罗伯特·亚当的影响。由于两件烛台底座有一面均没有雕刻，因此推断放置在壁龛中或靠墙使用，或放置在三角形底座上使用。除了增添整个作品的精致感以外，玻璃罩壁可以使过往行人免受烟熏的痛苦，同时也可避免蜡流到下面的木质底座上难以打扫。此外，还可以使得烛光在玻璃表面反射出美丽的光泽，既实用又美观。与持续的电灯光线不同，蜡烛或明或暗的火焰使得整个烛台的雕刻图案显得更加立体和生动。

（二）材料与装饰

摄政式家具多用桃花心木和光亮的青铜装饰搭配使用。此外，趋向于运用纹理美观、色泽淡雅、表面光滑、具有自然鸟眼纹理的黄柏木、美国枫木或人工染色的欧洲枫木。较少应用乌木等深色木材。另外，从竹制装饰品和一些藤编的椅座、椅背等都反映出受中国家具的影响，软包布料有花缎、天鹅绒和锦缎等。

摄政式家具师在设计中不但避免运用贵重的材料和技术，而且尽量通过运用漂亮的油漆、美丽的木材以增加家具豪华的感觉。家具表面强调用薄木拼贴技术和虫胶镜面漆装饰，镶嵌细工、雕刻、镀金装饰大量减少。

1790 年，威尔士王子热衷于"中国时尚"，要求亨利·霍兰德（Henry Holland，1746—1806 年）为他伦敦的住宅卡尔顿屋（Carlton House）设计具有中国风格的客厅，从而推动了东方漆器技术在摄政式家具上的应用。黑色最受喜爱，而且普遍以镀金修饰，其线条简单显眼，并配合直线使用；表面平坦，以雕刻、浮雕和中国艺术图案作装饰，装满花果及谷穗的羊角状物和花饰等设计常被采用。

（三）小结

19 世纪初，英国家具受到法国帝政式的影响，也表现出模仿古希腊、古罗马、古埃及的古典家具形态和装饰的复古倾向。把古希腊家具的优美、简朴结构、古罗马的豪放、壮美、古埃及装饰和中国的漆绘工艺等结合在一起，形成一种古典型的折衷样式。

作业与思考题

1. 英国乔治王朝的四大设计名将分别是谁？
2. 亚当式家具的主要特征是什么？
3. 怎样区分亚当式、赫普怀特式、谢拉顿式的椅子？
4. 赫普怀特式家具的主要特征是什么？
5. 谢拉顿式家具的主要特征是什么？
6. 英国摄政式家具的主要特征是什么？
7. 资料收集：亨利·霍兰德的设计作品。

第三节　意大利新古典主义家具

　　18 世纪后期，意大利罗马、那不勒斯、都灵、热那亚等地方开始接受新古典主义，而威尼斯发展较慢，直到 18 世纪末才开始接受。意大利新古典主义家具主要追随法国路易十六式样式，少量受英国的新古典主义家具的影响，同时意大利本土的一些古迹与考古发现也直接影响了意大利新古典主义的发展。

一、意大利路易十六式家具

　　早期的意大利新古典主义家具主要受法国路易十六式、英国新古典主义家具的影响，在造型、装饰、材料、结构上面几乎没有太大的变化，被称为意大利路易十六式（图 1-6-73 至图 1-6-77）。椅子和桌子采用上粗下细的直腿，端面或圆或方，常有凹槽装饰。桌面通常

图 1-6-73　扶手椅

图 1-6-74　靠墙桌

图 1-6-75　抽屉柜

采用大理石。椅子扶手仍保持曲线形式，但靠背也变直。沙发线型简练，也用带凹槽的直腿支撑。多采用胡桃木、橄榄木、松木等本地木材制作家具。家具表面油漆以青白色基调最为流行。

　　这时，意大利本土特色的立体感较强的豪华座椅依然盛行。其主要特色为油漆装饰、曲线靠背、扶手向外张开，尺度较大（图 1-6-77），有较强的巴洛克味道。

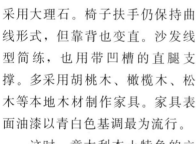

图 1-6-76　梳妆桌

图 1-6-77　威尼斯椅

二、意大利帝政式家具

　　跟欧洲其他许多国家一样，在家具与室内设计方面，19 世纪初的意大利也紧跟法国时尚，开始流行帝政式风格。但是法国帝政式家具要求木质优良，其规则的外形、笔直的线条与意大利传统雕塑感的造型不相适宜。于是意大利的帝政式家具采用一些变通的方法，借用

古典建筑造型，采用对称与均衡的造型法则，局部采用曲线和装饰，装饰题材多为罗马帝国时期武器、战利品、桂冠、古灯等，采用低质木材上油漆的工艺（图 1-6-78 至图 1-6-84）。

图 1-6-78 至图 1-6-80 三件家具约于 1835 年制作。整套家具共有 12 件，包括 1 件贵妃榻，1 张沙发，4 把扶手椅和 6 把靠背椅，专门为位于都灵旁的拉科尼吉皇宫制作的。采用桃花心木制作，枫木和桃花心木镶嵌，丝绸织锦包面。这套家具的风格称为意大利后期帝政式比较恰当，因为它将伊特鲁里亚青铜器和古希腊花瓶上装饰纹样与毕德迈尔式家具结合在一起，预示着各种风格复兴的折衷主义的即将到来。

图 1-6-78　扶手椅

图 1-6-79　贵妃榻

图 1-6-80　沙发

图 1-6-81　宝座

图 1-6-82　凳子

图 1-6-83　三腿桌

图 1-6-84　写字桌

三、小结

意大利新古典主义家具主要分为意大利路易十六式与意大利帝政式两种。意大利路易十六式在造型、装饰、材料、结构方面与法国路易十六式没有太大的不同，意大利帝政式在继承法国帝政式的造型样式、制作工艺、用材方式等基础上，局部加了自己的一些特色。

作业与思考题

1. 新古典主义时期的意大利家具可分为哪些风格？并分别简述其主要特征。
2. 资料收集：更多意大利帝政式家具，并描述其主要特征。

第四节　德国新古典主义家具

一、德国早期的新古典主义家具

德国的领土紧邻法国，18 世纪以来德国的许多家具师定居法国，如本尼蒙（Beneman）、莫利特（Molitor）、帕普斯特（Papst）、里兹奈尔（Riesene）、维斯维勒（Weisweiler）等，使得德国的新古典主义家具（图1-6-85至图1-6-87）与法国路易十六式家具接近。其中，最为典型的是伦琴（David Roengten，1743—1807年），他于1774年移居巴黎，从而改变了他父亲亚伯拉罕（Abraham）1759年在德国诺伊维德（Neuwied）开设家具公司制造的家具风格。结果，公司原先制作的英国齐宾代尔式被法国新古典主义取代，伦琴也成为闻名整个欧洲的家具师。

伦琴制作的小衣柜（图1-6-85），采用橡木、松木、椴木、樱桃木制作，镶嵌郁金香木、黄杨木、槭木、梨木，抽屉外框桃花心木，表面青铜镀金装饰，大理石台面。伦琴制作的写字桌（图1-6-86和图1-6-87）以精巧的结构设计著称。

图1-6-85　小衣柜　　　图1-6-86　写字桌　　　图1-6-87　写字桌

二、德国帝政式家具

法国的帝政式也随着拿破仑军队的入侵而进入德国。同样由于德国的许多工匠经过法国培训或曾在巴黎工作，所以对法国的帝政式非常熟悉，加上德国王室对这种风格家具的推崇，促使德国帝政式家具流行。装饰题材多为鹰、神话中的动物形象、桂冠、罗马柱等一系列与战争有关的、庆祝胜利与凯旋的题材。

不过德国的家具显得更加宽大厚重，采用粗壮的柱式，遵守严格的对称形式（图1-6-88和图1-6-89）。这实际上是一种贵族风格，主要为各地方君主采用。他们建造新的城堡、重新粉刷城堡、装修豪华宫殿内的室内空间，并将镀金装饰的帝政式家具布置在前厅，以此炫耀自己的权力。而比较私密的房间里则会布置一些桃花心木制作，局部点缀青铜镀金装饰件的家具。装饰题材主要取自于古埃及。

远离法国的北部德国，受英国的影响，家具上常用韦奇伍德装饰陶瓷装饰。这张柏林制作的陶瓷桌（图1-6-89），由19世纪德国著名的建筑师申克尔（Karl Friedrich Schinkel，1781—1841年）设计。亮闪闪的桌面采用圆形图案，四匹白马拉着四轮马车，太阳神驾着马车从大海中升向天堂。十二星座代表着一年的轮回。瓜果和鲜花在秋天葡萄藤的衬托下代表一年的收获。这些来自异域的菠萝、石榴应该是在当时流行的十分昂贵的温室中栽培，正好与豪华贵重的陶瓷桌相匹配。向内凹的桌面边框采用金属镀金装饰，中间为陶瓷桌面，三角形底座也用金属镀金装饰，底盘上的圆珠用青铜铸造镀金装饰，围绕着陶瓷制作的卷叶装饰。青铜铸造的腿支撑上方为一根圆铁柱，四周围绕着一层接着一层的莨苕叶饰，采用金属镀金装饰。陶瓷桌面大胆运用了不同的技术以产生明暗不同的装饰效果。整个桌子采用古典的三足形式，风格鲜明的莨苕叶饰一层一层排列在桌子的支柱上，宏伟壮观，细节精致。

图 1-6-88 书桌柜   图 1-6-89 陶瓷桌   图 1-6-90 扶手椅

三、德国毕德迈尔式家具

　　毕德迈尔（Biedermeier）一词来源于 1840 年德国慕尼黑一份周刊《飞叶》（*Fliegende Batter*）里所塑造的一位代表庸俗的中产阶级的虚构人物——毕德迈尔（Weiland Gottlieb Bedermeier）。这个人物是普普通通的良好市民形象，过着平凡安逸的生活，对家庭和诗歌的关注远远超过了政治。

　　在这里，"毕德迈尔"一词代表着 1805—1850 年间与帝政式家具同时期制作的那些简洁、古典、注重手工艺与功能的家具的总称。当时贵族的一些正式房间多配置豪华庄严的帝政式家具，而一些私密的房间多用这些简洁实用的毕德迈尔式家具布置。这些家具为德国、奥地利、瑞士和北欧中产阶级所推崇。19 世纪初，由于政治的动荡，促使人们回归家庭，开始注重家具装饰。

　　毕德迈尔式家具以直线为基础，很少采用雕刻装饰，装饰题材多源于古典题材：罗马柱、三角饰、卵箭饰、珠链饰等。大约从 1830 年，开始加入涡卷纹装饰。毕德迈尔式椅子的腿常向外撇，沙发有拱形靠背，书桌柜则用飞檐装饰。

　　由于木材纹理是毕德迈尔式家具最为重要的装饰元素，所以最多用的还是桃花心木，但这种材料需要进口，价格昂贵，因此中产阶级也用当地的胡桃木、樱桃木、梨木、桦木、水曲柳、黑榆、黄柏木制作家具，采用薄木镶嵌，拼成几何图形。

　　毕德迈尔式是新古典主义后期的一种审美倾向，这种风格将古典的高雅和豪华风格与当时资产阶级追求简洁、实用和方便的需要结合了起来。毕德迈尔风格源于法国帝政式，但是是一种柔软化的帝政式，它将舒适实用放在首位，不主张铺张奢华，造型简洁朴实，可谓 20 世纪功能主义现代家具的先兆（图 1-6-91 至图 1-6-95）。

四、小结

　　德国的新古典主义家具可分为早期新古典主义、帝政式与毕德迈尔式三种。德国早期的新古典主义家具与法国路易十六式家具接近；德国帝政式家具比法国帝政式显得更加宽大厚重，采用粗壮的柱式，遵守严格的对称形式；德国毕德迈尔式家具排除了豪华贵族式装饰，具备实用功能，给人一种简朴、诚挚的感觉，适应了中产阶级日常生活的需求。

图 1-6-91 靠背椅

图 1-6-92 抽屉柜

图 1-6-93 缝纫桌

图 1-6-94 书桌柜

图 1-6-95 沙发

作业与思考题

1. 德国早期的新古典主义家具风格是什么？
2. 德国毕德迈尔式家具的主要特征是什么？
3. 资料收集：德国家具师大卫·伦琴的设计作品并描述其主要特征。

第五节　美国新古典主义家具

一、早期联邦式（1785—1810 年）

　　1776 年 7 月 4 日，美国签署《独立宣言》。不久，革命战争开始，殖民地居民为他们的独立而战斗，因此他们不再能像过去一样有精力和热情追随英国时尚。当英国开始流行罗伯特·亚当的新古典主义风格时，美国的家具设计与制造还在继续跟随过去 30 年的齐宾代尔家具样式。

　　直到 1783 年战争结束，这些新的风格才在美洲大陆出现。多年来，旧式的齐宾代尔与新式的联邦式并存，甚至掺杂在一起。事实上，亚当风格并未在美国流行开来。新的美国家具主要追随赫普怀特和谢拉顿书中的样式，同时借鉴亚当式家具的镶嵌细工、藤编技术、油漆工艺和进口木材的应用等手法。当然，美国家具在借鉴的基础上加入了自己的特色。美国联邦式就是这样形成的。这种新的风格被命名为"联邦式"，是因为它反映了美国政府的联邦制。

但由于其借鉴了赫普怀特和谢拉顿式样，因此有时也被称为"赫普怀特式"或"谢拉顿式"。

这时一些新的城市繁荣兴起，罗德岛的普罗维登斯、麻省的塞伦和马里兰的巴尔的摩与原先的新港市、波士顿、费城、纽约、查尔斯顿、威廉斯堡，一起成为联邦家具的制作中心。

（一）家具种类

随着美国经济的复苏与繁荣，家具的种类也日益丰富。书桌柜、缝纫桌、脸盆架、床头柜、餐边柜、抽屉柜、酒柜、刀叉盒、钢琴等在联邦时期较为盛行。

1. 橱柜

早期的联邦家具造型简洁，采用几何形态，主要专注于装饰细节，形式上没有太多创新。联邦时期的橱柜沿用以前造型形式，变化主要集中在锁扣的装饰，采用木材、象牙、骨板等制作。赫普怀特式橱柜（图1-6-96）立面继续采用中间凸两侧内凹的曲线形，牙板简化，采用法式脚。谢拉顿式箱柜（图1-6-97）采用带凹槽的车木腿，并向上延伸成为整个柜子的角柱，立面采用向外凸的半椭圆形状（也称D形），装饰水珠形拉手。精美的橱柜表面采用装饰薄木、桦木或枫木外框，但桃花心薄木镶嵌最受欢迎。

图1-6-96　抽屉柜

相反，梳妆桌、矮脚衣柜在这时不再流行，那种带洗脸盆的台子因实用而流行开来，也就是后来发展成熟的卫浴柜。餐边柜（图1-6-98和图1-6-99）是一种新的联邦式家具，用于餐厅中，靠墙使用，是传统餐具柜与边桌的接合形式，主要用来备餐和放置餐具、餐巾和酒水饮料。

图1-6-97　抽屉柜

图1-6-98　抽屉柜

图1-6-99　抽屉柜

2. 桌子

联邦式桌子趋向于轻巧、优雅。与以前不同的是，这时靠墙桌、牌桌比茶桌更受重视与流行。书桌柜的形式也略有改动（图1-6-100至图1-6-102）。

图1-6-100　书桌柜

图1-6-101　书桌柜

图1-6-102　书桌柜

3. 坐具

联邦式椅子变得轻巧简朴，但依然不失优雅。这个时期的椅子主要有四种形式，即板条靠背椅、盾背椅、薄板透雕靠背椅和方背椅。

1780—1800 年，是美国家具从洛可可风格向新古典主义过渡的时期，源自齐宾代尔式的板条靠背椅（图 1-6-103）十分流行，这种椅子采用透雕的曲线形靠背板、方腿，腿上有装饰线型。

薄板透雕靠背椅（图 1-6-104）的薄板靠背和椅子后腿传承赫普怀特的形式，靠背顶板、雕饰和逐渐变细的腿表现出新古典主义的倾向。

赫普怀特式的盾背椅（图 1-6-105）约于 1790 年开始引入美国，盾形靠背雕饰织物垂花饰和羽毛花饰，是典型的新古典主义家具，在美国十分流行。

方背椅（图 1-6-106）出现于美国的 18、19 世纪之交，比洛可可椅子要矮些，但也更加精致。这种椅子在谢拉顿式椅子的基础上增添了一些装饰细节。

图 1-6-103　板条靠背椅　图 1-6-104　薄板透雕靠背椅　　图 1-6-105　盾背椅　　　　图 1-6-106　方背椅

这时出现了一种新的休闲椅（图 1-6-107），靠背与座面软包，靠背较高，取消了翼状椅靠背两侧的翼状软包，木扶手与前腿之间连以曲线支撑，整体造型高大、线型简练，早期的椅子腿间有横撑连接，19 世纪后，横撑逐渐取消。

休闲椅的变化较小，以轻巧的体态取代了齐宾代尔式的豪华形式，早先的赫普怀特式椅子（图 1-6-108）采用逐渐变细的方腿（腿间为直撑）取代了以前 S 形弯腿，后期的谢拉顿式椅子（图 1-6-109）则用带凹槽的车木直腿，腿间没有横撑。

早期的联邦式沙发造型与前期的十分相似，但改用了逐渐变细的腿。这个时期的沙发主要采用赫普怀特式和谢拉顿式。其中最有名的是赫普怀特式 S 形沙发（图 1-6-110），其名称与 S 形弯腿没有任何关系，只表示"曲线"意思。沙发座面前曲，靠背上方改波状曲线为拱形，靠背与扶手连为一体，取消了以前的卷筒状扶手。谢拉顿式沙发（图 1-6-111），采用直线造型，直线或微曲靠背，扶手垂直，长方形座面，后来受影响，采用带凹槽的车木缝，前腿向上延伸成为扶手的支撑。

图 1-6-107　休闲椅　　　　　　图 1-6-108　休闲椅　　　　　　图 1-6-109　休闲椅

图 1-6-110　沙发

图 1-6-111　沙发

（二）材料与装饰

巴尔的摩、新港、塞伦、纽约的早期联邦式家具多用桃花心木制作，而波士顿则多用枫木制作。装饰用薄木多为椴木、乌木、水曲柳和其他色彩对比强烈的木材。

18世纪末，美国家具制作日趋精制，结构变化甚微。薄木镶嵌与源于古罗马的带凹槽车木腿的应用是这时家具的主要装饰特点。

（三）小结

美国早期联邦式家具主要采用英国赫普怀特式和谢拉顿式家具形式，但并没有比英国延迟。早期联邦式风格沿用1788年赫普怀特出版的《家具制作师及软包师指南》（*Cabinet Maker and Upholsterers Guide*）中的家具风格，家具工艺简单，线型简练，装饰简化，新兴的装饰薄木取代了以前的雕刻装饰，非常迎合美国人的口味，迅速取代了齐宾代尔式家具。美国人给赫普怀特式家具增添了活力和生气，造型趋向轻巧、装饰简化，通常以爱国符号、军事纹章和古典题材作为镶嵌图案。方腿并自上而下逐渐收细，显得精巧。曲线形立面、望板与中心镶嵌图案相呼应。美国赫普怀特式家具比例优美、造型精练，由曲线、长方形和逐渐变细的直线形组合而成。

谢拉顿式是美国联邦时期的第二种家具风格，于1795年开始取代赫普怀特式。谢拉顿式家具在造型比例上与赫普怀特式十分相似，主要区别在于细部装饰上。谢拉顿式家具的最大特征是以逐渐变细的车木圆腿取代了以前逐渐变细的方腿。家具的立面趋向长方形，而不再用曲线形式。继续采用薄木镶嵌装饰，但其中还运用了亚当式的浅浮雕。

二、后期联邦式（1810—1830年）

随着战争的结束与社会的稳定，美国的家具设计开始不仅局限于模仿借鉴之中，他们开始从古希腊与古罗马文化艺术中寻找灵感并直接运用到他们的作品中。同时，美国的设计也受法国新古典主义、英国的谢拉顿式与摄政式的影响（图1-6-112至图1-6-119）。

图 1-6-112　扶手椅

图 1-6-113　扶手椅

图 1-6-114　扶手椅

图 1-6-115 靠背椅

图 1-6-116 扶手椅

图 1-6-117 牌桌

　　美国后期联邦式椅子比以前要略微厚重一些，沙发趋向简洁精致，靠背上端或直或曲，腿部自上而下逐渐收细。沙发与椅子软包丝绸缎子，装饰题材有羽毛、花篮、动物等新古典题材。随着玻璃的推广使用，一些书桌柜的上面柜体部分采用玻璃门的形式，用复杂的木格栅加固并装饰（图 1-6-118 至图 1-6-119）。

　　此时，纽约成为全美最大的家具制作中心与贸易市场，家具工匠师们都是从这里将自己的作品卖到其他州。

　　其中最为著名的是邓肯·法夫（Duncan Phyfe，1768—1854 年）。邓肯·法夫从苏格兰移居到美国，于 1792 年在纽约城开了一个家具店，经营十分成功。他的工厂曾被认为是全美最为重要的木家具和软体家具制造厂，雇用工人 100 多名，改进古希腊、古罗马的造型形式，为人们提供了新古典主义家具。他的家具流行于 19 世纪的前 20 年，集谢拉顿式、法国当时流行的风格和英国摄政式于一身，特色明显（图 1-6-120 至图 1-6-124）。通常采用古希

图 1-6-118 书桌柜

图 1-6-119 书桌柜

图 1-6-120 扶手椅

图 1-6-121 扶手椅

图 1-6-122 靠背椅

图 1-6-123 凳子

图 1-6-124 沙发

腊的 X 交叉形、军刀状腿、动物爪脚、竖琴、七弦琴等造型，而装饰题材多为帷幔、装饰羊角、麦束等新古典主义题材，形成自己的新古典主义风格，被称为邓肯·法夫式。

三、美国帝政式（1810—1840 年）

就好比德国的毕德迈尔式与帝政式一样，美国的后期联邦式与帝政式分别服务于中产阶级与富人。

美国帝政式家具（图 1-6-125 至图 1-6-129）宽大、厚重，装饰丰富。家具外形多模仿古希腊、古罗马家具形式以及波浪形曲线，大量运用高浮雕，常见的装饰图案为镀金的叶形装饰板、花环、喇叭、月桂树、带翅膀的图案，装饰丰富，整体风格豪华、厚重，为美国的社会名流所喜爱。其中最具特征的是明亮的镀金装饰与桃花心木或红木的深色形成强烈的对比。

图 1-6-125 沙发

图 1-6-126 贵妃榻

图 1-6-127 牌桌

图 1-6-128 靠墙桌

图 1-6-129 红酒箱

这个时期的代表人物是从法国移居纽约工作的家具工匠查尔斯（Chailes-Honore Lannuier），他给纽约带来与邓肯·法夫式大为不同的法国帝政式风格，使纽约成为帝政式风格的中心。

美国家具在这时还有一个重要分支，即彩绘家具（图 1-6-130 至图 1-6-133），即用绘画取代了以前的薄木镶嵌装饰，使用也十分广泛。这类家具通常采用黑色油漆或深棕色纹理的木材和镀金装饰，以模仿帝政式家具深色底色上的镀金装饰，有的用枫木制作，彩漆成红、黑、绿或麦秆底色，藤或草座面。同时由于受远东文化的影响，竹式或竹外形的腿、细腻的饰线及远东各国家的装饰物被采用。

四、小结

美国新古典主义家具主要可分为早期联邦式、后期联邦式与帝政式三种。美国早期联邦式家具主要采用英国赫普怀特式和谢拉顿式家具形式；后期联邦式受法国新古典主义、英国的谢拉顿式与摄政式的影响，其中最引人注目的是邓肯·法夫式家具；美国帝政式则是法国帝政式家具的改良形式。

图 1-6-130　扶手椅　图 1-6-131　扶手椅　图 1-6-132　扶手椅　　　　图 1-6-133　沙发

作业与思考题

1. 在新古典主义时期美国主要出现了哪几种家具风格？各有什么特征？
2. 美国后期联邦式家具的主要特征是什么？
3. 邓肯·法夫式家具的主要特征是什么？试找一款邓肯·法夫式沙发或椅子，按比例绘制成三视图。

结语：

　　以复兴希腊、罗马的古代文化为旗号的欧洲新古典主义家具以其庄重、典雅、实用的古典主义格调代替了华丽脂粉气的洛可可风格。以法国路易十六式为代表的新古典家具可以说是欧洲古典家具中最为杰出的家具文化艺术，它不仅具有结构上的合理性和使用上的舒适性，而且还具有完美高雅的艺术形象，表现出挺秀而不柔弱、端庄而不拘谨、高雅而不做作、抒情而不轻佻的特点。它在家具文化历史上是继承和发扬古典文化、古为今用的最好典范。

　　19世纪初新古典主义后期的欧洲帝政式家具，在艺术上盲目地模仿古罗马艺术，显露出夸大、生硬和虚伪的弱点。由此，欧洲古典家具开始走向衰落。

第七章 折衷主义家具
（1840—1900年）

学习目标： 了解这个时期西方各国的家具发展情况，重点掌握折衷主义家具的主要特征。

1837年，维多利亚女王继承英国王位。随着欧洲工业化的进程，工人阶级与贵族之间的矛盾日益明显。1848年爆发欧洲革命，是平民与贵族间的抗争，主要是欧洲平民与自由主义学者对抗君权独裁的武装革命。这一系列革命波及范围之广，影响国家之大，可以说是欧洲历史上最大规模的革命运动。第一场革命于1848年1月在意大利西西里爆发。随后的法国二月革命更是将革命浪潮波及几乎全欧洲。但是这一系列革命大多都迅速以失败告终。尽管如此，1848年革命还是造成了各国君主与贵族体制动荡，并间接导致了德国统一及意大利统一运动。

1851年，英国在伦敦的水晶宫举办了万国工业博览会，这是一次真正意义上的第一次世界性的博览会，向世人展示了世界各国先进的工业展品，意味着从简单的商品交换到新生产技术、新生活理念的交流的重大转变。各个国家也逐渐开始接纳并支持工业化。

尽管社会在朝着工业化的进程前进，但19世纪中叶的家具还是缺乏自己明确的特征。事实上，这个时期主要是以前曾经流行的各种风格特别是哥特式与洛可可风格的复兴。尽管各种风格之间区别明显，但还是频繁被用在同一房间，甚至同时运用到一件家具上。所有古典与国外式样云集一身，古罗马、古希腊、巴洛克、洛可可、哥特式、新古典主义等，成为名副其实的折衷主义风格。1851年的万国工业博览会的盛大举行，在某种意义上更加推动了这种风格在世界各地的发展。

此时正是英国的维多利亚女皇时代，因此其家具式样称为维多利亚式。同时期的美国家具受到英国维多利亚式的影响，形成了美国维多利亚式家具。两种家具式样极为相似，只是美国维多利亚式家具形体较为轻巧，装饰较为单纯。在法国则是路易·菲利普家具，以及第二帝政式家具或拿破仑三世家具。此时期的家具形式混乱，是传统的古典家具与现代家具二者之间的一段无法衔接的空白阶段，也是外国古典家具的尾声。

经过这个时期的折衷主义家具在各国有明显的不同，但也有一些共同点，如1830—1860年间流行的球背椅；家具上常装饰豪华的丝绒挂毯、带穗子的座垫，给家具增添了舒适感。桃花心木和胡桃木是当时家具常用的木材，有时也用橡木与乌木。此外，其他一些新材料与铸铁也开始运用到家具中。

机械化生产促使家具制作的成本大大降低，生产效率又大大提高，如机械可以将薄木切割得更薄、制作燕尾榫的时间大大减少等，从而使得更多的中产阶级可以买得起家具。然而不幸的是，这时家具的艺术品质大大降低，从而促使工艺美术运动的诞生。

第一节 英国维多利亚式家具
（1840—1900年）

维多利亚女王于1837年继承王位，统治英国，直到1901年逝世，是英国历史上统治时间最长的一位君主。她统治英国的这段时期被称为"维多利亚时代"，是英国历史上最为光辉灿烂的盛世。

维多利亚时期正处于工业革命的早期，为了满足大量涌现的中产阶级家庭的需求，家具开始大批量机械化生产。在这个时期，机械化批量生产开始代替手工制作的传统，家具生产开始不再与订单直接挂钩。

由于数量的急剧膨胀，中产阶级取得了前所未有的经济地位，他们期盼着有一种新的家具式样和装饰风格来体现他们新的身份与地位。维多利亚女王本人偏爱华丽的装饰风格也极大地刺激了维多利亚家具的设计与制作。

与历史上后期家具推翻前期家具的发展规律不同，维多利亚家具包含了众多不同时期的家具式样，因此它也被称为混合的"复兴式"家具式样，当时的家具风格主要表现为尽力效仿古希腊、哥特式和洛可可这三种古典外观形态和装饰手段。

维多利亚哥特式指的是这个时期流行的一种基于都铎时期家具的阳刚气质的家具（图1-7-1至图1-7-3），家具腿与横档的连接处通常装饰都铎时期的蔷薇花饰，代表人物为普金（Augustus Welby Northmore Pugin，1812—1852年）。

图 1-7-1　橡木桌

图 1-7-2　扶手椅

图 1-7-3　靠背椅

由于英王乔治四世的偏爱，洛可可风格在这个时期也盛行，采用S形腿，整体线条优美流畅，有的局部采用镀金装饰，但除了装饰以外还被用来遮盖结构工艺上的瑕疵（图1-7-4至图1-7-6）。

图 1-7-4　图书馆桌

图 1-7-5　球背椅

图 1-7-6　扶手椅

维多利亚时期的古希腊风格家具造型多受古希腊家具的影响，造型简洁、牢固（图1-7-7至图1-7-9）。椅子多采用军刀状后腿，前腿有的也为军刀状，有的则采用新古典主义时期常用的车木腿。扶手前端多为涡卷形。与维多利亚时期的其他注重装饰的家具形成了明显的区别。

图 1-7-7　靠背椅

图 1-7-8　靠背椅

图 1-7-9　靠背椅与扶手椅

实际上，18 世纪的家具式样如齐宾代尔、赫普怀特、谢拉顿、亚当式等在整个 19 世纪继续流行，而在 19 世纪 70 年代尤为流行（图 1-7-10 至图 1-7-12）。由于仿制得比较逼真，并且年代久远，我们已很难将其与原先的区分开来。

图 1-7-10　扶手椅

图 1-7-11　扶手椅

图 1-7-12　沙发

工业化进程还促使分工越来越细，家具设计师逐渐与家具制作师分离开来，并且商业家具与艺术家具也逐渐区分开来。温莎椅（图 1-7-13 至图 1-7-16）在这时也非常流行，各地具有各自的地方特色，但白金汉郡是温莎椅的制造中心。格拉斯哥以制作软体家具为主，伯明翰为铁架床的生产加工中心，而诺丁汉与雷斯特则以柳藤家具而著名。

图 1-7-13　温莎椅

图 1-7-14　温莎椅

图 1-7-15　温莎椅

图 1-7-16　温莎椅

作业与思考题

1. 英国维多利亚时期家具可细分为哪几类？它们的主要特征是什么？
2. 资料收集：维多利亚式椅子，并选择其中一款按比例绘制出三视图。

第二节 法国折衷主义家具

一、复辟式家具（1815—1830 年）

1814 年 4 月，拿破仑一世退位，波旁王朝复辟，流亡于英国的路易十六的弟弟普罗旺斯伯爵返国即位为路易十八（在位 1815—1824 年）。但好景不长，拿破仑于 1815 年 3 月杀回巴黎，重建帝国，立"百日王朝"，路易十八落荒而逃。在滑铁卢战役后，拿破仑第二次退位，路易十八得以复位。1824 年，路易十八的弟弟查理十世（Charles X，1757—1836 年）继任国王（在位 1824—1830 年）。在复辟后的 15 年里，随着中产阶级需求的不同以及工业化的进程，家具市场也发生了相应的改变。

这时，帝政式家具虽然还存在，但造型简化，拿破仑一世时期具有战争题材的装饰逐渐被取消，开始更多地注重家具的舒适性。严谨的直线逐渐转化成洛可可式自由曲线，但总体上，家具造型还是比较笨重、稳固。镶嵌是常用的装饰手法，金属饰件变小，甚至消失（图 1-7-17 至图 1-7-19）。

图 1-7-17 书桌柜

图 1-7-18 梳妆台

图 1-7-19 沙发

二、路易·菲利普式家具（1830—1848 年）

1830 年法国发生的"七月革命"推翻了复辟的波旁王朝，建立了君主立宪制的"七月王朝"，王位由波旁王室的支系奥尔良公爵路易·菲利普继承，也称七月王朝。他在右翼极端君主派和社会党人及其他共和党人之间采取中间路线，以巩固自己的权力。后在 1848 年的法国二月革命中被推翻，法兰西第二共和国成立。

这一时期的家具也从侧面反映了路易·菲利普的中间路线政策，历史上各种风格特别是波旁王朝的家具风格都出现在这个时期的家具上，吸收了哥特式、文艺复兴式、路易十五式、路易十六式、帝政式等古典风格，形成了折衷主义家具文化（图 1-7-20 至图 1-7-22）。主要采用胡桃木以及桃花心木、红木等从法国殖民地大量进口的木材。此外，也结合使用一些其他材料，如大理石、镀金件等。家具整体造型简洁、稳固，没有过多的表面装饰。

图 1-7-20　书柜

图 1-7-21　抽屉柜

图 1-7-22　梳妆台

三、第二帝政式家具（1848—1900 年）

夏尔·路易·拿破仑·波拿巴（1808—1873 年），又称为拿破仑三世，法兰西第二共和国总统，法兰西第二帝国皇帝，为拿破仑一世之侄，荷兰国王路易·波拿巴与奥坦丝·德·博阿尔内王后之幼子。他在 1848 年当选法兰西第二共和国总统，1852 年称帝，建立法兰西第二帝国。1870 年他发动普法战争，在色当会战中惨败。于当年 9 月 4 日宣布退位。在位期间，他一直致力于用强权政治寻求稳固自己的权力地位，此时期的家具被称为第二帝政式风格或拿破仑三世风格。

这时的家具多采用太阳王路易十四式样，而附加路易十五与路易十六时期的装饰题材。有时也会应用一些古典主义或文艺复兴样式。工匠们从法国 16—18 世纪的各种风格中撷取各种细节，但是风格的准确性常常不是人们十分计较的。

这时的家具总体比较豪华，常用古典建筑上的柱式与山墙形式，制作家具的主要用材有桃花心木与乌木等深色木材，并用青铜镀金、象牙、珍珠母等在深色木材上镶嵌装饰衬托出使用者的权威与财富（图 1-7-23 和图 1-7-24）。

追求舒适性是这个时期家具的第二个特征。由于盘簧的应用，软体家具更为流行。织绣软包的椅子与沙发是当时沙龙的一种时尚（图 1-7-25）。这时新出现一种背靠背的沙发（图 1-7-26 和图 1-7-27）。

图 1-7-23　抽屉柜

图 1-7-24　靠墙桌

图 1-7-25　沙发

总之，这个是一个复古的时期。法国第二帝政式家具受到文艺复兴、路易十四式、路易十五式、路易十六式等风格的综合影响，表现出折衷主义的家具文化。其风格特征更加夸张，更为艳丽，过分炫耀，整体表露出浓厚的帝政式风味，同时也反映 19 世纪末期更为混乱的特点。

图 1-7-26　沙发

图 1-7-27　沙发

作业与思考题

1. 复辟式家具的风格特征是什么？
2. 路易·菲利普式家具的风格特征是什么？
3. 第二帝政式家具的主要特征是什么？

第三节　意大利折衷主义家具

（1840—1900 年）

　　19 世纪，意大利进行了一系列争取民族独立、国家统一的运动，于 1861 年建立意大利王国，并于 1870 年完成意大利的统一。

　　意大利的折衷主义家具主要出现在 19 世纪中期，并集中在北方的罗马、米兰、威尼斯和佛罗伦萨，而南部城市（除了那不勒斯）与其他一些相对落后的地方则延续以前的简洁的本土家具形式。可以说，意大利人一直在其强大的北部邻居法国的文化阴影下生活，以雕刻丰富、镀金装饰长沙发（图 1-7-28）与涡卷纹、透雕装饰、大理石台面的靠墙桌（图 1-7-29）为代表的洛可可复兴式在 19 世纪中期的意大利盛行。

　　此外，意大利是文艺复兴的发祥地，也是文艺复兴的中心。因此，这时，文艺复兴式样也在意大利复兴（图 1-7-30 至图 1-7-32）。

　　总之，19 世纪的意大利家具主要表现为两种形式，一是受法国影响的洛可可式复兴，二就是基于本土伟大的文艺复兴式样的再复兴。

图 1-7-28　长沙发

图 1-7-29　靠墙桌

图 1-7-30　墙面镜　　　　　　图 1-7-31　扶手椅　　　　　　图 1-7-32　橱柜

作业与思考题

意大利折衷主义家具主要表现形式有哪几种？

第四节　德国折衷主义家具

（1840—1900 年）

　　实际上，在德国统一以前的德国泛指德语国家，通常也包括奥地利。起源于新古典主义时期的毕德迈尔式从未真正在德国消失过，并在 19 世纪的德国，特别在 19 世纪 60 年代依然盛行（图 1-7-33）。

　　维也纳相对保守，一直保留着 18 世纪德国的洛可可风格，所以这时洛可可式复兴在维也纳十分流行，也就悄无声息地将这种风格延续了（图 1-7-34）。工业革命促进了新工艺技术引进，制作洛可可式家具的成本大大降低，从而也扩大了市场。机器加工的薄木和雕刻装饰更加精细。

　　19 世纪中期以后，各种古典风格的复兴传遍整个欧洲。1871 年，普鲁士首相奥托·冯·俾斯麦成功统一了多个德意志邦国，建立了德意志帝国。此后，德国家具在欧洲的这个风格基础上结合本土传统文化，建立了自己的特色（图 1-7-35）。社会的繁荣、海外贸易的发展、殖民地的扩张以及工业化的进程，促使这种新的德式风格茁壮成长。

图 1-7-33　靠背椅　　　　　　图 1-7-34　餐桌　　　　　　　图 1-7-35　橱柜

作业与思考题

德国折衷主义家具主要表现形式有哪几种？

第五节　美国折衷主义家具

一、美国维多利亚式家具（1840—1910年）

美国南北战争（1861—1865年）结束后，移民快速增加，经济工业化开始加速。

大约到1840年，厚重的美国帝政式风格发展到顶峰，开始转向表面装饰较少的朴实的造型风格，并逐渐被那些移民来的欧洲工匠带来的洛可可复兴式样取代（图1-7-36至图1-7-38）。代表人物为贝尔特（John Henry Belter，1804—1863年）。贝尔特出生在德国的奥斯纳布吕克附近，学习过黑森林传统木雕工艺。1833年移民美国纽约，6年后加入美国籍，1844年开始制作家具并出售，不久闻名美国。

贝尔特对家具业的最大贡献是开发了层积材技术（申请了专利）。将多层薄木板按相邻层纹理方向互相垂直交错叠加胶合，提高了木材的强度，同时大大改善了木材的开裂现象。贝尔特的家具常常是将带有雕刻装饰的板材加工好后粘贴在家具框架上的。这个板件事先通过蒸汽加工弯曲成带有C形或S形的大弧度曲线形态，被称为"贝尔特曲线"。层积材技术与贝尔特曲线的运用，促成了曲线弧度较大、雕饰丰富的贝尔特洛可可复兴式家具的实现。因此说，任何时代的家具设计要创新都离不开技术与工艺的创新。

贝尔特的家具以高背椅为代表，充分反映了其高超的雕刻工艺。这种家具采用优美的S形弯腿、雕刻花草、贝壳及其他奇异的图案，凸曲线造型，大量运用C和S形曲线，只是比以前的洛可可家具显得厚重、豪华。由于工艺的复杂，贝尔特的家具只局限于服务少数特别有钱的人。

图1-7-36　沙发

图1-7-37　靠背椅

图1-7-38　梳妆桌

美国的哥特式风格没有像在英国那样流行。但19世纪后半叶，许多由一些知名建筑师设计的教堂、住宅还是采用了哥特式风格，其中配套的家具也由建筑师设计，主要采用尖顶、尖拱、三叶饰、四叶饰、卷草纹、窗花格等装饰（图1-7-39和图1-7-40）。

19世纪中后期，美国在家具设计中有了更多的技术创新。乔治·汉金格（George Hunzinger，1835—1898年），德裔美籍设计师，至少拥有20件专利，发明了许多件具有机械机构的、节省空间的多功能家具，可以折叠、延伸、转换等。威廉·沃顿（William Wooton），美国印第安设计师，于19世纪70年代申请了一项专利，他设计的一款书桌柜，内藏许多小抽屉和空间，可以储存文件和财物（图1-7-41）。

图 1-7-39　扶手椅　　　　图 1-7-40　扶手椅　　　　　图 1-7-41　书桌柜

二、夏克家具（1820—1935 年）

19 世纪后半叶，美国特别在纽约一带曾经流行一种叫夏克（Shakers）的家具，也称震颤派家具。

震颤派（Shakers）是一个基督教信教团体。18 世纪，从英国曼彻斯特的公谊会分出而产生。1774 年，其创始人安·李（Ann Lee，1736—1784 年）率信徒多人移居美国，不久在美国传开。后流传于北美，在纽约地区广传。宗教仪式中唱歌伴以跳舞，开始时四肢颤动，慢慢地整个身体摆动，相信这样将使自己直接和圣灵相通，因而得名。不信耶稣是上帝，并认为"圣灵"是世界和上帝之间的中介；主张信徒财物公用、男女分开、与世隔绝、衣着整齐；实行素食，荤食仅可用蛋；倡导独身和务农。他们中大部分成员来自于平凡的手工业劳动者，倡导自给自足的生活方式，自己种植粮食、自己造房子、自己做家具……

1784 年，米查姆（Joseph Meacham）成为震颤派领导，倡导在家具、建筑和服饰上避免一切不必要的装饰和浪费，从而使得夏克家具表面光素，没有任何镶嵌与雕刻工艺，材料以取材方便为原则，多为松木、枫木、樱桃木、胡桃木、白胡桃、杨木和桦木。夏克家具基于新古典家具造型，所用家具形式简洁，采用几何线条，倒锥形直腿，加工便捷，造价较低，但运用传统的榫卯结构。抽屉和橱柜一般均用车木木拉手。椅子座垫由藤或织物编织而成。

震颤派教徒一般住在集体宿舍，每个房间放置两种带滚轮的单人床，中间放置一张烛台的茶几，茶几上是一个铁烛台，两把梯背椅。两个人共用一个上面是柜体，下面是抽屉的橱柜，上面的柜体用来放置帽子，下面的抽屉放置衣服，有时最下面一层会放置鞋子。墙上安装木钉或带木钉的板子，可以挂放日常用品，甚至可以挂放椅子（打扫房间时）。墙上还有一面镜子，房间无其他装饰（图 1-7-42 至图 1-7-46）。

震颤派教徒过着规律的生活，所以夏克家具通常在底部标注数字，以便搬动后归到原先设定的位置。

正是因为简洁的夏克家具制作简单，生产率高，所以他们将这些家具销往社区外面。椅子的尺寸从 0 号（最小号的儿童椅）到 7 号（最大号的成人摇椅）。梯摇椅可以定制一个披肩横档，以便天冷时将披肩披搭在上面保暖。摇椅的最下面一个板条横档上通常有一个贴纸起防伪作用，以与其他仿制他们的家具区分。

图 1-7-42　集体宿舍

图 1-7-43　靠背椅

图 1-7-44　摇椅

图 1-7-45　抽屉柜

图 1-7-46　橱柜

　　夏克家具于 19 世纪中期到达顶峰，内战后，由于工业化与城镇化，夏克家具开始衰退。1900 年以后，震颤派社区纷纷关门，很多作为博物馆开放。到 1935 年，新黎巴嫩社团的最后一个椅子创造者柯林斯停止了生产，震颤派人为的创作画上了句号，但其家具风格因简洁实用至今还被延续着。

作业与思考题

1. 美国维多利亚式家具的主要特征是什么？
2. 凸曲线造型美国洛可可复兴式家具得以实现的基础是什么？
3. 美国夏克家具的主要特征是什么？
4. 什么是美国的使命派（Mission Style）家具？它与夏克家具有哪些异同？

结语：

　　19 世纪中叶以后，资本主义社会发展很快，资产阶级已不再是为自由主义而战的斗士，他们的心只为钱跳动，连文化和建筑也成了商品，于是，以抄袭、拼凑、堆砌为能事的折衷主义创作手法占了统治地位。

在这漫长而缓慢的过渡时期，19世纪后叶由于整个家具行业无法适应社会和生产形态的急剧转变，处于迷茫和彷徨之中，只能笨拙地抄袭各种传统家具的表面形体，过分地进行装饰，并将不同风格混合表现于家具上，同时也出现了对适应时代工业的发展和广大市民新的生活方式的探索，因此，形成了家具风格混杂的折衷主义。

时代在前进，历史在发展，迎接人类历史上伟大工业化时代的欧美各国杰出的家具设计师正在以新的思想观念和新的技术材料探索家具改革之路，掀起一个又一个设计运动。现代的设计必然取代传统的烦琐，这是人类社会进步的必然产物，是不可抗拒的。但是，国外古典家具各个不同时期的文化艺术至今仍在影响着世界各国，闪耀着不可磨灭的光辉。

第二部分
中国传统家具

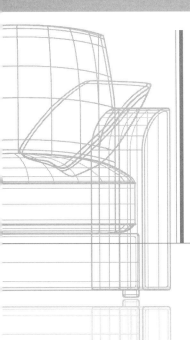

第一章 席地而坐的前期家具
（约200万年前—220年）

学习目标： 重点掌握商周、春秋战国、秦、汉时期家具的演变以及风格特点。

远古家具是中国古代家具的雏形，这一时期木质家具虽并非主流，但已经崭露头角，后世木质家具的兴盛初见端倪。简单结构的木构件、木材与石材制成的工具都为后世精湛的工艺和稳定的结构奠定了坚实的基础。

第一节　史前家具
（约 200 万年前—前 2070 年）

史前时代（约 200 万年前—公元前 2070 年），按照历史年代，中国远古文化包括了史前文化时期、夏、商、西周的大部分时期人类的社会生活。史前文化是指没有文字记录之前的人类社会所产生的文化。考古学上的中国史前社会从发现古人类开始，下限为发现甲骨文的殷墟年代，也就是商代盘庚迁殷之前的历史时期；历史学所指的中国史前社会是有了文献记载之前的历史时期，即西周有了共和纪年之前的阶段。

中国史前文化按照考古年代主要分为旧石器时代、新石器时代以及青铜时代。我们主要通过文字、铭刻、古建筑、器物等方面考察史前家具的历史。

在旧石器时代晚期人们就掌握了编草成席的技术，主要以兽皮、干草、树叶以及羽毛为材料。编制而成的草席可供人们坐卧铺垫，是中国最古老的家具。

新石器时代初期一部分人迁徙到适合开发农业的大河平原地区，修建了地穴式、半地穴式的"棚屋"。此时，木杆、竹竿等已被用来搭成卧具；树桩、树墩、石块已被用作坐具。一部分人迁徙到水泽地区，在地面或水面上修建了"干栏式"建筑。"干栏式"建筑多数木构件采用榫眼穿插、企口板拼接和咬合搭接的结构形式，为家具的出现奠定了技术基础。

一、家具样式

在家具出现之前，人们为了隔潮和干燥舒适，在地上铺垫植物的枝叶或动物的皮毛等，继而演变为编织草席，这是坐具的前身。河姆渡遗址中出土了不少编织席的实物，在距今约五千年的浙江吴兴县钱山漾遗址中还出土了用竹子和篾编织的竹席、篾席。

原始社会主要以树桩、树墩、石块为坐具（图 2-1-1 和图 2-1-2），形成了早期的坐具。日用器物以陶质为主，全部放在地上，在长期的生活实践中，人们逐渐感到将器物完全放在地上不够方便，于是发明了承托用具。最初只是在地上铺垫木板，后来逐渐发展为带矮足的木案。在距今四千多年的山西陶寺龙山文化遗址中，发现了放置陶斝（甲）、木豆等饮食器皿的低矮木案。案面涂红彩，周围绘出了 5cm 宽的白色边框，旁边还发现放有石刀和猪骨的木俎。这些发现表明当时已开始使用简单的木质家具了。

西安半坡遗址有密集的村落，其建筑房屋的类型，如半坡下 22 遗址进口部，有木骨泥墙围成的小方厅及划分前后空间的栏护围坎墙。这种半隔断的做法，起了后世屏风的作用。

遗址中的土灶、土台就是床的雏形（图 2-1-3）。这些出土物的发现，是后来家具雏形产生的实物例证。

图 2-1-1 以树桩、树墩为坐具　　　图 2-1-2 以石块为坐具　　　图 2-1-3 半坡遗址中的土台

二、材料、结构与装饰

早期的生活用具材料主要是干草、兽皮、羽毛、树叶，最初的家具以树墩、树桩、石块等为材料继而发展为木板、木料。

这时的工具基本上适应了当时建筑和家具最高工艺要求。当时的木工工具已出现了固定的伐木石斧；家具制作的石斧、石锛（图 2-1-4）；榫卯制作的石凿、骨凿、角凿、石楔、木棒、木槌。尤其是人们把石楔镶于木棒上形成锯齿状，运用于锯磨木料或是做企口槽板的拼接（图 2-1-5）。这是木工加工技术的一大发明，也是家具结构方式形成的前奏。

六七千年前的浙江余姚河姆渡新石器时代遗址，出土有干栏式木构建筑的榫眼穿插，企口板拼接和咬合搭接结构形式（图 2-1-6），以及苇席残片等。尤其是榫卯制作，反映了当时的木结构技术已经达到相当高的水平。河姆渡遗址还发掘了朱漆木碗（图 2-1-7），外壁均有一层朱红色涂料（剥落较为严重），微有光泽。经化学方法和光谱分析鉴定为生漆。朱漆碗的发现，说明至少在六七千年前，我们的先民已将天然漆用于装饰生活器具的表面。

图 2-1-4 石斧、石锛　　图 2-1-5 企口槽板拼接　　图 2-1-6 榫卯结构　　图 2-1-7 朱漆碗

三、小结

由于技术的简陋以及结构的不完善，史前家具略显质朴古拙；又由于年代久远，家具的使用情况并无史书记载，但是从考古发现中是可以对当时的社会生活和家具形态进行一些想象和恢复的。

史前家具雏形的出现主要表现在木棺、木豆、木斗、木匣、木俎、木案等的创造。其主要的制作工具为石斧、石锛以及榫卯制作的石凿、骨凿、角凿、石楔、木棒、木槌。当时简单的结构，如木构件横竖咬合、板与板相拼采用企口衔接的形式已经出现。家具的挖磨、捆绑形式或支撑等工艺形式也开始出现。

史前家具的主要特征为：第一，家具雏形的出现，主要表现在木棺、木豆、木匣、木俎、木案等的创造。第二，制作工具石斧、石锛的应用，以及榫卯制作的石凿、骨凿、角凿、石楔、木棒、木槌出现。第三，简单的结构形式出现。木构件横竖咬合，板与板相拼采用企口衔接的结构形式。家具的挖磨、捆绑形式或支撑等工艺形式开始出现。

作业与思考题

1. 分析总结史前家具的主要特征。
2. 史前家具的结构有何特点？

第二节 夏、商、周时期的家具
（约公元前 2070—前 771 年）

夏、商、周三代是中国考古史上的青铜时代，也是以中原文化为主体的华夏文明的起源。

根据历史记载，随着夏代的农业生产和生产部门的分工，烧制陶器、琢磨石器、制作骨器、蚌器、冶铸青铜器和制作木器等各种手工业也有了新的发展和分工。历史上早期的家具和木器在人们观念中几乎还是同义词。木工对木器的制作，如建筑、家具、农具、纺织、车船、棺椁等大都是兼做的。直到商朝的手工业分工有了漆器门类，又更加保证了木器制作的向前发展。

大约在公元前 16 世纪，我国社会进入了商朝。这是一个农业、畜牧业和手工业都比较发达的国家，尤以青铜工艺技术达到了相当纯熟的地步，创造了闻名于世的青铜文化。夏、商时期，祭祀活动占有至高无上的地位，人们把风调雨顺、五谷丰登寄托于上天的保护。礼器便成为这一时期最重要的器物，其中一部分可以视为早期的家具，这些青铜礼器可谓家具之始祖。

周朝在公元前 11 世纪灭商而建立了强大的奴隶制国家，西周属于具有相当文化的奴隶制国家，社会经济比商代有了更大的发展，呈现繁荣的景象。手工业种类更多，分工也更细了，因而号称"百工"。周朝天子以及其所分封的各国诸侯，都拥有铜器作坊，青铜器的数量远远超过了商代。处于奴隶制盛期的西周，确立了国家与王朝一体的政治观念，建立了分尊卑、明贵贱的"周礼"制度，并把"周礼"贯彻到周朝生活的各个方面，如祭祀、建筑、服饰、车马、家具等。

从历史记载中来看，手工业的分工、漆器的出现、铁器的产生，家具虽无物证，但就古战车的车轮木结构的严谨组合、扎实耐用、上铁箍或铜箍其实就是木工技术的绝技。再者，车身尺度、得体舒适的木结构形式都影响家具的制作。由此，我们可以推断出，夏、商、周时期的家具已达到相当高的水平。

一、家具样式

夏、商、周时期，虽然木质家具实物考证较少，但是对于家具已经有了文字记载（图2-1-8），可以看到一些家具母体形象开始出现，家具的品种主要包括：席、俎、禁和庋。

（一）俎

在中国古代家具发展的初期，由于生产力低下，科学技术水平不高，人们在生活中多敬畏自然，而产生了宗教与祭祀活动。家具是我国古代礼制生活中不可或缺的物质载体，许多

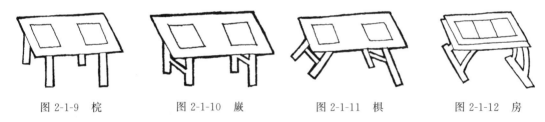

图 2-1-8　商早期甲骨文象形文字
1—人卧床未睡觉　2—人在床上休息　3—人倚床有汗病　4—人亡病于床上
5—房屋中有床　6—人跪伏竹席上　7—人在竹席上休息

古代家具的形制都是因礼仪规定而逐渐发展成熟的，礼俎就是其中最典型的实例。

按照家具的功能系统分析，俎属于承载类，为几、案、台、桌的早期雏形，即桌案之始。然而，俎不仅是古代起居生活用具，而且常作为祭祀或宴饮场合使用的礼器，它的功能与形态也因此被赋予了浓郁的礼制文化属性。《论语·卫灵公》有"俎豆之事，则尝闻之矣"的说法，以"俎"和"豆"的器具组合指代世室承继的祭祀礼法。《说文解字》认为："俎，礼俎也；从半肉，在且上。""半肉"是指古代祭祀使用牺牲，列肉块（半肉）为主，故置牲肉的案成为祭祀礼仪中非常重要的器具，并且将其使用功能和程序纳入相应的礼制规定。此外，俎就是切肉用的砧板，如"人为刀俎，我为鱼肉"的语义。

祭祀礼仪所使用的家具类别中，礼俎是最为典型的例子。通过考证古代文献，宋代聂崇义《三礼图》所描绘"梡俎""嶡俎""椇俎""房俎"的形制发展，可断定礼俎是上古明堂祭祀主要的陈牲承载家具（图 2-1-9 至图 2-1-12）。《礼记·明堂位》阐述了俎的形制发展过程："俎，有虞氏以梡，夏后氏以嶡，殷以椇，周以房俎。"根据这段文献考证，各个历史时期礼俎的名谓也与其形制特点紧密相连。

图 2-1-9　梡　　　图 2-1-10　嶡　　　图 2-1-11　椇　　　图 2-1-12　房

有虞氏，即尧舜时期，用"梡俎"。梡俎形制非常简单，即面板垂四足的形态结构。这是虞舜时代"尚质"文化反映。古代文献提到"有虞氏尚质"的两层内涵：其一，虞舜时期生产力水平低下，造物以功利为主，梡面直接使用切割牺肉的砧板，加四个矮足以供陈设；其二，原始社会部落"天下大同"的政治性质不存在任何带有阶级性、奢侈性和异特性的修饰表号，梡面四足符合其风格特征。

夏后氏指禹及其子启建立的夏朝（约公元前 2070 年—前 1600 年），是史书记载的第一个中原世袭制朝代，举国上下更加重视祭祀礼仪，因此对于礼俎家具的形制要求也愈加严格。夏俎曰嶡，专指俎足中央加横枨的形制结构特点，为后世几、案、桌等家具形制中重要的结构手法。横枨的出现不仅可以加固家具腿足承力性能，而且成为家具造型艺术的风格表现。阮谌的《三礼图》认为，同梡俎形制相比，嶡俎在足间加了横枨，其主要原因在于"夏世渐文"。"文"与"质"是相对的产物，夏世嶡俎尚文相对于有虞氏尚质，这是两代俎形制之间的主要区别；"文"是指俎形制具备审美的内涵，反映了这个时代祭祀用俎成为宣扬礼制的工具化符号。

椇是古文献记载的植物，全称为"椇枳"，树高约三四丈，叶圆大如桑叶，可入药，果似橘，不能食。棋枳枝桠盘结，曲桡错叠，极少有直木，这里用作"棋俎"的隐喻，形容殷俎之足弯曲如棋。陆机《草木疏》有"棋曲来巢，殷俎足似之"的描述，说明在殷商时期俎足演变为弯曲形制。

周俎继承了前三代俎形的特点，平面若案，四足若棋，巌距托栿，而形制在礼文意义上也更加深远。"房"则由俎的立面形成一个空间，好似房屋而得名。此俎在前后腿下端加一横木，使俎脚不直接落地，由横木承托，犹如后世之托泥。

从出土的商周时代的实物看，俎由最初的四条腿，又发展成多种足形。商代饕餮蝉纹俎（图 2-1-13），青铜器。俎面狭长，两端微翘，中间微凹。四周绕以蝉纹，两端饰以夔纹。侧立两足微弯，饰以饕餮纹和蝉纹。我们从此种板足俎的造型中，可以看到后世桌案类家具的身影。

辽宁义县出土的商代板足俎（图 2-1-14），在前后板腿中央，留出壸门轮廓。板足上以细雷纹为底，上饰饕餮纹。两边各吊一个制作精巧的小铜钟。俎面为槽形，据此分析，它应为陈牲之俎，而不是切牲之俎。这种槽形俎面，为后世带拦水线的食案之先驱。

河南安阳出土的商代石俎（图 2-1-15），四足，俎面为倒置梯形，上宽下窄，四壁斜收，俎面为槽形，这种四足俎延至周朝。

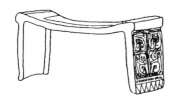

图 2-1-13　饕餮蝉纹俎

图 2-1-14　板足俎

图 2-1-15　石俎

长安张家坡西周墓出土的漆俎（图 2-1-16），是我们所见的最早的漆家具，其上部是一个长方形盘，口大底小，四壁斜收。下部是四足长方座，形成壸门装饰，座的四周镶嵌着各种形状的蚌壳组成的图案，漆色为暗褐色，为后世螺钿家具之祖。

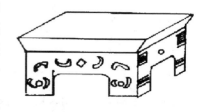

图 2-1-16　漆俎

总之，周代之前，有俎无案，战国时期出现了案类家具形制，经历了汉唐的发展形成了丰富的承载类家具体系。然而，唐宋时期桌类家具的出现，促使俎退出了中国古代家具的历史舞台。明清时期，具有祭祀功能的俎被供桌、长案所代替，直到现代我们还可以在民间见到与礼俎功能相近的桌案家具。

（二）几

几在古时是凭倚之具，自周就有了形象，并且很早就有了礼的内涵。《三礼图》中有几的形象（图 2-1-17），但至今未见商周时期几的实物。几为长者、尊者所设，放在身前或身侧，也可以说是靠背的母体。从实用的一面来说，凭几可用于缓解久坐的疲劳，而它的设与不设，倚与不倚，实又包含着礼仪的内容。

在《周礼》《仪礼》《礼记》这三部书里，对于几

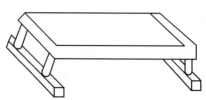

图 2-1-17　《三礼图中》的几

的种类、材质、使用规则以及其代表的等级与名分，都有明确的记载。《周礼·春官》有"司几筵掌五几五席之名物，辨其用，与其位。"郑玄注云，五几乃是左右玉几、雕几、彤几、漆几、素几五种。这五种几的使用是有严格规定的。贾公彦疏曰："王则立不坐，既立又于左右皆有几，故郑注立而设几优至尊也。"这说明左右玉几是至尊的表现。《礼仪·觐礼》中也有："天子设斧依于牖户之间，左右几。"郑玄在此注曰："此几玉几也。"由以上可见，玉几乃是天子的独享之物，玉几也是最高权力的象征。

《尚书·周书·顾命》中又记载周成王死后，仍然设立如生前所坐的天子席位，在间南向设"华玉仍几"，在西序东向设"文具仍几"，在东序西向设"雕玉仍几"，在西夹南向设"漆仍几"（这是亲属私宴之座，所以用漆几），仍几就是如生前所用之几。以上种种可以看出，或嵌或雕的华美玉几，是惟有天子才能使用的用具，玉几也可以说是天子的象征，玉几代表了最高权力。雕几以下乃是诸侯及卿大夫等所用。

可见，在周朝贵族的礼仪之中，几的使用等级分明：天子左右玉几，诸侯雕几，孤用彤几，卿大夫用漆几，丧事用素几。这些规定是不容违反的。几的不同材质代表着不同身份、地位和权力。

几除了等级区分之外，在古代也是尊老之物。《礼记·曲礼》上称："大夫七十而致事，若不得谢，则必赐之几杖。""谋于长者，必操几杖以从之。"即在周朝对70岁告老辞官的大夫，则有赐予几杖的优待。《礼记·曲礼》上还提及"进几杖者抚之"，即为长者进几杖时，还要拂去尘土以示尊敬。如此种种，可见在周代几又是养尊敬老之具。

综上所述，在周朝的生活中，几明显地表示出了权力、等级、尊卑、长幼等不同地位、不同名分。因此，几已经不是单纯的生活用具，它的不同材质和不同使用已经涉及奴隶制时代的法规和政治制度了。

（三）席

席，我国古老的坐具之一。《礼记·礼运》中记载："昔者先王，未有宫室，冬则居营窟，夏则居槽巢。"可以想象，先人在洞穴居住之时，日坐夜卧，为了防虫防潮必定要有铺垫之物，或树皮、兽皮，或草垫等，这便是席的前身。茵席出于神农的传说，虽然无据，但席是最古老的坐具是无疑的。

我们从祖先所创造的古老起居形式——席地跪坐之中，也可看到席这一坐具，在祖先的生活中占据何等重要的位置。那时，从天子、诸侯的朝觐、飨射、封国、命侯、祭天、祭祖等重大政治活动，直到士庶之婚丧、讲学以及日常起居等，都要在席上进行。由此我们又看到：席在古代可以说是用途最广的坐具了。

在周朝的礼乐制度中，对于席的使用有严格规定（图2-1-18）。席的材质、形制、花饰、边饰以及使用，都要视身份地位的贵贱与高低而不同，就是要按照礼的严格规定行事，决不可有丝毫违反。

《周礼·春官》中有"司几筵掌五几五席之名物，辨其位，与其位。"这"司几筵"便是专职掌管设几敷席的官员，他负责按不同场合、不同身份、地位的规定设几敷席。所谓五席就是"莞、缫、次、蒲、熊"。

莞席，是一种草席，是用一种俗称水葱的莞草编制、铺在底层的草席。缫席，也是一种草席。用蒲草染色编成花纹，或是以五彩丝线夹于蒲草之中而编成的五彩花纹之席。类似汉代的合欢席。次席，就是用桃枝竹编成的竹席。蒲席，是用一种生长在池泽的水草编成的席。熊席，专用于天子四时田猎或出征。故可以理解为以熊皮为席，或以兽皮为席。

除以上五席外，还有萑席、苇席、丰席、荀席、蒋席、菅席等。当然，根据用途的不同，席也可以区分为坐席（席地而坐）、卧席（安席而卧）、蒯席（洗浴时所用）、葬席（安葬时所用）等。

在席的使用上还有单席与连席之分，有对席与专席之别。单席是为尊者所设。连席是群居之法。古时地敷横席可容四人，此时当推长者居于席端，如果有五人，则要推长者坐在另外的席子上。《礼记·曲礼》有"若非饮食之客，则布席，席间函丈。"非饮食之客就是来讲问之客，所布两席之间相隔一丈，便于指画。后用以指讲学。

另外，《礼记·曲礼》中还有："有忧者侧席而坐"，所谓有忧者就是亲有病，此时则要用特别的席子。"有丧者专席而坐"，这是说有亲丧则要坐单独的席子。其次还有"加席"和"重席"的礼法，都是对尊者的礼貌，要视身份、地位的不同而定。可见席在古代礼仪中的地位和席的使用所反映的等级制度。后世的床榻就是在席的基础上发展而来的，所以说席可谓床榻之始。

（四）禁

禁，是一种承置酒器的案具、礼器，箱、橱、柜的原始形态。始于西周初年，绝于战国。长方形，如同台案，但天子、诸侯废禁，只用于大夫与士。

古人之所以把这种器物叫做禁，很可能与周人灭商后实行严厉的戒酒令有关。东汉郑玄为《仪礼·士冠礼》作注言："禁，承尊之器也，名之为禁者，因为酒戒也。"当时，周王朝刚从灭殷的战火中诞生，他们总结商初戒酒兴邦和商末酗酒亡国的历史教训后，颁布了严厉的禁酒令。要求诸侯国君、王室近臣、同姓子孙要"无彝酒"，即不准经常饮酒。故铜禁于周朝，用于庙堂之上以祭祀天地、祖先。

宝鸡出土的夔纹铜禁（图 2-1-19），是一只古老的青铜禁。长方形，似箱形，前后壁各有十六个长方孔，左右各有四个长孔，面上有三个安放酒器的椭圆形口，四周饰以夔纹、蝉纹，由此可看出箱柜类家具的原始形态。

（五）扆

座位除坐席、凭几之外，更有扆，便是后来的屏风。斧扆即扆表面装饰斧纹以象征威仪，斧又或作黼，便是云雷纹、勾连云纹等几何纹，是古时天子座后的屏风（图 2-1-20）。它以木为框，糊以绛帛，上画斧纹，斧形的近刃处画白色，其余部分画黑色，以显其威慑力，这是天子名位与权力的象征。在《周礼》中，多处记载对斧扆的使用，都说明斧扆的特殊地位。不过两周时代背扆之屏的实物至今没有发现。

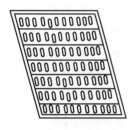

图 2-1-18 《三礼图中》的席

图 2-1-19 夔纹铜禁

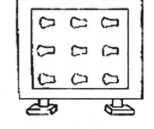

图 2-1-20 《三礼图中》的斧扆

二、材料、结构与装饰

从商至西周这一时期，至今还没有发现真正的家具形象，仅茵席较为发达。另外，据考古发现，有一些青铜器就是当时日常生活用品中的家具，青铜器的某些部位存在着家具的雏形特征。商周时期并没有专门制作家具的材料，主要是青铜器为主，辅助一些木构件以及竹、篾、干草等。

商、周青铜器制作技术发达，以及战车的发展是与当时木工技术的发展分不开的。这些成就必然直接或间接地影响着家具的制作，促进家具业的发展。从当时的建筑可以看出，当时，已经有很多的木构建筑，如在湖北蕲春、荆门等地发现的西周木构建筑，在柱上已用枓、楣等构件；上下层构件间也能用蜀柱相连，表现出明显的梁柱构造。由此可见，当时木工技术已经非常成熟。

商、周家具的装饰纹样非常神秘，从出土的商、周家具中得知，家具的装饰纹样，多用饕餮纹、夔纹、蝉纹和云雷纹（图2-1-21 至图2-1-24），及排成行的圆涡纹等。饕餮纹是一种想象的怪兽纹，《左传》和《吕氏春秋》中均有记载，是有首无身、凶猛吃人的怪兽。它的形象是正面中心为鼻梁，有一双巨目，大口，头上有似牛的双角，看上去凶猛异常，显示出一种强悍狰狞的美。饕餮纹有时变化为两个相对的夔纹。夔纹形象近似龙纹，一角、一足，为侧面形象。它也是张口、尾部上卷。夔纹的变化很多，有时又发展成为几何图形，表现出一种神力智慧的创造美。蝉纹经过先民的加工，提炼成精美的、富有规律的装饰纹样，其头部似如意形，蝉嘴、蝉眼、蝉身和蝉翅的美丽环道，显示出一种秩序的美。蝉纹被看成是商代的图腾，多在青铜器上。云雷纹图案呈圆弧形卷曲或方折的回旋线条。单独圆形的连续构图，称为"云纹"；单独方形的连续构图，称为"雷纹"。

图 2-1-21 饕餮纹　　　图 2-1-22 夔纹　　　图 2-1-23 蝉纹　　　图 2-1-24 云雷纹

新石器时代出现的漆木技术，为商、周时期漆木器的发展打下了基础，商、周时期，漆饰工艺已经达到相当高的水平。有些装饰花纹里嵌有磨成圆形、方形、三角形的绿松石，色彩绚丽鲜明，漆面乌黑发亮，杂质较少，朱砂的颗粒很细，这些都表明当时彩漆和镶嵌技术都已经达到了很高的水平。

三、小结

夏、商、周时期祭祀礼仪的崇高社会地位，使得铜器在这一时期极为盛行，铜器工艺也达到了很高的水平，部分祭祀礼器成为后来家具的演变原型。铜器工艺的发展促使其木构件的结构也随之发展，加上战车的发达也促使了木工技术的快速发展，为后世家具结构和工艺的发展奠定了基础。

商、周时期的家具开始注重家具的美观与装饰，造型浑厚有力、雄壮敦实，加以兽面纹的凶猛、威严，几何纹的规整、秩序，显示出强悍与神秘的时代特征。但由于其尊卑有序的等级制度，装饰精美的家具也只是统治阶级尊贵与权力的象征，仅供贵族统治阶级使用。这也是等级制度反映到家具上的历史开端。

作业与思考题

1. 商、周时期家具的主要种类有哪些？各自的主要特点是什么？
2. 商、周家具的主要装饰纹样有哪些？

第三节　春秋战国时期的家具

（约公元前 770—前 221 年）

　　春秋战国分为春秋时期和战国时期。春秋时期，简称春秋，指公元前 770—前 476 年，是属于东周的一个时期。春秋时代周王的势力减弱，诸侯群雄纷争，齐桓公、晋文公、宋襄公、秦穆公、楚庄王相继称霸，史称春秋五霸。战国时期简称战国，指公元前 475—前 221 年，是中国历史上东周后期至秦统一中原前，各国混战不休，故被后世称为"战国"。

　　周朝末年，周天子失去了控制诸侯的能力，我国进入了历史上的大动荡时期—春秋战国时期。这时虽然战乱不止，但是各诸侯国各自为政，振兴己业，促进了经济的发展，手工业工人也从奴隶制度下解放出来，奴隶社会朝着封建社会转变。

　　该时期出现了老子、孔子等大思想家和百家争鸣的局面；天文、历法、医学和建筑等科学技术有了较大进步；整个社会向着封建社会过渡与转变。青铜器生产开始衰落，大部分生活用具被漆器所代替。此外，铁器的使用标志着社会生产力的显著提高。这一时期，青铜器开始衰落，漆器开始大量生产，木工作为一个行业出现。然而席地而坐的起居方式仍然盛行，因此这一时期家具品种并不丰富，主要是供席地起居的低矮家具和髹漆家具。铁器工具的产生、髹漆工艺的广泛应用以及技术高超的名工巧匠的不断出现，使得家具在制作和使用要求上都达到空前的高度。

一、家具样式

　　春秋战国时期是低矮型家具发展时期，以楚式漆木家具为典型代表，形成我国漆木家具体系的主要源头。楚式家具品类繁多：各式的楚国俎、材料多样的席及其配套的铜镇、精美绝伦的楚式漆案漆几、独特的楚式小座屏、迄今为止最古老的床等。

（一）俎

　　春秋战国时期俎的种类和样式也在不断增多，新出现的曲尺形足是承前壶门装饰凹形足的发展，圆柱形四足俎，其四足较细长。有木质和青铜质地等。

　　战国时期的黑漆朱绘三角纹木俎（图 2-1-25），造型古朴敦厚，绘饰有极精美的三角形几何图案。从这一时期俎的造型来看，已经具备桌案的雏形了。

　　寿州朱家集楚王墓出土的十字纹铜俎（图 2-1-26），俎面两端微微向上翘，俎面中心有四个十字形的孔，这十字形孔可能是为了切牲时使污水流出而设的。

　　湖北枣阳九连墩出土的战国彩绘云纹漆俎（图 2-1-27），方柱形四足与凹形俎面榫卯相接，整器髹漆彩绘，纹饰精美，造型简洁，堪称楚式梡俎中的精品之作。

　　湖北当阳出土的兽纹漆俎（图 2-1-28），木胎，斫制。俎面呈长方形，四边起棱，两端上翘，俎面下两端有四个印孔，以榫卯安接四个曲尺形足。俎面髹红漆，余均髹黑漆，并用红漆描绘 12 组 24 只瑞兽和 8 只珍禽。这些动物的形态各异，图案十分优美。从楚式俎发展来看，春秋战国时期的漆俎具有明显的青铜器模仿的痕迹，如此漆俎不论在造型和纹饰均亦脱胎于青铜器，漆俎中鹿和凤鸟的图案组成，是以饕餮为主题的商代艺术中一种有趣转换。

图 2-1-25　三角纹木俎　　图 2-1-26　十字纹铜俎　　图 2-1-27　云纹漆俎　　图 2-1-28　兽纹漆俎

（二）案

案是一种承具，面上可陈放用具，其形制特点是案面自两腿伸出，称为"吊头"。案起源于新石器时代，在春秋战国时期开始兴盛，尤其漆案非常流行。战国时期案有陶案、木案、铜案等。木案的局部开始有铜扣件做装饰。在所有出土的春秋战国家具中，漆木案占相当大的比重。

湖北随县曾侯乙墓出土的浮雕兽面纹漆木案（图 2-1-29），长 137.5cm，宽度约52.5cm，高度约45cm。案面较宽，浮雕兽面纹与云纹，下有六条腿，其中四条案腿为鸟形，脚下有横木承托，漆面装饰华丽而庄重，时代特色浓厚。

河北平山县出土的战国铜错金银四龙四凤方案（图 2-1-30），通高 36.2cm，上框边长47.5cm，环座径 31.8cm，重 18.65kg。此案周身饰错金银花纹，下部有两牡两牝四只侧卧的梅花鹿环列，四肢蜷曲，驮一圆环形底座。中间部分于环座的弧面上，立有四条神龙，分向四方。四龙独首双尾。龙身蟠环纠结之间四面各有一凤，引颈长鸣，展翅欲飞。上部龙顶斗拱承一方形案框，斗拱和案框饰勾连云纹。这件方案案面原为漆板，已腐朽不存，仅留铜案座。它的造型内收而外敞，动静结合，疏密得当，一幅龙飞凤舞图跃然眼前，突破了商、周以来青铜器动物造型以浮雕或圆雕为主的传统手法。另外，四条龙头上各有一个斗拱，第一次以实物面貌生动再现战国时期的斗拱造型。

图 2-1-29　漆木案　　　　　　　　图 2-1-30　四龙四凤铜方案

（三）几

几是席地而坐时扶凭或倚靠的低型家具。最早的文字记载见于《春秋左传》。《器物丛》说："几，案属，长五尺，高尺二寸，广一尺，两端赤，中央黑"，几为凭倚而设，是面比较窄小的凭倚家具，但具备一定的高度。"几"字甲骨文作"∏"形，上有倚衡，下有两腿，属直形凭几。直形凭几也称"挟轼"，即"直木横施，植其两足，便为凭几"。其造型是上为一直形横木（或平直，或中部下凹）近两端处各植一腿，或直形或刻作兽形，即所谓"狐鹄蟋膝"。腿下有一横枨，以增稳定。直形凭几造型简洁，制作方便，省工省料，是凭几的基本形式，且出现最早，从商周至隋唐都广为使用。

湖北随县曾侯乙墓出土的彩绘漆几（图 2-1-31），由三块木板嵌楔而成，竖立的两块木板为几足，中间横嵌一块木板作为几面。全身黑漆为地，面板和立板侧面，朱绘云纹。立板的外部，朱绘一组组的几何云纹，精美无比。可以看出，此几既可凭倚，又可用作放置器物。

湖南长沙楚墓出土的一件凭几（图 2-1-32），高 47cm，几面用整木做成，长 56cm，中间最宽处 23.8cm，黑漆为地，浅刻云纹。两端起翘，整体弯出一个很柔和的弧度，下接栅足。栅足底下的横枨略略起拱，两边各有斜撑支向几面，通体黑漆，起翘处雕刻兽面纹两眼圆睁，看似青铜器上的饕餮纹也似镇墓兽的眼睛。其时代为战国早期。

稍晚于此的河南信阳楚墓所出雕花凭几（图 2-1-33）与它很相似，不过栅足上没有另外再装斜撑，但几面雕刻精细的图案（图 2-1-34）。

湖北荆门包山楚墓出土的黑漆凭几（图 2-1-35）与前几例不同，几面两边弧曲内凹外凸，略呈曲木抱腰之势，舒适度要比普通凭几高。长近 80cm，宽约十几厘米，高约 30～40cm。

几、案的主要区别在于几是凭倚之用具，几面比较窄，须有一定的高度；案为放置东西的用具，案面比较宽，但比几要矮。古时没有桌，饮食放在案上，有圆形、长方形等，因席地而坐，故案不高。

图 2-1-31 漆木凭几

图 2-1-32 漆木凭几

图 2-1-33 漆木凭几

（四）禁

禁是承尊之器，如同箱形方案，在战国之后就不再出现。

云纹铜禁（图 2-1-36）呈长方形，长 62cm，宽 41cm，高 23cm。构思奇特，禁面中间留一长方形平整光亮的素面，周以失蜡法筑出云天；禁身的上四周攀附有四条龙形灵兽，拱身卷尾探首吐舌，而禁下又有四伏兽守于禁下为足，恰似八方灵兽拱卫，场面壮观，又恰似灵兽遨游青天，又于腾云聚首。如此奇巧的造型、精湛的失蜡法工艺，构成错综复杂而又玲珑剔透的视觉效果，更生出令人叹为观止的绝世恢弘。

图 2-1-34 几面

图 2-1-35 漆木凭几

图 2-1-36 云纹铜禁

河南淅川县春秋墓出土的青铜虎禁（图2-1-37），长方体，身长103cm，宽46cm，通高28.8cm。禁面中间为一长方形平面，用以置物。禁面四边及四个侧面由三层粗细不等的铜梗相互套结成透雕的云纹。十二只龙形异兽攀缘于禁的四周，龙角、龙尾作透雕装饰。禁底四角及四周有十二只踞伏的怪

图 2-1-37 青铜虎禁

兽为器足，兽作昂首咋舌，挺胸凹腰状。此禁用失蜡法铸造而成，为目前所知我国失蜡铸造工艺最早的铸器之一。此器造型庄重，装饰瑰丽，工艺精湛，实为罕见的青铜艺术珍品。

（五）床

文献中虽然很早就有对床的记载，但古代床的形状如何，却一直不得而知。西安半坡遗址中的土台是床的原型。甲骨文的文字形象中出现了由"床"组成的象形文字，证实了"床"的确存在，且是一种卧具。春秋战国时期，出现了真正的床，并且有装配折叠式床。床的出现可以说是人类生活进步的标志。

有关床的实物记载，当以1957年在河南信阳长台关一处出土的战国彩漆围栏大木床为代表，是目前所见最早并保存完好的实物（图2-1-38）。为六足黑漆彩绘床，长2.18m，宽1.39m，足高0.19m。大木床由床身、床栏和床足三部分组成，周围有栏杆，栏杆为方格形，两边栏杆留有上下床的地方。床身用方木纵四横三组成长方框，上面铺着竹条编的活床屉。床底有六个透雕成如意云的木足。通体黑漆，唯床框四周朱绘云雷纹，反映了楚地在漆工技艺方面的成就。

湖北荆门战国晚期楚墓出土的一具黑漆折叠式活动床（图2-1-39），长2.208m，宽1.356m，屉高0.236m。该床身由两个形制完全相同的方形框架拼合而成，造型很像战国彩绘漆木大床，是目前发现的唯一古代活动折叠式床。由此可以看出，当时的床已很普遍，而且制作水平已相当高。

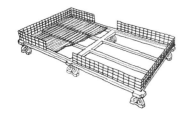

图 2-1-38 黑漆大床

图 2-1-39 黑漆大床

（六）座屏

屏具起遮挡风寒或遮蔽视线的作用，周代已出现，称"扆"或"邸"，可见于多种记载。

湖北省江陵望山楚墓出土的彩漆木雕小座屏（图2-1-40），通高15cm，长51cm，座宽12cm，屏厚3cm。此座屏极为精巧，是典型的装饰用屏，放在床上或榻上的工艺座屏。此座屏为木质，周身髹黑漆，用朱红、灰绿、金、银等色漆彩绘。外框长方形，其中透雕和浮雕了五十一只动物，包括大蟒二十条，小蛇十七条，蛙两只，鹿、凤、雀各四只。整个雕刻纹样以座屏正中为轴对称分布，表现了动物之间互相格斗制约的景象，形象生动，组合别致。屏面中部为双凤争蛇，两嘴共衔一蛇，两爪共抓两蛇。双凤两侧各以一只俯冲下啄蛇的

鸟为中心，两侧各有一对相向奔鹿，鸟爪抓住两条蟠结的蛇，蛇首向左右挣出，分别咬住梅花鹿的前肢。左右边框各有一凤，双凤翅尾下各有一青蛙伏于屏座上，其尾部被一蟒咬住。屏座的面、底、侧均满雕交错蟠绕的大蟒。这件彩漆木雕小座屏，设计奇巧，雕刻精美，色泽艳丽，是楚国漆器工艺的代表作品。

另外，绍兴城外狮子山麓春秋战国墓出土一铜插座（图 2-1-41），方形，由承插柱、座体和垫脚三部分组成。对这些看似是器物底座或座屏的插座的研究，对春秋战国时期座屏类家具有很重要的价值。

图 2-1-40　漆座屏

图 2-1-41　铜插座

（七）箱

箱，主要指储藏、搁置物品的方形家具，在古代人们更倾向于称其为"柜"，而"箱"是专指车内存放东西的地方。这时的箱子主要由两块实木凿成，上下扣在一起。

湖北随县曾侯乙墓出土的彩绘二十八宿图衣箱（图 2-1-42），长 71cm，宽 47cm，高 40.5cm，挖制辅以斫制。由盖、器身组成，器身为长方体，盖顶拱起。器内髹红漆，器表髹黑漆，并用红漆书写二十八宿名称等文字及其他花纹。盖面正中朱书一篆文的大"斗"字。

图 2-1-42　彩绘衣箱

环绕"斗"字按顺时针方向排列二十八宿名称，并与《史记·天官书》的二十八宿名称基本相同。盖顶两端分别绘出青龙、白虎。在阮宿之下有"甲寅三日"四个字。衣箱两端面，一面绘蟾蜍、星点纹；另一面绘大蘑菇云纹、星点纹。两侧面，一面绘两兽对峙、卷云纹、星点纹；另一面无花纹。这件衣箱是我国迄今发现记有二十八宿全部名称并以之与北斗和四象相配的最早的天文实物资料，说明我国至少在战国早期就已形成二十八宿体系。

需要特别注意的是，与常规二十八宿星图不同，此图中二十八宿名称是按顺时针方向排列成一个椭圆形，且只出现了代表东宫的青龙和西宫的白虎，却没有代表南宫的朱雀和北宫的龟蛇。后来，黄建中等学者将整个漆箱的各个面展开，发现南立面的图案正是代表南宫的鸟，而北立面全部涂黑代表玄武，也就是龟蛇。而郭德维认为，这一反方向排列的二十八宿是一个刻意的设计。设计者以拱形箱盖象征圆形的苍穹，长方形箱底象征大地，当人们站在大地上仰望苍穹，则此二十八宿就成为逆时针排列。

由此，这个绘有星象图的漆箱就构成一个以盖面为天穹、四个侧面为天边、箱底为大地的完整的宇宙模型。这件衣箱说明我国至少在战国早期就已形成二十八宿体系，同时也证明中国是世界上最早创立二十八宿体系的国家。

（八）架

架具是搭挂衣物或支架灯、镜的家具。由于大多数采用垂直与水平的穿档结构，极易落散，所以很少有实物出土。湖北随县曾侯乙墓出土的彩漆木架（图2-1-43），长220～230cm，高约180cm。用途不明，猜测应该是衣架之类的器物。

图2-1-43 衣架

二、材料、结构和装饰

由春秋战国时的梓匠一词可知当时的家具材料主要以落叶乔木——梓木为主。所谓"梓匠"，也就是木工。梓，本是木名，是落叶乔木，建筑和家具中多用此木，所以当时把木工称为梓匠。另外，编织在春秋战国时期大量出现，也可以看出，该时期家具不单是木制，竹也是制造家具的材料。木工铁制工具有了斧、凿、尺、规矩墨斗等，还有校正木头歪直的铜矩等。

春秋战国时期，家具制作工艺的进步，与鲁班等工匠的贡献有着密切的关系。鲁班是当时最杰出的工匠，是当时建筑与家具的大师。传说，木工用的锯、钻、刨、墨斗、曲尺等工具都是他发明的，他的这一发明给木材加工、使用带来了巨大的变革。鲁班一生的伟大实践，由明代午荣编辑在《鲁班经》里。

战国时期，漆木家具处于发展时期，青铜家具也有很大的进步。木家具如几、案、床类形体较大的家具，多为框架结构，以榫卯连接。在河南、湖南、湖北等地春秋战国时期墓葬中，保存了较为完整的大型木墓以及随葬器物，特别是木结构的榫卯技术，为了解当时木工技术成就提供了有利条件。当时有银锭榫、凸凹榫、格角榫和燕尾榫等（图2-1-44至图2-1-46），这些结构经历代不断改进、发展，形成中国传统家具的重要特征，并沿用至今。

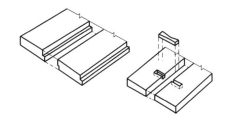

图2-1-44 银锭榫、搭边榫

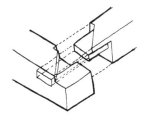

图2-1-45 格角榫

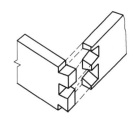

图2-1-46 燕尾榫

同时，金属构件也在家具中得到应用，如安徽寿县蔡侯墓基坑底部发现残金叶及铜合页，证明使用铜合页把两个家具构件联系在一起，可以折叠、活动，丰富和增加了家具的结构形式、使用功能及家具的品种。铜合页有山西临猗县程村东周墓出土的铜合页、山东临沂炎城县战国墓出土的铜合页、山西长治分水岭战国墓出土的铜合页、湖北江陵天星观楚墓出土的铜合页（铰链）等形式（图2-1-47和图2-1-48）。

春秋战国开创了家具工艺的新历史。作为家具，不仅仅只有使用价值，随着社会进步，人们审美意识的增强，家具开始具备欣赏价值。战国时代已经存在以装饰或观赏为目的的精美华丽的家具小摆设了。这时的家具，不再是单纯为了实用这一古老而朴素的功能，髹漆、彩绘、编织以及雕刻等装饰工艺都已经达到很高的水平，特别是髹漆工艺的发展，为后来汉代漆家具达到巅峰奠定了基础。这时的彩饰家具，色彩艳丽，黑地为主，配以红色彩绘图案，朴素而又华美，是漆家具全盛时代（汉代）的序幕。

此外，多种工艺技术服务于铜器家具的表现力，如金银纹饰、镶嵌宝石的出现和发展，形成了春秋战国时期古代工艺美术时代特征。

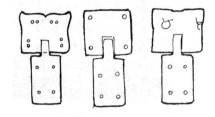

图 2-1-47　江陵天星观楚墓出土的铜合页

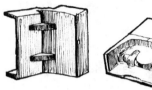

图 2-1-48　长治分水岭战国墓出土的铜合页

三、小结

春秋战国时期是中国传统文化发展的雏形期，奴隶制的社会制度出现动摇的趋势，贵族垄断学术文化的局面被打破，出现了诸子蜂起、百家争鸣的学术气氛。儒法人道显赫，道墨天道昭著，人们共同关注现实和社会的问题，各种学说在相互吸收、渗透中发展。随着传统典制的消亡，宗教观念也迅速褪色，从而结束了特定的文化使命。

这个时期的家具所表现的理性和民间意趣日见蔓延，艺术风格一改先前的神秘和沉重，出现了精雕细琢、镂金错彩和奢侈豪华的气象。装饰特点集绘画、雕刻于一身，采用自然景观、植物图案和想象吉兽为表现主题，用象征和联想来表达理性与浪漫的觉醒，折射出崇尚自然之美和浪漫主义的情调。

春秋战国时期大部分的生活用具为漆器所代替，漆工艺得到较大的发展。从大量的出土实物中得知，春秋战国出现的漆木床、彩绘床等为后来的汉代成为漆家具高峰期奠定了基础。

作业与思考题

1. 春秋战国时期家具的主要种类有哪些？并举例说明其特点。
2. 简述春秋战国时期家具的结构和装饰特点。

第四节　汉代家具
（公元前 202—220 年）

公元前 221—前 206 年是中国历史上一个极为重要的朝代——秦朝，由战国后期的秦国发展起来的中国历史上第一个大一统王朝。

秦朝结束了自春秋起五百年来诸侯分裂割据的局面，成为中国历史上第一个以华夏族为主体、多民族共融的中央集权制国家。首创了皇帝制度、以三公九卿为代表的中央官制，废除分封制，代以郡县制，彻底打破自西周以来的世卿世禄制度，强力维护了国家的统一、强化中央对地方的控制，奠定中国大一统王朝的统治基础。

公元前 221 年，秦王嬴政建立起庞大的秦帝国，随后他以举国之力开始了三项巨大的建筑工程：长城、秦始皇陵与阿房宫。两千多年后，人们仍然感叹于秦长城雄伟的身影和始皇陵地下军团的威严肃杀。然而和它们齐名的阿房宫却因为战火，还未全部完工就离开了人们的视野，它的传奇故事仅凭着唐人杜牧的一篇《阿房宫赋》而流传后世。

由于秦朝立国时间太短，至今没有见到遗留下的秦代家具，但根据文字的记载与描绘可知，当时的建筑规模和布局相当宏伟，可以想象，与之相关的家具也随之发展起来。就说当时楚霸王项羽火烧阿房宫的时候，足足烧了三个月，可见阿房宫当时的规模是多么的庞大，其内的家具品种之丰富，可想而知。可以说，汉代的辉煌，离不开秦的统一大业，所有这些都推动了家具发展。

汉朝是中国历史上继秦朝后出现的朝代，在中国历史上极其具有代表性，扮演了承先启后的重要角度。汉朝分为西汉与东汉两个历史时期，合称两汉。西汉为汉高帝刘邦所建立，建都长安；东汉为汉光武帝刘秀所建立，建都洛阳。期间有王莽短暂自立的新朝（9—23年）与西汉更始帝时期（23—25年）。张骞出西域首次开辟了著名的"丝绸之路"，降服中亚大国大宛，西域臣服，开拓了"北绝大漠、西逾葱岭、东越朝鲜、南至大海"的广袤国土，奠定了现在中华的版图。汉朝文化统一，科技发达，以儒家文化为代表的东亚文化圈建立，为华夏民族两千年的社会发展奠定了基础，为中华文明的延续和挺立千秋做出了巨大贡献。汉明帝永平年间，宦官蔡伦改进了造纸术，成为中国四大发明之一，张衡发明了地动仪、浑天仪等。

这个时期铜器逐渐被木质器物所代替，漆器更加流行。席地而坐仍是人们起居的主要方式，供席地起居的低矮型漆木家具进入全盛时期，并形成较完整的系列家具。低矮漆木家具中蕴含的礼教成分渐渐衰退，实用性逐渐加强。

西、东汉的器物生产也发生了变化，西汉多祭祀器，东汉多生活器具。汉代的文化艺术蓬勃发展，中外文化交流增多，扩大了人们的视野，当时一些名人著作也涉及家具和美学，出现了一些有关家具的论说和器物铭文。东汉时期，丝绸之路开通以及西域佛教文化的传入，使得人们的生活起居习惯开始发生变化，由席地而坐开始向以床榻为中心的生活方式转变。

一、家具样式

汉代是我国低型家具大发展时期，家具的类型在春秋战国时期的基础上发展到床、榻、几、案、屏风、柜、箱和衣架等。

（一）几案类

1. 俎

汉代的俎继承了前代的工艺技术，并有了发展。如江苏仪征西汉墓出土的木俎（图 2-1-49）、辽宁辽阳东汉墓出土的陶俎（图 2-1-50）、云南江川西汉墓出土的牛虎铜俎（图 2-1-51），都是汉代俎的代表。

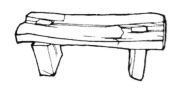

图 2-1-49 木俎

图 2-1-50 陶俎

图 2-1-51 铜俎

此牛虎铜俎，由二牛一虎组成，长约 76cm，高约 43cm，重 30kg 左右。一种古代祭祀器物，用于祭祀时放置祭品，相当于现在的供桌。形体为一站立牛，双角向前，肌肉丰腴，以内凹的牛背作俎面，牛腹中空处横立一小牛。牛尾直立一猛虎，虎口紧咬牛尾，前肢紧抓牛臀。此俎将牛虎的神态心理、动作刻画得惟妙惟肖，老牛驯良无私、小牛单纯可爱、猛虎凶恶残暴。真可谓构图简洁、凝重、独特，造型完美，构思新颖，重心平稳，大小和谐，动静统一，成功地体现了艺术审美和实用功能的完美结合。运用范模铸造法制成，工艺精美，艺术水平高超。一般所见俎，形状为两端有足的长方形平板，器物外表单调，而这俎以圆雕二牛一虎组成，表现了滇民族作器的独特风格，在时代上打破了中原地区仅商周时代才有这类器物的局限性。

2. 案

案，在汉代作用相当之大，上至天子，下至黎民百姓，都以案作为饮食用桌，而议事办公也以案放公文以及竹简。汉朝的案在战国时期案的基础上逐渐加宽，仍为放置东西的承具。由于放置物的不同，有食案、书案以及放置用品的案。

食案中有方有圆，腿也有高低、形式的不同变化。食案有三个明显的特征，首先食案大部分都有拦水线（高出案面的沿），这是为了防止杯盘倒斜，流汁溢出；其次，食案往往与当时所摆放食物残骸或器皿用具同时出现，并保持了原状；最后是食案承重较轻，足截面有的呈矩形，有的呈栅状曲棍式、圆柱式或板式腿，形式不一，腿型统一协调。写字和放置物品的案，大都是平台案，没有拦水线。有些案很像后世的桌式形制，矮小，结构简单。

湖南长沙马王堆汉墓出土两件形制、花纹相似的漆案，斫木胎，长方形，长 78cm，宽 48cm，通高 5cm。平底四角附有矮足，案内髹红、黑漆为地，黑漆地上绘红、灰绿色组成的流畅的云纹，底部红漆书"軑侯家"三字，表示这件器物属谁所有。其中一件出土于椁室的北边箱（图 2-1-52），刚出土时，案上还放置有彩绘漆盘五个，耳杯一个，卮杯两个，并有竹筷一双。其中一个盘内尚存有肉食残渣。有趣的是，与案在同一个边箱的文物，西为漆屏风、漆几、绣枕及一些美容用品，东部则是侍俑、歌舞俑等照顾主人生活或为其排解寂寞的"奴婢"，而该箱室的四壁，还张挂了丝织帷幔。无疑，该箱室是軑侯夫人生前日常生活场景的模拟，这件漆案则是摆在她座前的盛放食物的家具。

先秦时期，人们进餐时大部分用手取。到秦汉时开始使用竹筷，东汉饮食时使用筷子就更加普遍。这种轻便的小型食案在汉代墓葬中出土颇多，为陈举进食而用，类似托盘的作用，为了适应当时人们"席地而坐"进食器具低矮和便于"举案齐眉"，所以漆案具有案面较薄、造型轻巧、四沿高起，构成了"拦水线"防止汤水外溢、墓葬中与食具同出等特点。

同时，这种摆设反映了两千多年前贵族宴饮进餐时分餐制的情景。我们今天已经不再使用分餐制，不论是在家中或是在餐馆用餐，一般都是采用大家围着桌子一起进食的方式。其实，这种会食传统产生的历史并不久远，而分餐制的方式却有悠久的历史了。考古学家们在距今约 4500 年的山西襄汾陶寺遗址就发现了一些用于饮食的木案，说明当时就已经出现了分餐制。而真正意义上的会食制是从宋代以后才开始，距今也只有一千多年，而分餐制的历史有三千多年。

精工细斫的漆木食具满盛色香味俱全的珍馐，活灵活现地展示了两千多年前上层贵族的生活场景，反映了西汉"文景之治"时期的奢靡时尚和当时饮食业的高度成就。

西汉黑地朱彩云气纹案（图 2-1-53），长 83cm，宽 43cm，高 19cm。木胎，黑漆地朱彩。长方形，四方对角镶边高出案面，平底，底部四角附足。对角镶边的沿面及沿壁均有黑漆地朱绘云气纹，四角黑漆地上用黄漆涂底，再朱绘云气纹。案面黑漆地上朱绘两排八组团状云气纹，其外黑漆地上涂黄漆。

辽宁大连汉墓出土的铜三足承镟（图2-1-54）。承镟即圆案，直径达43cm，浅盘，折沿，下有三个作蹲坐状的人面兽体雕像分别以头顶起案面。案面以线刻手法表现，以柿蒂图案为中心，内、外两区分别为仙人和瑞兽，与汉代仙人瑞兽镜图案相若。因铜樽与铜承镟一起出土，可知铜樽附有铜承镟。这种线刻风格与广西合浦等地发现的线刻风格铜器大致相同，可能与少数民族文化有关。

图 2-1-52　漆案　　　　　　　　图 2-1-53　漆案　　　　　　　　图 2-1-54　铜樽与铜承镟

从我国汉代壁画以及国内博物馆复原汉代家具模型中可以发现汉代时期还有不少搁置物品所用的栅足案（图2-1-55至图2-1-58）。

图 2-1-55　汉代壁画中的栅足案　　　　　　　图 2-1-56　汉代壁画中的栅足案

图 2-1-57　湖北省复原汉代家具模型　　　　　图 2-1-58　湖北省复原汉代家具模型

这时也出现了高案，大多构造简单，足较高，用于日常生活中，如东汉墓出土画像砖中的案（图2-1-59）。这块画像砖出土于四川，画面上小酒肆的老板正忙着收钱沽酒，他案下的地面上放着饰有羊头的肖羊形酒樽。

综上，这时的案，从外形来分，可分为五类。第一类，平而扁，形如盘的小案，是起托盘作用的小案，像孟光对梁鸿的"举案齐眉"的案和案牍。第二类，长方形四足案。各地出土较多，案足很矮，似托盘，案边有拦水线，是放在地上或床上的进餐用案。第三类，圆形三足案。为铜铸造，形较小。以辽宁大连汉墓出土的铜三足圆案为代表。第四类，栅足案，这种案兼具几的功

图 2-1-59　东汉墓出土画像砖

能，可做写字、祭祀、放置器物等用。而曲栅足式出现在东汉晚期，每侧有 4～5 根栅栏。

3. 几

汉代以前几的使用已经很普遍了，到汉代，高型床和坐榻出现后，床前、榻侧设几等陈设组合应运而生。这时，席地和床上都可应用几，主要还是凭倚用，比较矮小，双曲足多见，主要装饰方法有髹漆、饰彩、雕花、嵌玉，所用材料有陶、瓷、木等。

西汉黑漆木凭几（图 2-1-60），长 73cm，宽 11.5cm，高 35.5cm。木胎，黑漆。由几面，足和足座三部分以透榫接合而成。几面呈马鞍形，两端耸起，中部向下弯曲，两端稍狭似梭形。通体髹黑漆，素面无纹饰。

湖南长沙马王堆汉墓出土的凭几（图 2-1-61），形态与前面几相似，几面呈马鞍形，两端耸起，中部向下弯曲，两端稍狭似梭形，双曲足，但装饰手法比较丰富，几面黑

图 2-1-60　漆木凭几

漆为地绘红、灰绿色云纹，几腿上端红漆为地绘红、灰绿色三角纹，几腿底端黑漆为地绘红、灰绿色条纹，恢弘大气。

（二）坐卧类

1. 席

古人都是席地而坐，"设席每每不止一层。紧靠地面的一层称筵，筵上面的称席。"筵席之称，由此而来。由于汉代人席地而坐的生活方式，筵席类铺陈用具仍是非常流行，但在制作上比先秦时期更为精美，边缘部位一般都加以包裹，而且品种样式也更加丰富多样。

筵的使用方法还是和先秦一样，一般都铺在地上。席的使用则和筵不一样，常放在筵上或者床榻上。但当

图 2-1-61　漆木凭几（复制品）

它们分开使用时又统称为席。在汉代画像中的筵和席一般不太容易被分辨出来，但从他们的形状、大小和陈设方式来看则一目了然。因为汉代仍延续着中国传统的礼仪文化，单个人独坐的席一般都比较高贵，常为画面中的主要人物或者身居高位的人所使用。汉代画像中两人合坐一席的形态也很常见。其中有的表现的是夫妇二人，有的表现的是同辈好友。这种合席的形式主要体现了连理、友好的关系。当二人关系不好或者有矛盾发生时，古人常常以"割席别居"来表达对对方的不满（图 2-1-62 至图 2-1-64）。

2. 榻

汉代儒家礼仪盛行，榻成了权力、地位的象征。在这方成都出土的汉砖上（图 2-1-64），

唯经师一人坐于"独榻"上，榻的上方悬有接灰尘用的承尘，两旁是席地而坐的受教学生。

图 2-1-62　成都画像砖
《丸剑宴舞图》

图 2-1-63　成都画像砖
《宴饮图》

图 2-1-64　成都画像砖
《讲学图》

此时，榻的形式多样，在汉代画像中比比皆是。通常形体较小且方形的称为"枰"，也叫"独坐"。面板呈方形，四周不起沿，矩尺形矮足，可坐一人。汉《释名·释床账》："枰，平也；以板作之，其体平正也。"枰上只能坐一人而且所坐者为地位尊贵的人。河北望都东汉墓壁画上有独坐板枰的画像，其旁有题名（图 2-1-65）。

榻的面板呈长方形，是一种比枰更大一些的坐具。《释名·释床账》记载："长狭而卑曰榻，言其榻然近地也。"从汉画中可以看出汉代有独坐榻，与枰相似，也有连坐榻。如河南灵宝张湾汉墓出土的汉画像石上有六博陶俑连坐榻（图 2-1-66）、河南洛阳东汉墓壁画《宴饮图》中的连坐榻（图 2-1-67）。《后汉书·陈蕃传》及《徐穉传》中载："后汉陈蕃为乐安太守。郡人周璆，高洁之士。前后郡守招命莫肯至，唯蕃能致之。特为置一榻，去则悬之。后蕃为豫章太守，在郡不接宾客，唯徐穉来特设一榻，去则悬之。"说的是，陈蕃任豫章太守时，不喜结交宾客，惟对豫章郡南昌本地的名士徐穉青眼有加，每次徐穉来访，都设榻留宿，徐穉去则把榻挂起。后世把客居宾舍称为"下榻"，也是从徐穉下榻于陈蕃处而来。

图 2-1-65　枰

图 2-1-66　连坐榻

图 2-1-67　连坐榻

3. 床

在汉代，床是比榻规格更宽、更高一些的家具。服虔《通系文》："床三尺五曰榻，板独坐曰枰，八尺曰床。"八尺折合为 1.84～1.9m。从画像中还可以看到在床上经常配以帷帐，周围置有屏风和几案等辅助陈设，这种组合方式直接构成了汉代人们起居生活的主要内容。这种床在河南洛阳、山东安丘都有发现。尤其安丘画像石中的大床形象十分精美，四面都有牙子装饰（图 2-1-68）。

一方面由于席地而坐向垂足过渡，另一方面晋室南渡后，因江南气候卑湿，为保持坐具的使用寿命，防其受潮霉变，也为身体健康，床榻等坐具都将四足增高，所以东晋后的床榻开始加高，不再如汉代般近地了。南北朝后，高型家具发展，到唐末五代开始流行。

4. 胡床

胡床是一种便携坐具，顾名思义不是汉民族的坐具，它来自西北游牧民族。胡床由 8 根木棍组成，两只横撑在上，座面为棕绳联结，两只下撑为足，中间各两只相交相对作为支撑，交处用铆钉穿过作轴，造型简洁，使用方便。它可张可合，张开可以做坐具，合起可提可挂，携带方便，用途广泛。在魏晋南北朝的时候，胡床已经广泛使用了。

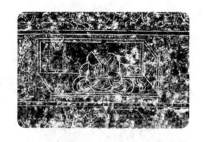

胡床传入的记载较早，《后汉书·五行志》说："灵帝好胡服、胡帐、胡床、胡坐、胡饭、胡箜篌、胡笛、胡舞，京都贵戚皆竞为之。"在汉武帝时张骞两次出使西域，"丝绸之路"开通，使中国与中亚、印度以及西北少数民族的往来非常频繁。汉以后，有许多关于胡床用于

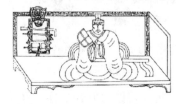

图 2-1-68　床

野外郊游、野外作战携用的记载，但未见形象。胡床进入中原给中国传统起居方式带来了第一次冲击，在少数人中间，出现了垂足坐的新习俗。

（三）橱柜类

1. 柜

柜是古代似矩形带矮足的箱子（图 2-1-69 和图 2-1-70）。门是向上开的，柜身长方形，下有四足，柜顶中部有盖，并有暗锁，柜身饰以乳钉，这种柜子造型后世延用很久。《元书故》记载，"今通之藏器之大者为柜，次者椟"。河南陕县刘家渠东汉墓出土的彩釉柜（图 2-1-70），柜身长方体，下有四个扁足。柜顶盖有小门，可活动，正面上部模印有锁状，正面和顶盖有圆形钱饰。

2. 橱

橱，是立柜，汉代开始出现，最早叫橱。从立柜的形态演变看，立柜是从仓房式的橱发展而来，汉代的仓已经具备了立柜的形态（图 2-1-71）。陕西潼关吊桥汉代杨氏墓群出土一件红胎绿釉仿木结构的柜（图 2-1-72），面宽 37cm，深 13cm，高 39cm，柜内后壁安两层架板。这些陶柜模型是汉代橱柜的实体形象。

 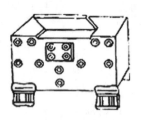 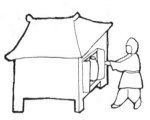 

图 2-1-69　墓画像石　　图 2-1-70　东汉绿釉柜　　图 2-1-71　汉墓壁画　　图 2-1-72　东汉绿
　　　　　中的柜　　　　　　　　　　　　　　　　　　　中的橱　　　　　　釉陶仓

3. 奁

奁，古代尺寸较大的盒子，主要用来放置梳妆用品或食器。长沙马王堆三号墓出土的长方形粉彩漆奁（图 2-1-73），长 48.5cm、宽 25.5cm、高 21cm。夹纻胎，出土时内装漆纚纱冠（俗称乌纱帽）。盖的款式与众不同，呈暴顶状，器表糅黑漆，器内糅红漆。漆奁的花纹

用白色凸起的线条勾起，再在其中用红、绿、黄三色勾填彩绘漫卷的云纹，纹饰华丽，层次分明，具有强烈的立体效果。

长沙马王堆一号墓出土的具杯盒（图2-1-74），长19.2cm，宽16.2cm，通高13cm。漆盒呈椭圆形，斫木胎，即用刨、剜、凿等手法将一木块或木板斫削出器形。具杯盒由上盖和器身两部分以子母口扣合而成。器内及盖内髹红漆无纹饰。器身及器盖均髹黑褐色漆，再以红漆和黑漆绘云纹、漩涡纹和几何图案。底部光素无纹饰。上、下口沿均以红漆书"軑侯家"三字。

图2-1-73　长方形粉彩漆奁　　　　　　　　　图2-1-74　具杯盒

盒内装小耳杯七件，其中六件顺叠，最后一件反扣。反扣杯为重沿，两耳断面呈三角形，恰好与六件顺叠杯严密相扣。七件小耳杯与马王堆出土的其他耳杯形制相同，均为斫木胎，椭圆形，两侧耳呈月牙形、圆唇、小平底。杯内髹红漆无纹饰，中以黑漆书"君幸酒"三字，两耳及外壁髹黑漆，两耳及口沿外部朱绘菱纹和绳纹组成的几何图案。

在马王堆出土的木简中，称这种小耳杯为"小具杯"，因此专为存放小耳杯的漆盒就被称为"具杯盒"。这种设计奇特、制作精巧的具杯盒在马王堆三号汉墓中也出土两件，大小形制基本相同，内装九件小耳杯，其中八件顺叠，一件反扣。

（四）其他类

屏风的历史悠久，它的使用在西周初期就已开始，当时，称为"邸"或"扆"。屏风最初主要是为了挡风和遮蔽之用，但随着屏风的普遍使用，品种也不断增多（图2-1-75）。到春秋战国时期，屏风的使用已相当广泛，出现了精巧的座屏，到了汉代屏风的使用更加普遍，尤其是漆屏风，它属于考究的家具，只有富贵人家才能拥有、享用。西汉桓宽《盐铁论·散不足》记载："一杯棬用百人之力，一屏风就万人之功。"可见制作一件漆屏风要花费相当多的人力，说明了漆器的珍贵，同时也反映了軑侯家的豪华生活。

较早的例子还是西汉的木屏风，是在长沙马王堆一号墓北边箱内出土的。这架屏风宽72cm，屏面高58cm，通高62cm。斫木胎，长方形，屏板下安有两个承托的足座。屏面髹漆，黑面朱背，周围绕饰宽宽的菱形彩边。黑色的屏面上，彩画一条盘舞于云气中的神龙，绿身朱鳞，体态矫健（图2-1-76）。屏背朱地上满绘浅绿色几何形方连纹，中心穿系一谷纹圆璧（图2-1-77）。同墓出土的遣册竹简中，有一枚记有"木五菜（彩）画并（屏）风一，长五尺，高三尺"。简文所记的尺寸，有可能是当时一般实用屏风的尺寸，汉尺五尺约1.2m。这架屏风尺寸较小，可能是一件模拟实物的冥器。

此时，屏风常与床榻结合使用，有两面用和三面用的，也有多扇而两面用的。两面用是在床榻后面立一扇，再把一扇折成直角，挡住床榻的一头。三面用是在床榻的后面立一扇，左右各有一扇围住两头，也有多扇两面，即后面由两扇或三扇围护，一扇折成直角，另一扇立在床榻一侧。还有在屏风上安兵器架的，如山东安丘画像石上的屏风，后面右侧安兵器架，用以放置刀剑等兵器（前文中图 2-1-68）。还有一扇的，放在身后，长短与床榻相等。

图 2-1-75　东汉玉屏风

图 2-1-76　漆屏风正面

图 2-1-77　漆屏风背面

二、材料、结构与装饰

秦、汉时期的手工业分工较细。该时期的木工工具和木工技术得到长足发展。木材逐渐成为家具制作的主要材料，并辅助以石材、陶瓷、铁器、竹、玉石等。

家具的结构延续了春秋战国时期家具的榫卯结构特点，并在此基础上有了发展。如在床后设屏风，形成了屏与榻的结合。屏风榻的出现宣告了屏与榻相结合的新品种问世。另外，一些金属合页与木器结合的形式扩大了木器家具的功能。这一时期，诸如几、案、床榻、架类等器物的结构和功能较以前都有所进步。

两汉尤其是西汉王朝是我国封建王朝史上第一个黄金时代，这个时期不但为我们伟大的中华民族留下了宝贵的政治遗产，更留下了无比丰富的文化遗产。在此期间，不但是中国政治经济的高峰，也是漆工艺的黄金时期。

漆家具始于春秋战国，盛于两汉。从出土的汉代漆器考证来看，数量之多、品种之全、工艺之精、生产地域之广，都达到了前所未有的水平，漆器制作规模日趋增大，据《盐铁论·散不足》记载："一杯棬用百人之力，一屏风就万人之功"，可见当时的规模。在汉代宫廷，达官显贵和地方豪富大贾的生活中，精美的漆器是财富和身份的象征，为了满足生活享受的需要，不惜以大量人力、物力、财力制作漆器。西汉前期的漆器在安徽、山东有重要发现，而地处偏远的广西也开始大量生产漆器，这都说明当时各地的髹饰工艺正在交流融汇。这一时期的漆器已没有战国时的地域风格，各地风格趋于一致，数量增多，尤其到了西汉晚期，漆器生产已遍布全国各地，除了赏赐和流通外，最主要的原因是漆器产地的增多，从而使漆工艺的发展达到了空前的繁荣。

东汉，随着中央集权势力的削弱，官办手工业相应减少，再加之瓷器的兴起，漆器制造业出现了衰落的趋势，考古发掘的情况证明，东汉后期的漆器较前期减少。东汉以后，形成了三国鼎立，漆器制造业走向衰落。

在漆器题材上，一方面出现了宣扬义士、孝子、圣君、贤相等儒家题材，人们虚无缥缈的想象中注入了社会正统观念的因素，这与汉武帝提倡"罢黜百家，独尊儒术"的社会背景是分不开的。而另一方面，汉代人们祈求长生不死，死后羽化升仙的道学观念使云气纹、山纹在漆器上大量交替使用，楚文化迤逦多变的纹饰与未来的天堂和仙景得到了完美的结合。与此同时，现实生活题材（如狩猎、歌舞、格斗、贵妇人出行等）的出现也极大丰富了漆器艺术，对漆器装饰是一个很大的突破。而从另一个角度来看，这也说明了此时漆器的绘画艺术已具有了更高的表现力。

　　漆器制作过程中的分工更为明确、细致。随着漆器品种和数量的增多，制作工艺有更大的拓展，已能根据不同的质料和不同的器形来发展各自的制作方法。如日常漆器中夹纻和薄木胎的应用，给器物造型带来了多变的样式，有圆形、方形，甚至出现了像安徽天长汉墓出土的三角形器物。堆漆的技术已出现，马王堆三号墓中的长方奁、圆漆奁都采用了这种技术。戗金的装饰技法已出现，湖北光化王座坟出土的汉代漆卮，在针刻的花纹上用纯金粉填入，突出了花纹的辉煌。在西汉南越王墓出土的漆器中，有一件金座漆杯和漆画铜镜，漆的装饰和金属工艺完美结合，在工艺上又拓展了一个新的领域。可见，宋、元时流行的"戗金"漆器，在西汉已经出现了。

　　汉代漆器的漆膜光滑细腻，出土的大部分器物历经千年而依旧光泽照人。在用色上，除了乌黑漆外，还有酱紫、褐、黄褐、黑褐等底色，在用漆的色彩上已相当丰富。

三、小结

　　汉代在继承战国漆饰的基础上，漆木家具进入全盛时期，不仅数量大、种类多，而且装饰工艺也有较大的发展。汉代人仍以席地起居为主，所用大多属低矮型家具。由于各民族文化交流的影响，特别是受北方游牧民族习俗影响，也出现了"胡床"这样的高型坐具，是中国高型家具的开端。汉代的家具体积都较为宏大讲究，体现出统一、有序而且神圣的形制。其背后有着比以往都更强大的思想支撑——即集权、皇权与天学为一体的统治思想。

作业与思考题

1. 汉代家具的主要种类有哪些？并举例说明其特点。
2. 汉代食案有哪些明显的特征？

结语：

　　人类脱离洞穴生活后，经历了一个相当长的部落纷争、城邦混战的动荡时期。商代进入青铜文明时期，礼器成为这一时期最重要的器物。整个社会向封建社会过渡，生产力水平大有提高，家具的制造水平有很大提高。尤其在木材加工方面，出现了像鲁班这样的技术高超的工匠，不仅促进了家具的发展，而且在木构建筑上也发挥了他们的才能。冶金技术的进步、炼铁技术的改进给木材加工带来了突飞猛进的变革，出现了丰富的加工器械和工具，为家具的制造带来了便利条件。

　　汉代仍然是席地而坐为主，室内生活逐渐以床、榻为中心，漆器工艺水平达到鼎盛。随着与西域各国的频繁交流，加之胡床传入我国，之后被发展成马扎、交椅等，为后世人们的"垂足而坐"奠定了基础。

第二章 过渡时期的家具
（220—960年）

学习目标： 重点掌握魏晋南北朝、唐代、五代时期家具的风格特点；过渡时期家具的主要特征。

第一节 魏晋南北朝时期家具
（220—589年）

魏晋南北朝，又称三国两晋南北朝，是中国历史上的一段只有37年大一统，而余下朝代替换很快并有多国并存的时代。这个时期从220年曹丕称帝到589年隋朝灭南朝陈而统一中国，共369年。可分为三国时期（曹魏正统，蜀汉与孙吴并立）、西晋时期（与东晋合称晋朝）、东晋与十六国时期、南北朝时期。另外，位于江南，全部建都在建康（孙吴时为建业，即今天的南京）的孙吴、东晋和南朝的宋、齐、梁、陈六个国家又统称为六朝。

这个时期，中原大地战火迭起、兵戈不息、政权更迭频繁，是我国封建历史进程中分裂时间最长、政治经济状况最混乱的时期。但就文化艺术而言，这一时期的动荡与战乱促进了各民族文化的交流与融汇。其突出表现则是玄学的兴起、道教的勃兴及波斯、希腊文化的羼入。在从魏至隋的三百余年间，以及在三十余个大小王朝交替兴灭过程中，上述诸多新的文化因素互相影响、交相渗透，使这一时期儒学的发展及孔子的形象和历史地位等问题也趋于复杂化。魏晋南北朝时期是我国文化艺术史上的一个分水岭。魏晋以前的文化艺术纯系中华民族的固有艺术，而魏晋以后由于受到外来的影响，形成了一种新的艺术风格。

另外，由于当时出身世家的文人阶层开始厌倦动荡不安的生活方式，但又苦于无法改变这种生活方式，于是谈玄之风盛行。佛教以其"一切皆苦，诸行无常"的基本教义迎合了当时的社会心理并迅速传播开来，对社会各个方面产生了巨大影响。佛教壁画中的人物形象、家具等逐渐融入人们的生活当中。从敦煌、龙门等石窟的造像和壁画中，可以见到一种新兴的高型坐具融入人们的生活，椅、凳、墩随之出现。这些因素给人们带来了一种新的起居方式，传统的席地而坐不再是唯一的起居方式了，中国家具面临着新的革命和新的历史。

由于这一时期几乎没有家具实物流传下来，对这一时期家具的了解多数是通过壁画、石刻和文字上的一些记载而获得。

一、家具样式

这一时期，人们的起居习惯仍然是席地而坐，但高型家具也逐渐开始进入人们的生活。这一时期几乎没有实物流传下来，仅能从壁画、石刻和文字上的一些记载中获得资料。

（一）几案类

1. 凭几

凭几，是古代家具中的一类，是古代席地而坐时常用的家具。到魏晋南北朝时期最为盛行，除了两足凭几（图2-2-1）以外，还出现了弧形三足凭几（图2-2-2）。弧形三足几由于其弧形的特点，使用时不论左右侧倚或前伏、后靠，都很方便和舒适。如酒泉丁家闸十六国墓壁画所绘人物踞居榻上，胸前置三足曲几；南京象山七号墓出土的陶牛车内的凭几，南京甘家巷六朝墓出土的陶凭几等，都是这种弧形三足曲几。这种几可以席地坐时使用，也可以放在床榻上使用。这种几大都较小且窄，几面微向下凹，有的在上面刻花。还有的不仅几身呈弧形，几面也呈弧形，下附三足，坐时置于身边，侧坐靠倚，甚可人意。总而言之，这类弧形三足凭几在六朝时期使用非常广泛。

图 2-2-1 《北齐校书图》中的
榻、几与隐囊

2. 隐囊

隐囊是一种软性靠垫。《资治通鉴》记载："陈后主倚隐囊，置张贵妃于席上。"《注》："隐囊者，为囊实细软，置诸坐侧，坐倦则侧身由肱以隐之。"河南洛阳龙门石窟宾阳洞维摩诘说法浮雕中的隐囊（图 2-2-3），唐孙位《高逸图》中的隐囊（图 2-2-4）等，都是该时期隐囊的代表形象。

图 2-2-2 黑漆凭几

3. 案

南北朝时期已有许多大案的使用，并且对案具的用途也进行了细化，有书案、食案、香案、奏案等，说明造物意识和生活质量在不断提高。这时案的造型样式上没有什么多大的发展，曲栅横跗式的案仍是流行的式样，如甘肃酒泉西沟村魏晋墓《滤醋图》中的案（图 2-2-5）。

图 2-2-3 龙门石窟浮雕中的榻与隐囊　图 2-2-4 《高逸图》中的隐囊　图 2-2-5 《滤醋图》中的案

（二）椅凳类

1. 椅子

椅子名称最早见于唐代《济渎庙北海坛祭器杂物铭》碑阴："绳床，注：内曰椅子"。但是椅子形象早于名称一百多年，见于南北朝。两晋以前，人们一直都是席地而坐。随佛教东渐，佛教文化和艺术涌入，高型坐具进入中原。而在文字资料中同样能找到这个时代椅子的记载。《晋书·佛国澄传》中有"坐绳床，烧安息香"。《晋书》是唐朝开国名相房玄龄带着一帮人写的，佛图澄是个有大成就的高僧，于永嘉四年（310 年）来到洛阳。因此可以确定，在 6 世纪初，东晋以前，中国已经有僧人使用椅子了。

敦煌莫高窟 285 窟的西魏壁画中的僧人跪坐在一把有扶手、有靠背的椅子上（图 2-2-6），其形制完全脱离了秦汉时代的坐具形态，如同后世的灯挂椅，有搭脑、有扶手，椅座是用绳编织的网状座。敦煌莫高窟 285 窟西魏壁画还有一个椅子形象（图 2-2-7），一位菩萨垂足坐于有靠背、有扶手，下有脚踏的椅子上。虽然看不清其座面的形式，但可以想象它必是绳编的网状椅座。这两把椅子是我们至今所见到的最早的椅子形象。尽管当时的坐具已具备了椅子的形状，但因当时没有椅子称谓，人们还习惯称之为"胡床"，在寺庙内，常用于坐禅，故又称禅床。

椅子进入汉地的具体时间确实难以查考，但是在晋时已经有人使用椅子了。在新疆的民丰尼雅曾出土了一件晋代座椅残骸（图 2-2-8），此椅的座部以上已经不存，只有四条腿，腿上有四叶花纹，是犍陀罗风格，非常精美。由此可以证明，在中国广大土地上处于席地坐的时代时，西北边陲的上层人家，已经使用高型坐具了。唐代以后，椅子的使用逐渐增多，椅子的名称也被广泛使用，才从床的品类中分离出来。

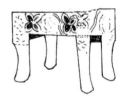

图 2-2-6 西魏壁画中的椅子　　图 2-2-7 西魏壁画中的椅子　　图 2-2-8 晋代座椅残骸

2. 筌蹄

从南北朝至五代流行的一种名叫"筌蹄"的坐具（图 2-2-9），在敦煌壁画中表现较多。这种坐具多以竹藤编制而成，造型是两端大，中间细，形如细腰鼓。这种器物，早在战国时就已出现，最初并非用为坐具，而是捕鱼和捕兔用的笼子。即《庄子·外物》中所谓："筌者所以在鱼，得鱼而忘筌；蹄者所以在兔，得兔而忘蹄"。因其两者差别不大，故合称"筌蹄"。《南史·侯景传》："上索筌蹄，曰：'我为公讲'命景离席，使其唱经"。又"床上常设胡床及筌蹄"。后来又用在炭盆上烘烤衣被的熏笼。随着高型坐具的普及和人们生活习俗的转变，这种用具才逐渐从非正规坐具演变为正规坐具。这种坐具在当时的资料中多见，说明在当时流行较广。进入宋代逐渐减少，至明清时已经灭绝。筌蹄是我国家具史上最早的坐墩，后世的坐墩借鉴于此。

图 2-2-9 筌蹄
1—敦煌 275 窟壁画中的筌蹄　2—腰鼓形圆墩　3—敦煌 285 壁画中的筌蹄
4—益都北齐石墓线刻画像中的筌蹄　5—藤环墩

3. 凳

晋书《王献之传》中已有
关于使用凳的记载："太元中，
新起太极殿，安（谢安）欲使
献之题榜，以为万代宝，而难
言之，试谓曰：'魏时凌云殿榜
无题，而匠者误订之，不可下，
乃使韦仲将悬橙书之'。"橙即
凳（图2-2-10和图2-2-11），能

图 2-2-10 北魏壁画
中的方凳

图 2-2-11 辑安高句丽墓舞俑冢
壁画中的高坐凳

提供可靠的形象。这是初见的
新型家具，造型和高度与后世
的方凳没有大的差别，这种形式也将孕育出一种新的高型坐具。

以上的椅、筌蹄（墩）、凳三种新的高型坐具，都是由佛土传来的新型家具，也是我国
家具史上最早的高型坐具。

4. 胡床

胡床，又称交床、绳床，由八根木棍组成，座面为棕绳联结，可以折叠，张开可坐，合
起可提，使用方便。从胡床可以方便携带的特点不难看出，胡床应当源于经常迁徙的游牧民
族，所以胡床应该是从游牧民族传到中原的。古代多称北方少数民族为胡人，因名"胡床"。
至少在东汉年间，我国已经有胡床了。

胡床在魏晋南北朝至隋唐时期使用较广，有钱、有势人家不仅居室必备，就是出行时还
要由侍从扛着胡床跟随左右以备临时休息之用。胡床在当时家具品类中是等级较高的品种，
通常只有家中男主人或贵客才有资格享用。在方人雅士中还多有褒词及生动描述。胡床在隋
代以后改名为"交床"，因为隋高祖意在忌"胡"字，器物涉"胡"字者，咸令改之。

目前能看到的最早胡床形象见于敦煌莫高窟北魏257窟连坐胡床（图2-2-12），两妇女
同坐在交叉腿的胡床上。它的做法是前后两腿交叉，交接点做轴，以利翻转折叠，上横梁穿
绳以容坐。胡床原来并无靠背，形如今天的马扎。河南新乡博物馆藏东魏武定三年（545
年）石刻画像，上雕佛传故事，刻一相师坐胡床（图2-2-13），手抱婴儿，为其相面的场景；
另1974年河北磁县东陈村发掘的东魏时期的赵胡仁墓中发现有胡床形象，其下葬年代是武
定五年（547年）。出土的女侍俑中，有九件手持各种什物，其中一件原报告称"右臂挟一
几案类物"。其实那很明显是一张敛折起来的胡床（图2-2-14），这件标本正体现了胡床"敛
之可挟"的方便之处。

再有，《北齐校书图》中也有一胡床形象（图2-2-15），此画描绘的是公元556年，儒生
樊逊坐在胡床上校书的情形；随后的史籍中胡床这个词频频出现，《晋书·五行志》说："秦
始之后，中国相尚用胡床貊磐"（貊是我国古代少数民族，磐即承盘）。《晋书·王导传》说：
"导子恬，沐头散发而出，据胡床于庭中晒发，神气傲迈"。《晋书·庾亮传》说："便据胡床
与浩等谈咏意夕。"《梁书》卷五六《侯景传》所谓"床上常设胡床及筌蹄，著靴垂脚坐。"
可见胡床的应用越来越广泛。

胡床的坐法，与我国传统的跪坐完全不同，它是臀部坐在胡床上，两腿垂下，双脚踏
地。《梁书·侯景传》载："梁末侯景篡位后，殿上常设胡床及筌蹄，著靴垂脚坐。"这种坐
法又称为胡坐。人们坐在胡床上可以把脚垂下来，可见胡床比当时床、榻要高。因为这种坐

具较高，座面面积又小，且用绳子穿成，所以汉人用它无法保持传统的跪坐，任何人上去，都是要胡坐（垂足坐）的。因此，有关汉人使用胡床的记载，多用踞胡床。踞或作据，古义相通，即垂脚坐的意思。这种垂脚坐已不限于胡床，床榻也有这种坐法的记载（图2-2-1）。

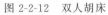

图 2-2-12　双人胡床

图 2-2-13　胡床

图 2-2-14　胡床

图 2-2-15　胡床

（三）床榻类

魏晋延续秦汉时期以床榻为起居中心的方式，从形式上看并无多大变化，只是较前代更为普遍了。

1. 床

《说文》释床：床，身之安也。《释名》云：人所坐卧曰床。二者都从床的使用方面进行解释，这说明古代的床具有坐卧两种用途。《三国志·魏书·陈登传》载："休息时自己上大床而卧，让我睡下床。"为床卧人之例证。《晋书·文六王传》载："司马昭特别宠爱其子司马攸，每见攸，辄抚床呼其小字曰：'此桃符座也'。"《晋书·王导传》载："及帝登尊号，百官陪列，命导升御床共坐。"此两例为床坐人之证。

关于床的规格，《初学记·床》说："床长八尺，也有的床长六尺。"这显然与人的高矮有关。《邺中记》记载，十六国后赵主石虎宫中的床，一般有六寸高，相当于15.7cm。南方的床则高些。《三国志·吴书·陆凯传》注引《吴录》载："有给使伏于床下，具闻之，以告太子。"床下居然能伏人，可见不矮。南方床高，可能与气候潮湿，为防潮有关。

《南齐书·虞愿传》载："后军将军虞愿为官清廉，家中眠床上积尘埃，有书数袠。"《南史·鱼泓传》载："鱼泓为太守，性奢侈，侍妾百余人，有眠床一张，用金银等物装饰甚精。"眠床的出现，是卧具专门化的表现。

东晋著名画家顾恺之的《女史箴图》中所画的床（图2-2-16），高度已和今天的床差不多。从形式上，床体很大，四面设屏，前面留有活屏可供上下出口。上为幔帐，下为箱体，四周封闭，较前代的床榻有了很大的发展。并且装饰比秦汉时期更加烦冗，床足为壶门，屏与床连成一体。在北齐时代，装饰除床帐外，附件逐渐增多。

2. 榻

《释名》载："长狭而卑曰榻，言其榻然近地也。"《初学记·床》载："榻长三尺五。"可见榻是一种比床短小的坐卧之具。《三国志·蜀书·简雍传》载："诸葛亮以下则独擅一榻，项枕卧语，无所为屈。"可见这种长榻作为卧具，是在非正式入寝时暂卧休息之用，其作用类似今天的躺椅。榻在多种情况下是作为坐具使用的。《太平御览》

图 2-2-16　《女史箴图》中的床

引《宋书》："常诣刘彦节，直登榻"。同书又引《梁书》："客筵内有香灯，不置连榻。"以上两例中的榻，显然是这种长榻。

东晋著名画家顾恺之的《洛神赋图卷》所画的榻，基本都是箱体台座形式，壸门装饰（图2-2-17和图2-2-18），与《北齐校书图》中的榻十分相似（图2-2-1），可见这种箱体台座壸门装饰的形式在当时十分流行。

尺寸较小的榻，当时也称"小床"，独坐用。《太平御览》引《晋书》载："陶淡字起静，好道养，年十五六，便绝谷，设小床常独坐，不与人共。"《宋书·张敷传》又载："寒人中书舍人秋当、周纠去高门张敷家，敷先设二床，去壁三四尺，二客就席，"这种接待客人临时所设之床，一人坐一个，显然也是小床。山西大同北魏司马金龙墓出土的屏风漆画中所绘小床（图2-2-19），从人物形象看，坐者大多并非长者，有的还是中年妇女。可见，魏晋时坐榻的习俗在民间已经很普遍。

图2-2-17 《洛神赋图卷》中的榻　　图2-2-18 《洛神赋图卷》中的榻　　图2-2-19 屏风漆画中所绘小床

（四）其他类

1. 屏风

这一时期屏风向高大方向发展，数量不断增加，叠数为4～20，比以前屏风的叠数增多，安置在床或榻的周围，形成一个私密空间（图2-2-16和图2-2-19）。这类屏风形体不大，多数都是配合床榻组合使用。出土于山西大同北魏司马金龙墓的漆屏风共五块，木板制成，板面通髹朱漆，标题处再题黄漆，上面写有黑字，木板两面都有漆画，内容主要是表现帝王、将相、列女、孝子以及高人逸士的故事。此漆屏风（图2-2-20）是其中之一。《屏风漆画列女古贤图》高80cm，宽40cm。漆画中的线条用黑色，人物面部、手部用铅白，衣服道具用黄、青、绿、红、蓝、灰等色。采用了色彩渲染及铁线描技法，与东晋顾恺之的画法极为相似。可见在这一段时期，虽然中国饱受战乱之苦，但漆工艺还是携汉代之遗风，不断发展着。

2. 步辇

帝王所乘坐的代步工具，通常称为"辇"，本来和车一样是有轮子的。秦以后，帝王、皇后所乘的辇车被去轮为舆（轿子），由马拉改由人抬，由是称作步辇。汉代把辇通名"篼舆"；晋六朝通名"平肩舆"。明间舆简便，有"板舆""蓝舆"等名目。汉以后，辇这种工具名称有篼、筍等，都是同一器物，而辇、平肩舆、板舆、腰舆、檐子异床等，是步辇这一器物多样化的变体形式的表现。此步辇（图2-2-21）出自山西大同北魏司马金龙墓的《屏风漆画列女古贤图》。

3. 镜台

东晋顾恺之的《女史箴图》中画有两位正在梳妆的仕女，身旁除有四个奁盒外，又多了一具镜架，铜镜插挂在架顶上，这是最早的镜台形式（图 2-2-22）。

图 2-2-20　屏风（部分）　　　　　图 2-2-21　步辇　　　　　　　图 2-2-22　镜台

二、材料、结构与装饰

　　魏晋南北朝时期的家具制作工具主要是在秦汉时期的基础上，锯、刨、凿等工具在木结构工艺中运用更进一步，并带动了耕作农具和家具木器的发展。木材是这个时期家具的主要材料。

　　西域胡床和坐具等形制渗透到中原，出现了椅子、胡床等高型家具。平台类家具如榻的使用，与席地而坐的"席"关系很大，可能是席升高以为榻。床相对于单纯的壸门榻来讲，则更加封闭与安全，更有私密的作用。用箱体台座型结构壸门装饰几乎成了当时床榻的普遍形式。由于佛教的流行以及社会文化的改变，于是与佛教有关的造型和装饰得到广泛的发扬。隐囊这种类似现代家具中的软靠垫已出现，这说明当时人们已比较注意家具的舒适要求了。

三、小结

　　魏晋南北朝时期是中国政治上最混乱、社会上最痛苦的时代，然而却是精神上极自由、极解放、最富于智慧、最浓于热情的一个时代。因此，也是最富有艺术精神的一个时代。

　　魏晋南北朝时期延续了秦汉时期以床榻为起居中心的方式，但坐卧具开始变化，各自朝着专门化的方向发展。三国时期，床和榻是人们的主要坐卧工具，同时具有为人们提供坐卧两种功能。两晋以后，胡床的广泛传播，使得坐卧两种器具开始分工，尤其是胡床影响下小床的出现，使得这种区别更加固定。胡床、小床是专门的坐具，床则主要担负起卧具的功能。

　　由于坐具的专门化，人们的坐姿也开始变化。古人席地而坐，后来在床、榻上坐，这时的坐法均为跪坐。这种跪坐法，即双膝着座，把臀部靠在脚后跟上。这时由于高型坐具的出现，并不断增加，带来了垂足坐的习俗，跪坐仍未消失，但起居方式开始向垂足而坐过渡。

　　由于佛教的传入，高型家具开始出现，除汉代的胡床外，又有了椅、凳、筌蹄、墩、双人胡床等，但使用此类家具的人数有限，仅限于上层社会或者佛家僧侣。

作业与思考题

1. 魏晋南北朝时期家具的主要种类有哪些？举例说明其特点。
2. 魏晋南北朝时期家具主要特点是什么？

第二节　唐代家具

（618—907 年）

　　中原地区在经历了长达数百年的分裂割据之后，终于再一次迎来了辉煌岁月。隋文帝杨坚入主中原，扫平割据政权，一统华夏，建立了隋王朝。可好景不长，仅仅三十余年（581—618 年），曾经无比强大的隋朝便步了秦朝的后尘，在各路反隋义军的不断冲击下土崩瓦解，寿终正寝。由于立国时间太短，遗留的隋代家具为数甚少，看不出独立的风格，只能说它是前代的延续。代之而起的唐王朝历经贞观之治、贞观遗风、开元盛世和元和中兴，从而缔造了中国封建史上最辉煌的时期。因唐朝（618—907 年）与隋朝的文化、制度、社会特点一脉相承，故史学家常将两朝合称为隋唐。

　　唐朝是我国历史上少有的封建盛世时期，是我国历史上的第二个辉煌期。唐代的雄厚国势和开明政策，促成了许多创新家具的诞生。在初唐和盛唐的一百多年里，社会经济繁荣兴旺，文化艺术丰富多彩。由于大兴宫室和贵族府第，家具业也得到了空前的发展。这一时期，我国出现了高低型家具并行发展的局面。这与当时人们的起居生活方式有关，当时席地跪坐、伸足平坐、侧身斜坐、盘足跌坐和垂足而坐的生活起居习惯并存。

　　正处于席居时代向垂足时代转折的唐朝，虽然高型坐具已经出现，但室内陈设大多仍以可移动的屏风、床榻、几案、箱柜为主，生活起居主要在抬高的床榻上进行。唐代家具传世者无几，欲了解唐代家具陈设情况，基本只能借助绘画、出土壁画等图像资料以及少量出土模型。幸运的是，日本正仓院恰好保存了一批时代大约在盛唐的家具，种类包括屏风、几案、床榻、椅子、双陆局、棋局、箱柜等，几乎囊括了唐代家具的所有种类，为我们提供了难得的实物资料，一窥盛唐风貌。

　　正仓院宝物中，家具是一大宗，其中有很大比例是圣武天皇宫中御物。奈良天平时代正值日本开始大规模汉化时期，这些家具或随遣唐使输入，或从新罗辗转而来，或由渡海归化唐人工匠制作，或由日本工匠仿制，与唐代样式有千丝万缕的联系。而传去的这批家具，也奠定了后世日本家具样式的基础。也许我们从中可以一窥唐代的家具与陈设。

一、家具样式

（一）几案类

1. 几

　　日本正仓院北仓阶下"南棚"有"紫檀木画挟轼"一件（图 2-2-23）。高 33.5cm，长 111.5cm，宽 13.6cm。以长条形柿木为几面（天板），上贴紫檀薄板，两端贴楠木板。两端各有二足，中段细窄处套以三层象牙圈。足下基座以及四周镶金嵌银，描绘花叶、卷草、蝴蝶，做工细致考究，并附有一条与尺寸相合的白罗褥，是圣武天皇生前喜爱之物。《国家珍宝帐》中录有"紫檀木画挟轼一枚"，其下注"着白罗褥"，便指此件。另外，中仓也藏有一件"漆挟轼"，形制与之相似，唯无华丽之饰（图 2-2-24）。

　　所谓"挟轼"，即古人所称"凭轼"，又可称为夹膝、凭几、隐几、伏几。几面平直，下置二足，盘坐于榻上或席上时，可以放置身前凭靠憩息，或置于身侧随意侧倚，可称得上是席居时代又一类重要家具。波士顿美术馆所藏阎立本《历代帝王图》之陈宣帝，与北京故宫《步辇图》中坐在小辇上的唐太宗，身前均置此物伏靠（图 2-2-25 和图 2-2-26）。阎立本《北齐校书图》中侍女手中所持的一件和床榻上一位学士身侧所凭靠的（图2-2-1），也是同式。新疆阿斯塔纳墓地出土的一件"琴几"（图2-2-27），虽非凭几，但其造型却和正仓院挟轼几乎一致，同为两端各二足型，其上也有彩绘花鸟装饰。凭几在中日两国沿用的时间都很长，平安时代后又叫"胁息"，一直到近现代还在使用。

图 2-2-23　紫檀木画挟轼（日本）　　　　　　　　　图 2-2-24　漆挟轼（日本）

图 2-2-25　《历代帝王图》　　　图 2-2-26　《步辇图》　　　图 2-2-27　新疆出土的琴几

此外，弧形三足几在这一时期内被广泛使用，如敦煌103窟盛唐壁画《维摩诘经变图》中坐在高架床上讲经说法的高僧身边设着这种弧形三足凭几（图2-2-28）。

2. 案

身前放置的几案类家具，除了为方便凭靠的凭几，还有可置物、读书写字的栅足案，正仓院保存有二十四张统称为"多足几"的条案，便是此类。其足数目有十八足、二十二足直至三十六足八种。如中仓所藏的一件"二十八足几"（图2-2-29），案面平直，纵54cm，横104.5cm，栅形直足，两侧各十四足，高98.5cm。素木不髹漆，以白、浅绿、丹、苏方等色描绘纹样。另有一件"黑漆十八足几"（图2-2-30），则髹黑漆不加饰。湖南岳阳桃花山唐墓出土栅足案与这种形式十分相似（图2-2-31），直线栅足，足下有横木连接，案面两端上翘。

这时的几已经不再专指凭几了，开始具有承具的意思，并沿用至今。如唐代卢楞伽《六尊者像》中绘有高型的花几（图2-2-32）。

案的历史非常悠久，先秦以来常见，其中矮小者可如五代卫贤《高士图》中所绘置于榻上（图2-2-33），也可如敦煌莫高窟众多《维摩诘经变图》（图2-2-28）中所示。放置在床榻或禅椅前方使用。这种案通常造型为一板为面，两侧以数根弯曲的竖棍安装在案面两端缩进一些的位置，案足系一横木，与弯曲的数根竖棍相连。两侧案足有明显的外叉，显得异常稳重端庄。

陕西西安法门寺地宫所藏的唐代素面银香案（图2-2-34），高10.5cm，宽9.5cm，长15.5cm，钣金焊接成型。香案成条桌状，案面两端卷翘，两只板状腿弯成一个S形的流畅

图 2-2-28　敦煌 103 窟《维摩诘经变图》　　图 2-2-29　二十八足几（日本）　　图 2-2-30　黑漆十八足几（日本）

图 2-2-31　栅足案　　　　　　　　图 2-2-32　《六尊者像》　　　　　图 2-2-33　五代卫贤《高士图》

曲线，在板腿的下端，前后各有一条横枨托住板腿，好似托泥的形式，以此加固板腿。此种弯曲的板腿形式比较少见，是对板足案的变化、美化与发展。

　　唐代还出现了高案形式，充当供台，演变为后世的各种条案类家具。如唐代卢楞伽《六尊者像》所绘案，其中一案案面两端卷起上翘，有束腰，四条腿上端彭出，顺势而下，形成四只向外撇的撇脚，腿的上端有牙条，前后有拱形花枨（图 2-2-35）。另一案案面平整，两端挑出腿足部位，无束腰，直腿，花牙装饰（图 2-2-36）。两案装饰都很华丽，绝非普通平民百姓所用之物。

图 2-2-34　唐代素面银香案　　　　图 2-2-35　《六尊者像》　　　　　图 2-2-36　《六尊者像》

3. 桌

　　关于桌子的起源，目前尚有争议。据 1975 年第 11 期《文物》介绍，河南灵保张湾汉墓出土一件绿釉陶桌（图 2-2-37），上置双耳圆底小罐，与小桌烧结在一起。桌面长方形，边长 14cm，通高 12cm。其四足稍高，不同于汉代出土的几案，又有别于坐榻，外形和现代方桌基本相同。它的出土，在家具界引起很大反响。有人认为桌子出现于隋唐之际，而灵保张湾汉墓方桌的出土，把桌子的起源提前了近 800 年，并为一些研究家具的学者所接受。也有人认为它不是桌子，而应叫案，并做了专门的论述。在承认桌子出现在隋唐之际的同时，又指出最早见到桌子的名称则在五代时期，因而唐代以前虽然有了桌子的形象，也不叫桌，而应称为案，说法有其合理性。按照这样的说法，唐代无"桌"名，而有确凿的关于桌子的形象资料，所以才把桌子的出现定在唐代。而灵保张湾方桌与唐代屠房俎案都具备了桌子的形象，凭此，完全可以把桌子的起源推到汉代。任何事物都有发生、发展和普及的过程，汉代有胡床，它是汉代特有的高足家具。既然有高足坐具，那么也不能断定绝对没有高型桌子。

高型桌案的出现是这一时期家具的特点之一，由于垂足而坐的习惯渐渐形成，几案由床上移到地上，高度也相应地有所增加。如《宫乐图》中大型长案（图 2-2-38），沿用其当时叫法，实际已起桌的作用，具有代表性。画面中央是一张大型长案，后宫嫔妃、侍女十余人，围坐、侍立于方桌四周，团扇轻摇，品茗听乐，意态悠然。画中案四角有金属包角，均饰金色花纹。案面四周采用边框形式，四边出沿。案面下方沿用前期床榻的箱体台座壸门装饰形式，长度方向两侧各 4 个壸门，宽度方向两侧各 3 个壸门。从画面显示这种案算得上当时的一种大型豪华家具，主要用于上层社会。敦煌莫高窟榆林 25 窟《宴会图》中的壸门案（图 2-2-39）的形态结构与此案十分相似，可见这种壸门大案在当时的上层社会比较流行。宽大、厚重、精致、华美，十足的唐代风格。

图 2-2-37 绿釉陶桌

图 2-2-38 《宫乐图》

图 2-2-39 敦煌 25 窟《宴会图》

这时开始出现四足立柱形式的桌子，造型相对简洁，接近现代形式。如敦煌 85 窟唐代壁画中，绘一《屠师图》，前放两张方桌（图 2-2-40），肉架后面还有一稍矮的长方桌，屠师正站立桌旁持刀切肉。此桌的面板较厚，四足立柱形式，四腿也较粗壮，腿间无枨，可能是专为切肉的屠房家具。后面的长方桌腿间有横枨。从屠师与桌案的比例关系看，其高度与现代家具的高度已相差无几。敦煌莫高窟 148 窟《弥勒上生下生经变图》中的长桌（图 2-2-41）与陕西长安南里王村唐墓壁画中的长桌（图 2-2-42），造型风格基本一致，前者腿间有横枨。可见，这种桌子已经在唐代流行开来。

图 2-2-40 敦煌 85 窟《屠师图》

图 2-2-41 敦煌 148 窟《经变图》

图 2-2-42 陕西长安唐墓壁画

唐代卢楞伽《六尊者像》中还有一张长方桌（图 2-2-43），作壸门台座形式，有束腰，下安托泥，桌子外立面带雕花。

唐代，人们的起居习惯仍然是席地跪坐、伸足平坐、侧身斜坐、盘足迭坐和垂足而坐并存，因此高低型家具也并存。唐代《纨扇仕女图》中的桌子（图2-2-44），四足立柱形式，桌子不高，旁边仕女仍采用席地而坐的形式。

图 2-2-43 《六尊者像》

图 2-2-44 《纨扇仕女图》

（二）椅凳类

1. 椅子

椅子的名称始见于唐代，而椅子的形象则要上溯到汉魏时传入北方的胡床。敦煌285窟壁画就有两人分坐在椅子上的图像；这些图像生动地再现了南北朝时期椅子在仕宦贵族家庭中的使用情况。尽管当时的坐具已具备了椅子的形状，但因当时没有椅子称谓，人们还习惯称之为"胡床"，在寺庙内，常用于坐禅，故又称禅床。唐代以后，椅子的使用逐渐增多，椅子的名称也被广泛使用，才从床的品类中分离出来。因此，论及椅子的起源，必须从汉魏时的胡床谈起。

唐代《济渎庙北海坛祭器杂物铭·碑阴》的记载："绳床十，内四椅子"，说明在唐代贞元元年已有了椅子的名称，称之为"绳床"。这里所说的"绳床十，内四椅子"是指在十件绳床中有四件是可以倚靠的椅子，显然是为了与另外六件无靠背绳床相区别。可见，椅子的名称虽已出现，在日常生活中也是常见家具，但它还未完全从床概念中分离出来。

在唐代的典籍中，把椅子称为床的仍很普遍。唐代诗人杜甫在《少年行·七绝》中写道："马上谁家白面郎，临街下马坐人床。不通姓名粗豪甚，指点银瓶索酒尝。"李白《吴王舞人半醉》诗："风动荷花水殿香，姑苏台上宴吴王。西施醉舞娇无力，笑倚东窗白玉床。"这里所说的床，都不是指睡眠用的卧具，而是指可以"倚"的椅子。"椅"，本是一种树木的名称，又称"山桐子"或"水冬瓜"，木材可做家具。

唐代以前的"椅"字还有一种解释，作"车旁"讲，即车的围栏。其作用是人乘车时有所依靠，其形式是在四足支撑的平台上安装围栏，即"步辇"。后来的椅子应该是受此启发而形成。

从现存资料看，唐代已有相当讲究的椅子。唐代《纨扇仕女图》（图2-2-45）中描绘了一个贵族的妇人手拿团扇，坐在一把雕饰华美的圈椅上，圈椅两腿之间饰以彩穗，圈式搭脑，从搭脑到扶手是一条流畅的曲线，座面以下接近同时期的月牙凳，腰圆形座面，雕花腿，端庄华美而不失清雅。可以看出这是月牙凳与三足弯曲凭几的结合体，是我们看到的第一把圈椅，也是唐代的新型家具。

元代画家任仁发的《张果老见明皇图》中的圈椅（图2-2-46）与此椅十分相似。图中唐玄宗李隆基身着黄袍坐在一

图 2-2-45 《纨扇仕女图》

把圈椅中，圈背自后往前顺势而下，扶手尽头做出云纹式样，腰圆形座面，四条腿也做成云纹式样，腿部中间外凸成花形，花中心、椅圈上镶嵌宝石，连接部位与扶手端头有包角装饰，整体造型浑圆、丰润，装饰富丽华美。椅设脚踏，四面镂出壸门，下附托泥，四角有金属包角装饰。

图 2-2-46 《张果老见明皇图》

唐代普通的椅子造型大体可分为扶手椅和靠背椅两大类，其中扶手椅又分弓背搭脑和直背搭脑两种。敦煌莫高窟 196 窟西壁晚唐《劳度叉斗圣变》壁画中有四人并坐，两人坐在扶手椅上，弓背搭脑，另两人却坐在壸门台座榻形长凳上（图 2-2-47）。类似的形式还见于敦煌莫高窟 9 窟、61 窟壁画（图 2-2-48 和图 2-2-49），这种扶手椅可谓后世官帽椅的前身。

图 2-2-47 敦煌 196 窟壁画

图 2-2-48 敦煌 9 窟壁画

图 2-2-49 敦煌 61 窟壁画

北京唐墓壁画与日本藤原镰足、菅原道真像中的靠背椅（图 2-2-50 至图 2-2-52）也采用弓背搭脑，除了没有扶手，整体风格与弓背搭脑扶手椅基本一致，为后世灯挂椅的前身。

日本正仓院保存的一把"赤漆欟木胡床"（图 2-2-53）为直背搭脑。虽称"胡床"，实为椅子，日本沿用唐代旧习，将一切坐卧具通称为床，并把西方传入的高足椅子称为"胡床"（其概念并非我国一般所指交椅）。靠背高 48.5cm，椅座高 42cm，宽 78.4cm，深 70cm。表面朱漆涂饰，四足及转角、端头处有铜质箔板包角，两侧扶手在前后腿之上各立短柱，柱首宝珠状如勾阑望柱。搭脑平直，两端出头。面屉宽而深，为藤材编成，人坐其上，广可容膝，类似后世的禅椅。

唐代卢楞柳《六尊者像》中描绘的禅椅更具代表性（图 2-2-35），它用四支铃杵代替四

图 2-2-50 靠背椅

图 2-2-51 靠背椅（日本）

图 2-2-52 靠背椅（日本）

图 2-2-53 赤漆欟木胡床（日本）

足，两侧有横枨连接，扶手前柱和椅边柱圆雕莲花，扶手和搭脑上拱，两端上翘并装饰莲花，莲花下垂串珠流苏，整体造型庄重华贵。镶金坠玉的家具在当时寺院中体现了高僧的尊贵与神圣。

2. 凳

月牙凳是唐代家具的一种新形式（图 2-2-38 和图 2-2-44），基本与《纨扇仕女图》中圈椅（图 2-2-45）的风格一致，采用腰圆形凳面，云纹式腿，腿部中间外凸成花形，花中心镶嵌宝石，两腿之间有朱红"流苏"。凳面上蒙锦纹垫或绣垫等，可谓后世绣墩的前身。其浑圆、丰润的造型和富丽华美的装饰，与唐代贵族妇女的丰满体态协调一致，成为独特的唐代风格。

长凳也是唐代常见形式，由榻发展而来，主要有两种形式：一种采用箱体台座壶门装饰形式（图 2-2-47）；另一种四腿直接落地形式（图 2-2-42）。

3. 筌蹄

筌蹄在唐代仍有使用，如陕西西安唐墓出土的三彩女俑，头戴鸟状冠，五官清秀，眉、眼墨绘。上穿半臂短襦，内衬窄袖衫，下着长裙，足登云履。端坐于筌蹄上，手中持一小鸟（图 2-2-54）。

图 2-2-54　三彩女俑

（三）床榻类

1. 席

唐孙位《高逸图》之《竹林七贤图》（图 2-2-55）、《纨扇仕女图》（图 2-2-44）、敦煌莫高窟唐人壁画（图 2-2-56）中均有席出现，说明唐代人还继续沿用着席地而坐的生活方式。

图 2-2-55　《高逸图》

图 2-2-56　敦煌 217 窟壁画

2. 床榻

唐代人日常起居大多是在各种床榻上进行，床榻是室内最主要的家具。敦煌壁画（图 2-2-28，图 2-2-57 至图 2-2-59）资料显示四足立柱形式的矮床在唐代使用十分普遍，除了充当卧具外，也可充当一般坐具，或盘腿、跪坐其上，或垂足坐于其沿，或置于大床（桌）两侧供并排宴会使用。

"牙床"式壶门座在唐代家具中运用十分广泛，可算是最重要的一种唐代家具构件，在唐代绘画和出土模型中很常见，可成为床榻、坐具，也可作各种承具、托盘、置物台，如周昉《戏婴图》仕女所坐大方床（图 2-2-60）、山东嘉祥隋徐敏行夫妇墓壁画中的榻（图 2-2-61）与陕西富平李凤墓地出土的唐三彩榻（图 2-2-62）等。

图 2-2-57 敦煌 14 窟壁画

图 2-2-58 敦煌 454 窟壁画

图 2-2-59 敦煌 138 窟壁画

图 2-2-60 《戏婴图》

图 2-2-61 唐墓壁画

图 2-2-62 唐三彩榻

（四）橱柜类

唐代的箱、柜等器具，一般在下方带一个床座，如苏州瑞光塔楠木黑漆嵌螺钿经箱（图2-2-63），采用黑地螺钿镶嵌工艺，十分精美。

柜子通常采用四足形式。陕西省西安市唐墓出土唐三彩贴花钱柜（图2-2-64），长21.4cm，宽16.6cm，高17.2cm。柜呈长方体状，四角为方形柱足，上部两端有凹弧式脊棱。四壁贴花，前后壁的图案相同，均由蛙纹和对称的兽面纹组成，左右两侧的纹饰为兽面和莲瓣。柱足及顶部脊棱上饰乳钉纹，顶部饰花朵纹，通体饰黄、绿、褐三彩釉。一侧有一长方形盖，盖合上后，仍留有小口，可以由这里往柜里投钱。该钱柜小巧玲珑，造型别致，色泽鲜艳，是一件珍贵的家具模型。

另一个唐三彩柜（图2-2-65），也是四足，但沿着边向内缩进一段距离，有盖，约三分之一盖可以打开，柜正面可加锁，有立体花饰，非常精美。

图 2-2-63 黑漆嵌螺钿经箱

图 2-2-64 唐三彩柜

图 2-2-65 唐三彩柜

（五）其他类

1. 屏风

魏晋至隋唐五代时期，屏风的使用较前代更加普遍。不但居室陈设屏风，就连日常使用的茵席、床榻等边侧都附设小型屏风。这类屏风通常为三扇，还有多至十扇至十二扇的。屏框间用钮连接，人坐席上，将屏风打开，放在身后，两侧向前合拢至一定角度，屏风自然直立，即折叠屏风（图2-2-28）。

陕西西安南里王村韦氏墓壁画六扇屏（图2-2-66），制作时间为唐开元末（公元742年前后），为树下美人六曲屏样式，有仕女立于树下，也有坐于树下石上，姿态各异，蛾眉细目，体态丰腴，樱嘴点红，面施假靥花钿。

2. 衣架

衣架是人们生活中一种常见的家具。古人衣架与现代衣架不同，现代衣架大多采用挂钩或枝杈的形式，衣物多以衣领处挂在衣钩上。古人衣架多取横杆式。两侧有立柱，下承墩子木底座。底座之间有横枨或横板。立柱顶端安

图2-2-66 六扇屏

横梁，两端长出立柱，尽端雕出龙头、凤头或灵芝、云头之类。横杆之下安中牌子。中牌子在两根横杆之间另加两个小立柱分为三格，俗称矮老，也有的用小块料攒成几何纹棂子，做法多样，主要对衣架起加固作用。完整的衣架具备上横梁和中牌子两道横杆，衣服脱下后，就搭在横杆上，向两面下垂。

关于"衣架"之名，目前所见最早的记载是唐代《济渎庙北海坛二所庙堂碑阴》记载的新置祭器及深弊双舫杂器物等一千二百九十二事中，有"竹衣架四，木衣架三"的记载。

敦煌壁画85窟窟顶东披楞伽经变中卢毗王本生，图中绘一架（图2-2-67），以两个十字形木件作底墩，上竖立柱，顶上有横杆。两端出头，当中拴绳，悬另一木杆，两端各悬一盘，一边放一鸟，另一边放砝码，实为称重的天平。这张图说明衣架有时也可以派上其他用场。晚唐85窟《屠师》中（图2-2-40），屋内左右两柱间各施一横杆，尽管没用于挂衣而是用于挂肉，仍属于架的性质。五代61窟《楞伽经变图》上部所绘的衣架则非常明确（图2-2-68）。由两根竖向木杆支撑一根横向木杆，横杆两端出头，竖杆下部有十字形底座，横杆上正挂着衣服。这种衣架从战国到明清，其造型结构一直变化不大。只是随着时代的发展，数量不断增加。

图2-2-67 敦煌85窟壁画

图2-2-68 敦煌61窟壁画

二、材料、结构与装饰

唐朝在文化、政治、经济、外交等方面都达到了很高的成就，是中国历史上的盛世之一，也是当时世界的强国之一。在家具的材料、结构与装饰方面，同样也取得了巨大的进步。常见两种结构形式：箱体台座壸门结构与四足立柱形式。

唐代木料资源较为丰富，唐木家具多选用硬木，高档选紫檀、红木、花梨、铁木、柏木等种类；中档选樟木、核桃木、槐木、黄檀、香椿、水曲柳；一般档次以柳木、榆木、楸木、橡木等用材为上好材。木材的材质要求致密、纹顺，颜色浓艳，甚至有的木料带着香气，另外，竹、藤、根、绳等材料也被应用到了家具的制作之中。

唐代是高型家具的形成时期。注重家具的纹理和腿脚结构，采用箱体台座壸门结构或横直拉枨形式。榫卯结构有上下贯通的、有穿插搭接的。

唐代家具的装饰工艺有很大的进步，主要有螺钿、雕漆、木画等装饰工艺。造型和装饰风格与博大旺盛的大唐国风一脉相承，崇尚富贵华丽、和谐悦目。

三、小结

1. 造型特点

造型特点：宽大厚重，浑圆丰满。唐代家具在造型上独具一格，大都是宽大厚重，显得浑圆丰满，具有博大的气势，稳定的感觉。唐墓壁画中的座椅，四脚粗大，牢牢地钉在地上，安定牢固；六尊者的禅椅、经桌，更是宽大庄重，周身雕以花饰，极为精美。另外，如箱式床榻、高大的立屏、板式腿的大案等，都体现出盛唐时代那种气势宏伟、富丽堂皇的风格特征。

2. 装饰特点

装饰特点：富贵华丽，和谐悦目。唐代家具在装饰上崇尚富贵华丽，和谐悦目。如在月牙凳的凳腿上，在桌案、床榻的腿足……无不以细致的雕刻和彩绘进行装饰。在月牙凳的两腿之间，坠以彩穗装饰，令人赏心悦目。特别值得一提的是，唐代所创制的月牙凳，腿部做大的弧线弯曲，配以精雕的花纹、华美的彩穗以及编织的坐垫等，既美观又舒适，与体态丰腴的贵族妇女形象浑为一体，风格情调极为和谐。

作业与思考题

1. 唐代新出现的家具有哪些？各自的主要特点是什么？
2. 唐代桌案采用怎样的结构形式？

第三节　五代十国时期的家具

（907—960 年）

五代十国包括五代与十国等众多割据政权，是中国历史上的一段时期，自 907 年唐朝灭亡开始，至 960 年宋朝建立为止。五代依次为梁、唐、晋、汉、周五个朝代，史称后梁、后唐、后晋、后汉与后周。五代之外有众多割据政权，其中前蜀、后蜀、吴、南唐、吴越、闽、楚、南汉、南平（荆南）、北汉十个称制立国（称王或称帝）的割据政权被称为十国。

五代十国时期，政局混乱，政权林立，朝代更迭。不过，五代十国上承唐末乱世，下顺宋代承平。后周时期，农业发展良好，人口增加。而位于长江下游的南唐经济发达，文学繁盛，南唐后主李煜的诗词天赋极高，君臣皆善于吟诗作画，文学艺术达到一个高峰，出现了许多著名的画家，如顾闳中、王齐翰、周文矩等，绘出了许多描写现实生活的画卷。在当时，士大夫和名门望族以追求豪华奢侈的生活为时尚，许多重大宴请、社交活动都由绘画高手加以记录。《韩熙载夜宴图》《重屏会棋图》《勘书图》《宫中图》《合乐图》等作品，给我们提供了认识、了解五代十国时期家具面貌的可靠的形象资料。其中，家具的造型、装饰与唐代家具明显不同，显著地表现出家具体态的秀丽、装饰的简化。

一、家具样式

（一）桌案类

1. 几

由于高型坐具的出现，椅子靠背的功能完全代替了凭几的作用。因此，凭几不再像南北朝那样盛行，但这时还没有完全绝迹。这时的几指的是一种承具，其中以香几最常见。

香事，从最早驱虫避毒的功能，转为祭祀必不可少的仪式，继而发展为文人墨客游艺的雅好，可谓历史悠久。古代书画中多有敬香的画面，在五代的《浣月图》中，我们可以清晰地看到高束腰朱漆香几的身影（图 2-2-69）。这是一种高型几，几面方形，鼓腿，腿下有托泥。至明代中晚期，高束腰的家具大量出现，并趋成熟，出现高束腰香几的画面更是不胜枚举。

2. 案

壸门案这类家具多用于上层社会人家，是一种高级家具。五代周文矩《重屏会棋图》中的案（图 2-2-70）与五代王齐翰《勘书图》中的案（图 2-2-71）十分相似，为士大夫所用的书案。案面攒边结构，四条腿做云纹雕饰，与牙头连接成一体，形成云纹翅子腿、云头形脚。这时的案不是很高，所以有时案也兼做床榻的功能。

3. 桌

高型桌子出现较早，从唐代开始逐渐增多。五代时期的桌子以圆材做腿足的家具越来越多。这种情况

图 2-2-69 《浣月图》

在《韩熙载夜宴图》中可以看到，有长桌、方桌（图 2-2-72 至图 2-2-74）。在使用上，有时将三张方桌拼合在一起使用，家具结构也向科学化发展。桌面四面喷出，四边框用格角榫。四直足，腿间添加了横枨，通常为正面一条，侧面两条。从图中桌子的形象看，已经使用了夹头榫的牙板或牙条。这种形式使家具结构更具科学化。

图 2-2-70 《重屏会棋图》

图 2-2-71 《勘书图》

图 2-2-72 《韩熙载夜宴图》

图 2-2-73 《韩熙载夜宴图》

图 2-2-74 《韩熙载夜宴图》

五代时期的桌案虽已进入高型家具的行列，但和宋代以后的高型家具相比，还有一定的差距。从《韩熙载夜宴图》中人物与家具的比例关系看，这时的桌子高度略高于椅凳的座面，最高不超过椅子的扶手。与床榻相比，大致与床面一般高。这种情况说明这时的家具正从低型向高型过渡。

（二）椅凳类

1. 椅

隋唐五代时期，椅凳的使用逐渐变多。五代时，椅子的使用更为广泛，制作工艺也更加讲究，样式繁多。如《韩熙载夜宴图》使用情况较为全面，足见高型家具的普及情况。其中描绘椅子的形象有两种：一种不带脚踏；一种带脚踏，形体较大，可以在座面上盘腿而坐。全部采用弧形搭脑，伸出腿外，两端上翘。腿间有管脚枨。椅子座面与靠背辅以绿色的软垫与衬背。此外，王齐翰从《勘书图》等绘画中也可以看到不同形制的椅子。代表了该时期椅子的品种、工艺与装饰水平。《新五代史·景廷广传》："廷广所进器物，鞍马，茶床，椅榻，皆裹金银，饰以龙凤。"由此推断，其华贵程度不亚于唐代。

周文矩《宫中图》中的圈椅（图2-2-75）相比唐代的圈椅，体态上不再如唐代那样浑圆丰满，相对轻简不少。

2. 凳

五代时期的凳较唐代有了较大发展，出现圆凳和两头小中间大的鼓式墩，高度也在

图 2-2-75 《宫中图》

不断增加。凳的品种多样，有腰圆形、圆形；腿有壸门式，腿稍向内弯（可能是插肩榫做法）。装饰方式繁多，凳子上全部雕刻花形，花中心镶嵌宝石，腿间广用朱红"流苏"装饰，凳面上蒙锦绣纹垫或绣垫等。周文矩《宫中图》（图2-2-76和图2-2-77）、《合乐图》（图2-2-78）中的凳，是上流社会中使用的代表。四条向内弯曲的腿，其内侧为两个半圆弧线，外侧为一个圆弧线。敦实、厚圆，有唐代遗风。

周文矩《水榭看凫图》（图2-2-79）中的方凳，四面平结构，座面为正方形，四腿刻成曲线，向内弯曲，下有四只如意形脚。

图 2-2-76 《宫中图》

图 2-2-77 《宫中图》

图 2-2-78 《合乐图》

（三）床榻类

这时的床榻主要分为两种形式：案形结体与台形结体。案形结体的床头有吊头，可置于户外。台形结体的都有壸门装饰，有大有小，大的占满一室，供日间起居与夜间睡觉，小的可供一人使用（图2-2-80）。

1. 围屏床

五代以前的榻，大多无围，只有供睡觉的床才多带围子。《韩熙载夜宴图》中所描绘的卧床，使我们了解到五代时期的卧床也是带围子的。其中三件围屏床（图2-2-72至图2-2-74），两床形制大体一致，床足上伸，两侧上下用双枨连接。背后装板，素饰光洁。前面两侧安一独板扶手，高度低于围子，中间留口以便上下。床的四腿下部有枨连接，并有牙条装饰。其中一床5人同坐仍绰绰有余，形体之大可以想见。从图中可以看出这种床是当时人们的生活中心，主要为日间所用。

《重屏会棋图》（图 2-2-70）中屏风画中有一床榻，四角加出立柱，前后立柱间加横枨，形成栏杆。横枨两端出头，并向上弯曲，很像椅子的搭脑。这是五代的新式样。周文矩《合乐图》中的围屏床（图 2-2-78），三面围屏，两侧前端也采用弯曲搭脑形式，是前所未有的，是五代的新创造。

图 2-2-79 《水榭看凫图》

2. 架子床

《韩熙载夜宴图》中绘有居室的卧床（图 2-2-73 至图 2-2-74）。床四角立柱，立柱上安床顶，上覆帐帷。屏风床在五代仍然存在。

3. 榻

六朝至五代时期的榻，形态都宽大，如江苏邗江县蔡庄五代墓出土木榻（图 2-2-80），长 188cm，宽 94cm，高 57cm，与现代单人床的尺寸相仿。榻面大边与抹头仿 45°格角榫做法组成边框，中间设托档七根，纵向均匀地铺放 9 根长约 180cm，宽 3cm，厚 1.5cm 的木条，木条用铁钉钉在托档上，其上再铺以床垫。榻有四足，足料是扁方的，榻的腿部与腿部上端同大边交接所置角牙均为如意云头纹作装饰，具有鲜明的时代特征。

（四）其他类

1. 屏风

五代时的屏风并无多大变化，有落地屏风和带座屏风两大类。落地屏风即多扇折叠屏风，也叫软屏风；带座屏风是把屏风腿插在底座上，也叫硬屏风。带座屏风多为单数。三、五、七、九各数不等。每扇屏风之间用走马销衔接，下边框两侧有腿，插入底座孔中。边有站牙，屏顶有

图 2-2-80 邗江出土木榻

雕花屏帽装饰，更加强了屏风的坚固性。折叠屏风多为双数，少的二扇至四扇，最多可达数十扇。硬屏风有木雕、嵌石、嵌玉、彩漆、雕漆等。软屏风也有上述做工，多属炕屏、桌屏等较小些的，大者多以木做框，两面用锦或纸裱糊，描画山水、人物、鸟兽等画面。

《重屏会棋图》中绘有一大屏风（图 2-2-70），屏面上又绘有一山水三折屏风。屏面中间宽，两边窄。屏面与屏面之间有圆形铰链，便于折合，屏面绘青山绿水。

《勘书图》中的三折大屏风（图 2-2-71），屏面中间宽，两边窄。屏面与屏面之间有鎏金铰链连接。屏面四周边框用 45°格角榫，屏面插在带有抱鼓石的座上。通屏绘青山绿水，林峦苍翠，草木蒙茸。

《韩熙载夜宴图》中画出了当时官僚家庭中使用的各种家具，其中画了三架独屏（图 2-2-72 至图 2-2-74）。三架屏风形制相同，屏体高大，屏心绘有松、石、花、树或山水，屏风下墩足两侧有抱鼓形站牙低夹。此式承袭唐代，五代时成为流行的样式，是当时士大夫阶层喜欢的样式。

2. 衣架

衣架，又叫"楎"或"桅"，指挂衣用的竿架。《礼记·内则》："男女不同椸枷，不敢县於夫之楎桅。"《韩熙载夜宴图》（图 2-2-74）中右端床后有一衣架放置，因被床遮挡只能看到一半。可以看出，这个衣架采用横竖木材接合，上面披搭衣服的两根横杆两端上翘，与椅子搭脑十分相似。

二、材料、结构和装饰

五代时期的家具以木为主，辅以金属、玉石等材料加固或装饰。

五代是矮型家具与高型家具并存的时期。这时的高型桌案、床榻、椅凳等，其家具除原有的箱型台座结构外，更多地借鉴了中国古代木结构建筑的梁柱式框架结构，即四足立柱结构。

这一时期，家具的榫卯结构主要有：夹头榫、插肩榫、格角榫。夹头榫，因榫眼形如夹子故而得名，一般使用于桌、案腿足的上端，五代顾闳中《韩熙载夜宴图》中的方桌、长条桌以及《勘书图》和《重屏会棋图》中的榻，都采用此种类型。桌案腿上端开口，并将外皮做成斜肩，与牙头用插榫相接，这种构造称为"插肩榫"。格角榫，五代《重屏会棋图》中的榻面就采用45°格角榫的做法。

五代家具的装饰手法丰富，桌案的牙条、牙头装饰颇具特色。《勘书图》《重屏会棋图》《韩熙载夜宴图》中的方桌、长桌的四条腿上部与横木的交接处都采用云纹牙子装饰，简练、质朴。家具腿足的样式很多，有直腿、马蹄腿、栅足、花腿等形式。家具的装饰纹样有人物故事、禽兽花卉、青山绿水、几何纹样等。

三、小结

五代，在家具发展的历史中，也算作具有特色的过渡阶段，是高型家具和矮型家具并存的历史时期。但这个时期的高型家具已经占主导地位，尤其是在上层社会的达官贵人当中，高型家具的使用更为普遍。

在家具风格方面，五代又一改唐风，另立新意。虽然尚未完善，尚未形成成熟的时代风格，但是足以看出，五代十国时的家具是唐家具的改进与发展。这时的家具开始崇尚简洁无华，朴素大方。这种朴素内在美取代了唐代家具刻意追求繁缛修饰的倾向，为简洁的宋式家具风格的形成树立了典范。

作业与思考题

1. 五代十国时期的家具主要有哪些种类？并举例说明其特点。
2. 简述五代十国时期家具的结构和装饰特点。

结语：

从魏晋六朝至宋元时期，前后千年有余。中国人的生活以及中国人在生活中所使用的家具都发生了根本性的变化。"席地而坐"是魏晋以前中国人固有的习惯，从东汉时期开始，随着东西各民族的交流，新的生活方式传入中国，"垂足而坐"的形式更方便、更舒适，为中国人所接受，这种坐姿的传入与佛教的传入有直接关系，尤其到魏晋南北朝以后，开始了一种更加丰富多彩的世俗生活形态。

隋朝只维持了37年，遗留的隋代家具为数甚少，看不出独立的风格。而真正的繁荣时期是在唐代。"贞观之治"带来了社会的稳定和文化上的空前繁荣。唐代的家具显现出浑圆、丰满、宽大、稳重的特点，体态和气势都比较博大，但在工艺技术和品种上都缺少变化。豪门贵族们所使用的家具比较丰富，尤其在装饰上更加华丽，唐画中多有写实体现。这一时期的家具出现复杂的雕花，并以大漆彩绘，以花卉图案为主。

晚唐至五代，社会的审美风气发生改变。朴素、简明、风骨替代了大唐的华贵、厚重与圆润。高型家具已是主流家具，越来越多的家具是为垂足坐而设计的。家具高足化，装饰减少，应用框架式结构，显得挺拔、简明、清风秀骨，为以后宋代家具形成简练、质朴的风格做好了铺垫。

第三章 垂足而坐宋至元时期的家具
（960—1368年）

学习目标： 重点掌握宋、辽、金、元家具的风格特点；垂足而坐时期家具的主要特征。

第一节　宋代家具
（960—1279 年）

宋朝是中国历史上上承五代十国下启元朝的朝代，分北宋和南宋两个历史阶段。宋朝是中国历史上商品经济、文化教育、科学创新高度繁荣的时代，出现了宋明理学，儒学得到复兴，科技发展迅速，政治也比较开明，且没有严重的宦官专权和军阀割据，兵变、民乱次数与规模在中国历史上也相对较少，因此被许多西方与日本学者称为中国历史上的文艺复兴时期。

宋代是我国家具史上的重要发展时期，也是中华民族的起居方式由席地坐转变到垂足坐的重要时期。高型家具伴随着垂足坐的习俗，影响渐渐深入和扩大。唐和五代时，高型坐具仅限于官宦贵族等上层人家使用。到了宋代，高型家具得到了极大发展，不仅是椅、凳等高型坐具，其他如高桌、高几等品种，也不断丰富，而且普及到了民间。垂足坐的新习俗与高型家具，已进入平民百姓人家。另一方面，由于宋代的经济发展，城市繁荣，带来了官吏贵族、富商大贾们竞相营造宅第、建造园林的世风。家具业的繁荣兴旺，自然就应运而生了。

宋代的家具实物极少有保存，只能从一些绘画中看到当时家具的情况。宋代是一个尚文的国家，且"士大夫不以言获罪"，这种环境里，文人是个比较幸福的群体。而文人，历史上是推动工艺美术发展的重要力量。家具，根据使用者的不同又大抵可分为两类，一是平民家具，二是文人家具，清代则又有了宫廷家具和民间家具之别。宋代家具，《清明上河图》里的家具是平民家具的代表，而诸如《高会习琴图》《唐五学士图》《围炉博古图》等描绘文人生活的宋代画作中的家具则是典型的文人家具。

宋代文人的审美呈现在家具上，已与唐代的艳丽之风不同，沉静典雅、平淡含蓄成为其主要的艺术格调。宋人尊崇自然，倡导秩序，讲究简练，提倡节俭，追求规范，这些观念体现在家具上就使之呈现出一种隽秀之美，这时候的文人家具在这方面的表现尤为明显。简素的文人审美观还派生出宋代文人对自由适意、灵活便捷的追求与风尚。这一时期，家具名称与功能的对应逐渐趋于细致和明确，并且在一次次的分化中品种不断增加与完备。

总之，宋代的时代环境为这一时期的家具形成了较好的发展条件，也为家具从其他工艺美术门类中汲取营养、形成自己的审美提供了多种可能。从北宋末到南宋初，高型家具大发展，垂足坐已完全取代了席地坐。中国历史上起居方式的大变革至此已经彻底完成。

一、家具样式

这一时期，人们的起居习惯仍然是席地而坐，但高型家具也逐渐开始进入人们的生活。这一时期几乎没有实物流传下来，仅能从壁画、石刻和文字上的一些记载中获得资料。

（一）椅凳类

1. 椅子

"椅子"一词，始见于唐代文献《济渎庙北海坛祭器杂物铭·碑阴》。随着时代的发展，椅子形制则逐渐多元化，从广义上来说，到了宋代，靠背椅子就已出现灯挂椅、玫瑰椅、交椅、圈椅、官帽椅等类型的样式。

至宋代，靠背椅主要分为"直搭脑靠背椅"和"曲搭脑靠背椅"，搭脑多为两端出头，据说这与宋代士大夫阶层所戴"幞头"的展翅有一定关联。江苏江阴出土的宋孙四娘子墓木靠背椅（图2-3-1）与江苏武进出土的南宋墓木靠背椅（图2-3-2）为典型的直搭脑样式。河北巨鹿北宋遗址出土的木靠背椅（图2-3-3）搭脑略弯，但接近直线。其中，江苏江阴宋孙四娘子墓木靠背椅与河北巨鹿北宋遗址出土的木靠背椅的座面已初具"攒边打槽装板"的明代做法，并且腿足和边抹的交接处也出现了"牙子"构件。这几把椅子座面下的横枨已采用"步步高赶枨"形式。这些结构上的处理方法为明式家具精密结构奠定了坚实的基础。这类椅子造型比较简洁，没有多余装饰，属于平民家具的代表，北宋张择端《清明上河图》中的双人连椅也有如此特征。

图 2-3-1　江苏江阴木靠背椅　　　图 2-3-2　江苏武进木靠背椅　　　图 2-3-3　河北巨鹿木靠背椅

而宋代多位帝后的画像（图2-3-4至图2-3-6）、宋刘松年《罗汉图》（图2-3-7）中的靠背椅均为"曲搭脑样式"，宋真宗皇后像可能因其身份尊贵，这把曲搭脑靠背椅做工较其他更

图 2-3-4　宋真宗赵恒像　　图 2-3-5　宋真宗皇后像　　图 2-3-6　宋理宗赵昀像　　图 2-3-7　《罗汉图》

为精细，腿足雕绘有图纹，而曲搭脑两端出头则是雕出龙头或卷云造型。椅子腿型主要有方腿与花腿两种形式，前面配置脚踏，壶门台座形式。

宋代的扶手椅多为靠背、扶手与椅面垂直相交，靠背高度低矮，多数与扶手齐平，尺寸不大，用材较细的一种椅子。这种椅子与明清时期的玫瑰椅十分相似，因此，可以说是明代玫瑰椅的前身。这种椅子应该由原先宽大的禅椅发展而来，宋刘松年《罗汉图》中罗汉所坐禅椅（图 2-3-8），靠背与扶手齐平，并且与座面垂直。因盘腿而坐，座面不高，座框与踏脚枨下方用云纹牙子装饰，踏脚枨下还透雕如意纹。

玫瑰椅在宋画中非常多见，如李公麟《西园雅集图》（图 2-3-9）中苏轼等四人三面围着一具壶门大案坐的都是此种椅子，无脚踏，结构简练，可视为此种宋椅的基本形式。李公麟《高会习琴图》（图 2-3-10）中的两件玫瑰椅虽相对陈设，但椅子的局部有所不同，左边的靠背与扶手平齐，右侧的扶手低于靠背，均配有脚踏。宋佚名《十八学士图》（图 2-3-11 至图 2-3-14）中可见三种玫瑰椅形式，均有脚踏，而且脚踏与椅子连为一体，其中一款玫瑰椅扶手低于靠背，其他两款平齐，造型都十分轻简。图轴一（琴，图 2-3-11）中右侧一人持扇坐于玫瑰椅，椅子的扶手与搭脑等高，前方延伸踏足与座面同宽，样式轻巧美观。图轴三（书，图 2-3-13）中玫瑰椅为湘妃竹椅（或称斑竹椅），形制讲究，座面下嵌入扁圆形框架，腿足之间安踏脚枨，连接延伸脚踏。斑竹家具因其特殊稀有，紫褐色斑纹奇巧雅致，观赏价值高，深受贵胄文士喜爱。图轴四（画，图 2-3-14）中玫瑰椅，带脚踏，以纤细圆材构成，造型简练美观，红、黑色材质搭配别致造型，赏心悦目，为文人雅士喜好之坐具。

图 2-3-8　《罗汉图》　　　　图 2-3-9　《西园雅集图》　　　　图 2-3-10　《高会习琴图》

图 2-3-11　《十八学士图》　　图 2-3-12　《十八学士图》　图 2-3-13　《十八学士图》　图 2-3-14　《十八学士图》

宋代圈椅的具体形象可见于宋佚名《折槛图》（图 2-3-15）、宋佚名《梅花诗意画卷》（图 2-3-16）、南宋牟益《捣衣图》（图 2-3-17）、南宋佚名《五山十刹图》（图 2-3-18）等画，此类椅子明显延续了唐代风格，搭脑与扶手连为一体而形成 Ω 形椅圈，整体浑圆丰满，花腿，局部有云纹、如意纹雕饰。

宋画中还有一种圈椅形式相对简洁，几乎没有附加的装饰，已初步具有明式圈椅的影子，如南宋马麟《秉烛夜游图》（图 2-3-19）、宋佚名《会昌九老图》（图 2-3-20）中的圈椅。

带靠背的胡床即今之交椅，开始于宋代。作为折叠坐具，胡床与交椅的不同之处在于前

图 2-3-15 《折槛图》

图 2-3-16 《梅花诗意画卷》

图 2-3-17 《捣衣图》

图 2-3-18 《五山十刹图》

图 2-3-19 《秉烛夜游图》

图 2-3-20 《会昌九老图》

者无靠背，后者有靠背，甚至有扶手。其腿做成交叉状，并在交叠部位安装枢轴铰链。座屉的横枨之间以绳编就，椅腿张开后，靠背向后倾斜而能保持平衡。

宋代的交椅分成无扶手直后背交椅与圆后背交椅两大类。圆后背交椅的搭脑与扶手连为一体而形成 Ω 形椅圈，有的在靠背附加荷叶形托首。前者见于北宋张择端《清明上河图》（图 2-3-21）、宋佚名《蕉阴击球图》（图 2-3-22）等。后者更为普遍，如宋佚名《蕉阴击球图》（图 2-3-23）、宋佚名《春游晚归图》（图 2-3-24）等画中均有反映。

图 2-3-21 《清明上河图》

图 2-3-22 《蕉阴击球图》

图 2-3-23 《蕉阴击球图》

交椅，也称"太师椅"。据说，宋宰相秦桧坐交椅时头总是向后仰，以至巾帻坠下，京尹吴渊为了拍秦桧的马屁，特地在交椅后部装上荷叶托首，人称"太师椅"。

交椅传入中原后，就备受上层社会的喜爱，而且并非人人能坐，后来就逐渐发展成为一种身份、地位的象征。交椅能折叠、重量轻、搬运方便，因此常为野外郊游、围猎、行军作

战所用。当位高权重者参加以上活动时，须有人扛着交椅一路跟着，当他（位高权重者）累了，就坐于其上歇着，别人是不能坐的。久而久之，坐交椅成了身份、地位的象征。正因为交椅有如此特殊作用，所以"坐头把交椅"就成了首领的代名词。明清以后，交椅也逐渐演变成厅堂家具，而且是上场面的坐具，只有主人和贵客才能享用。

2. 凳

到了宋代，凳子的形式多样，造型丰富。有小板凳、方凳、长凳、圆凳等多种形式。

小板凳是一种体量较小的凳子，方便实用，为宋代一般平民所用。凳面用独板做成，四腿支撑，直接与凳面连接，如王居正《纺车图》（图2-3-25）。有的左右两侧腿间加横枨起加固作用，如明代仇英《摹宋人画册》中的一幅《村童闹学图》中的小凳（图2-3-26）。

图2-3-24 《春游晚归图》 　图2-3-25 《纺车图》 　图2-3-26 《村童闹学图》

宋代的方凳多沿用四面平结构形式，不过除了如刘松年《宫女图》（图2-3-27）、李嵩《观灯图》（图2-3-28）、宋佚名《十八学士夜宴图》（图2-3-29）中的无托泥形式外，也开始出现带托泥的方凳形式，如马远《西园雅集图》（图2-3-30）。

图2-3-27 《宫女图》 　图2-3-28 《观灯图》 　图2-3-29 《十八学士夜宴图》

宋代的长凳主要有两种形式。一种典型的梁柱式框架结构形式，如张择端《清明上河图》（图2-3-21）、刘松年《撵茶图》（图2-3-31）。另一种长凳是在前代床榻类基础上发展而来，四面平结构形式，采用如意形脚下加托泥形式，如苏汉臣《妆靓仕女图》（图2-3-32）。

图2-3-30 《西园雅集图》 　图2-3-31 《撵茶图》

凳子通常采用框架结构，由凳面和数条腿足组成。圆凳的凳面为圆形，也有带托泥和无托泥之分。宋佚名《十八学士夜宴图》中的圆凳（图2-3-33），无托泥，四腿向内弯曲，脚似如意形向内勾起，除了形状外，整体与月牙凳十分相似。带托泥的圆凳见于李公麟《高会习琴图》（图2-3-10）、宋佚名《女孝经图》（图2-3-35）与刘松年《唐五学士图》（图2-3-36）中。

宋代还沿用前代的月牙凳形式，没有太多改变，如南宋萧照《中兴瑞应图》（图2-3-37）。

宋代画中出现多件树根凳，如南宋佚名《十六罗汉像之三》（图2-3-38）。这种凳子以天然树根制作而成，浑然天成。

图2-3-32 《妆靓仕女图》　　　图2-3-33 《十八学士夜宴图》　　　图2-3-34 《梅花诗意画卷》

图2-3-35 《女孝经图》　　图2-3-36 《唐五学士图》　　图2-3-37 《中兴瑞应图》　　图2-3-38 《十六罗汉像之三》

3. 墩

墩在《说文解字》中，原指"平地有堆"，也就是指堆状物。在家具中特指由此发展而来的重心偏低、圆实厚重、浑厚饱满的坐具。见图2-3-12、图2-3-28、图2-3-29、图2-3-39和图2-3-40。

宋佚名《十八学士图》图轴四（画，图2-3-14）、宋徽宗《文会图》（图2-3-41）、刘松年《罗汉图》（图2-3-42）、宋佚名《妃子浴婴图》（图2-3-43）、马兴祖《香山九老图》（图2-3-44和图2-3-45）等宋代绘画中有很多藤墩的形象，可见这种藤墩在当时十分流行。

（二）桌案类

1. 桌

宋代以前，桌子的使用功能主要被几、案、台等家具所承担。随着垂直而坐起居方式的普及，桌子发挥的作用越来越大，传统几、案、台等家具的地位也逐渐被各种类型的桌子取代。

宋代的桌主要分为两种形式，即台座式结构与梁柱式框架结构。台座式结构主要由前期的箱体台座壶门装饰形式的案榻结构发展而来，但到了宋代这种形式逐渐变少（图2-3-9、图2-3-29、图2-3-40、图2-3-41），有的也开始简化，每侧不再像以前那样用多个壶门装饰，只是在四个角安装腿脚，腿脚之间用牙板装饰（图2-3-10、图2-3-11、图2-3-14、图2-3-27、图2-3-30、图2-3-32、图2-3-37），更有甚者，采用无壶门、无托泥的四面平式（图2-3-33）

与束腰形式（图2-3-13）。这种桌子的结构因腿间无横枨连接，为增加稳定与牢固性，估计当时在桌面下已采用霸王枨的做法。

梁柱式框架结构的桌子从五代开始就非常丰富。到了宋代，桌子的功能形式更加丰富，主要有束腰（图2-3-36）与无束腰之分（图2-3-20、图2-3-23、图2-3-26、图2-3-28、图2-3-31、图2-3-34）。有束腰的方材居多，无束腰的圆材居多，腿间有横枨，牙板装饰。

图2-3-39 《秋庭戏婴图》　图2-3-40 《女孝经图》　　　　图2-3-41 《文会图》

图2-3-42 《罗汉图》图2-3-43 《妃子浴婴图》图2-3-44 《香山九老图》　　图2-3-45 《香山九老图》

2. 案

由于桌是从案演变而来，所以宋代以前的桌案没有根本的区别，人们的叫法也比较混乱。但到了宋代以后，桌与案开始逐渐分化，桌更趋实用性，而案则更加注重其陈设功能。桌有长条形与方形（图2-3-37、图2-3-46），案则只有长条形（图2-3-16），两者的区别到了明代则更加明显。

3. 几

几在早期指古人席地而坐时凭倚的家具，后来逐渐演变为放置小件器物的承具，但凭几等凭倚家具在宋代仍有使用。几在宋代也有丰富的设计与创造，功能、形式日渐丰富。除了传统的凭几，还有茶几、花几、香几、榻几、炕几、琴几、曲足几等（图2-3-7、图2-3-89、图2-3-11、图2-3-17、图2-3-36、图2-3-37、图2-3-47至图2-3-50等）。

图2-3-46 《文会图》　　　图2-3-47 《听琴图》　　　　图2-3-48 《孝经图》

图 2-3-49 《罗汉图》

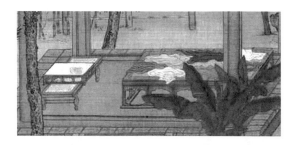

图 2-3-50 《题唐十八学士图卷》

（三）床榻类

两宋时期的家具风格，大体还保留着唐五代的遗风，表现最明显的是床榻。

1. 床

宋代的床已基本接近明代床的形式，主要分架子床与罗汉床两类。

由于床的私密性远大于榻，历来绘画中关于床的描绘不如榻那么多，所以至今没有见到宋代架子床的形象，但根据五代《韩熙载夜宴图》与明代的架子床形式可以推断，宋代的架子床主要沿袭五代架子床的形式。

围屏床在宋画中非常多见，是宋代除了架子床以外比较讲究的床，床侧带围子，有一至三面设置围屏，如宋佚名《孝经图》（图 2-3-51）围屏床设三扇屏风，床下如意形脚，脚下有托泥，在托泥的四角设四个小足。因为前后有二十只如意形腿，形成一个箱形。上部屏风朴素，下部床腿与脚雕饰复杂，形成对比。床下加了小足的做法，也就是后世龟足的前身，这种做法具有一定的科学性，小足垫起床体，稳定又通风。宋佚名《调鹦图》（图 2-3-52）中的围屏床一面或二面设围，床下没有壶门装饰，取而代之的是雕花圈口牙板装饰，说明宋代在箱体台座的结构有所改进。

2. 榻

榻本是席地而坐时代中较具代表性的家具品种，在宋代这一重要的家具转型期，榻依然表现了旺盛的生命力。这时的榻大部分仍然采用隋唐以来的箱体台座壶门装饰形式，古朴端庄。宋王诜《绣栊晓镜图》（图 2-3-53）、宋佚名《女孝经图》（图 2-3-54）、宋佚名《槐荫消夏图》（图 2-3-55）中的榻都采用了这种形式。与后来兴起的框架结构的榻相比，这种结构工艺较为复杂，也费材料，因此随着结构工艺的日益改进，这种形式也开始简化，如宋李嵩《听阮图》（图 2-3-56）与宋佚名《十八学士图》图轴二（棋，图 2-3-12）中的榻只是在四个角安装腿脚，腿脚之间用牙板装饰成壶门造型。而宋佚名《蚕织图》（图 2-3-57）中的板榻则更为简洁，榻面45°格角榫的形式以及足间牙头、牙条的设置使得榻本身已具备了宋代家具的典型特点，也可以看作是后世明式家具经典风格的源泉。

图 2-3-51 《孝经图》

图 2-3-52 《调鹦图》

图 2-3-53 《绣栊晓镜图》

3. 席

从宋代的绘画以及文献可以考证，垂足而坐的起居方式已普及，但席地而坐并非完全消失，还会在有些特殊场合或少数民族地区存在，因此席在当时也有继续沿用，如宋马和之《女孝经图》（图 2-3-58）、宋陈居中《文姬归汉图》（图 2-3-59）。

图 2-3-54　《女孝经图》　　　　图 2-3-55　《槐荫消夏图》　　　　图 2-3-56　《听阮图》

图 2-3-57　《蚕织图》　　　　图 2-3-58　《女孝经图》　　　　图 2-3-59　《文姬归汉图》

（四）橱柜类

1. 箱

箱在一些宋画或宋墓出土的壁画中常见，多为行箱，如宋画《春游晚归图》（图 2-3-24）中的箱为行箱，供外出之用。

宋马和之《女孝经图》（图 2-3-60）中的箱子置于桌几上，从形制上来推测，可能是作文具或小日用品的贮藏之用。

苏汉臣《妆靓仕女图》（图 2-3-32）、宋佚名《调鹦图》（图 2-3-52）桌面上的圆柱形箱子，应该是女士放置化妆用品的梳妆箱。

2. 柜

宋徽宗赵佶《文会图》（图 2-3-46）中矮柜，立面设有柜门，为立柜形式。根据形制与使用环境推断，可能是用作茶具或茶叶等小日用品的贮藏之用。

图 2-3-60　《孝经图》

刘松年《唐五学士图》（图 2-3-36）中桌案上也放置一立柜，风格与前者相似，立面设柜门，柜门敞开着，里面放置着书籍、画卷、纸张等文房用具。

宋佚名《蚕织图》（图 2-3-61）中立柜同样置于桌上，边框采用原材，初现明式圆角柜的形态。

总之，到了宋代，立面形式开始增多，并有增高的趋势，但那种高于身高的大型橱柜还未出现。

（五）其他类

1. 屏风

宋代屏风的使用非常普遍，形式也十分丰富，主要可分为落地屏风和带座屏风两大类。

图 2-3-61 《蚕织图》

带座屏风由插屏和底座两部分组成。插屏可装可卸，用硬木做边框，中间加屏芯。底座起稳定作用，其立柱限紧插屏，站牙稳定立柱，横座档承受插屏。底座除功能上需要外，还可起装饰作用，一般常施加线形和雕饰，与插屏相呼应。宋代座屏按插屏数分为独扇（插屏式，图2-3-10、图2-3-16、图2-3-37、图2-3-60）与三扇（山字式，图2-3-12、图2-3-42）。

还有一种小座屏，其形式与独扇式座屏风完全一样。放在桌案作陈设品的，又称为砚屏、台屏，如北宋谢华《同年大学士集雅图卷》（图2-3-62）。放在床榻上的小屏风，叫枕屏，如宋王诜《绣栊晓镜图》（图2-3-53）。这种小座屏体态轻巧、别致，既起到遮蔽作用，又起到装饰作用。

落地屏风即多扇折叠屏风，也叫软屏风。因无屏座，放置时多折曲成锯齿形（图2-3-22、图2-3-34）。落地屏风多与床榻配套使用（图2-3-51）。

2. 镜台

最早的镜台形式见于东晋顾恺之的《女史箴图》（图2-2-22），经过隋唐的演化发展，到宋代，镜台已成为闺房重器，也是女子出嫁时的必备之物，放在桌上使用。宋佚名《调鹦图》（图2-3-52）、宋王诜《绣栊晓镜图》（图2-3-53）中的镜台极为相似，就像是微缩的宝座样式，座上放置明镜，座下设置搁架。整个镜台框架十分纤细，看似用铜件打造而成。

铜镜是古人用于照颜饰容的一种青铜制品，历代铜镜铸造完成后都经过了打磨抛光处理，从而使其光可照人，为避免光洁的镜面被磨损，古人通常都用布帛作镜衣把铜镜包裹后放置在专用容器内，如竹笥、漆奁、木匣、金属奁、瓷盒和镜箱等，这是古人置放铜镜的基本方式。而大型铜镜不便经常移动，通常就斜支在台架上，平时给铜镜穿上镜套或盖上镜袱（软帘），这种置镜方式最早见于宋代，至清代依然沿用，《红楼梦》第四十二回："黛玉会意，便走至里间，将镜袱揭起照了照。"第五十二回："（宝玉）便自己起身出去，放下镜套"。

河南省禹县白沙镇宋墓壁画中的镜台（图2-3-63）采用台座形式，下面台座部位看似设有抽屉，抽屉面有浮雕装饰。后背透雕花纹，搭脑中间拱起，两端下垂，又略返翘，圆雕云纹。圆形镜子装在透雕搭脑下方正中间部位。

3. 衣架

宋代衣架沿用五代造型，采用横竖木材接合，顶部搭脑出头并上翘，圆雕云纹，这种形式在河南白沙宋墓墓室壁画中多见（图2-3-64）。

4. 曲足盆架与毛巾架

河南白沙宋墓墓室壁画中的盆架与毛巾架（图2-3-63）是分开的两件家具。壁画中绘一具三弯腿的矮面盆架，带束腰，架上置蓝色白边的面盆。此后又有褚色巾架，上搭蓝色巾，巾面织方胜纹。

5. 灯架

灯架是指放油灯或蜡烛的架子，下有底座。分高低两种，高的可以单独放于地上（图 2-3-17、图 2-3-29），低的放在桌案上使用（图 2-3-57）。

图 2-3-62 《同年大学士集雅图卷》

图 2-3-63 宋墓壁画

图 2-3-64 宋墓壁画

二、材料、结构与装饰

宋代家具虽然以使用就地取材的软木为主，但也不乏以硬木制作家具的史料记载。据有据可查的资料可见，宋代家具使用的材料有木、竹、藤、草、石等，并以木材为主，其种类繁多，多就地取材，其中有杨木、桐木、杉木、楸木、杏木、榆木、柏木、枣木、楠木、梓木等柴木，乌木、檀香木、花梨木（麝香木）等硬木。除了木材，竹、草、藤等天然材料也是当时制作家具经常选用的材料，可能与宋代文人喜爱这些材质的自然特征有关。

用料偏小是宋代家具在材料运用上的一大特点。从五代到宋代家具的用料偏小，从桌凳的框架式用料可知都普遍较小。

在结构方面，由于受建筑梁柱的影响，这时期的突出变化是梁柱式框架结构代替了隋唐时期沿用的箱形壶门结构，结构由繁杂趋向简化。唐以来的箱柜壶门开光洞形式，变为立柱支撑或框架结构的代替形式。桌、椅的结构上出现了台型结构和案型结构。台型结构代替了隋唐时期沿用的箱形壶门结构，由多壶门带托泥到无壶门无托泥。案型结构是仿建筑大木梁架构的构造。随着家具框架结构的发展，板材也由厚到薄，由实心板到攒框板，而攒边打槽装板法也是宋代家具的一个实质性飞跃。柜、桌等较大的平面构件，常采用"攒边"的做法，即将薄芯板贯以穿带嵌入四边边框中，四角用格角榫攒起来，不仅可降低木材收缩对家具的影响，而且还有很好的装饰作用。

由于梁柱式框架结构的普及，宋代的桌案中多用夹头榫结构。夹头榫是从北宋发展起来的一种桌案的榫卯结构，实际上是连接桌案的腿、牙边和角牙的一组榫卯结构。案形结体家具的腿与面的结合不在四角，而在长边两端收进的一些位置。夹头榫带有牙头，不仅具有装饰的作用，更重要的是使家具结构稳定、牢固。家具腿形断面多呈圆形或方形，构件之间大量采用格角榫、闭口不贯通榫等榫卯结合。

宋代之前的家具大都是在家具表面进行装饰处理，而宋代的家具则多是对零部件加以装饰，突出的是喜欢在桌腿上着意用心。简约、工整、文雅、清秀是宋代家具的主体装饰风格。

对于多数的宋代家具而言，其中纯粹作为装饰的部分是不多的。宋代家具装饰的典型特征就是与结构件密切相连，使家具坚固耐久，又装饰适当。腿足是宋代家具最重要的装饰处，如三弯腿、云板腿、蜻蜓腿、波纹腿、琴腿和马蹄足等。在牙头和牙条的装饰中，云纹、水波纹、如意纹、几何纹和壶门装饰各具特色，成为后来家具的主要装饰。

三、小结

宋代对家具而言是个伟大的时代，是我国历史上高型家具发展和完善的繁华时期，因为这个阶段垂足而坐的起居方式已经完全取代了席地而坐，彻底完成了中国历史上起居方式的大变革。同时，由于梁柱式框架结构代替了隋唐以来一直沿用的箱形壶门结构，从而丰富了家具的法度和式样的视觉效果，也造成了家具的用料偏小，形成了宋代家具简约淡雅的造型艺术风格。

众所周知，宋代是正统的汉文化当道，文人骚客辈出。诗歌上，突破了唐诗的掣肘衍生出宋词；家具上，经典制式已经成型。宋代家具简洁工整、隽秀文雅，不论何种家具都以质朴的造型取胜，很少有繁缛的装饰，最多在局部画龙点睛，如装饰线脚，对家具脚部稍加点缀，基本定型了明式家具的风格和制式。宋代家具的简洁隽秀之美，对中国传统家具产生了不可小觑的影响。

作业与思考题

1. 举例说明宋代家具的主要特征。
2. 宋代新出现的家具有哪些？

第二节 辽、金、西夏时期的家具
（916—1234年）

唐朝灭亡后，相继而来的是历史上称作"五代十国"的军阀混战、政局分裂的阶段。960年赵匡胤发动陈桥兵变，结束了五代十国的分裂和割据，形成了一个比较稳定的局面。不过，整个宋朝（960—1279年）已是封建社会由鼎盛转向衰落时期。北宋时与辽、西夏鼎立，南宋时与金、西夏并存。宋代，包括辽、金，历时三百余年，高型家具的系统已基本建立，家具品种日渐丰富，式样越来越成熟。垂足而坐已成为定局，中国人起居方式的一大变革已告完成。

　　山西大同金墓出土的木桌，与河北巨鹿出土的木桌造型极为相似。桌面都是长方形，圆腿，有替木牙子。只是腿的枨子略有区别，一个是四面单枨，一个是前后单枨，左右双枨，其余几乎相同。可见，当时虽然地域隔阻，但人们的思想、感情、生活、文化等方面的相互影响，显然无法割断。宋代的家具风格包含了各族人民的智慧。因此，我们把宋、辽、金家具视为一个整体。

一、家具样式

　　辽、金、西夏时期政治、经济上效法宋制，从当时的墓室壁画和一些留存的实物看，这些家具与两宋时期的家具极为相似，只是在制作工艺上显得略微粗糙。

（一）椅凳类

1. 椅子

　　内蒙古翁牛特旗解放营子辽墓出土的木靠背椅（图 2-3-65），通高 50cm，座面高 22cm，椅面长 35.5cm、宽 36.5cm。座面采用框架嵌板做法，前端大边与短抹为十字榫卯搭接出头，一字形搭脑两端出头，前沿横枨上的镶板内有两个葫芦形开光。

　　河北宣化辽张文藻墓出土的木靠背椅（图 2-3-66）和前述椅子在造型与结构上十分相似。椅子通高 78cm（足高 32.5cm），座面长 42cm、宽 35.5cm。座面也采用框架嵌板做法，前端大边与短抹为十字榫卯搭接出头，拱形搭脑两端出头，前沿横枨上的镶板内有三个梅花形开光。

　　金代出土的靠背椅（图 2-3-67），整个椅子采用圆材为主，圆腿，圆枨，圆搭脑。搭脑平直出头，椅座面四框以 45°夹角榫卯合，座面之下有牙条。该椅子风格与图 2-3-3 宋代椅子十分接近。

图 2-3-65　内蒙古辽墓木靠背椅　　　图 2-3-66　河北宣化木靠背椅　　　图 2-3-67　金代靠背椅

　　河北廊坊安次区西永丰墓葬出土的两把靠背椅（图 2-3-68），一件通高 70cm，椅面宽 41cm，深 41cm；另一件通高 65cm，椅面宽 38.5cm，深 38cm。均以柏木制成。椅座面四框卯合，方形腿足，大边与短抹直接与后腿足卯合，大边间有两横梁，两短抹内侧开浅槽以承托椅面芯板。板与横梁以木钉连接，镶薄木板作内芯。靠背由两根横枨与后腿足连接而成。短抹下有一根竖枨，后大边下无枨。从前腿足的卯口分析，前端大边下原有宽薄木板镶卯装饰。二者的区别为：一件椅子前端大边与短抹相接处不出头，以 45°夹角榫卯合，弓背形搭脑两端出头翘起；另一件椅面前端大边与短抹为十字榫卯搭接出头，一字形搭脑两端出头。

　　北京房山区天开塔地宫出土的扶手椅（图 2-3-69），靠背、扶手都出头，座面整板做成，靠背中间有团花透雕装饰，整体风格与图 2-3-68 椅子一致。

辽、金、西夏以及元代，交椅与胡床的使用频率和普及度均比宋代要高，毕竟胡床和交椅源于这些经常迁徙的游牧民族。金代《中兴祯应图》（图2-3-70）中的交椅形制基本同宋式。

图 2-3-68　河北廊坊桌椅

图 2-3-69　北京房山扶手椅

2. 凳、墩

这时的凳、墩也受宋代影响较深，如河北省张家口市宣化区下八里村辽张匡正墓壁画中的墩（图2-3-71），虽然在画中当花几使用，其造型形态几乎与宋代的墩没有区别，这说明当时中原一带的家具风格基本一致。

图 2-3-70　《中兴祯应图》

图 2-3-71　辽墓壁画

（二）桌案类

这时的桌案大多受宋代家具影响，以简洁、朴素为主，采用框架结构，圆腿，圆桄，大边与横桄间有的加矮老或卡子花连接。

1. 桌

河北省张家口市宣化区下八里村辽墓群壁画中有很多桌子的形象（图2-3-72至图2-3-74），多以简洁形态出现，与宋代桌子的形制基本一致。

图 2-3-72　辽墓壁画

图 2-3-73　辽墓壁画

图 2-3-74　辽墓壁画

河北廊坊安次区西永丰墓葬出土的桌子（图2-3-68），桌面长100cm，宽59cm，通高59cm。以柏木制作，因长年浸泡在水中已轻度腐朽，表面呈浅黑色。桌面长方形，为攒边打槽装板结构，大边之间以三横梁相连，桌面芯板由3块薄木板镶成，芯板与横梁用木钉相接。前后双枨，左右单枨，大边与横枨间以 6 根矮老支撑。

北京房山区天开塔地宫出土的木桌（图 2-3-75），与图 2-3-69 扶手椅为一套，配套使用。长 55cm，宽 41cm，高 35.5cm。无束腰，圆材，四面设双枨。在正面的桌面下枨子上，用两组双矮老将空间分隔成三个空当，每个空当内安一个圆形透雕四瓣花纹的卡子花。每组矮老之间的窄长空隙还安一个弓箭形的装饰。极为巧合的是塔的年代恰好和卧虎湾辽墓相同，连一年都不差。矮老与卡子花的形象在宋画中未能发现，而在辽金墓壁画所绘桌案上时有发现，又有此实物佐证。

图 2-3-75　北京房山木桌

据古代有关矮老和卡子花的形象资料，我们有以下的认识：如果说达到最高水平的明代硬木家具其生产中心在苏州地区，所以理所当然会汲取很多南宋的木工手法。但就矮老和卡子花而言（二者都是自明以来苏州地区木工惯用的构件），却是汲取了北方的制作。明代家具从全国各地吸取营养来丰富自己，应当是它能高踞传统家具顶峰的重要原因之一。

金代出土的木桌（图 2-3-76），与图 2-3-67 靠背椅为一套，配套使用。桌子的结构形式也与前面几款基本一致，但在桌腿与大边之间采用夹头榫结构。取圆形材制作。桌面板材厚实，下边抹。四腿足直下，外圆内方。长侧面牙条连接，两端留牙头，外有角牙，其下安横枨；短侧面无牙条，横枨略低，契合了坚定稳固的力学原理。此桌造型具有圆润敦实、古朴素雅的特点。金代家具继承了五代以来的简朴风格，少了隋唐时的繁华装饰，只有在局部稍加点缀，尤其是桌椅类仿中国传统的建筑木构架做法，采用

图 2-3-76　金代木桌

洗练、单纯的框架结构，以简洁工整、隽秀文雅的造型而取胜。大同元代冯道真墓出土的巾架、盆座、蜡台、影屏，与大同金代阎德源墓所出同类型的木器类似，这些均表明元代早期家具与金代家具间的传承关系。

河北省张家口市宣化区下八里村辽墓群壁画中还出现一种桌面带围栏的桌子，实为一种备餐桌（图 2-3-77）。因桌面上通常需放置较多物品，为防止物品跌落，所以桌面的四周如带屏风榻一样设置围栏。

河北省张家口市宣化区下八里村辽墓群壁画中还有一折叠桌（图 2-3-78），形制与胡床十分相似，但实则桌子，桌面上放有书轴，反映出游牧民族特色，方便折叠搬动。

2. 案

由于垂足坐式的普及，以前的矮形案虽有使用，使用方式上略有不同。如图 2-3-74 中桌面上放有一曲足横附式案，案面上放置供品，两端上翘，案两侧横枨间连接一长枨，以增加强度。

图 2-3-77　辽墓壁画

辽墓出土的食案（图 2-3-79），高 21.5cm，长 60.5cm，宽 31.5cm。案面为长方形，攒边打槽装板结构。案面下牙板边缘起小凸棱，四腿作云板形，与牙板采用插肩榫连接。

原产于山西的金代双面三弯腿供案（图 2-3-80），长 198.5cm，宽 57cm，高 89cm，取

材于中国北方榆木以及少量类似于松木的软杂木，约应是始自 12 世纪的金代，即陈设于山西重要的佛教寺院主殿内居中靠前的位置，于是，顶礼膜拜的佛教信徒只能绕行两侧从而得以进入其之后的祭坛。

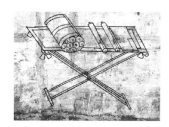

图 2-3-78　辽墓壁画

图 2-3-79　辽墓食案

图 2-3-80　金代供案

供案通体髹涂暗色生漆，在重点的细致部位则饰以朱红，桌面的四边以铁钉安装有宽宥的拦水线，拦水线的下方是标准的格角榫边框。供案采用束腰结构，在高束腰抹边的两个侧面各藏有一个抽屉，透过高束腰的两个长边所代表的两个正面透雕精美的几何与花卉纹饰，可以半遮半掩地看到这两个侧开抽屉的髹漆侧板。在供桌其中一个正面的中央，设有第三个抽屉，仍然保存有原始状态下的半月形熟铁拉手，在这个铁质拉手的底端，分别扣有两枚金代正隆（1156—1161 年）与金代大定（1161—1189 年）的铜钱来作为拉手的盾牌。

在其两侧的三弯腿与居中的柱腿之间，装饰有来自草原文化的对称的深度雕刻花纹，而承接这 6 个腿足的是另一个高束腰台式底座托泥设计，在它的上端，以圈口花牙圈出三个空当，而在其下方高束腰的数块绦环板上面凿出的是海棠式开光透孔，孔边起阳线。

（三）床榻类

辽代家具既保留了游牧文化的特征，也受到汉文化影响，还与西亚文化及佛教文化有着密切关系。早期契丹人喜欢"逐水草而居"，毡车和帐幕是其主要的住所。住所的空间有限，且经常迁徙，所以家具多以低矮、小巧为主，毯子是主要的坐具。当契丹人建立王朝、走向定居生活之后，家具开始融入了汉式家具的特点。辽代床的形制反映了契丹人有选择地沿袭了唐制，床榻底座承袭了唐代的壶门托泥式，这与辽代佛教盛行有关。在此基础上，辽代的床还发生了一些变化，最突出的一点是床面以上设围子，围子由多根立柱和横枨通过榫卯连接，这也符合游牧民族的建筑特点和生活方式，与唐及五代时期汉式床榻多设置高大围板不同。三面设围子的床在元代北方地区多有发现，形制与辽代围子床稍有差别，说明两者之间有一定的相通性。

内蒙古翁牛特旗解放营子辽墓出土的栏杆式围子床（图 2-3-81）使用了长方形底座式的箱形结构。此床通高 72cm，宽 112cm，长 237cm，床上铺装木板。左、右、后三面有栏杆，此床上半部的造型即以纵横相接的栏杆为主要结构，疏密有致，虚实相间。床的左、右

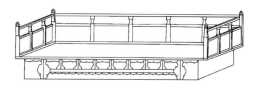

图 2-3-81　内蒙古辽墓围子床

两面的角柱之间有两根方形间柱，后面有四根方形间柱，角柱和间柱之间用薄木板镶嵌格楞，板上有墨书汉字"三""五""六"等字样，当为工匠所记。左、右、后三面间柱分上下两部分，上部为栏杆式，下部为围板形。床面与床座没有以榫卯固定，可自由挪动，便于搬运与陈设。正面床沿镶有 8 个壶门形式的图案，内涂朱红色，较为精美。镶嵌的假云板足和腰衬下边都采用与以上壶门图案相似的曲线花饰。

山西大同金代阎德源墓出土的围子床（图
2-3-82），床围借鉴建筑中栏杆的形制，以 6 根
蜀柱为主导来设置分为两层的围栏。床的四周
设围栏，只留前面一个小缺口以供上下床用。

（四）橱柜类

从墓室壁画和留存的实物可以看出这时的
储藏类家具还是以箱柜形式为主。箱、行箱、
平柜总称皮具，在辽、金的墓葬中常见（图
2-3-83 至图 2-3-86）。该时期的箱造型主要有盝
顶形、平顶形、多层抽屉形、束腰形、斜底座形、圆形等。

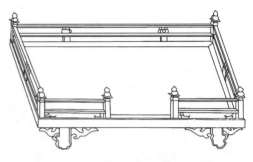

图 2-3-82　山西大同金墓围子床

图 2-3-83　辽墓壁画　　　图 2-3-84　辽墓壁画　　　图 2-3-85　辽墓壁画　　　图 2-3-86　辽墓壁画

（五）其他类

1. 屏风

辽代彩绘木雕马球屏风（图 2-3-87），长 120cm，高 120cm（加底座），由屏心、边框、
底座三部分组成；其中底座高 50cm，底座有一短横梁，上有方形榫头，与屏风下边框的方
形榫眼相合。屏心由五块长宽大小不一的木板拼接而成，以圆雕加彩绘的方法生动表现了三
人在角逐马球的运动情景。从彩绘工艺看，彩绘制作类似于壁画，先在雕刻的素面上厚涂一
层白灰膏底层，如此颜料较容易进入白灰膏中而得以保存。这种彩绘制作工艺在辽代比较
盛行。

2. 衣架

辽墓壁画中的衣架（图 2-3-88），与前代的衣架形式
相似，采用横竖木材接合，上面披搭衣服的横杆两端出头
并上翘，有雕刻造型。

3. 灯架

收藏于内蒙古鄂尔多斯博物馆的西夏羊铁灯架（图
2-3-89）有三足，身形高耸劲瘦，曲线流畅。铁灯架在固
定灯盏处还模拟了羊头的造型，较为生动。

4. 盆架

山西大同金阎德源墓出土的杏木质盆架（图 2-3-90）

图 2-3-87　辽代彩绘屏风

采用高束腰，腰间有六块"卍"字纹透雕围板。六足，均为三弯腿，足间有卷云纹牙头与牙
条。通高 13.8cm，由三弯腿、下衬、围板、座圈四部分组成。三弯腿与座圈相连接，座圈
直径为 12.8cm，三弯腿中部有十字枨的支撑。

图 2-3-88　辽墓壁画

图 2-3-89　西夏铁灯架

图 2-3-90　木盆架

二、材料、结构与装饰

辽、金、西夏时期家具的特征是具有游牧民族的地方特征加晚唐风格。辽代游牧民族的传统习惯，自然地和汉人日常家具使用与制作的习惯相融一体，家具的材料、结构、制作技艺大同小异，只是家具的尺度和装饰的色彩和形式有区别。

由于南北文化的交融，辽、金时期的家具装饰也受到了两宋的影响，出现了花牙子、蕉叶以及云头装饰构件。如辽墓出土的桌、椅、床的足做"云板"边缘，起小凸棱角线；金墓出土的桌饰花牙子，甚至出现了卡子花，床的四足呈秋叶形，中间又起线脚，木盆架束腰处镶嵌透雕花板，腿中部间用云头纹花牙子装饰。这些都表明了辽金家具的装饰特征由结构功能所决定。

辽、金、西夏时期的高型家具，出现了一些新的结构方式，壸门和托泥减少，仿木建筑和大木梁架构出现，桌、案方面出现的夹头榫、插肩榫使用普遍。束腰家具，与宋时的家具相仿，成了这一时期的时代特点。

三、小结

辽、金、西夏时期，民族矛盾尖锐，但民族融合是主流，各民族间经济文化交流频繁。在政治、经济上效法宋制，所以家具在形式、装饰与结构上也仿效宋制家具的特点，民族之间的差别要比时代之间的差别小得多。

作业与思考题

1. 举例说明辽、金、西夏时期家具的主要特征。
2. 简述辽、金、西夏时期家具的装饰与结构特征。

第三节　元代家具
（1271—1368 年）

元朝历史从 1271 年蒙古族元世祖忽必烈建立元朝开始，到 1368 年秋明太祖朱元璋北伐攻陷大都为止，元朝在全国的统治结束。元朝是中国历史上由蒙古族建立的大一统王朝，前后共计 98 年。

1279 年元朝攻灭南宋，全面统治中国地区，结束自唐末以来 400 多年的分裂局面。元朝在民族文化上则采用相对宽松的多元化政策，即尊重中国各个民族的文化和宗教，并鼓励各个民族进行文化交流和融合。元朝还包容和接纳欧洲文化，甚至准许欧洲人在元朝做官、通婚等。欧洲著名探险家马可·波罗曾是元朝的重要官员。由于各民族的杂居、交流，尽管元朝统治还不足一个世纪的时间，但也留下了新的历史遗迹。元代家具虽然多沿袭宋代传统，但也有新的发展，结构更趋合理，为明清家具的进一步发展奠定了基础。

元朝时间很短，所以保留下来的家具资料较少。但有关文献记载元代统治者十分重视对工匠的搜括，元代拥有一支浩浩荡荡的工匠队伍，促使家具制作向前发展。资料表明这时期家具有着与宋代家具迥异的风格。由于元朝与宋朝相比较有着不同的文化背景，所处的地理环境也不尽相同，宋代统治者崇文，元代统治者尚武。这是因为元朝统治者为蒙古贵族，为了兼并领土，曾长期作战，所以习惯于游牧生活。他们勇猛善战，追求豪华享受，崇尚的是游牧文化中豪放不羁、雄壮华美的审美趣味。反映在家具制作上一改宋代家具简洁隽秀的风格，形成了元代家具造型上厚重而粗大、装饰上繁复而华美的艺术风格。

一、家具样式

元代由于仿宋制，建筑、家具等方面也同样多沿袭宋的传统做法，家具品种大致和宋代差不多。但是，元代在一些家具构件上有了新的发展，直接影响了明式家具的形式和造型的变化。

（一）椅凳类

1. 椅子

早期的蒙古人手工业落后，在征服中亚伊斯兰国家之后，他们获得了精美的手工艺品和优秀的工匠，并为之倾倒。伊斯兰风格开始对其施加影响。按理说，汉文化的影响肯定比伊斯兰文化的影响要早，但蒙古帝国时期的家具受伊斯兰风格影响却更深，原因何在？宋代家具朴素、雅致、简练，更多地体现了传统汉文化内敛的特征，而早期的蒙古人文明程度与宋人相差甚远，加上豪放的蒙古人生性喜欢大的器物，要让其体会精细的宋式家具的内涵，显然是不切实际的。因此，蒙古人的家具受伊斯兰艺术奢华风格的影响也就不足为奇了。

元代绘画中的宝座与宋代帝后所坐的宝座（图 2-3-4 至图 2-3-6）就有很大的区别。前者形体硕大，设三面围屏，好似一张床，后者却是一把仿建筑梁柱木架构造的大扶手椅。

波斯绘画中大汗的宝座（图 2-3-91），用象牙雕刻而成，并涂金色，用宝石装饰，装饰图案受伊斯兰风格影响，满地装饰植物卷草纹样，繁缛精细。宝座总体较为宽大，可以容纳大汗与可敦二人同时就座。从此宝座可见，蒙古帝国早期的家具受宋式家具影响较小，而更多地反映了蒙古族文化和伊斯兰文化的交融。

但随着民族之间的文化交流和融合，元代的家具逐渐沿用宋制，同时保留其民族特色。如元代绘画中的宝座（图 2-3-92 和图 2-3-93），设三面围屏，靠背搭脑外挑并上卷为如意云头，底座采用箱体构造，但底足也外卷成如意云头，与搭脑遥相呼应。宝座均配有风格相当的足承。

交椅本源于游牧民族，也深得蒙古人的喜爱。交椅一直是身份的象征，只有社会地位较高或一些富绅家庭中才有，其大多设在厅堂内供主人和贵客享用，妇女和下人只能坐圆凳或马扎。元代交椅常常制作得华丽富贵、镶金嵌银，象征着使用者的地位和权势。元代交椅将

图 2-3-91 宝座

图 2-3-92 宝座

图 2-3-93 宝座

宋代交椅的圆形搭脑演化成了圈背。最知名的元交椅，当属王世襄著《明式家具珍赏》中收录的一件（图 2-3-94）。其迈步宽阔，背板后仰，圈背宽大，绳屉的简朴和踏床上古风盎然的铁活儿，突显了游牧民族粗犷豪迈的性格；而精致细腻、工艺复杂的铁嵌银的金属饰件，又显示出游牧民族艺术华丽奢靡的一面。

此外，山西大同元崔莹李氏墓出土的陶椅（图 2-3-95）与山西大同王青元墓出土的陶椅（图 2-3-96），与宋代圈椅很相似，但有了新的变化，在椅子的下部正、侧面出现了云头花牙装饰的做法，为明代圈椅埋下了伏笔。

元代敦煌 95 窟壁画中竹背扶手椅（图 2-3-97），似玫瑰椅，腿的四周有云头花牙装饰。

山西平定东回村元墓壁画中的靠背椅（图 2-3-98），上有饰椅披等装饰。山西稷山新降元墓出土砖雕中的靠背椅（图 2-3-99），搭脑两端做成云纹装饰，与宋代墓室中的雕刻椅子的搭脑异曲同工。

山西黑漆彩绘靠背椅（图 2-3-100），为陈梦家先生旧藏，后捐至上海博物馆。此椅宽 63cm，深 50cm，高 93cm，为元至明早期作品，采用榆木制作，四面平式，粽角榫结构，壶门牙板，中设分心花，雕琢刀法爽利，腿足中部上翻花牙，挖缺做，与内翻马蹄腿呼应，马蹄下有承足。宽阔的弧形靠背，圆形直搭脑，以荷叶枓栱式腿足承托；后背三攒，上部如意开光内镂雕卷草纹，中镶素板，下设壶门亮脚；两边分设卷草纹海棠形开光及壶门亮脚；两端抱鼓墩，地栿、抱鼓、站牙，一应俱全。因年久磨损、风化，细细观察，尚可于靠背、座面下牙板等处，发现残留的漆灰痕迹，上面描金红色花卉纹样依稀可见，显然该椅当初为黑漆彩绘之作。其漆层与灰层均较薄，源于靠背结构复杂、雕饰精细。薄漆、薄灰既对器物起到了保护与装饰作用，又可使细节得以充分体现，故常施于雕琢精细的器物之上。此椅淳朴敦实，具有浓厚的少数民族特征。此类椅子到清朝十分流行。

图 2-3-94 交椅

图 2-3-95 陶椅

图 2-3-96 陶椅

图 2-3-97 竹扶手椅

图 2-3-98　山西平定元墓壁画

图 2-3-99　山西稷山砖雕

图 2-3-100　靠背椅

排椅，在晋中南及晋西北与陕西交界的一带寺庙常见，常放置在寺庙长廊，为礼佛上香信众休息所用，故又称庙椅。此类椅具特点是椅身很长，体量感很强，长者可接近 4m，短者也近 3m，因而不宜搬动，前端往往有多条腿足来支撑椅盘，腿足下部多雕刻，上部多用插肩榫，两端腿往往较粗，雕刻也比中间的小足更讲究，有的为外翻如意云头足，有的为三弯腿侧翻卷叶足，制作形式不拘一格，但风格皆粗犷苍古；中间腿往往较小，作辅助支撑，也有不同雕饰，常见的多作剑腿足。腿部间嵌插牙板承托椅盘或束腰并构成多个壶门形开光，靠近地面处有管脚枨，前面数脚均纳于枨中而得以约束并加强结构，惟中间的小脚有时并不穿枨而至于地面。庙椅前端这种壶门加剑腿类似开光的结构形式，我们在宋代的矮榻中似乎可以找到一些影子，如宋《槐荫消夏图》（图 2-3-55）便有一类似结构的榻。后腿数量一般都较前腿要少，往往只有左右两只或中间再加一只且不做雕刻装饰。带有束腰的排椅往往在束腰部位还要加饰多个绦环板。椅面的形式通常有两种，一种为板材制成，或装芯板或独板。椅背通常有一根横贯庙椅全长的搭脑，搭脑以下再贯以一到两根横枨，搭脑与枨、枨与枨之间常以多个高浮雕莲花状卡子花或荷叶形卡子花等距离排列作为装饰连成一排，同时也起到了连接加固的作用。卡子花不会超过两排。卡子花之下通常为一到两层的绦环板，绦环板在数量上恰好比每一层的卡子花在数量上少一个，间以短材相隔，往往做鱼门洞开光或镂空的高浮雕，浮雕纹饰多为花瓣、卷草、莲叶等植物纹样，有着浓郁的元代遗风并渗透着佛教的色彩。榆木排椅（图 2-3-101），长276cm，深 41cm，通高 84cm，椅背由横贯庙椅全长的搭脑及下的横枨构成，之间高浮雕莲花卡子花，起到了连接、加固结构的作用。牙条为壶门式插肩榫腿足，上卷为如意云头，具有典型的元代韵味。

图 2-3-101　庙椅

江南地区有一种排椅，又称"廊椅""美人靠"（图 2-3-102），是木结构建筑上比较常见的构件，特别是在安徽南部的徽式建筑上更为多见。它一般都设在两层建筑的第二层面对天井的一边，可以当作二楼回廊的栏杆，同时又是可以倚靠的座椅。在江南园林特别的建筑如水榭等处，临水处也常有类似的栏杆。排椅是建筑和家具的统一体，作为中国最为古老的家

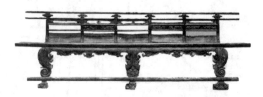

图 2-3-102　廊椅

具式建筑构件之一，具体何时产生无从考证，但在元代已相当流行。因椅子后方与建筑融为一体，所以这种椅子没有后腿。椅子的靠背依然是建筑栏杆的风格，而前牙板采用壸门曲线，说明这种壸门曲线在元代已十分流行。

2. 凳

元代凳有束腰无托泥、三弯腿和有鼓钉的做法。有长凳、圆凳、方凳等形式。元代至治刻本《全相五种平话》中的圆凳（图 2-3-103），腿有外翻马蹄和云头纹的装饰。

元代高束腰圆凳（图 2-3-104），柏木制作，造型拙朴，采用外翻马蹄腿，马蹄下有承足。用厚板整木做面，四条腿直接连接凳面，贯通榫形式，腿在束腰部位形成矮柱形式，柱侧打槽，嵌装绦环板，并透雕海棠纹。凳子造型拙朴，圆浑有力。

山西大同元代崔莹李氏墓出土的陶方凳（图 2-3-105），基本上似宋代的传统做法和装饰。

胡床源于经常迁徙的游牧民族，因此元代胡床的形象也屡见不鲜，可见当时胡床的使用频率和普及度比宋代要高（图 2-3-106）。元代胡床形式丰富，已有单人胡床、双人胡床与多人胡床之分。

图 2-3-103　圆凳

图 2-3-104　圆凳

图 2-3-105　方凳

图 2-3-106　胡床

（二）桌案类

1. 桌

元代的高桌基本沿用宋制。这不难理解，蒙古人入主中原之前，很少用桌，即使用到，也是用类似炕桌的矮桌。当进入到中原腹地，特别是走向定居生活以后，使用汉式的高桌就不足为奇了。如元墓壁画中的很多方桌都用宋制（图 2-3-92），框架结构，圆腿，圆枨，腿与牙板夹头榫连接，有的采用花腿牙子，装饰性更强（图 2-3-107）。

内蒙古赤峰元宝山元墓壁画中的方桌（图 2-3-108），四足细长，无束腰，四面齐平，牙板似壸门状，前后腿间单枨相连，左右腿间连双枨，就是较为典型的宋桌样式。

元代新出现的家具形式为抽屉桌，其形象在山西文水北峪口元墓壁画中可见（图 2-3-109）。两个抽屉位于桌面之下，与桌面平齐，抽屉面上有装饰，有拉环；三弯腿，有花牙装饰，云头足，腿带托泥。此造型是前代所未见的。

山西洪洞广胜寺元代壁画上绘有一张带罗锅枨的桌子（图 2-3-110），造型成熟婉转。这是历史上有关罗锅枨形象的较早记录。罗锅枨一般用于桌椅类家具之下连接腿柱的横枨，因为中间高拱，两头低，形似罗锅而命名。罗锅枨在明清家具中十分常见，但其制作难度比较大，又比较耗费材料，在宋代家具上极难看到。

山西大同市元代冯道真墓壁画中的方桌（图 2-3-111），高束腰，桌面不伸出。工艺比较复杂，特别是束腰与桌面、腿足的接合方式，故只是昙花一现，没有在明代延续下来。

元代黄花梨独板供桌（图 2-3-112）用宽厚的独板大料，俗话"一块玉"。桌腿托泥呈"S"形弯曲由独木挖出，粗犷雄浑，线条流畅，纹饰简洁，卷草图案和元青花的纹饰如出一辙，阴刻的纹饰完全没有明清家具中常见的八宝吉祥、平安富贵的内容。

图 2-3-107　桌子

图 2-3-108　桌子

图 2-3-109　抽屉桌

图 2-3-110　桌子

图 2-3-111　方桌

图 2-3-112　供桌

2. 案

元代关于案的相关资料非常少，但从元代永乐壁画里面有一幅《朝元图》中看到的形象推断，到了元代，案还是继续沿用汉代以来的曲栅横跗式（图 2-3-113）。

3. 几

元代家具推崇曲线的运用，这时出现的弯腿几就是典型例子（图 2-3-114）。此矮几造型很不一般，它的腿足作两次半圆曲线，在两个曲线中间接四面横枨，腿下四足向外翻，高束腰绦环板处透雕装饰。

（三）床榻类

从结构形式看，元代的床榻基本分为两种形式：一种沿用传统的箱体壶门台座形式（图 2-3-115 和图 2-3-116）；另一种则采用无壶门无托泥的框架结构（图 2-3-117）。元至顺刻本

图 2-3-113　《朝元图》

图 2-3-114　几

图 2-3-115　《消夏图》

《事林广记》中的床（图2-3-117），床体硕大，三面有围栏，后栏杆高，两侧栏杆低。座面以下有单枨，床面与四腿接角处均有牙头装饰，床前设有脚踏凳。

图2-3-116 《倪瓒写照》

图2-3-117 《事林广记》

（四）其他类

山西大同元崔莹李氏墓出土的陶巾架（图2-3-118），该架由三角形座及架两部分组成，横杆两端为卷云头，横、立杆之间雕有卷云纹花牙两块。

盆架即盆座，以山西大同元冯道真墓出土盆座为代表（图2-3-119），该木盆架为松木质，由罗汉腿、座围板、座圈组成。罗汉腿中部由"十"字撑档支撑，手工制作，先粘黏榫卯，座涂橘黄色颜料，外罩桐油。很像白沙宋墓壁画中的曲足盆架。而另一个元代火盆架有弯曲四足（图2-3-120），上部有雕花围板，腿足与围板交角处有牙头，弯腿之下是向外翻出的兽爪足。

江苏苏州南郊吴门桥张士诚父母合葬墓出土银镜架（图2-3-121），通高32.8cm，宽17.8cm。镜架折合式，模仿直靠背交椅形式，后背攒框打槽内装雕花绦环板的式样。后架上部镂雕凤凰戏牡丹纹，框沿为如意式，顶端立雕流云葵花。中部分为三组，中雕团龙，左右两组对称，如窗式，透雕牡丹，四角有柿蒂形镂空。下部为支架。凡是横枨均出头，凡是出头均做卷云雕饰。板面雕满花饰，极为精美。

鼓架以山西稷山新降马村四号元墓出土砖雕鼓架为代表（图2-3-122），已基本接近现代鼓架的做法。

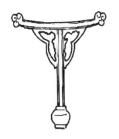
图2-3-118 陶巾架

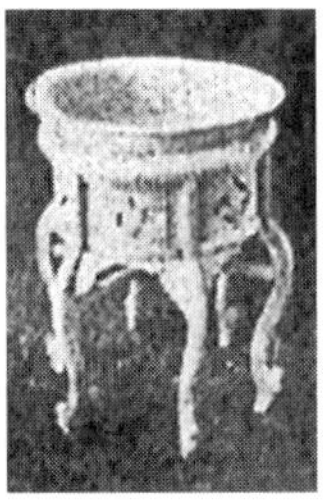

图2-3-119 盆架

图2-3-120 火盆架

图2-3-121 银镜架

图2-3-122 鼓架

二、结构与装饰

元代立国时间虽短，但对家具的发展起到了较大的作用。首先在形式上，元代出现了新的家具形式，表现在桌面的缩入和抽屉桌的出现。

元代家具出现的新结构有罗锅枨（图2-3-110）和霸王枨。虽有较多家具史资料都提及霸王枨出现于元代，但尚无第一手文字与形象资料记载说明元代霸王枨。霸王枨（图 2-3-123）是明清家具中桌案类器具常用的一种榫卯结构。其上端托着桌面的穿带，一般用插接榫或木销钉固定在穿带开口上；其下端做钩挂垫榫在腿足上部位置与开口结合，用木楔固定。穿带的开口深度处和钩挂垫榫结合的开口顶部是霸王枨的有效长度，霸王枨分别承担着支持力和拉力，因此霸王枨是其他榫卯结构所不能代替的。霸王枨因其力顶千斤似霸王举鼎而成名，但其安装位置却很隐蔽，一般都藏在牙板或花边后边，因此它又是极有内涵的构件。

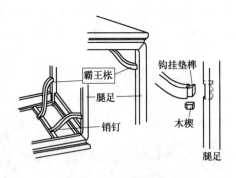

图 2-3-123 霸王枨

元代家具装饰中喜用曲线，也是其民族审美的一种体现。云头足在元代得到广泛使用。从山西大同元冯道真墓壁画中的桌腿下端云头足，元至治刻本《全相五种平话》中坐凳的云头足（图 2-3-103），元至顺刻本《事林广记》中的脚踏子云头足（图 2-3-117）等资料看，其时流行云头足，是制作工艺发达的表现，很可能是明式家具中"卷书底足"或"外翻马蹄"的前身。

三、小结

元代是我国蒙古族建立的封建政权，因此其主流的审美方式势必会对宋代家具造成冲击和改造。蒙古族崇尚武力，追求豪华的享受，游牧民族的文化、生活习惯与中原文化也大不相同。元代的家具风格具有豪放不羁、雄伟庄重、丰满起伏的北方家具特点，又带有佛教风味，圆曲优美、伸缩有致的气势。元人豪放不羁的生活方式与崇尚繁复华美的视觉感受，则恰恰弥补了宋式家具这方面的不足。因此，元代家具进一步确立、巩固了高型家具的模式，成为宋代家具和明代家具发展承接中的重要一环。

作业与思考题

1. 举例说明元代家具的主要特征。
2. 简述元代家具的结构与装饰特点。
3. 元代家具出现的新结构与形式有哪些？分别具有怎样的特征？

第四章 鼎盛时期的明清家具
（1368—1912年）

学习目标： 要求熟悉明清家具的各种专业术语，掌握明清家具的品种、造型、装饰、结构和风格特点，了解明清家具的主要区别与特色。

第一节 明代家具
（1368—1644年）

　　明朝（1368—1644年）是继汉唐之后长治久安的大一统中原王朝，共传十二世，历经十六帝。明朝是继汉唐之后黄金时期，无汉之外戚、唐之藩镇、宋之岁币，天子守国门，君王死社稷，治隆唐宋，远迈汉唐。明代手工业和商品经济繁荣，出现商业集镇和资本主义萌芽，文化艺术呈现世俗化趋势。

　　这里首先要分清几个概念，即明代家具、明式家具、仿明家具。"明代家具"是就时间而言，指制作于明代的家具。不论一般杂木制的、民间日用的，还是贵重木材、精雕细刻的，都包括在内。"明式家具"是就风格而言，指明至清前期那些体现出材美工良、造型优美这一艺术风格的家具。这一时期，尤其是从明代嘉靖、万历到清代康熙、雍正这两百多年的制品，不论在数量上，还是在艺术价值上，都堪称中国传统家具的黄金时代。"仿明家具"则指近现代完全按照明式家具的式样、榫卯、漆饰而仿制的家具。这里介绍的主要是明式家具。

　　明代社会稳定，农业和手工业发达，工匠获得更多的自由，尤其是明中后期，商品丰富，流通渠道广泛，外贸开放，从而使大城市、城镇经济迅速兴起，尤以江南与南海地区最为显著。明清时期，此两地成为家具的重要产地，其实和这些地区商品经济发达是有直接联系的。

　　明代是自汉唐以来我国家具历史上的又一个兴盛期。随着当时经济的繁荣，城市的园林和住宅建设也兴旺起来，贵族、富商们新建成的府第需要装备大量的家具，这就形成了对于家具的大量需求。明代的一批文化名人，热衷于家具工艺的研究和家具审美的探求，他们的参与对于明式家具风格的成熟起到一定的促进作用。此外，社会经济的高度发展使人们在生产实践积累的基础上创作了一批专门的书籍。如北京提督工部御匠司司正午荣汇编的《鲁班经》；明代黄成（号大成，生于隆庆年间，是一名漆工）所撰的《髹饰录》；文震亨所编的《长物志》。在明式家具设计的过程中，提倡实用的原则，如《长物志》卷六几榻卷中，关于家具的描述不但记述了人体尺寸、比例、功能等因素，对不同形制的家具尺寸也有详细记载。郑和下西洋，从盛产高级木材的南洋诸国运回了大量的花梨、紫檀等高档木料，这也为明式家具的发展创造了有利的条件。明式家具的造型简洁明快，工艺制作和使用功能都达到前所未有的高峰。这一时期的家具，品种、式样极为丰富，成套家具的概念已经形成。布置方法通常是对称式，如一桌两椅或四凳一组等，在制作中大量使用质地坚硬、耐强度高的珍贵木材。家具制作的榫卯结构极为精密，构件断面小轮廓非常简练，装饰线脚做工细致，工艺达到了相当高的水平，形成了明式家具朴实高雅、秀丽端庄、韵味浓郁、刚柔相济的独特风格。王世襄先生对明式家具的研究堪称典范，因此以下关于明式家具种类介绍主要摘自其《明式家具研究》。

一、家具样式

明式家具依其功能可以分为五类：椅凳类、桌案类、床榻类、柜架类，及用途各异、实物不多的品种合并为其他类。

（一）椅凳类

椅凳类包括不同种类的坐具，包括：杌凳、坐墩、交杌、长凳、椅、宝座。

1. 杌凳

"杌"字见《玉篇》："树无枝也"，故杌凳被称作无靠背的坐具，以别于有靠背的"椅"。"杌凳"两字连用，在北方语言中广泛存在。传统家具，凡结体作方形的或长方形的，一般分"无束腰"与"有束腰"两种基本形式，尺寸相差较大。

在无束腰杌凳（图2-4-1至图2-4-4）中，圆材直足直枨为基本形式，其结构汲取了大木梁架的造法，四足有"侧脚"，即四足下端向外撇，上端向内收。此种无束腰杌凳在北宋白沙宋墓壁画（图2-3-63）与南宋《春游晚归图》（图2-3-24）中已能看到其较早的形象。明代实物一般装饰不多，用料粗硕，侧脚显著，给人厚拙稳定的感觉。牙头或光素，或雕云头，有许多变化，如不用牙子，在枨上可以安"矮老"或"卡子花"，"矮老"即短柱，"卡子花"实为装饰化了的矮老，即用雕花的木块来代替矮柱。由于它是卡夹在两根横枨之间的雕花构件，故北京匠师称之为"卡子花"，在苏州地区则称之为"结子花"。除了直枨以外，也用中部拱起的"罗锅枨"，因其像人驼背（北方统称罗锅子）而得名。枨子两端或与腿足格肩相交，或表面高出，仿佛缠裹着腿足，名叫"裹腿做"，这是用木材来模仿竹器的造型。裹腿的，边抹往往比较厚。边抹不厚的，采用"垛边"的做法来增加外观的厚度。所谓"垛边"，即沿着边抹的边缘加一条木材，使人看上去仿佛边抹是用厚材做成的。无束腰杌凳，有的腿足下端安枨子，名叫"管脚枨"。有此构件，杌凳便形成了一个完整的立方结体。在结构上，它使杌凳更为坚实。在造型上，也由于下有横枨，使"券口"或"圈口"有地方可以安装交代，为装饰准备了条件。

图2-4-1　无束腰直足 　　图2-4-2　无束腰直足裹 　　图2-4-3　无束腰直足 　　图2-4-4　无束腰罗锅枨
直枨长方凳　　　　　　腿罗锅枨加矮老方凳　　　直枨加卡子花方凳　　　加矮老管脚枨方凳

有束腰杌凳（图2-4-5至图2-4-8）以直腿内翻马蹄，腿间安直枨或罗锅枨为常式。有束腰杌凳有的采用"鼓腿彭牙"的做法。"鼓腿"，即腿采用略具S形的三弯腿或鼓出而又向内兜转的形式。"彭牙"即牙子向外彭出。两枨十字相交的只能算是变体。管脚枨也可以在有束腰机凳上出现。有时腿足落在木框上，木框之下还有小足，这种木框叫"托泥"。

图 2-4-5　有束腰马蹄足 　　　图 2-4-6　有束腰三弯腿 　　　图 2-4-7　有束腰马蹄足彭
　　　罗锅枨长方凳 　　　　　　　霸王枨方凳 　　　　　　　　腿鼓牙大方凳

有一种机凳虽无束腰，但用方材，而且足端多带马蹄，称之为"四面平机凳"（图 2-4-9）。四面平的做法可以分为两种：一种将边抹做成凳面，再将它安装在由四足及牙子构成的架子上，中间加枨连接；一种是边抹与四足用"粽角榫"的做法把它们连接起来，牙条省掉了，被边抹代替。圆形机凳（图 2-4-10），传世很少。

图 2-4-8　有束腰马蹄足十字 　　　图 2-4-9　四面平马蹄足罗 　　　图 2-4-10　有束腰彭腿鼓牙
　　　枨长方凳 　　　　　　　　锅枨方凳 　　　　　　　　　带托泥圆凳

2. 坐墩

坐墩又名"绣墩"（图 2-4-11 至图 2-4-13），由于它上面多覆盖一方丝绣织物而得名，借以增其华丽。在明至清前期的坐墩上，大都还保留着藤墩与木腔鼓的痕迹。坐墩的开光来自古代藤墩用藤子盘圈做成的墩壁。弦纹及一周圈状如纽扣的纹样则象征绷在鼓面的皮革边缘与钉皮革的铆钉。

图 2-4-11　五开光弦纹坐墩 　　　图 2-4-12　海棠式开光坐墩 　　　图 2-4-13　直枨式坐墩

3. 交杌

交杌，即腿足相交的杌凳，俗称"马扎"，即古代所谓的胡床。自东汉从西域传至中土后，由于可以折叠，携带与存放比较方便，千百年来流传甚广。尤其小型的交杌，更是居家常备。

明式的交杌，最简单的只用八根直木构成，杌面穿绳索或皮革条带（图 2-4-14）。比较精细的则施雕刻，加金属饰件，用丝绒等编织杌面；有的还带踏床（图 2-4-15）。也有杌面用木棖构成，可以向上提拉折叠，它是交杌中的变体（图 2-4-16）。

图 2-4-14　小交杌　　　　图 2-4-15　有踏床交杌　　　　图 2-4-16　上折式交杌

4. 长凳

长凳是狭长无靠背坐具的统称，可分为三种：条凳、二人凳、春凳。

条凳（图 2-4-17），是最常见的日用品，大小、长短不一。尺寸较小，面板厚，多用柴木制成，通称"板凳"，北宋时已定型。尺寸稍大，面板较厚的，或称大条凳，除供坐人外兼可承物。最为长大笨重，因放在大门道里使用而被称为"门凳"，也归入此类。

二人凳（图 2-4-18 和图 2-4-19），凳面宽于一般条凳，长三尺余，可容二人并坐，故名。它在南方被称为"春凳"。二人凳与条桌、条案的形制基本相同，只高矮有别，因而它们的形式是相通的，可以彼此参照。明式的二人凳即依条桌式与条案式来分类。所谓条桌式指不带"吊头"，凳足位于凳面四角；条案式指带"吊头"，凳足缩进，并不位于凳面的四角。条桌式二人凳与杌凳一样，也有无束腰、有束腰、四面平等式。条案式二人凳离不开夹头榫与插肩榫两种做法。夹头榫与插肩榫都是把紧贴在案面下的长牙条嵌夹在四足上端的开口之内，但夹头榫腿足的表面高出在牙条之上，而插肩榫则因腿足外皮在肩部削出八字形斜肩，与牙条上削去的部分嵌插安装，故表面是平齐的。

图 2-4-17　夹头榫小条凳　　图 2-4-18　无束腰直足罗锅枨加矮老二人凳　　图 2-4-19　夹头榫二人凳

春凳，长五六尺，宽逾二尺，可坐三五人，亦可睡卧，以代小榻，或陈置器物，功能与形式都如同桌案，南北方均称为"春凳"。

5. 椅

椅子是有靠背的坐具，式样与大小，差别很大。除了形制特大，雕饰奢华，成为尊贵的独座而应称为"宝座"外，其余的均归入此类。明式椅子依其形制大体可分为四类：靠背椅、扶手椅、圈椅、交椅。

（1）靠背椅

靠背椅就是只有靠背没有扶手的椅子。靠背由一根"搭脑"、两侧两根立材与居中的靠背板构成。可细分为搭脑出头与不出头两种形式。搭脑不出头的靠背椅，因形象有点像矗立的石碑，因而称之为"一统碑"椅（图2-4-20）。而其中以直棖做靠背的，则称为"梳背椅"（图2-4-21）。搭脑出头，面宽而背高，靠背板由整块木板制成的椅子，称之为"灯挂椅"（图2-4-22），在苏州地区较为常见。因它形似南方悬挂灯盏的高粱竹制灯架而得名。明代使用灯挂椅往往加搭椅披，高耸的椅背能将华美的锦绣突出地展示出来。即使不加椅披，露出天然纹理或有团窠雕刻的背板，也很耐看。尤其是它的外形轮廓，显得格外挺秀，与其他形式的椅子相比，别具一格。因无扶手，就座时反觉左右无障碍，所以非常实用，也十分流行。

图2-4-20 一统碑椅　　图2-4-21 梳背椅　　图2-4-22 灯挂椅

（2）扶手椅

扶手椅，是指既有靠背又有扶手的椅子。常见的形式有：玫瑰椅与官帽椅。官帽椅又有四出头官帽椅与南官帽椅之分。玫瑰椅（图2-4-23和图2-4-24），指靠背与扶手都比较矮，两者的高度相差不大，而且与椅座面垂直的一种椅子。北方叫"玫瑰椅"，南方叫"文椅"。玫瑰椅是各种椅子中较小的一种，用材单细，造型轻巧美观，多以黄花梨制成，其次是鸡翅木与铁力木，紫檀的较少。从传世实物数量来看，它无疑是明代极为流行的一种形式。在明清画本中可以看到玫瑰椅往往放在桌案的两边，对面而设；或不用桌案，双双并列；或不规则地斜对着；摆法灵活多变，由于它靠背低矮，不遮挡视线，置于室内，处处相宜。缺点在搭脑正当人背，适宜坐以写作，不宜倚靠休息。

官帽椅，顾名思义是由于像古代官吏所戴的帽子而得名。搭脑与扶手都伸探出头的叫四出头官帽椅（图2-4-25）。搭脑与扶手都不出头而与前后腿弯转相交的叫南官帽椅（图2-4-26）。官帽椅的局部变化较多，"联帮棍"或有或无。联帮棍一般安在扶手正中的下面，下端与椅座面抹头交接，一般下粗上细，用所谓"耗子尾"的做法。凡鹅脖不与前腿一木连做而退后安

图2-4-23 券口靠背玫瑰椅　　图2-4-24 透雕靠背玫瑰椅　　图2-4-25 四出头官帽椅　　图2-4-26 南官帽椅

装，因距离缩短，故联帮棍往往省去不用。椅子四脚之间均有木方连接，即为管脚枨。前者低，两侧高，后者更高，即所谓"步步高赶枨"，其目的是在结构中避免榫眼集中，有损坚实。但管脚枨做成前者低、两侧高、后者低的形式也较为常见。

（3）圈椅

圈椅之名是因圆靠背其状如圈而得来（图2-4-27和图2-4-28）。宋代称之为"栲栳样"。明《三才图会》中称之为"圆椅"。"栲栳"就是用六条或竹篾编成的大圆筐。因其形似栲栳样而得名。它的后背与扶手一顺而下，不像官帽椅似的有梯级式高低错落，所以坐在上面不仅肘部有所倚托，腋下一段臂膀也得到支承，非常舒适。明式圈椅多为圆材，方材的少见。扶手一般都出头，不出头与鹅脖相接的也少见。圆形扶手即椅圈，一般

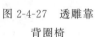

图 2-4-27　透雕靠　　图 2-4-28　有束腰带
背圈椅　　　　　　　托泥雕花圈椅

有三圈或五圈之分，三圈可以减少两处榫卯接合，但须用较大较长的木料才能制成，所以是比较考究的做法。每圈连接之处用楔钉榫连接。

（4）交椅

明代交椅，上承宋式，可分为直后背与圆后背（图2-4-29）两种。尤以后者是闲适特殊身份的坐具，多设在中堂显著地位，有凌驾四座之势，俗语还有"头把交椅"的说法，说明它的尊贵而崇高。入清以后，交椅在实际生活中渐少使用，制作的也越来越少。圆后背交椅的结构是服从它的折叠需要而形成的。为了折叠，它不能如一般椅子的扶手那样可以与下面的构件（鹅脖与联帮棍）相交，而只能由安在后腿上端的、弯转而向前探伸的构件来支撑。所以，后腿与弯转部位必须接合紧密，才能起到牢固的支撑作用。补救的办法是：①在转角处安角牙，起垫塞空间的作用。②弯转处安金属或木质的棍柱，使它起到支撑的作用。这样椅圈就可以有五个支撑点。③接榫处用金属叶片包裹，起加固作用。正因为如此，交椅都有金属饰件，或铜或铁，在许多构件相交的地方使用。交椅的区别主要表现在靠背板上，有的用独板制作而成，有的分段攒接而成；有的比较质朴，有的雕饰繁缛。金属构件使用的多少也有一些差异。

（5）宝座

宝座（图2-4-30至图2-4-31）是供帝王专用的坐具，在大型椅子的基础上崇饰增华来显示统治者的无上尊贵。宝座多有与之相配的脚踏。

图 2-4-29　圆后背交椅　　　　图 2-4-30　有束腰带托泥宝座　　　　图 2-4-31　剔红夔龙捧寿纹宝座

（二）桌案类

桌案类包括各种桌子与几案，是五大类中品种最多的一类。可分为①炕桌、炕几、炕案；②香几；③酒桌、半桌；④方桌；⑤条几、条桌、条案；⑥画桌、画案、书桌、书案；⑦其他桌案。

1. 炕桌、炕几、炕案

这是三种在炕上使用的矮形家具。它们的差异是炕桌有一定的宽度，纵横之比约为3∶2，多在床上或炕上使用，侧端贴近床沿或炕沿，居中摆放，以便两旁坐人。在温暖的季节里，北方一般家庭有时也将炕桌移至室内地上或院内，坐在小凳或马扎上就着炕桌吃饭，因而炕桌在北方又有"饭桌"之称。在南方家庭，炕桌的使用不及北方那样普遍。炕桌也可分为无束腰与有束腰两种基本形式（图2-4-32和图2-4-33）。无束腰炕桌的基本式样仍为直足，足间施直枨或罗锅枨。有束腰炕桌的基本形式为全身光素，直足，或下端略弯，内翻马蹄。三弯腿是炕桌的另一种式样。所谓三弯，是先向外，次转内，至足底再向外翻，故多为外翻大挖马蹄。但其转弯与马蹄又有变化。

图2-4-32 有束腰三弯腿炕桌

图2-4-33 有束腰彭腿鼓牙炕桌

炕桌中存在高束腰式（图2-4-34），其特点是在腿足上截露明，露明的高度就是束腰的高度。另外安装宽而厚的托腮，或加厚牙子的用材，以便在腿足上截、托腮或牙条上面及边抹底面打槽，嵌装束腰。由于束腰的加工，为雕刻花纹提供了地方，可以采用多种手法取得不同的装饰效果。绦环板的做法很多，或开孔透挖而不用浮雕，并沿着开孔起灯草线，纹样由简单的笔管式至比较繁复的卷云式或海棠式。这类开孔，苏州匠师称之为"鱼门洞"，北方匠师称之为"挖绦环"。

炕几与炕案较窄，通常顺着墙壁置放在炕的两头，上面可以摆陈设或用具。凡由三板直角相交而成，或腿足位于四角作桌形结体的叫炕几。凡腿足缩进安装，作案形结体的叫炕案。三块厚板直角相交的炕几，足底有的平直，有的向内或向外兜转，往往形成卷书（图2-4-35）。两端立板或光素，或开光，或雕花纹。腿足位于四角的，也就是条桌式的炕几有无束腰与有束腰之分。无束腰条桌式炕几也以直枨或罗锅枨加矮老为常见形式（图2-4-36）。炕案的造型还是离不开夹头榫（图2-4-37）与插肩榫两种基本形式，此外则为变体。

图2-4-34 高束腰加矮老装绦环板炕桌

图2-4-35 黑漆炕几

2. 香几

香几（图2-4-38）因承置香炉而得名。一般家具多方形或长方形，香几则圆多于方，而

图 2-4-36 无束腰一腿三牙裹腿罗锅枨炕几

图 2-4-37 夹头榫炕案

且腿足弯曲较夸张，这与使用情况有关。香几不论在室内或室外，多居中设置，四无依傍，自应面面宜人观赏，体圆而委婉多姿者较佳。

3. 酒桌、半桌

酒桌、半桌是两种形制较小的长方形桌案。酒桌远承五代、北宋，常用于酒宴。此类酒桌 (图 2-4-39) 通常带吊头，显然是案形结体，却被称为"桌"，只能说是一个例外。此外，还有式样相同而体形稍大，硬木或柴木制作。柴木制作的为日用品，或任其素白 (俗称"白茬")，城乡饮食店多用，回民小吃店也常见。或上油漆，过去家伙铺租赁入婚丧之家使用，统称为"油桌"，因经常与饮食油水接触而得名。

半桌 (图 2-4-40) 约相当于半张八仙桌的大小，故名。它又叫"接桌"，每当一张八仙桌不够用时，用它来拼接。

酒桌与半桌，其主要功能都是为饮酒用膳使用的，故沿面边缘多起阳线一道，名曰"拦水线"，为了阻挡酒肴倾洒，流沾衣襟而设。它们传世实物较多，原因是明代宴饮，往往主客两人共用一桌，宾客多时，则人各一桌，所以当时这类家具的需求量就很大。至于多人围坐大圆桌共同进餐，大约到清中期以后才流行起来。

图 2-4-38 高束腰五足香几

图 2-4-39 夹头榫酒桌

图 2-4-40 有束腰矮桌展腿式半桌

4. 方桌

方桌一般有大、中、小三种尺寸。按照匠师的习惯，约三尺见方、八个人可以围坐的方桌叫"八仙"，约二尺六寸见方的叫"六仙"，约二尺四寸见方的叫"四仙"。方桌的用途较广，可以贴墙放，靠窗放，贴着长方形桌案放，或四无依傍，室内居中放，然后配置四个杌凳或坐凳。柴木制者更随处可用，是人家必备之具。

明式方桌实物传世颇多，常见形式有无束腰直足、一腿三牙、有束腰马蹄足三种 (图 2-4-41 至图 2-4-43)。

无束腰方桌常见的结构形式是直枨或罗锅枨加矮老，与杌凳相似。不过方桌比杌凳宽大，所以矮老的排列变化多些。有的是双矮老每面两组，或三矮老每面两组，或单矮老排匀不分组。有的用卡子花代替矮老，而卡子花的形态又有多种多样。有的边抹及腿枨制作出竹节纹。所以无束腰方桌即使基本结构一致，但细节变化也层出不穷。"一腿三牙"式是无束腰方桌中的一种，特点是腿足不安在方桌的四角而稍稍缩进一些，形制在带吊头与不带吊头之间。腿足下端有挓，侧脚显著，还保留了大木梁架的形式。腿足之间安牙条，牙条之下有罗锅枨。在腿足上端安牙头，支承着桌面边抹格角相交的地方，将90°的桌角恰好平分为二。从牙头的位置可以看出它是宋式的只有两面对称的案形结体的方桌发展出来的，所以难怪它还保留着带吊头的痕迹。由于这种方桌每条桌腿都与三块牙子连接，故有"一腿三牙"之称。又因牙子之下还有罗锅枨，故又叫"一腿三牙罗锅枨"。

有束腰方桌如不用枨子则常用角牙来加强连接。角牙式样较多，也不外乎攒接或锼挖两类。

图 2-4-41　无束腰罗锅枨加　　图 2-4-42　一腿三牙罗锅枨方桌　　图 2-4-43　有束腰马蹄足锣鼓
　　双矮老方桌　　　　　　　　　　　　　　　　　　　　　　枨加卡子花方桌

5. 条几、条桌、条案

家具名称，凡冠以"条"字的，其形制均窄而长。桌案类中就有三种：条几指由三块厚板构成的长几。或经攒边装板制造，但外貌仍近似厚板的长几（图 2-4-44）。条桌指腿足位于四角属于桌形结体的窄长桌（图 2-4-45）。条案指腿足缩进带吊头属于案形结体的窄长案（图 2-4-46）。另外还有架几案（图 2-4-47），是几与案的组合体，两端为两只几架起案面，虽未冠"条"字，也是一种窄长的桌案。

图 2-4-44　板足开光条几　　图 2-4-45　无束腰罗锅枨　　图 2-4-46　夹头榫平头案
　　　　　　　　　　　　　　　　加矮老条桌

四种条形桌案都有大有小，长短不一，尤以条案及架几案的出入最大。二者小的不过三四尺长，大的可以长达一丈三四尺。这是因为条案四足缩进，减小了跨度，所以加长几尺也无妨。架几案则因案面多用厚达二三寸的厚板造成，两端又有几子支架，故案面可以承受很大的重量。至于条几、条桌，小的也不过三尺，大的则很少有长及一丈的。这是因为它们的板足或四足位于桌、几面子的尽端，加以桌面多为攒边装板而成，同时，条几即使使用厚板，其厚度也薄于架几案面。所以如果造得过长，跨度太大，面板承重，容易被压弯（术语叫"塌腰"）。因而在传世的家具中，长七八尺的条桌，常有塌腰之病，所以条几、条桌不宜造得过长。

图 2-4-47　架几书案

条案的形式，按照匠师的分法是：案面两端平齐的叫"平头案"，两端高起的叫"翘头案"。两者在各个局部的变化上是彼此相同的，即有什么样的平头案就可能有什么样的翘头案（图 2-4-48）。在平头案和翘头案之中又各有夹头榫和插肩榫两种结构形式。夹头榫式的条案结构变化很多，归纳起来，可以分为以下三类：①四足着地，足间无管脚枨；②四足着地，足间有管脚枨；③足下带托泥。又由于条案的管脚枨下牙条的变化，管脚枨和上枨之间或托泥和上枨所形成的长形空当，有的加圈口牙子，有的嵌装镂花透雕挡板，有的按攒接法造成的棂格，形态各异。再加上牙头、牙子、腿、翘头、托泥、横枨、枨间的绦环板、枨上枨下的牙头等，在式样、花纹和结构上都有变化，使得夹头榫条案众态纷呈，丰富多彩，美观悦目。

插肩榫的条案结构比较单纯，多为四足着地，不带管脚枨或托泥，其主要不同处，只表现在牙子、腿、足的轮廓、线脚及花纹装饰的变化上。

关于条案的面板也有两种不同的造法：一种是用边抹攒框，打槽装板心，或称"攒边做"，在平头案及翘头案中都屡见不鲜。一种是用厚板作案面，即所谓"独板做"，或称"独板面"，简称"独面"，清代《则例》则称"一块玉"。它多用在翘头案上，利用翘头掩盖厚板尽端的断面木纹。"独面"用在平头案上比较少见，因为除非在厚板的尽端另拍抹头，色深而纹理呆滞的断面是无法掩盖的。

条案	平头案	夹头榫	四足着地无管脚枨	
			四足着地有管脚枨	圈口
				挡板
			足下带托子	圈口
				挡板
		插肩榫	四足着地	
	翘头案	夹头榫	四足着地无管脚枨	
			四足着地有管脚枨	圈口
				挡板
			足下带托子	圈口
				挡板
		插肩榫	四足着地	

图 2-4-48　条案的变化形式

四足着地无管脚枨是夹头榫条案的基本形式。采用管脚枨，在功能上加强了足端的连接，在装饰上，它本身虽为光素，变化不大，但两腿间的方形空当有它才能形成，这就使圈口和挡板两种富有装饰性的构件有安装的可能。管脚枨之下，一般都有牙条或枨子承托。牙条或镂出曲线，枨子或为罗锅枨，或作两卷相抵状，也具有一定的装饰意义。条案的圈口或简或繁。

带托子条案，条案落在两根横木托子上，两个托子之间不再有木材连接，这与其他家具的托泥本身总是构成一个整体有所不同。托子之下，两端有底足，或就横木本身剜出，或另安装。托子的作用在不使四足着地，以免腐朽，而托子的底足，为的是将托子架空，倘有糟朽，只需更换底足就行了。

插肩榫条案以小型或中型的居多，一般长四五尺至七八尺，长及一丈的少见。式样变化主要表现在牙腿的轮廓与腿足的雕饰上。

架几案的案面多由案板造成，长可近丈，气势宏大，厚可达 2 寸。架几案的特点是两头几子与案面不是一体，而是分体的家具。架几案既不用夹头榫也不用插肩榫，可随意拆卸，装配灵活、搬运方便。架几案的案面多用厚板造成，如果是攒边装板制作的，匠师们称它为响膛，意思是一拍案面便砰然作响，与实心的厚板音响不同。明式架几案的案面光素无纹饰，而清式架几案多为立面浮雕花纹。明式架几案的式样变化多表现在几子的造型上。最简单的一种几子是以四根方材作腿足，上与几面的边抹相交，用棕角榫连接在一起，边抹的中间装板心，腿下有管脚枨，或由带小足的托泥支撑。这是架几案几子最基本的形式。

6. 画桌、画案、书桌、书案

"宽长桌案"是王世襄先生对明式家具的一个分类，作为几种比较宽而长的桌案的总称。这样分类仍得自匠师的启示，目的在把窄长与宽长的桌案区分开来。

匠师认为画桌、画案的宽度一般都够二尺半，过窄只能算是条桌或条案。理由是恐纸绢难以舒展，无法搦管挥毫。书桌、书案虽不妨稍窄一些，但也不宜过窄，否则阅读书写亦多不便，只能称之为抽屉桌了。

四种宽长桌案如何区分，匠师有明确的概念。作画挥毫往往要起立，桌面以下越空敞越好，所以画桌、画案都没有抽屉。凡作桌形结体的，即足在四角的叫画桌（图 2-4-49）；凡作案形结体的，即腿足缩进，两端有吊头的叫画案（图 2-4-50）。至于书桌、书案则必须有抽屉。凡作桌形结体的叫书桌；凡作案形结体的叫书案。另外，如果采用架几案形式，案面较宽，抽屉安在两个架几上，此种案子也叫书案。有时在前面再加两个字，叫"架几书案"或"搭板书案"（图 2-4-47）。

图 2-4-49　一腿三牙罗锅枨画桌　　　　　　　　图 2-4-50　无束腰夹头榫画案

四种宽长桌案的使用，一般把纵端靠窗放，不但光线明亮，适宜书画阅读，也方便对面有人牵提纸绢。倘对面设座，也方便两人同时就桌案工作。

画桌、画案的另一种摆法是在室内居中放，四周或设凳椅，或空无一物。另一种摆法是厅堂正中一间后设大条案，前放画桌或画案，用以替代八仙桌。不过此种摆法，只有三间打通，中无隔扇或落地罩，才显得舒展而妥适。

四种宽长桌案都可以顺着靠窗放，迎面来光，也很明亮。不过这只限于尺寸较小的画桌、画案，大型的就不相宜了。

书桌可分为一般书桌与"褡裢桌"两种。前者不论抽屉为三具或四具，都一字平列，高低相等，抽屉下的空间高度也是一致的。后者的抽屉，上口虽等高，但中部的抽屉底总是高于两侧的抽屉底，因它略似褡裢布袋的形状，故有此名。这是古代匠师从实用出发，既要多设抽屉，又要为就座者多留一些膝部的活动空间，才做出了这样的设计。

总的说来，书桌抽屉的数量，自明至清，经历了一个由少到多的过程。清初李笠翁的《一家言·居室器玩部》主张几案要多设抽屉，正说明了当时的发展趋向。至于那些桌面下平列抽屉数具，两旁架几又各有三四具，层层重叠，以至宽大书桌，两面都设抽屉，更是清代中、晚期才有的，和明式已相去太远了。书桌之下设脚踏，与四足相连，用棂木构成井字或冰绽纹图案，也是清代中晚期的造法，不能视为明式。

严格说来，书桌可确信为明制的或纯作明式的，实物极少。抽屉一字平列的桌子，有黄花梨制的，制作也较早，但其宽度不够，只能算是抽屉桌（图 2-4-51）。褡裢桌绝大多数为清代制品，有的要晚到清代中晚期，所用材料多为红木、新花梨，黄花梨者绝少。

7. 其他桌案

其他桌案包括以下七个品种，即月牙桌、扇面桌、棋桌、琴桌、抽屉桌、供桌、供案。

《鲁班经匠家镜》中《圆桌式》一条说明了明式的圆桌是用两张半圆桌拼成，每半四足，靠边两组的宽度为中间两组的一半。当它与另半边合在一起摆放时，两条半足恰好拼成一条整足，与中间两足宽度相等。它既可在室内，又可分成半圆桌贴墙或屏风摆放。搬动时进出房门尤为方便，所以两桌拼成一张圆桌的结构是非常合理的。完

图 2-4-51　抽屉桌

整的、不是由两半拼成的圆桌，明代当已使用，但实例尚待发现。所见此种圆桌均非明式，而是清代中期或更晚的制品。

从明清的绘画中可以看到相当于六方桌一般的扇面桌，故可推知当时的六方桌也与月牙桌一样，采用两个半张拼成一整张的办法。惟明式扇面桌实物尚待访求。

供打双陆或弈棋使用的桌子，在明代相当流行，今统称为棋桌。常见的做法是棋盘、棋子等藏在桌面边抹之下的夹层中，上面再盖一个活动的桌面。下棋时揭去桌面，露出棋盘。不用时盖上桌面，等于一般的桌子。凡用此种做法的，都称之为活面棋桌。至于桌子的大小与式样，并非一致，酒桌式、半桌式、方桌式都有。也有采用拉开伸展，形成相当于三张方桌大小的长方桌，实际上是一种折叠式桌子。

琴桌即专为弹琴制造的桌子。明代琴学昌盛，不过琴桌实物传世绝少。曾见晚清制品，在琴桌靠近抹头处，面心开长方孔，以便容纳琴首及琴轸等。或用较宽的桌子，两端各开一孔，双琴并陈，两人斜对而坐，可以对弹。类此明式实物，均待访求。

抽屉桌指窄长而设有抽屉的桌子。从功能来说，它适宜作条桌使用，并可在抽屉内存放物品。如果形制相同，而尺寸加宽加大，匠师便称之为书桌了。明式抽屉桌传世极少。

供桌与供案以有无吊头来区分，即以无吊头者谓供桌，有吊头者谓供案。

（三）床榻类

匠师称只有床身、上面没有任何装置的卧具曰"榻"，有时亦称"床"或"小床"；床上后背及左、右三面安围子的曰"罗汉床"（明人或仍称之曰"榻"，见《三才图会》）；床上有立柱，柱间安围子，柱上承顶子的曰"架子床"。即分为榻、罗汉床、架子床三类。

明代的床榻，尤其是罗汉床和架子床，多带脚踏。惟历时久远，易分散，故传世的床和脚踏配套并存的很少。

1. 榻

榻一般较窄，除个别宽者外，匠师们或称之曰"独睡"，言其只宜供一人睡卧。文震亨《长物志》中有"独眠床"之称，可见此名亦有来历。明式实物多四足着地，带托泥者极少。台座式平列壶门的榻，在明清画中虽能看到，实物则有待发现。

榻的使用不及床那样位置固定，也不一定放在卧室，书斋亭榭，往往安设，除夜间睡卧外，更多用来随时休憩。

明式的榻（图2-4-52和图2-4-53），以无束腰和有束腰两种为常式。无束腰的榻，有的用直枨加矮老，有的用罗锅枨加矮老，有的不用矮老而代以卡子花。枨子有的用格肩榫与腿足相交，有的为裹腿做。一般都是圆材直足，方材或方材打洼的都少见。其形式与某些无束腰的长凳、炕桌相通，和无束腰的罗汉床床身相似度更高。

有束腰的榻，最基本的形式是方材，素直牙条，足端为内翻马蹄。同类的榻如有变化，多出现在足端、牙子和束腰的造法上。腿足有的做成鼓腿彭牙式，马蹄向内兜转；有的做成三弯腿式，马蹄向外翻卷。同为内兜或外翻马蹄，其形或扁或高，或加圆珠，或施加雕饰，式样不一。有的腿足还挖缺做，残留着壶门牙脚的痕迹。牙子有的平直，有的剜出壶门式曲线，有的光素，有的加浮雕或透雕，乃至浮雕透雕结合。束腰也可采用高束腰，装入托腮及露明的腿足上截的槽口内；也可以加矮柱，束腰分段做，形成绦环板，并可在上面施雕饰或镂挖鱼门洞等。

远自汉、唐，就有案形结体的榻，明代的有吊头春凳，实际上就是从它们演变来的。大于春凳的明式案形结体的榻，实例尚待访求。但从明以前的实物、明器或前代画本来探索其形象，可知其结构仍不外乎夹头榫与插肩榫两种。可以折叠的榻，只能算是变体。文震亨《长物志》虽讲到永嘉、粤东有折叠床，但毕竟是少数，明式家具只见一例。

2. 罗汉床

北方匠师所统称的"罗汉床"，南方未闻道及，文献中亦尚未找到出处。有人认为，床三面设围子，与寺院中罗汉像的台座有相似之处，故有此名。但罗汉像的台座并不以三面设围子为常式，仅能说是个别的例子而已，故上说似难成立。按石栏杆中有"罗汉栏板"一种，京郊园林多用此式，石桥上尤为常见。其特点是栏板一一相接，中间不设望柱。罗汉床也是只有形似栏板的围子，其间没有立柱，和架子床不同。很可能罗汉床之名是用来区别围子间有立柱的架子床的。

罗汉床床身有各种不同做法，其变化不仅与榻相同，还与炕桌近似，故不重复。这里主要谈床围子的变化。

床围子最常见的是"三屏风式"，即后、左、右各一片；其次是"五屏风式"，即后三片，左、右各一片。"七屏风式"，即后三片，左、右各两片，在明式罗汉床中甚少见，似乎到清中期以后才流行。围子的造法，又分为：独板围子，攒边装板围子，攒接围子，斗簇围子和嵌石板围子。

独板围子（图2-4-54）用三块厚约一寸的木板造成，以整板无拼缝者为上，如板面天然纹理华美，尤为可贵。厚板两端，多粘拍窄条立材，为的是掩盖断面色暗而呆滞的木纹，并有助防止开裂。有的三块独板围子，上面加雕饰。攒边装板围子是用边抹做成四框，打槽装板。一般情况下，目的在使用较小、较薄的木料，取得类似厚板的效果。装板上也可以施加雕刻。攒接透空围子（图2-4-55）是用短材组成各式各样的几何图案，把栏杆与窗棂的装饰手法运用到床围子上来，变化繁多。斗簇透空围子主要用镂锼的小块花片构成图案。花片有的一片自成一组花纹，有的两片或几片构成一组花纹，各组互相斗合，或中加短材连接。它也是取法栏杆与窗棂，然后运用到家具上，但镂刻得更加精巧细致，或疏朗，或紧凑，或整齐，或流动，可以取得多种装饰趣味与效果。三屏风罗汉床的各种式样，大致如上。五屏风罗汉床围子的各种做法与三屏风一样，只是未见有厚板者。原因是后背如同三块厚板拼成，连接它们有困难，常用的"走马销"，用在厚板上是不适宜的。

图 2-4-52 有束腰直足榻

图 2-4-53 六足折叠式榻

图 2-4-54 三屏风独板围子罗汉床

图 2-4-55 三屏风攒接围子罗汉床

3. 架子床

架子床是有柱有顶床的统称，细分起来还有好几种。最基本的式样是三面设矮围子，四角立柱，上承床顶，顶下周匝往往有挂檐，或称横楣子。南方匠师因它有柱子四根，故曰"四柱床"（图 2-4-56）。《鲁班经匠家镜》有《藤床式》一条，似即这种最简单的架子床。

图 2-4-56 四柱床

较上稍为复杂的一种，在床沿加"门柱"两根，门柱与角柱间还加两块方形的"门围子"，北京匠师称之为"门围子架子床"，南方匠师因它有柱子六根，故曰"六柱床"（图 2-4-57）。《鲁班经匠家镜》虽无专门条款讲到此床，但绘有图式。

更繁复一些的架子床，在正面床沿安"月洞式"门罩，北京匠师称"月亮门"式架子床（图 2-4-58）。还有四面围子与挂檐上下连成一体，除床门外，形成一个方形的完整花罩，或称"满罩式"架子床。

更大的架子床，前面设浅廊，廊上可以放一张小桌及一两件杌凳或坐墩。明潘允征墓出土的模型，即属此类。明人称之曰"拔步床"，或写作"八步床"和"踏步床"（图 2-4-59）。"拔步床"一称，至今南北方都还使用。《鲁班经匠家镜》有《凉床式》，据其条款文字，即指此。名曰"凉床"，可能是与后面的"大床"相对而言的。

《鲁班经匠家镜》还讲到更大的一种叫"大床"。廊子两端设对开的门，床上三面围板墙，封闭严密，宛如一间小屋。此种大床，明式实物未见，但吴县东山新民二队及杨湾、陆巷等镇的民居中，确有与此相似的大拔步床，为清晚期制品，说明其形制自明代以后延续不替。

架子床不论大小繁简，主要为睡眠安歇之用，多放在内室。为了室内光线不致被它遮挡，多将床安放在室内后部，位置比较固定，不轻易搬动。从明清版画可以看到，凡是不带门围子的架子床，帐子一般挂在顶架外面，把顶架一并罩起来。凡是带门围子的架子床，帐子一般挂在顶架之内，使门围子的装饰图案被帐子衬托出来。古代将织物和木器配合使用，使二者相得益彰。

图 2-4-57　六柱床　　　　　　图 2-4-58　月亮门式架子床　　　　　图 2-4-59　拔步床

4. 脚踏

脚踏（图 2-4-60），今统称"脚蹬子"，古称"脚床"或"踏床"，是我国古时人们在坐具前放置的一种用以承托双足的小型家具。宋、元以来，常与宝座、椅子、床榻组合使用，有的与家具本身相连，如交杌及交椅上的脚踏；有的则分开制造，如宝座及床榻的脚踏。到了明代，除床榻外，坐具已很少附有脚踏。清中期以后，有多具抽屉的书案往往带脚踏，体制宽大，只能是清式书案的附件。

明式的床前多设脚踏，罗汉床前的脚踏短而成对，架子床和拔步床前的脚踏独一而修长，长约二尺，宽尺余。床上中置炕桌，炕桌两旁坐人，两具脚踏就放在坐人部位的床前，以备踏脚。两具脚踏之间，多置灰斗，形如方抽屉，因中放炉灰而得名。灰斗为柴木制，多上黑漆，中有椿柱，

图 2-4-60　有束腰圆形脚踏

可以在上面磕烟袋。尔后传世既久，脚踏大多已与床分离。

脚踏原为床的附件，故形制多与床身相同，较常见的是有束腰，方材，内翻马蹄；有的采用鼓腿彭牙的造法，无束腰直足的、有束腰带托泥的、四面平式的都少见。

脚踏面上安滚轴，明代即有专称叫"滚凳"，有辅助按摩脚底的功能，已归入其他类中。

（四）柜架类

柜架类家具的用途，或以陈设器物为主，或以储藏物品为主，或一器而兼二用。明式柜架类家具可以分为架格、亮格柜、圆角柜、方角柜四类。

1. 架格

架格就是以立足为四足，去横板将空间分隔成几层，用以陈置、存放物品的家具。它也常被称为"书架"或"书格"。惟因其用途可兼放它物，不只限书籍，故今用架格这个名称。

明式架格（图 2-4-61 至图 2-4-63）一般都高五六尺，依其面宽安装通长的格板。每格或完全空敞，或安券口，或安栏杆，或安透棂，其制作虽有简有繁，但均应视为明代的形式。

至于横、竖板将空间分隔成若干高低不等、大小有别的格子，就应该另有名称，名之为"多宝阁"。即使雕饰不多，也应列入清式。

架格上安抽屉，多放在便于开关处，高度约当人胸际。在全敞架格上增添装饰，比较简单的是在每层的两个侧面，或正、侧三面加券口或圈口。架格的另一种形式是在每层格板的后边及两侧安装栏杆。透棂的做法同样也运用到置放图书或观赏器物的架格上。当然透棂不再用方孔，多为直棂或其他几何图案，木料也常用贵重木材。此种架格今名为"透棂架格"。

图 2-4-61　三层带抽屉架格　　　图 2-4-62　品字栏杆架格　　　图 2-4-63　三面攒接棂格架格

2. 亮格柜

明式家具中，有一个品种是架格和柜子结合在一起的。常见的形式是架格在上，柜子在下。架格齐人肩或稍高，中置器物，便于观赏。柜内贮存物品，重心在下，有利稳定。北京匠师称上部开敞无门的部分为"亮格"，下面有门的部分为"柜子"，合起来称之为"亮格柜"。

亮格柜有不同的式样。上部的亮格以一层的为多（图 2-4-64），两层的较少；亮格或全敞，或有后背；或三面安券口，或正面安券口加小栏杆，两侧安圈口；或无抽屉，或有抽屉；抽屉或露明安在亮格之下、柜门之上，或安在柜门之内。

亮格柜还有一种比较固定的式样，即上为亮格一层，中为柜子。柜身无足，柜下另有一具矮几支承着它。凡属此种形式的，北京匠师称为"万历柜"或"万历格"。这种柜子是在明代晚期万历年间出现的，所以后人就以年号来命名这种家具，通称"万历柜"（图 2-4-65）。

3. 圆角柜

圆角柜、方角柜的界定是按柜顶转角为圆、方的。从结构来看，柜角之所以有圆有

图 2-4-64　上格加圈口亮格柜　　　图 2-4-65　上格券口加栏杆万历柜

方，是由有柜帽和无柜帽来决定的。柜帽的有无，又是由两种不同安装门的方法决定的。凡是木轴门，门边上下两头伸出门轴，必须纳入臼窝，方能旋转启闭，上面的一个臼窝，只有造在喷出的柜帽上最为合适。柜帽的转角，多削去硬棱，成为柔和的软角，因而叫"圆角柜"。至于柜门用合页来安装的，可以将柜足作为门框来钉合页，根本不需要再用柜帽，这样的柜子上角多用粽角榫，因而外形是方的，所以叫"方角柜"。除个别变体外，不妨说凡是"圆角柜"均为木轴门，正因如此，或称之为"木轴门柜"；凡是方角柜均为合页门。

圆角柜（图2-4-66和图2-4-67），也叫"面条柜"，顶转角呈圆弧形，柜柱脚也相应做成外圆内方，四足"侧脚"，柜体上小下大做"收分"，一般柜门转动采用门枢结构而不用合页。尺寸以小型的、中型的为多，大的比较少，至今仍未见像方角柜那样有带顶柜的。圆角柜由于制作方法的不同，有多种式样。在用材上，圆材或外圆里方的居多，方材较少。即使用方材，也多倒棱去角。同为圆材，柜足棱瓣线脚又有多种变化。在柜门上，有的有"闩杆"，有的无"闩杆"。"闩杆"就是两门之间的立柱，穿钉可以把柜门和立柱闩在一起，便于锁牢。无闩杆的，匠师叫"硬挤门"。门扇本身又有通长装板的，或三抹、四抹分段装板的。装板可用里刷槽、外刷槽、里外刷槽等不同做法。分段装板的，有的平板光素，有的用板条造圈口，格角拼成圆开光或方开光，贴在瘿木或石板门心之上，使开光中露出瘿木或石板的天然纹理。柜身又有"有柜膛"和"无柜膛"之分。柜膛又叫"柜肚子"，有了它可以多放一些东西。

高仅二三尺的小圆角柜，北方称之为"炕柜"。南方无炕，可放在拔步床前廊上使用。中等尺寸的圆角柜，苏州地区称之为"书橱"，四足不着地，足下还有一个带抽屉的几座承垫。按南方所谓的"橱"，即北方所谓的"柜"。故顾名思义，其主要用途是为存放书籍。较大的圆角柜，多设柜膛，占有门扇以下、柜底以上一段空间，正面须装柜膛板立墙。立墙或用通长的板装入柜足槽内，或加立柱两根，将立墙分隔成三段，由三块短板合起来组成板墙。大型圆角柜寺院用以放经文，居民多用以存放衣服、被褥等。

圆角柜不论大小，底枨下多安牙条、牙头，造法或光素，或起线，或雕花，或锼出半个云纹，做法不一。至于罕见的式样，如造法介于圆角柜与方角柜之间的木轴门柜，或柜门上部安直棖，或攒斗透棂图案，都要算是变体了。

4. 方角柜

方角柜基本造型与圆角柜相同，不同之处是柜体垂直，四条腿全用方料制作，没有侧脚，一般与柜体以合页结合。方角柜的体形一般上下同大，四角见方，门的形式如同圆角柜，有硬挤门和安闩杆两种。柜顶没有柜帽，故不喷出，四角交接为直角，且柜体上下垂直，柜门采用明合页构造。

方角柜常见的有"一封书式"和"顶箱立柜"两种。前者顶部无箱，外形方方正正，有如一部装入函套的线装书，故有"一封书式"之称（图2-4-68）。后者有箱，由上下两截组成，下面较高的一截叫"立柜"，又叫"竖柜"；上面较矮的一截叫"顶柜"，又叫"顶箱"，上下合起来叫"顶箱立柜"。又由于柜子多成对组合，每对柜子立柜、顶箱各两件，共计四件，故又叫"四件柜"（图2-4-69）。四件柜大小相差悬殊，小者炕上使用，也叫"炕柜"，大者高达三四米，可与屋梁齐，简称"立柜"。有的为了顶箱便于举起安放，把一个顶箱分造成两个，常采用对开门形式，于是一对柜子共有六件，故叫"六件柜"，高度一般在3m以上。此外，柜上或柜下加屉的情况也较常见，柜内的结构则不拘一格，随意性很大。

图 2-4-66　无柜膛硬挤 　　　　图 2-4-67　有柜膛圆角柜 　　　　图 2-4-68　方角柜
　　　　门圆角柜

　　方角柜一般用方材作框架，上下同大，因此柜面的各体都是垂直的，没有上敛下伸的侧脚，柜顶也无喷出的柜帽，柜子的各角多用粽角榫，门扇与立栓之间用铜质合页连接，因而外形是方的。方角柜柜门的形式如同圆角柜，有的有闩杆，有的无闩杆，后者在北京匠师的口语中有一个流行的名称叫"硬挤门"。有的方角柜柜身、大框及门的边抹都打洼，做法颇有古趣。

图 2-4-69　四件柜

（五）其他类

1. 屏风

　　屏风早在汉代已很普遍，大都较实用，多用来临时隔断或遮蔽。明清时期的屏风主要有座屏风、曲屏风与插屏风几种形式。

　　插屏式座屏风（图 2-4-70），因受跨度所限，因此不能太宽。至清代多被穿衣镜所代替。

曲屏风是一种可折叠的屏风，也称围屏。围屏多扇，可以曲折，比较轻便。又因下无底座，所以陈置时需要把它摆成曲齿形。如中部有几扇摆成直线，则两端要兜转得多一些，成围抱之势，使其能摆稳。围屏之名，即由此得名。围屏屏扇多为偶数，或四，或六，或八，多至十二，更多的虽在画中亦罕见。

2. 闷户橱

　　闷户橱（图 2-4-71 至图 2-4-73）是一种具备承置物品和储藏物品双重功能的家具。外形如条案，但腿足侧脚做法，专置有抽屉，抽屉下还有可供储藏的空间箱体，叫作"闷仓"。存放、取出东西时都需取抽屉，故谓闷户橱，南方不多见，北方使用较普遍。

　　闷户橱，主要用于收藏日常衣物用品。抽屉数量有一个、两个（联二橱）、三个（联三橱）之分。形体较大的闷户橱也

图 2-4-70　插屏式座屏风

常设于厨房中，橱内主要存放食物与食具，民间使用较多，有联二橱、联三橱、炕橱等形制。闷户橱的橱面与条案面一样，两端有的没有翘头，有的有翘头。

图 2-4-71　闷户橱

图 2-4-72　联二橱

图 2-4-73　联三橱

过去小康之家习惯将一对中等大小的顶箱柜贴墙而放，两柜之间放闷户橱，因为闷户橱比较矮，不会挡住后面正中常有的高窗，因此就把它塞在中间，三件恰好占满一间后墙或山墙的长度，所以一个抽屉的闷户橱又叫"柜塞"。北方地区流行的形体小巧的"炕橱"形似闷户橱而小一些，是类似炕头柜的一种小型盛藏家具，通常设于炕上或炕边处。

闷户橱不论抽屉多少，又叫"嫁底"。因过去嫁女总要陪嫁一两件闷户橱。橱上或放箱只，或放掸瓶、时钟、帽筒、镜台之类，用红头绳绊扎。故"嫁底"是由于用它作为嫁妆之底而得名。

3. 箱

箱又可分为小箱、衣箱、印匣、药箱、轿箱五类。

小箱（图 2-4-74）实物传世不少，均为长方形，多为黄花梨制，紫檀次之，其他硬木制者较少。从尺寸及形制来看，当时主要用来存放文件簿册或珍贵细软物品。北方民间，尤其是回族家庭，常用它贮放妇女妆饰用的绒绢花，故又有"花匣"之称。

图 2-4-74　小箱

衣箱（图 2-4-75）的主要用途是存放衣物。古代衣服长者居多，箱只自以长方形为宜。《鲁班经匠家境》有《衣笼式样》《衣箱式》各一条，并有图。二者形制相同，只是衣笼较大而已。箱下有"三弯车脚"，即下有弯曲线、弧线的底座，它和清代以来常见的衣箱并无多大差别。

明代的印匣（图 2-4-76），多为方形盝顶式，因印玺多作方形，印钮总小于印身，故把匣盖造成盝顶式是完全合理的。直至清晚期，印匣还保留着此种形式。

明式家具有一种箱具大于官皮箱，无顶盖及平屉，无处可支架铜镜，抽屉则较多。正面两开门或插门，适宜分屉贮放多种物品。据《鲁班经匠家境》名为药箱（图 2-4-77）。惟该书所述为民间日用品，故工料均较简易。

图 2-4-75　线雕云龙纹衣箱

明清官吏有专门在轿上使用的箱具，名曰轿箱（图 2-4-78），曾见硬木制者和漆木胎嵌薄螺钿者，制作均精。

4. 提盒

提盒（图 2-4-79），是带提梁分层的长方形箱盒。它在宋代已流行，主要用以盛放酒食，便于出行。提盒有大、中、小三种。大的须两人穿杠抬行，中的可以一人肩挑两件，《鲁班经匠家镜》分别名之为"大方扛箱"与"食格"。小的一手便可提携，叫"提盒"。

图 2-4-76　印匣　　　　　　　　图 2-4-77　药箱　　　　　　　　　　　图 2-4-78　轿箱

5. 都承盘

都承盘（图 2-4-80），也作"都丞盘""都盛盘"或"都珍盘"，俗称文房托盘，均寓一盘而承置多种物品之意。用于放置笔、墨、砚等文房用具，也可用来放置玉器古玩等把件，为文人雅士陈设小件文玩的一种常用案头小型家具，其作用等同于现在的"收纳盒"和"收纳筐"。其形制是一种平盘与抽屉相结合的皮具。此种盘具，清盛于明，乾隆以后的形制雕刻日趋烦琐。

6. 镜架、镜台、官皮箱

镜架（图 2-4-81）是状如帖架的一种梳妆用具，多作折叠式，或称"拍子式"，宋代已流行，在南宋人《靓妆仕女图》中可以看到一具，明、清仍使用。

图 2-4-79　提盒　　　　　　　　图 2-4-80　都承盘　　　　　　　　图 2-4-81　镜架

镜台，或称"梳妆台"，明式可分为：折叠式、宝座式、五屏风式三种。折叠式镜台（图 2-4-82）也称"拍子式"，是从镜架发展出来的。架下增添了台座，两开门，内设抽屉，比镜架复杂得多。宝座式镜台（图 2-4-83）是宋代扶手椅式镜台的进一步发展。宋画《半闲秋兴图》描绘了一件扶手椅式镜台的形象。五屏风式镜台（图 2-4-84）与宋画中所见的差别

图 2-4-82　折叠式镜台　　　　　图 2-4-83　宝座式镜台　　　　　图 2-4-84　五屏风式镜台

较大，它在宝座式的基础上崇饰增华，又加上了屏风。在三种中它的出现应较晚，传世实物则以此式为多。至于镜台有可折叠的盖，盖内有涂水银的玻璃镜，它们不是明式家具，只能代表清式。

官皮箱（图2-4-85和图2-4-86）并非官用，也不是皮制，是指一种体形稍大的梳妆箱，一般由箱体、箱盖和箱座组成，箱体前有两扇门，内设抽屉若干，箱盖和箱体有扣合，门前有面叶拍子，两侧安提手，上有空盖的木制箱具。根据考证，古代几乎每家每户都拥有官皮箱，官皮箱应为日常用物，而且从不少官皮箱内藏铜镜镜支来看，官皮箱主要是妇女所使用的梳妆奁笼，可以说官皮箱也是清末支镜箱的前身。又据大部分官皮箱都有拍子、锁鼻，有些还有夹层、暗室来看，官皮箱还具有一定收藏贵重物品的功用。官皮箱有大有小，大的有尺半高，小的有拳头大小，常见的长30cm、宽20cm、高30cm，顶上有盖。

图2-4-85　官皮箱　　　　　　　　　　图2-4-86　带镜台官皮箱

7. 天平架

天平是称银两等用的小秤，在以白银为主要货币的时代，它是一种常用的衡具。为了重量称得准确，天平挂在架上，是一件下有台座抽屉，上植立柱并架横梁的家具（图2-4-87）。明代家居及商铺同样使用天平架。《三才图会》《二刻拍案惊奇》《金瓶梅词话》中都有使用天平架。天平架随着货币的变革而消失，传世实物很少。

8. 衣架

衣架（图2-4-88）是用来披搭衣衫的架子，多放在内室，或在架子床之前靠墙一侧，或在床榻之后及旁侧，便于将衣衫搭上或取下。据明代《鲁班经匠家镜》与出土、传世实物来看，明代衣架有素衣架与雕花衣架两种。素衣架有的只是在墩子上植立柱，再用几根横材加以连接，有的在横材之间还加直棖。雕花衣架则在搭脑之下加一个装饰构件，用透雕或攒接、斗簇等方法制作。

9. 面盆架

面盆架是一种用以承放面盆、披挂毛巾的家具。面盆架有高、矮两种，矮面盆架或三足，或四足，或六足（图2-4-89）。三足的多不能折叠，四足、六足的，有的可以折叠。足与足之间靠上下各一组的交叉木条固定，每一足的顶端高出交叉木条一段，可以用来架住面盆。这样，既可以固定面盆，又可以使人们在洗脸时，不用辛苦弯腰。

高面盆架（图2-4-90）通常有四足或六足，六足居多。与矮面盆架不同，高面盆架的前四足和矮面盆架相似，后面两足向上延伸，加设腰棖、中牌子、搭脑和挂牙等构件。腰棖以上往往挖槽，以备置胰子盒（古代的肥皂盒），搭脑则可以搭手巾。

这个结构相当于洗手盆与台面、毛巾架的结合体。在古代的卧房内，常常摆放在床的一旁，与摆放有妆奁的桌子靠近。这样，古人清晨一觉醒来，可以方便地在卧室内完成清洁、梳妆。

图 2-4-87　天平架　　　图 2-4-88　雕花衣架　　　图 2-4-89　六足矮脸盆架　图 2-4-90　六足高面盆架

10. 火盆架

火盆烧炭，用以取暖，盆下的木架叫"火盆架"。火盆架是北方人家常用的物件，几乎家家都有。火盆架有高、矮两种。矮的高仅尺许，方框下承四足，足间安直枨，结构简单，多用一般木材制成，实物在故宫尚能见到，虽为清制，和明式并无大异。

高火盆架（图 2-4-91）像一具方杌凳，但面开一大洞，内置火盆，周遭有鼓钉垫着，支垫着盆边，以防盆和架直接接触，引起烧灼。隆冬季节，置于屋子中央或炕上，通红的炭火温暖着一家人，炭火之上还可用来温水、温酒。

11. 灯台

灯台包括承油灯的和燃蜡烛的高矮不同的两种。前者置桌案之上，故高度不过尺余，亦名灯座，如放在佛前供案上承放海灯的叫"海灯座"。后者多置地上，故高度可达三四尺，因燃烛照明，亦名烛台。《鲁班经匠家镜》即有《烛台式》一条。今依北京匠师的习惯，称矮型的承放海灯的为"海灯座"，称高型的置在地上的为"灯台"。

高型的灯台又有固定的和可升降的两种（图 2-4-93）。固定的灯台，有的杆头下弯，悬挂灯具；有的杆头造成平台，上承羊角灯罩。可升降的灯台，平台的高度可以调节。

12. 枕凳、枕盒

枕凳、枕盒（图 2-4-94 和图 2-4-95）是既当作枕头之用，又可以是中医请患者将手腕搭在凳上，按听脉象之用的家具。凳面或盒盖微凹，长不及尺，高三寸许，可以作枕头。上面常配置棉垫一起使用。

13. 滚凳

滚凳（图 2-4-96）是脚踏的一种，但和一般的脚踏不同，在明代时看作单独的一种家具，而不一定和床相连属。明杨定见本《水浒传》插图，其厅堂正中桌下放滚凳一具，桌两侧各放一把圈椅。《鲁班经匠家镜》图式中有一具位在图的正中，不和坐具及桌案连属。高濂《遵生八笺》也将滚凳列为单独一项："……今置木凳，长二尺，阔六寸，高如常，四程镶成，中分一档二空，中车圆木二根，两头留轴转动，凳中凿窍活装，以脚端轴，滚动往来，脚底令涌泉穴受擦，终日为之便甚。"文震亨《长物志》所记与上相似，亦列为专条。按滚凳可以活动筋络，有利血液循环，对老年多病、行动不便的人颇为相宜，故应视为一种

图 2-4-91 高火盆架

图 2-4-92 六角形高火盆架

图 2-4-93 灯台

图 2-4-94 枕凳

医疗用具，所以未将它归入脚踏，而置之于此。

14. 甘蔗床

榨甘蔗汁的甘蔗床（图 2-4-97），也是一种小型家具。形制如板凳而面板向一端倾斜，并开圆槽与流口相通，以便蔗汁顺槽流入放在下面的容器。榨板如一把拍子，尽端插入枨下，采用了杠杆的构造。

图 2-4-95 枕盒

图 2-4-96 滚凳

图 2-4-97 甘蔗床

二、材料、结构与装饰

1. 材料

明及清前期家具的用材可分为木材与附属用材两部分。

明式家具充分利用木材的纹理优势，发挥硬木材料本身的自然美，这是明代硬木家具的又一突出特点。明代硬木家具用材多数为黄花梨、紫檀等。这些高级硬木都具有色调和纹理的自然美。工匠们在制作时，除了精工细作外，同时不加漆饰，不作大面积装饰，充分发挥、利用木材本身的色调、纹理的特性，形成自己的独特风格。

考究的明清家具多用贵重的硬性木材，它们大都质地致密坚实，色泽沉穆雅静，花纹生动瑰丽。有的硬度较差，但纹理甚为美观；有的质地松软，但木性稳定均匀，也是良材，常作为辅助材料用在家具的背面或内部，如柜架的后背，抽屉的帮、底等。也有非常松软的材料，取其体轻不变形，用作髹漆或包裹家具的胎骨。

我国自古认为紫檀是最名贵的木材，有"一两紫檀一两黄金"之说，以前是皇家用品。一棵紫檀成材通常需要 300 年，而且"十檀九空"，即大多数紫檀是空心的。在各种硬木中，紫檀质地最为致密，材料上有些部位几乎连肉眼也看不出木纹来。同时比重也最大，每立方米紫檀重达 1000kg。我国除了广东和海南，其他地方几乎不产紫檀。自明清以来，大多数的紫檀都从印度、菲律宾、马来半岛等地进口。紫檀因为其成材时间长、数量少而成为今天明式家具爱好者追捧的重点对象。

黄花梨是明及清前期考究家具的主要用材。它也是一种檀树，是国产黄檀属已知的唯一心材明显的树种。其颜色从浅黄到紫赤，边材色淡，质略疏松；心材色红褐，坚硬。黄花梨生长迟缓，但材料很大，有的大案长 4m，宽达 1m，面心可独板不拼。它的纹理精致美丽，有香味，锯解时芳香四溢。正因为黄花梨的木材坚重美丽，所以价值仅次于紫檀。

鸡翅木算得上是硬木中纹理最漂亮的一种。它肌理致密，紫褐色深浅相间成纹，尤其是纵切而微斜的剖面，纤细浮动，予人羽毛灿烂闪耀的感觉，最受文人墨客的喜爱。有的鸡翅木白质黑章；也有的鸡翅木色分黄紫，斜锯木纹成细花云，子为红豆，兼有"相思木"之名。

除了以上所说的几种名贵硬木，十几年成材的榆木也自古就被视为打造家具的良材，但它属于非硬性木材。传世榆木家具相当多，因造型纯为明式，制作手法又与黄花梨、鸡翅木等家具无异，有的民间气息浓厚，别具风格，饶有稚拙之趣，故历来深受老匠师及明式家具爱好者的喜爱。论其艺术价值及历史价值，不在贵重木材家具之下。

2. 结构

明式家具的榫卯结构极富科学性。不用钉子少用胶，不受自然条件的潮湿或干燥的影响，制作上采用攒边等做法。在跨度较大的局部之间，镶以牙板、牙条、圈口、券口、矮老、霸王枨、罗锅枨、卡子花等，既美观又加强了牢固性。明代家具的结构设计，是科学和艺术的极好结合。时至今日，经过几百年的变迁，家具仍然牢固如初，可见明代家具传统的榫卯结构有很高的科学性。这里列举几个有代表性的榫卯结构。

龙凤榫加穿带（图 2-4-98）：当一块薄板不够宽，需要两块或更多块薄板拼起来才够宽时，就要用"龙凤榫加穿带"。具体步骤先把薄板的一个长边刨出断面为半个银锭形的长榫，再把与它相邻的那块薄板的长边开出下大上小的槽口，用推插的办法把两块板拼拢，所用的榫卯叫"龙凤榫"。这样可以加大榫卯的胶合面，防止拼缝上下翘错，并不使拼板从横的方向拉开。

攒边打槽装板（图 2-4-99）："龙凤榫加穿带"拼成的板可用"攒边打槽装板"的方法装入攒边的木框。木框四根，两根长而出榫的叫"大边"，两根短而凿眼的叫"抹头"。在木框的里口打好槽，以便容纳木板的边簧（在拼板的四周刨出的榫舌），穿带出头部分则插入大边上的榫眼内。这样即可以用"攒边打槽装板"的方法把木板装入木框。把薄板装入木框，使薄板能当厚板使用，同时能把色暗无纹的木材断面完全隐藏起来，外露的都是美丽的木纹，所以是一种合理、美观而又节省的做法。传统家具稍大幅面的面板与门板多采用此法。

楔钉榫（图 2-4-100）：用来连接弧形弯材的一种十分巧妙的榫卯，圈椅的扶手、部分圆形桌等用此法做成。楔钉榫基本上是两片榫头合掌式的交搭，但两片榫头之端又各出小榫入槽后便使两片榫头紧贴在一起，管住它们不能向上或向下移动。此后更在搭口中部剔嵌方

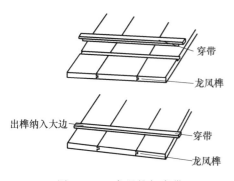

图 2-4-98　龙凤榫加穿带

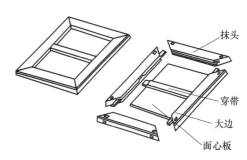

图 2-4-99　攒边打槽装板

孔，将一枚断面为方形的、头粗而尾细的楔钉贯穿过去，使两片榫头在向左和向右的方向上也不能拉开，于是两根弧形弯材便严密地接成一体了。

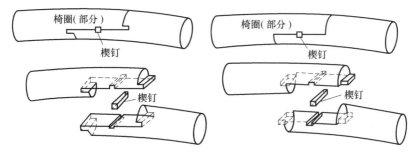

图 2-4-100　楔钉榫

　　抱肩榫（图 2-4-101）：指有束腰家具的腿足与束腰、牙条相结合时所用的榫卯结构。也可以说是家具水平部件和垂直部件相连接的榫卯结构。从外形看，此榫的断面是半个银锭形的挂销，与开牙条背面的槽口套挂，从而使束腰及牙条结实稳定。明及清前期的有束腰家具，牙条多与束腰一木连做，有此挂销，可使束腰及牙条结结实实、服服帖帖地与腿足结合在一起。到清中期以后，挂销省略不做了，牙条与束腰也改为两木分做，比明及清前期的做法差多了。到清晚期，不仅没有挂销，连牙条上的榫舌也没有了，只靠胶黏合，抬桌子时往往会把牙条掰下来。

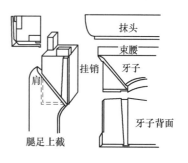

图 2-4-101　抱肩榫

　　霸王枨（图 2-4-102）：在制作桌子时，为增加四条腿的牢固性，一般要在桌腿的上端加一条横枨即可，但想制作造型清秀的桌子，又嫌四条横枨碍事，又要兼顾桌子牢固，于是就有了"霸王枨"。其名源自霸王举鼎的故事，乃举臂擎天之意，形容远远探出、孔武有力，十分形象。它不是装在明面上，而是从桌腿的内角线向上弯曲，延伸并固定在桌面下的两条穿带上，既可帮助牙板固定四腿，也对桌面的穿带起了支撑作用，为避免四角，在桌牙与腿的转角处做成软圆角。

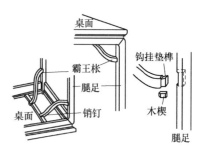

图 2-4-102　霸王枨

霸王枨为S形，榫眼下大上小，上端与桌面的穿带相接，用销钉固定，下端与腿足相接。装配时，将霸王枨的榫头从腿足上榫眼插入，向上一拉，便勾挂住了，再用木楔将枨子关住，拔不出来了。想拔出来也不难，只须将木楔取出，枨子打下来，榫头落回到原来入口处，自然就可以拔出来了。有方凳也用此种结构。

夹头榫（图2-4-103）：是案形结体家具最常用的榫卯结构。四足在顶端出榫，与案面底面的榫眼结合。腿足上端开口，嵌夹牙条及牙头，故其外观腿足高出在牙条及牙头之上。此种结构，四足把牙条夹住，连接成方框，上承案面，使案面与腿足的角度不易变动，并能很好地把案面的重量分布传递到四足上来。

插肩榫（图2-4-104）：也是案形结体使用的榫卯，外观与夹头榫不同，但在结构上差别不大。它的腿足也顶端出榫，与案面接合，上端也开口，嵌夹牙条。但腿足上端外皮削出斜肩，牙条与腿足相交处剔出槽口，当牙条与腿足拍合时，又将腿足的斜肩嵌夹起来，形成平齐的表面，故与夹头榫不同。插肩榫的牙条在受重下压时，可与腿足的斜肩咬合得更加紧密，这也是与夹头榫不同的地方。

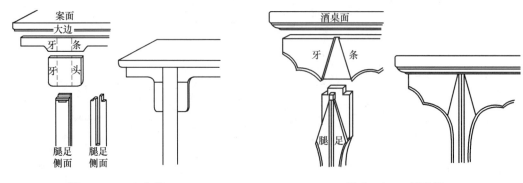

图 2-4-103　夹头榫　　　　　　　　　　图 2-4-104　插肩榫

走马销（图2-4-105）：是一种用于可拆卸家具部件之间的榫卯结构。由于要拆卸，榫头易磨损，甚至损坏，出于维修方便，也避免因榫头损坏而使家具部件报废的情况，一般都采用另外一种木料来制成榫头，然后将榫头栽到家具部件上。独立的木块做成的榫头形状是下大上小，榫眼的开口是半边大半边小。榫头由大的一端插入，推向小的一边，就可扣紧。如要拆卸，还须退回到开口大的半边才能拔出。它与霸王枨有相似处，只是不垫塞木楔而已。罗汉床围子与围子之间或围子与床身之间常用到走马销。

3. 装饰

明及清前期的家具装饰有以下特点：造型很美，简练的线脚，简单到使人不觉得是装饰，但却又有重要的装饰意义。花纹图案能与家具整体和谐地结合起来，形成完美的统一。图案装饰性强，如取材自然物象，善于提

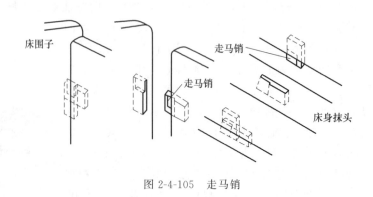

图 2-4-105　走马销

炼，精于取舍，有概括之功，无刻画之病；如取材传统图案，并不生搬硬套，有创意，有变通，不同时代、不同器物上的纹样都能信手拈来，运用自如。装饰的使用，有主次，有虚实，有集中，有分散，有连续，有间歇，有对比，有呼应。特别引人注目、效果也特别好的是"惜墨如金"，以少许胜人多许。毫无疑义，大体朴素，只有少量装饰是明及清前期家具的常见风貌。但这绝不是它的全貌，因为雕饰富丽浮华而仍有很高艺术价值的也为数不少。它和清代中叶以后的某些结构失当、装饰烦琐的制品是判然有别的。有的论者只欣赏明及清前期家具的简单朴质而无视其华美瑰丽，未免既不全面，也欠公允。所以用"淡妆浓抹总相宜"来形容，似乎更符合事实。另外，我们还能看到有的装饰超越常规，但不觉得是矫揉造作，反显得清新自然，使人有"文章本天成，妙手偶得之"之感。当然，以上乃指艺术上成功的制品，是明及清前期家具的主流。我们也绝不否认其中存在着造型装饰并不可取，甚至不堪入目、令人生厌的东西。

为了把家具装饰得优美多姿，前代工匠熟悉多种手法，诸般技艺，从利用木材的天然色泽和纹理，到人工的线脚棱瓣，攒接斗簇和雕刻镶嵌，乃至附属物料的选用加工，剪裁配合，无不各臻其妙。尤其是当它们和成功的造型完美地结合时，凝结成艺术精品，堪称悦目赏心，予人美的感受。

明代大量采用硬木，更是充分利用它的美丽花纹。一切器物，如自然成文，总比人工雕饰显得格外绚美多姿，隽永耐看。我们可以从不少家具上看到匠师们是如何精心选料，把美材用在家具最显著的部位。

线脚（图2-4-106至图2-4-109）是古典家具装饰的一种，主要用在家具的"边抹"（大边和抹头）上和腿足上，所有线脚可分为上下不对称和上下对称两种，上下不对称的线脚不论形状如何，匠师们都称作"冰盘沿"，言其像一种盘具的边缘。线脚在加强古典家具形体造型表现力的同时，又是最特殊的装饰语言，精致的线脚与厚重的家具形体形成对比，鲜明

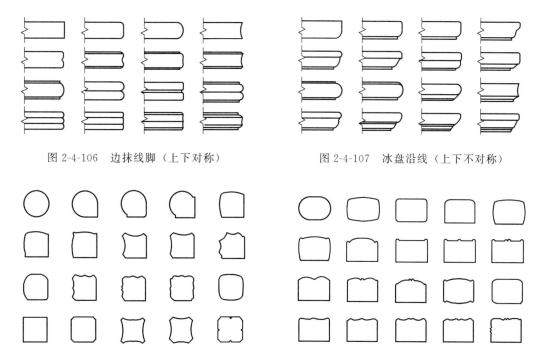

图2-4-106　边抹线脚（上下对称）　　　　图2-4-107　冰盘沿线（上下不对称）

图2-4-108　腿足线脚（圆、方类断面）　　　图2-4-109　腿足线脚（扁圆、扁方类断面）

地突出了线形美的装饰性。传统家具的线脚看似简单，不外乎"平面"或"混面"及"凹面"；线条也不外乎阴线与阳线。但仔细分析其深浅宽窄、舒敛紧缓、平扁高立，相当复杂，稍有改变，就会影响到整个家具的精神面貌。

攒斗（图 2-4-110）是行业术语，是指利用榫卯结构，将许多小木料拼成各种几何形纹样，可组成大面积的装饰板，这种工艺叫"攒"；用锼镂而成的小木料簇合成花纹叫"斗"。这两种工艺常结合使用，故叫"攒斗"，南方叫"兜料"。攒斗可以合理使用木纹，避免因木纹太短而开裂，并

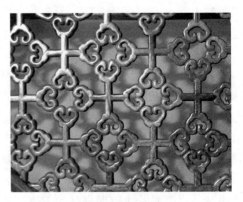

图 2-4-110 攒斗

可做得比较疏朗。攒斗用多块小片组成，用攒斗方法做出来的装饰构件不宜用透雕来做，因而它们不能被透雕代替。

雕刻（图 2-4-111）在装饰手法中占首要地位，因为大多数纹样都是靠雕刻做出来的，就是攒斗也多数需要施加雕刻才能完成。论其技法，可分为浮雕、透雕、浮雕与透雕相结合、圆雕四种。家具装饰，浮雕用得最多。同为浮雕，又视其花纹突出多少，由浅至高，可分多种。透雕把浮雕以外的地子凿去，以虚间实，格外玲珑剔透。它有一面做与两面做之别。一面做的实例较多。圆雕多用在家具的搭脑上。

镶嵌因用不同的物料而有不同的名称，如木嵌、螺钿嵌、象牙嵌等。以多种名贵材料，如玉、石、牙、角、玛瑙、琥珀及各种木料作镶嵌的，构成五光十色、绚丽华美的画面，叫"百宝嵌"。

图 2-4-111 雕刻

附属构件指镶入凳、墩、桌、案面心及柜门、床围子的各种纹石，用丝绒、藤丝编成的软屉，铜铁片叶包裹家具及作为面叶、拉手、合页的各种饰件等。它们或有天然花纹，或经人为加工，所以各具装饰意义。

三、小结

明式家具特征鲜明，魅力无穷，体现在以下几点：

1. 文人参与设计，极具意匠美

明式家具的设计者大多是文化气息甚浓的文人雅士，由他们设计出家具图样后，再交由出色的木工制作而成。在家具设计之时，设计者往往会将自己的奇思妙想融于设计之中，使家具的造型优美、稳重、简朴，各组件的比例讲求实用与审美的一致，装饰讲究少而精，淡而雅。明式家具，乍看之下，一般感觉毫不起眼，但细品之下，却散发出独特的魅力，每一个细节都值得欣赏、推敲。明式家具好比一杯好茶，入口味淡，再三品尝则回味无穷。所以，有设计师甚至认为明式家具是用来观赏而不是用来使用的。

2. 选料考究，流露天然之美

明式家具在造型上讲求物尽其用，没有多余的东西，简洁到不能再简洁了，强调家具形体线条优美、明快、清新。通体轮廓讲求方中有圆、圆中有方，整体线条一气呵成，在细微处有适宜的曲折变化。明式家具注重委婉含蓄，干净简朴之曲线，若有若无、若虚若实，给

人留下广阔的想象空间，体现了虚无空灵的禅意。明式家具在选材时追求天然美，凡纹理清晰、美观的"美材"，总是被放在家具的显著部位，并常呈对称状，巧妙地运用木材天生的色泽和纹理之美，而不做过多的雕琢，在不影响整体效果的前提下，只在局部做小面积的雕饰，这与现代人返璞归真的审美时尚是完全契合的。

3. 结构简单、合理，连接牢固，极具工巧美

明式家具的结构源于建筑学的梁架结构，横者为梁，竖者为架，结构严谨，用材合理，绝无多余与浪费，各部件间采用榫卯连接，胶粘辅助牢固，显示高超的制作工艺。

作业与思考题

1. 简述明式家具的主要特征。
2. 什么是桌形结体？什么是案形结体？
3. 圆角柜与方角柜的区别是什么？
4. 夹头榫与插肩榫有什么异同？
5. 霸王枨主要用在什么部位？其结构原理是怎样的？

第二节 清代家具
（1636—1912年）

清朝（1636—1912年）是中国历史上最后一个封建王朝。康、雍、乾三朝走向鼎盛，统一多民族国家得到巩固。中后期由于政治僵化、文化专制、闭关锁国、思想禁锢、科技停滞等因素逐步落后于西方。鸦片战争后多遭列强入侵，主权和领土严重丧失。也开始了近代化的探索，开启了洋务运动和戊戌变法。甲午战争和八国联军侵华战争使得民族危机进一步加深，清朝后期彻底沦为半殖民地半封建社会。1911年，辛亥革命爆发，清朝统治瓦解，1912年2月12日，北洋军阀袁世凯逼清末皇帝溥仪逊位，隆裕太后接受优待条件，清帝颁布了退位诏书，清朝从此结束。

清代家具的发展至风格成熟，大致可分为三个阶段：

第一阶段清初至康熙初，这阶段不论是工艺水平还是工匠的技艺都还是明代的继续。在用材上，特别是宫廷家具，常用色泽深、质地密、纹理细的珍贵硬木，其中以紫檀木为首选，其次是花梨木和鸡翅木。用料讲究清一色，各种木料不混用。为了保证外观色泽纹理的一致和坚固牢靠，有的家具采用一木连做，而不用小材料拼接。清初期，由于为时不长，特点不明显，没有留下更多的传世之作，这时期还是处于对前代的继承期。由于这个时期的家具大体保留着明式的风格和特征，和明代家具一并被人统称为明式家具。

第二阶段康熙末，经雍正、乾隆至嘉庆。这段时间是清代社会政治的稳定期、社会经济的发达期，是历史上公认的"清盛世"时期。这个阶段的家具生产也随着社会发展、人民需要和科技的进步而呈兴旺、发达的局面。这时的家具生产不仅数量多，而且形成了特殊的、有别于前代的特点，或叫它风格。这风格特点，就是"清式家具"风格。

第三阶段道光以后至清末。道光时，中国经历了鸦片战争的历史劫难，此后社会经济日渐衰微。至同治、光绪时，社会经济每况愈下。同时，由于外国资本主义经济、文化以及教会的输入，使得中国原本是自给自足的封建经济发生了变化，外来文化也随之渗入中国领土。这时

期的家具风格。也受到影响，有所变化。现在颐和园里的部分家具受外来影响最为明显。这种情形作为经济口岸的广东最突出，广式家具明显地受到了法国建筑和法国家具上的洛可可影响。追求女性的曲线美，过多装饰，甚至堆砌。木材也不求高贵，做工也比较粗糙。

因此，清代家具主要指统治期间所生产的家具，在此期间使用各种材质和工艺制作的家具，而清式家具是就风格而言，指中国传统家具工艺在经历康熙、雍正、乾隆三朝时期因社会文化上出现了一味追求富丽华贵、繁缛雕琢的奢靡颓废风气，以及"广式家具"的盛行，及清廷对奢靡挥霍风气的跟风追随和提倡，从而形成的大多以造型厚重、形体庞大、装饰烦琐的家具风格，在形式和格调上与传统家具的朴素大方、典雅内敛的风格大相径庭甚至格格不入，形成强烈对照，即清式家具。也即这里介绍的主要内容。

清代康熙前期，政治稳定，封建地主政权巩固。农业、手工业、商业、对外贸易发展到一定规模，上下呈现繁荣景象，为家具发展提供良好条件。特别在乾隆时期，清朝呈现了一种比较繁荣的景象，为家具发展提供了一定条件。

清代初期，延续的是明代家具的朴素典雅的风格。康熙中期以后，中国经历康熙、雍正、乾隆三代一百余年统治。到雍正、乾隆时期，满清贵族为追求富贵享受，大量兴建皇家园林。其中，皇帝为显示正统地位并表现自己"才华横溢"，对皇家家具的形制、用料、尺寸、装饰内容、摆放位置都要过问。工匠在家具造型、雕饰上竭力显示所谓的皇家威仪，一味讲究用料厚重，尺度宏大，雕饰繁复，以便自己挥霍享受，同时显示自己的正统、英明。一改明朝简洁雅致的韵味。

皇帝尚且如此，满清贵族更是纷纷效法。满清贵族的私家园林争奇斗艳，贵族间斗奇夸富成风，追求物质生活的享受和极端糜烂的意识形态，都反映在了家具的制作上，使家具有了炫耀富贵的新精神功能。

一、家具样式

清式家具种类与明式大体相似，但造型与装饰风格却不相同，与明式家具相比，式样更多，而且雕工更多，雕饰华美。因此，除了特殊的形式以外，不再细述，仅选一些有代表性的图片呈现。

（一）椅凳类

清代机凳比明代式样更多些，有圆鼓形、海棠形、多角形、梅花形、瓜棱形等，装饰也更加丰富（图 2-4-112 至图 2-4-115）。坐墩的装饰也趋向华美（图 2-4-116 和图 2-4-117）。

图 2-4-112　嵌珐琅方机　　　　图 2-4-113　嵌竹丝梅花式机　　　　图 2-4-114　雕灵芝纹方机

图 2-4-115　嵌玉六方杌　　　　图 2-4-116　透雕云纹绣墩　　　图 2-4-117　黑漆描金龙凤纹绣墩

　　清式扶手椅中有一个特别的类型——"太师椅"（图 2-4-118 至图 2-4-123），最能体现清式家具的造型特点。太师椅是古家具中唯一用官职来命名的椅子，它最早使用于宋代，最初的形式是一种类似于交椅的椅具。在明代时，将上部安栲栳样椅圈儿的圈椅称为太师椅。到了清代，太师椅成了一种扶手椅的专称，此扶手椅的靠背板、扶手与椅面间成直角，样子庄重严谨，用料厚重，宽大夸张，装饰繁缛。这些特征都是为了突出主人的地位和身份，已经完全脱离了舒适，而趋向于尊严。

图 2-4-118　卐福纹太师椅　　图 2-4-119　螭纹太师椅　　图 2-4-120　卷书式太师椅　　图 2-4-121　嵌瓷片太师椅

　　由于太师椅并不是按照外形特征或功能特征来命名的家具，于是它的椅形的发展变化更多受到当时社会礼制、习俗文化的影响。"太师"是官名，是尊贵、高雅的象征，在同时代的椅类家具中，能被尊称为"太师椅"的一定是椅类家具中的翘楚。也象征着坐在太师椅上的人的地位尊贵、受人敬仰，这是中国古代文人和老百姓共同的美好愿望。

图 2-4-122　嵌珐琅扶手椅　　　图 2-4-123　西番莲纹太师椅

　　太师椅原为官家之椅，是权力和地位的象征，放在皇宫、衙门内便带官品职位的含义，放在家庭中，也显示主人的地位。清中期后，广东家具生产蓬勃发展，原为官家之椅的太师椅走进了寻常百姓家，椅背与扶手常被雕刻得精彩异常，成为一种充满富贵之气的精美坐椅，风靡一时，后来又发展到用榉木等木材制造，成为一种家常坐具。在处于重要位置的客厅里，一对太师椅或与八仙桌配套，既可以起到画龙点睛的作用，同时也足以说明主人的品位和情趣。

清代太师椅的造型与宋史所载相差甚远，体态宽大，靠背与扶手连成一片，形成一个三扇、五扇或者是多扇的围屏。以乾隆时期的作品为最精，一般都采用紫檀、花梨与红木等高级木材打制，还有镶瓷、镶石、镶珐琅等工艺。它们的共同点在于椅背基本上是屏风式，靠背板、扶手与椅面间成直角，样子庄重严谨，用料厚重，宽大夸张，装饰繁缛，这些特征都是为了突出显示主人的地位和身份，已经完全脱离了舒适，而趋向于尊严。

明代以后，随着皇权制度的不断加强，宝座逐渐成为封建帝王御用坐具的代名词，成为帝王权威的象征。清代是中国最后一个封建王朝，帝王的权威可谓达到了极致，所以宝座的形式也十分丰富（图 2-4-124 至图 2-4-126）。

图 2-4-124　紫檀嵌玉菊花图宝座　　图 2-4-125　紫檀百宝嵌花果图宝座　　图 2-4-126　雕云龙纹宝座

（二）桌案类

圆桌（图 2-4-127）是厅堂中常用的家具，大约到清中期以后流行起来。一张圆桌五个圆凳或坐墩组成一组，陈设在厅堂正中。圆桌一般属于活动性家具，常用以临时待客或宴饮，因此，大多为组合式。有的圆桌采用独挺立柱方式，面下装活动轴，桌面装好后可以旋转。

半圆桌（图 2-4-128），即"月牙桌"，一般都成对，两个拼合起来即为圆桌，平时也可分开对称摆放。月牙桌多数都左右对称分开使用，组合的情况不多。清代中期又出现一种合拼起来呈六角形的桌子，俗称"梯形桌"（图 2-4-129），仍属于半圆桌范围。使用方式与半圆桌相同，多在寝室与较小的场合使用。

清代香几（图 2-4-130 至图 2-4-132）式样较多，也有高矮之别，其不专为焚香，也可别用。如摆放各式陈设、古玩之类，以供赏玩。

图 2-4-127　彩漆描金圆转桌　　图 2-4-128　添漆戗金半圆桌　　图 2-4-129　西番莲纹梯形桌

图 2-4-130　紫檀方香几　　　图 2-4-131　黑漆描金如意式香几　　　图 2-4-132　透雕勾云纹香几

（三）床榻类

清代床榻延续明代样式，但总体繁复很多（图 2-4-133 至图 2-4-135）。

（四）柜架类

明代的柜架以黄花梨木居多，大多光素无饰，雕饰镶嵌的占少数，清代则以紫檀木居多，且装饰华丽，多在柜门上浮雕或镶嵌各种纹饰（图 2-4-136 和图 2-4-137）。

明代的柜架类家具已十分丰富，但清代又在明代的基础上发明了高低错落的博古架。博古架，也称"多宝格"（图 2-4-138 至图 2-4-140），是专为陈设古玩器物的，清代中期兴起并十分流行的一种家具。其独特之处在于将格内做出横竖不等、高低不齐、错落参差的一个个空间，在视觉效果上，打破了横竖连贯的格调，开辟出新奇的意境。多宝格兴盛于清代，与当时的扶手椅（太师椅）一起，被公认为是富有清式风格的家具。

图 2-4-133　紫檀镶楠木山水图罗汉床　　　　　图 2-4-134　酸枝木嵌大理石罗汉床

图 2-4-135　酸枝木雕云龙纹架子床　　　图 2-4-136　暗八仙面条柜　　　图 2-4-137　耕织图四件柜

图 2-4-138　夔纹多宝格

图 2-4-139　拐子纹门式多宝格

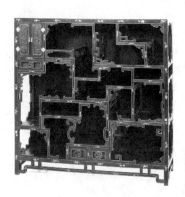
图 2-4-140　云龙纹多宝格

（五）其他类

清代屏风式样更多，装饰更加富丽。座屏风（图 2-4-141）一般由单数组成，最少三扇，最多九扇。通常正中一扇较高，其余依次向两边递减。每扇屏风之间用走马销衔接。屏心多为木雕或镶嵌装饰。屏风顶上有雕花屏帽，既增加美感，更加强了屏风的坚固性。这种屏风在皇宫都设在各宫正殿明间，前设宝座、香几、宫扇等，组成一组庄严的陈设。在屏风类中，它的等级名分最高。在宫廷里，它是皇权至高无上的象征，在王公府里，它是王位等级名分的象征。

挂屏（图 2-4-142）在清初出现，多代替画轴在墙壁上悬挂，成为纯装饰性的品类，一般成对或成套。如四扇一组称"四扇屏"，八扇一组称"八扇屏"，也有中间挂一中堂，两边各挂一扇对联的。这种陈设，雍正、乾隆两朝更是风行一时。

天然木家具（图 2-4-143 和图 2-4-144），又称树根家具，在明代才真正受到赏识，并竞相仿效，清代更是风行一时。此家具既有观赏价值，又有实用价值；与一般家具相比，有回归自然、品位高雅效果。

图 2-4-141　紫檀边座嵌黄杨
木雕夔凤纹座屏风

图 2-4-142　紫檀边框嵌金
桂树挂屏

图 2-4-143　天然木
扶手椅

鹿角椅（图 2-4-145）是一种以鹿角为材料制作而成的特殊座椅，它是满汉家具制作相互融合的产物，在清朝的皇室中备受推崇，并以独特的造型和用料，在清式家具中独树一帜。谈及鹿角椅，与清朝的几位著名的皇帝也是颇有渊源。自顺治皇帝入关至嘉庆，除雍正皇帝未坐过鹿角椅外，其余四位皇帝都坐过鹿角椅。

图 2-4-144　天然木罗汉床

自满清入关后为巩固其统治地位，宣扬"以弓矢定天下"的宏伟业绩，强调"居安思危""下马则亡"，把骑射武功作为家法、祖制，要求后代矢志不忘。清朝统治者年年到塞外举行大规模围猎活动，寓武功训练于围猎娱乐之中。后代皇帝都把行围打猎所获鹿角制成鹿角椅，既炫耀了自己谨遵祖制之功，又将其作为教育后代的教具。由此可见，鹿角椅的制作始终充满着强烈的政治色彩。

图 2-4-145　鹿角椅

二、地方特色

明清时期家具，以地方风格为脉络，在不同的区域地理环境中、不同的背景下，由于审美习惯与文化传统等方面的差异，形成了博采众长，又风格迥异的家具流派，有苏式、广式、京作，以及其他流派，如晋式、宁式、鲁式、闽式等，其中产自苏州、广州、北京一带的古代家具堪称古代家具的三大名作。其中，以广式家具最为突出。

1. 苏式家具

苏式家具（图 2-4-118）是指以苏州为中心的长江下游地区生产的家具。它形成于明代中期，以用料名贵、结构科学、造型典雅、尺寸合理而著称，是明代家具风格的塑造者和主流，常说的明式家具实际上从渊源上来说都是源自于苏式家具。进入清代以后，随着社会风气的变化，清代苏式家具在一些细节处理上有所改变，但总体来说一直保持着其高雅的气韵和浓厚文化内涵，在家具的造型、装饰、工艺诸方面，都有它与众不同的独到之处，是中国古人留下的瑰宝，并且影响到现代的设计发展。

2. 广式家具

广式家具从清代中叶形成自己的风格起，便一直是"清式"家具的典型款式之一。明末清初，由于西方传教士大量来华，加强了东西方文化的交流。广州由于特定的地理位置，成为当时我国对外贸易和文化交流的重要门户。至清代中叶，商业机构的建筑已大都摹仿西洋形式，宫府、民居也多效仿，形成了一股空前的"西洋热"。与建筑相适应的家具，也逐渐形成了时代所需要的新款式。于是，用料粗大、体质厚重、雕刻繁缛的所谓"广式"家具风行起来，成为一种"潮流"，对我国原有的传统家具式样产生了巨大的冲击。

清代广式家具的特点之一是用料粗大充裕。广式家具的腿足、立柱等主要构件不论弯曲度有多大，一般不用拼接做法，而习惯用一块木料挖成。通常所见广式家具或紫檀或酸枝，皆为清一色的同一木质，绝不掺杂其他木材。

广式家具的特点之二是装饰花纹雕刻深浚，刀法圆熟，磨工精细。它的雕刻风格，在一定程度上受西方建筑雕刻的影响，雕刻花纹隆起较高，个别部位近似圆雕。加上磨工精细，花纹表面莹滑如玉，丝毫不露刀凿痕迹。

广式家具的装饰题材和纹饰受西方文化艺术影响，以西洋花纹居多。这种西洋花纹也称"西番莲"（图 2-4-123）。通常以一朵或几朵花为中心，向四外伸展，且大都上下左右对称。如果装饰在圆形器物上，其枝叶多作循环式，各面纹饰衔接巧妙，很难分辨它们的首尾。

3. 京作家具

北京作为帝王之都，天子所居，长期以来投入了巨大的人力、物力修缮营造，其建筑之精良、工程之宏大、规制之严整举世闻名。为了满足帝王之家的起居生活，来自全国各地的能工巧匠汇集于此，为皇室打造家具器用，形成了以宫廷风格为特点的京作家具（图 2-4-126）。

京作家具是在清朝中期出现的，比苏式和广式家具要晚很多。宫廷造办处制作的宫廷家具就是京作家具的前身。苏式家具细腻精巧，深具文人情怀；广式家具华丽，用料宽大，有部分西洋风格；受到苏式和广式的双重影响，加上皇室的气派要求，京作家具也开始形成自己的三大特点。

兼容并蓄：与京戏一样，京作家具也是文化融合的产物。京作家具的造型风格介于苏式家具和广式家具之间，比起广式家具要精巧，比起苏式家具更为宽大。线条挺拔、曲宜相映、简练、质朴、明快、自然是其风格特征。

皇室气派：这是京作家具的主要特点之一。京作家具相当讲究气派。主要表现就是两个方面。一是用料奢华，多为名贵的紫檀木、酸枝木、黄花梨木等。二是器物镶嵌也多为名贵的金、银、玉、象牙、珐琅、百宝镶嵌等材料。

装饰自成一体：京作家具的修饰内容是非常有特点的。多是取材于汉代石刻和商代青铜器，如夔龙、夔凤、蟠纹、螭龙纹及兽面纹、雷纹、蝉纹与勾卷纹等，显得庄重大方，肃穆高贵。

三、材料、结构与装饰

清式家具是以皇家为主导的，在明末清初时期，由于西方传教士的大量来华，传播了一些先进的科学技术，促进了中国经济、文化艺术的繁荣。所以清式家具是在宫廷和民间的相互影响、相互交流共同创造中发展起来的，可以说这是中国的"巴洛克时期"。运用各种精湛的技艺，清式家具形成了独有风格。

清式家具的最大特点是用材厚重、奢靡挥霍。清式家具的总体尺寸较明式家具追求更宽大、更厚重、更奢华的风气，相应的局部尺寸也随之加大。在用材上，清代中期以前的家具，特别是宫廷家具，常用色泽深、质地密、纹理细的珍贵硬木，其中以紫檀木为首选，其次是花梨木和鸡翅木。用料讲究清一色，各种木料不混用。为了保证外观色泽纹理的一致和坚固牢靠，有的家具采用一木连做，而不用小材料拼接。清中期以后，上述三种木料逐渐缺少，遂以老红木代替。清式家具还喜用石材，广式家具的坐具用石材做面心的更多。石材的选择上以自然形成的山川烟云图案为上品，力求体现山水画中水墨氤氲的艺术效果，令人赏心悦目。

清式家具追求装饰绝对的烦琐和复杂，故而其装饰极为华丽，制作手法汇集了雕刻、镶嵌、髹漆、彩绘、堆漆、剔犀等多种手工技艺，可谓集装饰技法之大成。给人的感觉是稳重、精制、豪华、艳丽，与明式家具的朴素、大方、优美、舒适形成鲜明的对比。但有些清式家具为装饰而装饰，雕饰过繁、过滥，也成了清式家具的一大缺点。

四、小结

清代家具在康熙以前，大体保留着明式的风格和特征，和明代家具一并被统称为明式家具。随着清初手工业技术的恢复和发展，到乾隆时期清代家具已经发生了极大的变化，形成独特的清式风格。它的突出特点是用材厚重、装饰华丽、造型稳重，和明式家具的用料合理、朴素大方、坚固耐用形成了鲜明的对比。

具体而言，清式家具有以下特点：

其一，品种及造型上追求创新。清式家具的品种可谓繁多，许多家具都具有前代所没有的风格和特点。如清式太师椅、多宝格等。此外，清式家具的造型也变化多端。如清式太师椅在其基本结构的基础上，工匠们就造出了数不清的式样变体。多年来，海内外的博物馆及收藏家虽搜集了难以计数的清式家具，但至今仍不时发现前所未见的清式家具的奇特品种，有些家具甚至难猜测其为何物。

其二，用材上视野广阔。在用料选材上，清式家具推崇色泽深、质地密、纹理细的珍贵硬木，尤以紫檀为首选。清中期以前的宫廷家具，选料最为讲究。如用料讲究清一色，或紫檀或红木，各种木料互不掺用，有的家具甚至用同一根木料制成；选材时要求无疖无疤，无标皮，色泽均匀，稍不中意就弃之不用，绝不将就。在制作上，为了保证外观的色泽和纹理的一致，也为了坚固牢靠，往往采用一木连做，而不用小材料拼接。如有的床榻为鼓腿彭牙结构，尽管腿足曲率极大，也多采用一木挖成而不是拼接。不少宫廷紫檀家具透雕的花牙往往与腿足和牙条一木连做。这样一来，用料很大，浪费极多。

其三，工艺上装饰丰富。注重装饰性是清式家具最显著的特征。为了达到瑰丽多姿、千变万化的装饰效果，清式家具的设计者和制作者几乎使用了当时一切可以利用的装饰材料，尝试了一切可以采用的装饰手法。在家具制作与各种工艺品相结合上更是殚精竭虑，力求新奇。其中采用最多的装饰手法当属雕饰和镶嵌。

其四，艺术风格上融会中西。从传世的清式家具中，人们很容易感受到外来文化，特别是西方艺术的浓浓气息。清式家具不仅继承了明式的优点，而且，对西方文明也进行了大胆借用。从现存的清式家具来看，采用西洋装饰图案或装饰手法者占有相当的比重。

清式家具与明式家具相比，整体不像明式家具那样以朴素大方、优美舒适为标准，而是以厚重繁华、富丽堂皇为标准，因而显得厚重有余、俊秀不足，给人沉闷笨重之感。但从另一方面说，由于清式家具以富丽、豪华、稳重、威严为准则，为达到设计目的，利用各种手段、采用多种材料、多种形式，巧妙地装饰在家具上，效果也非常成功。所以，清式家具与明式家具并驾齐驱，成为中国家具艺术中的精品。

作业与思考题

1. 清代家具的发展与成熟可以分为几个阶段？每个阶段各有什么特点？
2. 最能代表清式家具的特征的是哪两类家具？其主要特征是什么？
3. 清式家具的主要特征是什么？

结语：

明清家具是中国悠久灿烂的艺术文化中的一颗璀璨的明珠，代表着中国家具的黄金时代。明式家具造型优美简练，选材考究，制作精细。清式家具以设计巧妙、装饰华丽、做工精细、富于变化为特点。其艺术成就对东西方都产生过不同程度的影响，在世界家具体系中，它占有重要的地位，时至今日仍然对我们今天的家具设计和制造产生着深远的影响。

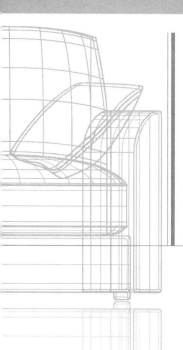

第三部分
现代家具

第一章 现代家具的探索
（19世纪中期—20世纪初）

学习目标： 了解现代家具萌芽的历史背景，影响现代家具产生的因素。重点掌握索耐特曲木家具产生的原因、特点、历史意义以及工艺美术运动、新艺术运动的代表人物及其作品。

手工业时代的技术与艺术完美结合，造就了传统设计的辉煌。18世纪下半叶的工业革命带来了新技术、新材料和新的生产方式，却没有给设计带来适合的新艺术可供借鉴，于是导致了新问题的出现：与手工生产相比，机器的批量生产带来产品艺术质量的急剧下降和消费者艺术品位的降低。19世纪开始，许多有识之士进行了积极的探索，较有代表性的是索耐特的曲木家具、工艺美术运动与新艺术运动。西方家具在其风格动荡、变革的进程中，开始了对现代家具的探索，从重视装饰向重功能、从重手工向重机械转变。现代的家具探索就是对传统观念的改革，使人们在观念上有一个更新。

第一节 现代家具工业探索的先驱——索耐特曲木家具
（1819年至今）

直到19世纪中期，家具生产主要还是停留在手工制作，但是一些工业先驱开始尝试用现代生产技术批量化生产质优价廉的家具。其中最为成功的要数奥地利工匠迈克尔·索耐特（Michael Thonet，1796—1871年），他开辟了曲木家具的批量化生产。直到19世纪末，他设计制作的样式简单、形态优美的椅子成为贵族与平民都十分喜欢的家具。索耐特曲木家具，现为德国著名的家具品牌。至今已拥有近两百年历史，始终诠释着现代家居的理念。

一、概述

索耐特家具始于1819年，以椅子的设计与生产为特色，由现代家具的开路先锋迈克尔·索耐特创立，索耐特椅子在19世纪就已遍及全球，它完美地运用了新的技术，满足了新的消费需求，开拓了工业革命时期家具的新风格。

迈克尔·索耐特出身德国的木工世家，年轻时就熟练掌握了各种木工和细木镶嵌技艺，早年受德国家具师大卫·伦琴的影响，注重家具的品质和技术上的突破。工厂开始以19世纪毕德迈尔式的传统方法生产家具，强调简洁化和功能化。1830年，索耐特开始试验压力弯曲木片、木条，再用动物胶固定形状，用这个方法做家具。六年后（1836年），他成功地制造出第一把弯木椅子——博帕德层积木椅。1837年，为了能够批量生产这种曲木椅子，他设法收购了胶水工厂"米切斯穆勒"公司。1840年，索耐特利用蒸汽木材软化法（这种方法也一直沿用到今天），成功地使轻且硬的木材弯曲成优美的流线型，从而制作出新型、优美、轻巧、耐用且舒适的家具，与过去厚重、雕饰复杂的样式大相径庭。

为推广自己的曲木技术，索耐特设法在德国（1840年）、英国、法国、俄国（1841年）申请专利，但是都不成功。

1841 年，索耐特的曲木家具参加了德国的科伯林兹交易会。在交易会上，他遇到奥地利亲王梅特涅（Klemens Wenzel von Metternich），亲王非常喜欢索耐特椅子，购买了一批他的家具。1842 年，在梅特涅的推荐和帮助下，索耐特来到维也纳，与儿子们一起为卡尔·雷斯特（Karl Leister）公司进行室内装饰工作。同年，索耐特的"用化学、机械法弯曲木材的技术"在维也纳获得了专利。

1849 年，索耐特与儿子们在维也纳建立了自己的工厂，1853 年，索耐特将公司移交给儿子们，命名为"Gebruder Thonet"。

1850 年，索耐特 1 号椅子诞生，并且被选送参加 1851 年在伦敦的第一届世界博览会，获得铜奖，索耐特家具第一次获得国际承认，也为索耐特家具打开了进入国际市场的大门。在 1855 年的巴黎世界博览会上，他改进后的新索耐特椅子获得了银奖。这时索耐特椅子已经成了国际市场中热销的产品了。1856 年，索耐特获得工业化生产弯曲木家具的专利。

1857 年，索耐特在今捷克的摩拉维亚新建工厂，在那里有大量制作曲木家具不可缺少的山毛榉树林，并能雇到廉价的劳动力。1871 年，索耐特逝世，当时公司已在芝加哥与纽约设有销售点。此后，索耐特公司又在东欧开设五个工厂，1889 年在德国的弗莱堡建立第七个也是最后一个工厂。经过一战与二战，索耐特最终只保留了德国弗莱堡唯一一个工厂。

2006 年，Gebruder Thonet 更名为 Thonet GmbH。今天，索耐特弗莱堡工厂（公司总部所在地）设有索耐特博物馆，展示公司的历史与索耐特的产品。维也纳的应用艺术博物馆有完整的索耐特设计作品展示，应该是全世界最大的一批索耐特家具收藏地。

索耐特公司生产了大量世界一流的现代家具，是现代家具的里程碑。除了迈克尔·索耐特自己设计的作品，公司还制造约瑟·霍夫曼（Josef Hoffmann）和奥托·瓦格纳（Otto Wagner）的作品，以及后来的马特·斯塔姆（Mart Stam）、勒·柯布西耶（Le Corbusier）和包豪斯成员等家具大师的作品，这些产品有很多一直到今天还在继续生产，足见人们对它的喜爱，那些老家具也成了人们竞相收藏的古董。

二、家具样式

索耐特公司的产品目录里包括了卧室以及室外扶手椅、长靠椅，甚至儿童用的变体椅等应有尽有的家具类型，以椅类家具为主。除了英国的温莎椅和中国的明式椅以外，很难有其他的椅子能超过索耐特椅的生产年限和数量。然而，对索耐特曲木椅而言，更重要的是它开创了现代家具工业和设计的先河。

（一）14 号椅/214 号椅

1859 年，著名的索耐特 14 号椅（索耐特家具最有代表性的作品，也称"消费者椅"，图 3-1-1）诞生。这是一款专供咖啡馆使用的椅子，利用蒸汽曲木技术制作，所有零部件都可以拆装，方便运输及工业化生产。1867 年，改良后的 14 号椅被简化为由 6 根直径为 3cm 的曲木、10 个螺钉、2 个垫圈构成（214 号椅，图 3-1-2）。此椅可以说是最早实现"平板包装（Flat-Packing）"的家具，1m³ 的包装箱可以容纳 36 把椅子的零部件。零件到用户手中再自行组装，从而大大节约了运输费用。这把椅子优美、流畅、轻巧，被称为"椅子中的椅子"，在 1867 年举办的巴黎世博会一亮相即博得广泛赞誉，荣获金奖。因为它非常方便运输，所以迅速流传开来，甚至出口到清末的中国。它既可以登堂入室，摆在王公贵族的客厅里，也是普通大众家中或路边咖啡馆里的坐具。不论在漂亮的客厅，还是在上流社会的社交场所或咖啡厅，都能见到。至 1930 年，此椅已累计生产 5000 万件，目前仍在继续生产，成为世界上销量最高的椅子。它的成功不仅体现了生产技术的进步，更是现代设计理念的进步，在今天几乎所有关于工业设计的史书中总是第一件出现的家具。

（二）1 号摇椅

在索耐特的所有作品中最优雅和最被欣赏的就是索耐特 1860 年设计的 1 号摇椅（图 3-1-3）。这把椅子打破了椅子设计的常规，将"动"的观念融入到作品中，是灵活运用曲线造型的典范。从椅子的造型就能使人联想到坐在上面那种悠闲自得、其乐融融的心情。起初，这把摇椅并不畅销，但 1913 年后，这把椅子逐渐流行，索耐特每销售 20 把椅子中就有 1 把 1 号摇椅，盛期年产量达到 10 万件以上。

图 3-1-1　14 号椅　　　　图 3-1-2　214 号椅及其分解部件、包装图　　　　图 3-1-3　1 号摇椅

（三）18 号椅、56 号椅

索耐特 1867 年以后生产的 18 号椅（图 3-1-4）与 56 号椅（图 3-1-5），是自 14 号椅之后广为流行的椅子。18 号椅对靠背和座板下的加强圈都进行了改进，组装更加容易，而且整体也更加牢固，是后期出口的主要型号。56 号椅开始生产于 1885 年，从形式上看，略偏离了索耐特初期的设计方针，但由于靠背改为分段式，最长的零件由 2m 以上变为 1m 以内，更加简化了操作，提高了材料的利用率。

（四）209 号椅

1902 年索耐特开始销售的 209 号椅（图 3-1-6）是一把便宜、舒适的书椅，也称"维也纳椅"。靠背与扶手连为一体，由一根整木弯曲而成，整把椅子也由 6 个曲木构件组成，造型优美。著名建筑师勒·柯布西耶非常喜欢这把椅子，认为此椅具有高贵的品质，并将其用在了他设计的多座建筑中。

（五）247 号椅

1904 年维也纳分离派的建筑师奥托·瓦格纳为奥地利邮政储蓄银行设计配套的椅子，部分由索耐特制作，编号为 247 号椅（图 3-1-7），成为 20 世纪椅子设计的经典作品。

（六）索耐特公司生产的钢管家具

二战前，工厂转向生产钢管家具，并与包豪斯的马歇·布劳耶、密斯·凡·德罗等大师合作，产品再次走向世界，成为当时具有现代市场规模的家具公司之一。

索耐特的钢管椅也闻名天下。钢管作为一种新材料的尝试在 1926 年由包豪斯的教授们首先提出。之后索耐特把钢管的概念在家具设计中运用到了极致。由德国著名的现代主义建筑大师密斯·凡·德罗在 1927 年为索耐特设计的 533 号钢管悬臂椅（图 3-1-8）则成为钢管家具设计历史的里程碑。马歇·布劳耶 1935 年设计的钢管书桌（图 3-1-9），是包豪斯将艺

图 3-1-4　18 号椅

图 3-1-5　56 号椅

图 3-1-6　209 号椅

图 3-1-7　247 号椅

术与技术相结合精神的典型代表。

索耐特公司的产品顺应时代发展，盛销至今，其家具类型涉及办公、休闲、酒店等多个领域。它诠释了现代家具的新设计和对传统模式的重新释义，象征着革新和一个新时期的开始。

图 3-1-8　533 号钢管悬臂椅

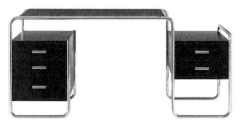

图 3-1-9　钢管书桌

三、材料、结构、工艺

索耐特家具很好地将工业革命时代的两个重要因素——技术开拓和满足社会各阶层的需求结合起来。曲木技术的逐渐完善、形式的简化、部件的减少、用料的纤巧、结构的合理化密切配合，齐头并进，使索耐特家具成为现代家具的伟大先驱。这些设计解决了造型美、价格低、样式多、系列化这些急需解决的问题。

材料上，索耐特积极探寻山毛榉、藤条等适合弯曲工艺、材轻质坚的材料，制作出具有结构简单、轻巧美观、线条流畅、曲折多变、舒适温婉等优点的家具。

索耐特家具的另外一个重要特性是便于运输，开创"平板包装"技术，家具各构件间易于拆装，到用户手中再自行组装，大大节约了运输成本。

也正是由于索耐特的技术开拓精神符合了时代的要求，从而加速了家具进入成熟和完美阶段的步伐。索耐特初期的技术部分来自马车和轮船的制作方法，将细木条用加热与借助外力的方法弯曲，然后放在一起压制成薄的木片，并弯成到一定的形状，然后将它们胶合在一起形成需要的厚度。在接下来的实验中，他将木条捆在一起，放在胶里加热。他的早期实验家具几乎都是由压制成薄片的木材制成的，里面的薄片木材为普通木材，外面则覆盖了一层精美的薄木。这项技术缩短了家具生产的周期，降低了生产成本。转向曲木椅子生产以后其工艺进一步发展成熟，发明了外加金属带使中性层外移的曲木方法，很好地解决了外层开裂问题。随着技术的日益成熟，索耐特和他的儿子们还自行设计制作复杂的生产机械。他们首先制造了代替锅蒸煮木材的蒸气釜，可根据木材大小调整蒸煮时间。其后制造了螺丝机和钻螺钉孔的钻床等。这些都丰富了工业化大生产的需求。

四、小结

　　融合传统与创新、科技与设计、简朴与多元，是索耐特品牌始终不渝的理念。索耐特的产品设计精良，利用先进的加工技术打造造型独一无二且多功能的产品。索耐特的设计团队始终致力于突破外形和材料的局限，把最新的设计元素融合到每一件作品中。这一切都将索耐特打造成了一个既能够顺应时代需求，又能和自身传统完美融合的品牌。

　　今天，索耐特家具作为一个不朽经典的化身，可以在世界任何角落里看到它的身影。在产品的创新上，索耐特家具在保持它一贯的简约主义外，与时俱进，与新锐设计师一起合作，创造了一个又一个新的传奇。

作业与思考题

1. 为何说索耐特曲木家具是现代家具工业探索的先驱？
2. 资料收集：索耐特公司成立以来制作的家具。
3. 请谈谈索耐特家具对中国现代家具设计的启示。

第二节　工业设计思想的萌芽
（19 世纪）

　　19 世纪中期，欧洲各国都先后完成了工业革命。各地大批工业产品被投放到市场，但就其外形设计来看却远远落后于时代的步伐，工厂只顾及具体产品的性能、生产流程等，艺术与技术已达到了对立的程度。

　　这时的产品出现两极分化：一是工业生产的产品外形粗陋不堪，没有美的设计；另一个是技艺高超的工匠们仍然以手工为主生产制造一些少数人使用的精品。艺术家们依然霸占这个天地，看不起工业化生产的产品，并且仇视机械生产这种手段。于是，各种思想交替出现，产生了如普金、拉斯金等杰出的代表。"水晶宫"万国工业博览会的举办成为工业设计思想萌芽的一个导火索，也为后来的一些设计改革运动奠定了基础。

一、普金的建筑理论

　　英国建筑师普金（Augustus Welby Northmore Pugin，1812—1852 年）对于 19 世纪前期哥特式复兴有重要的影响。普金出身建筑师世家，从 15 岁起开始设计家具和用品，其父是一位狂热的哥特式爱好者。曾经训练普金为他的书籍画哥特式建筑的插图。这一时期的训练为普金在后期成为建筑领域哥特式复兴运动的领袖人物打下了基础。

　　普金对于哥特式风格具有近乎宗教般的虔诚。对普金来说，哥特式的复兴代表了一种具有精神基础的设计运动，这种精神基础在一个价值观迅速改变的社会中是必不可少的要素。他坚信，优良的设计作品能够改革社会，反映真理，设计基本上是一种道德活动，设计者的态度通过其作品而转移到了别人身上。因此，理想越高，艺术水准也越高。他的这些思想使他成了后来工艺美术运动的先行者。

　　普金的科学理论包括功能主义与材料理性主义两大部分，两者均产生于他对乔治时代形式主义设计方法的质疑。普金的功能主义可以理解为"平面决定立面"这一设计法则，而其材料理性主义则要求建筑师尊重材料的物理特性，挖掘材料的建造表达潜力。普金建筑理论自诞生后逐渐在经验主义的英国土壤中建立起一种全新的、史无前例的建筑评判视角，最终终结了英国乔治时代的新古典主义和浪漫主义追求新奇形式效果的风潮，并将英国建筑引上了哥特复兴和工艺美术运动的轨道。

普金建筑实践的突破性创新主要表现在住宅设计领域。他的中产阶级独栋住宅作品自产生后逐渐成为建筑史上的一种独立建筑类型，其诞生来自于中产阶级的生活需求及其日益增长的文化归属感，同样也来自于普金在设计中对其学术成果的灵活运用。在材料表达上，普金的新型住宅使用不加掩饰的裸露材料，而在功能开拓这一尝试中，他通过提炼英国的历史经验，将已经消失数百年的英格兰中世纪庄园住宅的"大厅"引入新住宅的设计，最终创立了中产阶级住宅新类型，继而引领了 19 世纪下半叶英国住宅的新潮流。

二、"水晶宫"万国工业博览会

为了炫耀英国工业革命后的伟大成就，也是试图改善公众的审美情趣，以制止对于旧有风格无节制的模仿。1849 年，英国白金汉宫决定，在 1851 年举办一届规模宏大、有世界各国参与的国际性博览会，并建造一幢临时性但具有恢弘气势的展馆建筑。

1849 年，英国政府决定在海德公园南侧兴建一幢大型临时建筑。为避免破坏公园树木，最终采纳了皇家园艺师帕克斯顿（Joseph Paxton，1801—1865 年）"水晶宫"的设计方案，创造性地将花房式框架玻璃结构运用到建筑设计之中，将树木放在屋顶下得以保护。结果这座原本为展品提供展示的场馆，成为第一届世博会上最成功的展品。

展览馆外形为一个简单的阶梯形长方体，并有一个垂直的拱顶，高三层，各面只有铁架与玻璃，没有任何多余的装饰，完全体现了工业生产的机械特色（图 3-1-10）。这座历史上第一次以钢铁、玻璃为材料的超大型建筑，采用了重复生产的标准预制单元构件，总共花了不到 9 个月时间便全部装配完毕。由于这是一座有巨大室内空间、光线充足的大型展览馆，通体透明，当时人称"水晶宫"。它不仅开创了近代功能主义建筑的先河，也成就了第一届伟大的世博会。

但"水晶宫"中展出的内容却与其建筑形成了鲜明的对比。各国选送的展品大多数是机制产品，其中不少是为参展而特制的。展品中有各种各样的历史式样，反映一种普遍的为装饰而装饰的热情，漠视任何基本的设计原则，其滥用装饰的程度甚至超过了为市场生产的商品。生产厂家试图通过这次

图 3-1-10 水晶宫

隆重的博览会，向公众展示其通过应用"艺术"来提高产品身份的妙方。这显然与组织者的原意相距甚远。

在这次展览中也有一些设计简朴的产品，其中多为机械产品，如美国送展的农机和军械等。这些产品朴实无华，真实地反映了机器生产的特点和既定的功能。但从总体上来说，这

次展览在美学上是失败的。

展览会结束后，"水晶宫"被拆迁到伦敦市郊的赛登汉重新装配，在 1936 年的一场大火中被付之一炬。英国前首相丘吉尔曾表示它的烧毁是"一个时代的终结"，即宣告了辉煌的维多利亚时代的结束。

但这次博览会在工业设计史上具有重要意义。它一方面较全面地展示了欧洲和美国工业发展的成就，另一方面也暴露了工业设计中的各种问题，从反面刺激了设计的改革。

博览会的一个结果，就是在致力于设计改革的人士中兴起了分析新的美学原则的活动以指导设计。博览会的另一个结果就是在亨利·柯尔的主持下，创建了一所教育机构来满足英国设计界的需要，这就是亨利·柯尔博物馆。一个包括普金在内的委员会，负责从博览会的展品中为博物馆挑选藏品。博物馆的目标是整治当代工业的顽疾，并向公众讲解有关知识。

三、拉斯金的设计思想

在伦敦"水晶宫"万国工业博览会上，大多数展品极尽装饰之能事而近乎夸张。这种功能与形式的分离，缺乏整体设计的状况，从反面激发了一些思想家，如英国的拉斯金、莫里斯等对设计进行探讨。

约翰·拉斯金（John Ruskin，1819—1900 年）对中世纪的社会和艺术非常崇拜，对于博览会中毫无节制的过度设计甚为反感。但他将粗制滥造的原因归罪于机械化批量生产，因而竭力指责工业及其产品。他的思想基本上是基于对手工艺文化的怀旧感和对机器的否定，而不是基于大机器生产去认识和改善现有的设计面貌。

反对工业化的同时，拉斯金为建筑和产品设计提出了若干准则：师承自然，从大自然中汲取设计的灵感和源泉，而不是盲目地抄袭旧有的样式；使用传统的自然材料，反对使用钢铁、玻璃等工业材料；忠实于材料本身的特点，反映材料的真实质感。拉斯金把用廉价、易于加工的材料来模仿高级材料的手段斥之为犯罪。

约翰·拉斯金的设计理论具有强烈的民主和社会主义色彩。他强调设计为大众服务，反对精英主义设计。其实他的这一设计思想很混乱，他一方面强调大众，另一方面主张从自然和哥特风格中寻找出路，但这种设计不是为大众服务的。

约翰·拉斯金的实用主义思想与以后的功能主义仍有很大区别。他发现了工业化带来的问题，但没有提出解决问题的方法和途径，只停留在理论层面上，没有涉及实践深处，但其理论成为后来威廉·莫里斯等人倡导的工艺美术运动的理论基础。

四、小结

工业设计思想的萌芽是由工业革命带来的设计与生产制造分离所导致的。这个时期，设计师们开始探索艺术与技术的结合、传统与工业的结合，为工业设计思想的发展与成熟奠定了坚实的基础。

作业与思考题

1. 什么是普金的建筑理论？

2. 简述水晶宫的建筑特色与意义。

3. 拉斯金的设计思想是什么？

4. 课外拓展：搜集普金、拉斯金设计作品的图片资料与水晶宫图片资料。

第三节　工业设计思想的形成
（19世纪后期—20世纪初）

一、工艺美术运动

工艺美术运动是19世纪下半叶起源于英国的一场设计改良运动。这是世界现代设计史上第一次大规模设计启蒙运动，其中影响最大的是家具和室内装饰领域。

（一）背景及起因

工艺美术运动产生的背景是工业革命以后大批量工业化生产和维多利亚时期的烦琐装饰两方面同时造成的设计水准急剧下降，导致英国和其他国家的设计师希望能够复兴中世纪的手工艺传统。

当时大规模生产和工业化方兴未艾，大批量工艺品投放市场，然而设计却远远落后，美术家不屑于产品设计，工厂只重视生产和销量，设计与技术相对立。当时产品出现了两种倾向：①工业产品外形粗糙简陋，没有美感；②手工艺人仍然以手工生产为权贵使用。

1851年，伦敦水晶宫万国工业博览会上的一些粗糙、简单的机械制造暴露了工业设计中的各种问题，产品引起了一批设计师的强烈不满。

针对这一局面，工艺美术运动在此后的几年中逐渐发展。1888年在伦敦成立的艺术与手工艺展览协会促进了工艺美术运动的进一步发展。此后，这个协会连续不断地举行了一系列的展览，在英国向公众提供了解好设计及高雅设计品位的机会，从而促进了工艺美术运动的发展，影响逐步扩大，后来传播到美国和欧洲其他国家。

（二）主要特征

这场运动的理论指导是约翰·拉斯金，而运动的主要实践人物是艺术家、诗人威廉·莫里斯（William Morris）。这场运动是针对家具、室内产品、建筑等工业批量生产所导致的设计水准下降的局面，开始探索从自然形态中汲取、借鉴，从日本装饰（浮世绘等）和设计中找到改革的参考，重新提高设计的品位，恢复英国传统设计的水准，因此称为"工艺美术运动"。工艺美术运动的特点是：

① 强调手工艺生产，反对机械化生产；
② 在装饰上反对矫揉造作的维多利亚风格和其他各种古典、传统的复兴风格；
③ 提倡哥特风格和其他中世纪风格，讲究简单、朴实、风格良好；
④ 主张设计诚实，反对风格上华而不实；
⑤ 提倡自然主义风格和东方风格。

（三）工艺美术运动在各国的表现

1. 英国的代表人物及其作品

工艺美术运动范围十分广泛，包括一批类似莫里斯商行的设计行会组织，并成为工艺美术运动的活动中心。英国有不少年轻的设计师纷纷仿效莫里斯的方式，组织自己的设计事务所，称之为行会。行会原本是中世纪手工艺人的行业组织，莫里斯及其追随者借用行会这种组织形式，以反抗工业化的商业组织。具有影响的设计行会有：1882年，由建筑设计师阿瑟·马克穆多成立的"世纪行会"；1884年，由圣乔治社合并而成的"艺术工作者行会"；1888年，由查尔斯·罗伯特·阿什比创建的"手工艺行会"等。这些组织团体的成立，在承担了当时的大量设计的同时，将莫里斯的设计思想和设计风格传播开来。尽管他们未能打破时代的局限——对机械和大工业批量生产的否定，但在唤醒人们对工业产品设计重视、探索艺术与技术的结合、艺术设计的伦理道德观方面做了卓有成效的前瞻性工作，开启了现代设计的大门。1885 年，一批技师、艺术家组成了英国工艺美术展览协会，并从此开始定期举办国际展览会，因而吸引了大批外国艺术家、建筑师到英国参观，这对于传播英国工艺美术运动的精神起了重要作用。莫里斯的理论与实践在英国产生了很大影响，一些年轻的艺术家和建筑师纷纷效仿，进行设计的革新，从而在 1880—1910 年间形成了一个设计革命的高潮，这就是所谓的"工艺术运动"。这个运动以英国为中心，波及了不少欧美国家，并对后世的现代设计运动产生了深远影响。

（1）威廉·莫里斯（William Morris，1834—1896 年）

威廉·莫里斯，英国建筑、家具及织物图案设计师、作家、诗人和社会主义者，主要从事织物、墙纸、瓷砖、地毯、彩色镶嵌玻璃等平面设计。此外，他在印刷、书籍装帧设计方面的成就也十分突出。作为英国工艺美术运动的领导人，他是将约翰·拉斯金的思想理念付诸实践的设计先驱。他与其他艺术家、诗人、建筑师等共同组成"拉菲尔前派"，主张"诚实的艺术"，主要是恢复中世纪手工艺的传统，并反对机械主义美学，是工艺美术运动的代表。

莫里斯出身富商家庭，曾就读于牛津大学学习神学。在牛津大学期间，他受到了拉斯金思想的影响。他在游历法国之后，对哥特式建筑产生了浓厚兴趣，于是进入一家建筑师事务所学习建筑，但时间不长。17 岁时莫里斯随母亲一起去参观 1851 年的"水晶宫"博览会，他对当时展出的展品很反感，这件事与他立志投身于设计事业反抗粗制滥造的工业制品有密切关系。

莫里斯的艺术设计思想深受约翰·拉斯金的影响，既表现出进步性，又有局限性和矛盾性。严格来说，莫里斯并不是一个现代设计的奠基人：因为他探索的重点是否定工业化和机械化生产，而这正是现代设计赖以生存的中心。他的目的是复兴旧时代风格，特别是中世纪的哥特式风格，他不仅否定机械化、工业化风格，而且否定装饰过度的维多利亚风格，认为只有哥特式、中世纪的建筑、家具、用品、书籍、地毯等设计才是"诚实"的设计。其他的设计风格都应该被否定，推翻。只有复兴哥特式风格和中世纪的行会精神才能挽救设计，保持民族的、民俗的和高品位的设计。对于他来说，唯一可以依赖的就是中世纪的、哥特的、自然主义这三个来源。他强调实用和美观的结合，但是怎样达到这个目的，对他来说，依然是采用手工艺生产的方式。他的这个局限使他不可能成为真正现代设计的奠基人。

尽管莫里斯的设计思想存在一定局限性和矛盾性，但他的设计思想和他领导的英国工艺美术运动，在世界设计艺术史上具有巨大的进步意义。他提倡艺术与手工艺结合，主张艺术家、设计师应向大自然学习；强调艺术应该为大众服务，本质上已经构建了现代主义艺术设计的思想。因此，他被后人尊称为"现代设计之父"。他的这种理念，使得他所倡导的运动得到了大力推广，并先后出现了一大批立志设计改革的设计师。

莫里斯对于新的设计思想的第一次尝试是 1859 年对他的新婚住宅"红屋"（图 3-1-11）的装修。红屋由菲利普·韦伯（Philip Webb，1837—1915 年）设计。在与几位志同道合的朋友合作下，莫里斯自己动手设计制作红屋的家具、地毯、墙纸和壁挂等物品。

1861 年 4 月，莫里斯与他的朋友马歇尔（Marshall）和福克纳（Falnkner）创立了以三人姓氏命名的 MMF 商行。1864 年，莫里斯把其他两个人的股份买下来，成立了莫里斯事务所。这个由艺术家投入设计并进行生产的机构可以说真正拉开了工艺美术运动的序幕。

莫里斯公司出品的家具并非莫里斯本人的设计，但风格却始终与莫里斯的主张保持一致。这些家具与室内设计分为两种风格：一种是富丽且装饰精美的豪华风格，专门满足上层社会的收藏家以及富有人士的需求；另一种是形式简洁、价格便宜的实用风格。最畅销的当数1866年制作的苏塞克斯椅（图3-1-12），其设计者是莫里斯的好友罗塞蒂（Rossetti）。它很好地体现了为大众服务的原则，完美体现了莫里斯的精神追求和设计思想。1870年，莫里斯与菲利普·韦伯一起设计了可调节靠背的莫里斯与韦伯椅（图3-1-13）。

尽管莫里斯与别人一起设计过家具，但他是一位平面设计师，主要从事织物、墙纸、瓷砖、地毯、彩色镶嵌玻璃等的设计。他的设计多以植物为题材，有时加上几只小鸟，颇有自然气息并反映一种中世纪的田园风味。这是拉斯金"师承自然"主张的具体体现，对后来风靡欧洲的新艺术运动产生了一定的影响。

图3-1-11 红屋　　　　　　图3-1-12 苏塞克斯椅　　　　图3-1-13 莫里斯椅

（2）爱德华·哥德温（Edward William Godwin，1833—1866年）

爱德华·哥德温是英国最早的以简洁风格设计家具的建筑师。1854年建立了自己的设计事务所，以建筑设计为主要事业。1862年的国际工业与艺术博览会使他的兴趣更多地转向室内与家具设计。哥德温的家具设计有时受历史风格的影响，如在埃及家具的基础上进行简化设计。但对其有决定性影响的还是东方设计思想，即中国和日本的设计手法，这使哥德温设计出了一批形式高雅、造型简洁、有明确现代意味的作品。

哥德温作品的标志是功能简化、造型简洁，喜用深色木材特别是乌木，设计的家具多有渐细的支撑架，直线形状，特征明显（图3-1-14至图3-1-18）。

图3-1-14 餐桌（1876年）　　图3-1-15 橱柜（1875年）　　图3-1-16 扶手椅（1877年）

（3）克里斯托弗·德莱赛（Christopher Dresser，1834—1904年）

克里斯托弗·德莱赛生于苏格兰的格拉斯哥，13岁时开始在伦敦的政府设计学院学习设计与植物学。毕业后从事过植物学与艺术植物学的教学工作，提出"植物学应用于艺术与

艺术创作中"的观点，著有两部相关书籍，并于
1857 年在《艺术学报》上发表了系列文章。1859
年被德国耶拿大学授予荣誉博士学位。

1860 年开始，德莱赛开始将精力更多地转移
到设计实践中。他的设计作品包括地毯、银器、
电镀产品、墙纸、瓷器、玻璃和金属制品。1862
年出版《装饰设计艺术》《国际展览会中装饰艺术
的发展》，1871—1872 年出版《设计原则》。

1876 年，德莱赛到日本旅游，日本设计的简
洁、质朴和对细节的关注等特点，给他留下了深
刻的印象，对他后来的设计产生了较大的影响。

图 3-1-17　靠背椅　　　图 3-1-18　扶手椅
（1878 年）　　　　　（1883 年）

他从日本的装饰图案中汲取灵感，他设计的作品具有明显的英日混血特征。他的经典之作，
如油壶、醋瓶、烧烤架等至今仍在阿莱西公司生产。

关于装饰问题，德莱赛反对直接模仿自然，他认为植物里的形式必须经过人为的规范化
后才有用。"规范化的植物形象就是以最纯净的形式描绘出来的自然，因此，它们不是自然
的仿制品，而是完美的植物精神实质的具体形象。"

德莱赛潜心研究的植物学不单单是图案和形态的来源，用他的话来说，植物表现出了
"合理的目的性"，或者说"适应性"。德莱赛是率先以合理方式分析形式与功能之间关系的
设计师之一，这是受植物学的影响，是 20 世纪现代设计的先驱者之一。

图 3-1-19 为德莱赛 1870 年为某营业室设计的靠背椅，图 3-1-20 为他在 1880—1883 年
设计的靠背椅，图 3-1-21 为他在 1880—1883 年设计的软包椅。

　　图 3-1-19　靠背椅　　　　　　　图 3-1-20　靠背椅　　　图 3-1-21　软包椅

（4）查尔斯·沃塞（Charles Francis Annesley Voysey，1857—1941 年）

查尔斯·沃塞出生于英国约克郡，早年接受建筑师的训练。1882 年建立自己的建筑设
计事务所，主要从事建筑、家具与纺织品的设计。同麦金托什一样，沃塞也十分强调建筑、
室内与家具的一体化设计。沃塞的平面设计偏爱卷草线条的自然图案，以至人们常常将他与
后来的新艺术运动联系起来。

沃塞于 1895 年左右开始从事家具设计。他在 1895—1910 年间的家具设计风格独特，个
性鲜明。多选用不上光的橡木制作，而不是传统的珍贵材料——桃花心木，注重整体感、较
多运用水平与垂直构件，讲究平衡，简约却不失传统，易于批量化生产，使其成为英国后期
工艺美术运动中的主要成员。沃塞设计的椅子通常在靠背板上采用挖空的心形造型（图 3-1-

22 和图 3-1-23）。橱柜常有简洁的檐帽，转角多用上端带有圆帽装饰的角柱，柜门用粗糙的长条青铜铰链连接（图 3-1-24 和图 3-1-25）。1910 年以后，沃塞开始在他的设计中较多地引入哥特式题材。

图 3-1-22　靠背椅　　　　图 3-1-23　扶手椅　　　　图 3-1-24　钢琴柜　　　　图 3-1-25　橱柜

（5）查尔斯·罗伯特·阿什比（Charles Robert Ashbee，1863——1942 年）

查尔斯·罗伯特·阿什比是一位金属和珠宝设计师、艺术家，工艺美术运动时期首饰设计界的变革者和拓新人是当时极具影响力的手工艺行会创始人。阿什比秉持拉斯金与莫里斯的理念，参考中世纪的工会模式，发起了手工艺行会。手工艺行会的设计大部分由阿什比提供，他对金属及珠宝作品特别在行，设计风格主要以有机整体感和纯粹的抽象造型表现，具有强烈的新艺术特点。在这时期所有的设计风格，大都和自然界有所关联，以自然与工艺品相结合，显示艺术和自然是密不可分，工艺美术运动对之后的相关运动有很大的启发，例如新艺术运动。

阿什比对家具设计的热爱与追求反映在了他为数不多的家具作品当中。在阿什比眼中，工匠与设计师是合二为一的，一名优秀的设计师必然也是一位优秀的手工艺人，应当熟悉材料的特性，且精通家具的制作与加工。他设计的每一件家具从形态线条、材质肌理到制作工艺，都成为英国精湛手工艺的代表。桃花心木是阿什比较为常用的木材，因为桃花心木通常为浅红褐色，色泽亮丽，能抗虫蚀，径切面具有美丽的特征性条状花纹，加之其木质密度适中，材质细腻，十分适合制作素面家具。他的家具设计鲜明地体现了工艺美术运动时期实用、简洁、质朴、庄重的家具特征。

阿什比设计的橱柜多受西班牙"瓦格诺"（雕花立橱）影响。他 1905 年设计的立橱（图 3-1-26），胡桃木脚架上方搁置枫木柜体，内部雪松抽屉表面用摩洛哥树叶镀金装饰，整个橱柜五金用锻铁制作。桃花心木写字柜（图 3-1-27）的主材为桃花心木，装饰部件为乌木与冬青木。整个柜子造型庄重、沉稳，突出了木材本身的纹理和色泽。直腿与雕刻的兽足形成了鲜明的对比。阿什比设计的钢琴柜（图 3-1-28），也延续了阿什比柜式家具方正大气、几何化的设计特点。该橱柜的球形足（银器设计中也经常运用）是阿什比常用的器物足部设计，也是他标志性的设计元素，在一定程度上能够代表他的设计特点。

2. 美国的代表人物及其作品

19 世纪末，英国的工艺美术运动开始影响美国，并持续到 20 世纪初（1915 年左右）。美国的工艺美术运动不像英国的那样是一个统一的、具有比较集中性活动的设计运动，而仅仅是一种设计思潮而已。美国工艺美术运动设计的宗旨和基本思想与英国工艺美术运动相似，但是具有自己的特色。拥有新大陆视野的美国艺术家毫不犹豫地在其中添加了社会和自然的因素，形成了自己的风格：比较少强调中世纪哥特风格；更讲究设计上的典雅，特别是明显的东方风格，如对日本建筑模数体系的强调。此外，印第安因素在美国一些艺术家的作品中留下了深深的烙印。美国工艺美术艺术家们一方面在作品中表达了强烈的美国式的爱国热情，刻意追求一种新大陆新兴强国的自我身份认同；另一方面，也积极追寻自己独立的个人特性。虽然他们都被看作来自美国的工艺美术运动干将，但其个性都十分充足。

图 3-1-26　立橱　　　　　　　　图 3-1-27　写字柜　　　　　　　图 3-1-28　钢琴柜

美国工艺美术运动的主要代表人物包括美国东海岸的古斯塔夫·斯蒂克利、美国中西部地区的弗兰克·洛伊·赖特、加州西海岸的查尔斯·格林和亨利·格林兄弟。

（1）古斯塔夫·斯蒂克利（Gustav Stickley，1857—1942 年）

古斯塔夫·斯蒂克利是美国工艺美术运动的领袖，著名的家具设计师与北美平房、草原派别墅的设计师。

斯蒂克利是石匠学徒出身，他的职业生涯从 1875 年一位亲戚的椅子加工开始。1876年，他在费城建城 100 周年纪念展览会上看到夏克家具（Shaker furniture）的展出，对他后来设计的家具影响较大，并竭力仿效夏克家具的简洁性。1899 年，斯蒂克利建立了斯蒂克利公司。

1900 年，斯蒂克利发起了"手工艺匠联盟"（The United Crafts），以合作的方式重建了作坊，但在 1904 年关闭。在这段时期，斯蒂克利创办了他的杂志《手工艺匠》（*Craftsman*），他用这本杂志宣传他的建筑思想和设计理念，同时也在自己的作坊里身体力行，发展创造出了一种称为"工匠风格"（Craftsman Style）的家具式样。由于约瑟夫·麦克休（Joseph P. McHugh）倡导的使命派风格（Mission Style）家具远早于工匠风格家具就存在于世，斯蒂克利确实借鉴或者借用了许多使命派风格家具的特征，而且两者均源于工艺美术运动，在外观上看起来也没有明显的区别，所以斯蒂克利的家具也被称为使命派家具。

斯蒂克利的工匠风格家具（图 3-1-29 至图 3-1-33）简单、洗练，应用了大量的水平和垂直线条，并且几乎无任何装饰，这种家具因为采用阴阳榫而非常牢固。斯蒂克利家具的价值主要体现在其材质上，他只选用美国最好的硬木——橡木，并且喜欢采用木纹最美的弦切面。他甚至用氨水处理来突出木材纹理。木板条大量应用于椅背和桌腿或者椅腿，紫铜、黄铜和锡镴被用于制作把手、拉手和铰链，深色的皮革是常用的软垫面料。这种用橡木制作的家具，坚固耐用、简洁美观、比例匀称，而且工艺上乘，适合机械批量化加工生产，呼唤人们回归美洲新大陆早期开发者的"简朴的生活方式"，因此风行整个美国，成为工艺美术运动时期北美家具的典型代表，也是美国家具史上第一款对世界家具影响深远的家具。这个时期，斯蒂克利公司的家具主要由哈伯特（Elbert Hubbard）设计。

图 3-1-29　休闲椅与脚凳

图 3-1-30　摇椅

图 3-1-31　沙发

作为企业家，斯蒂克利推出了整套系列家具（图 3-1-32 和图 3-1-33）的概念，同时又将工厂与文化企业相结合，对家具行业的发展起到了较大的推动作用。独特的艺术和工艺价值令斯蒂克利的工匠风格家具发展并延续至今。

图 3-1-32　客厅家具

图 3-1-33　卧房家具

（2）弗兰克·洛伊·赖特（Frank Lloyd Wright，1867—1959 年）

赖特是美国的一位伟大的建筑师，在世界上享有盛誉。师从摩天大楼之父、芝加哥学派代表人路易斯·沙利文（Louis Sullivan），后自立门户成为著名建筑学派"田园学派"（Prairie School）的代表人物，代表作包括建立于宾夕法尼亚州的流水别墅（Fallingwater House）和世界顶级学府芝加哥大学内的罗比住宅（Robie House）。赖特的设计作品除了建筑以外，还有家具、织品、玻璃艺术品、灯具、餐具、银器以及绘画等。

赖特认为一切美感均源于自然，因此比较强调建筑设计应当尊重天然环境，每幢建筑物都应当顺应和表现自然力来实现最佳境界。赖特还提出了独具创意的"草原式风格"和"有机建筑"理论。

赖特是一位勤奋而多产的设计师，对于他所设计的房子，他一般都会设计与之配套的家具，并完成空间布置。赖特设计的家具大都呈几何形，少有装饰，与他设计的建筑相协调。他的家具设计作品主要有 1904 年为马丁（Martin）住宅设计的橡木扶手椅（图 3-1-34）、为拉金公司设计的可旋转式办公椅（图 3-1-35）、1912 年设计的花园椅（图 3-1-36）、1921—1922 年为帝国酒店设计的孔雀椅（图 3-1-37）、1936—1939 年设计的办公椅与办公桌（图 3-1-38 至图 3-1-40）等。其中，为拉金公司设计的可旋转式办公椅是现代办公椅的先驱，椅子由涂抹油漆的钢架和皮革面料的座面组成，脚轮上的钢架可以旋转，靠背为抽象几何长方形并布满正方形小孔。各部位轮廓均呈直线，整体形制简洁明快，十分适合机械化制作。而且整个椅子的艺术特征不仅与办公楼的外形交相辉映，在视觉和功能上还与周围的办公环境浑然一体，充分体现了整体设计的概念。

赖特的家具设计是对欧洲多年流行的"新古典主义""历史主义"设计思潮的最强烈的反叛。由于不能对家具的每个细节都考虑周到，这使赖特不能成为现代家具设计的经典大师，但他超前的设计意识，使他成为主要的现代家具设计的先驱导师之一。

图 3-1-34 扶手椅　　　图 3-1-35 办公椅　　　图 3-1-36 花园椅　　　图 3-1-37 孔雀椅

图 3-1-38 办公椅　　　图 3-1-39 办公桌　　　图 3-1-40 办公桌椅

（3）格林兄弟

格林兄弟（Charles Greene，1868—1957 年；Henry Greene，1870—1954 年），美国著名建筑师、家具设计师，加利福尼亚设计学派的开创者。

不同于大多专业出身的建筑师，兄弟二人最先接受的是手工艺训练。在他们十几岁时，就被父亲送去了好友卡尔文·米尔顿·伍德沃德（Calvin Milton Woodward）创立的手工艺培训高中，进行了木工和金工的学习。在那里，他们不仅打好了扎实的手工艺基础，同时也对金属、木材等不同材质的性能有了全面的了解。后来两个人都进入麻省理工学院建筑系学习设计，并在不同的建筑事务所实习工作，直到 1893 年两个人建立了自己的设计事务所。

1893 年，两人参观了芝加哥的世界博览会（哥伦布博览会），其中的日本展室建筑和中国展馆中的家具给两人留下了极为深刻的印象，并立竿见影地体现在他们之后的设计中。

格林兄弟几乎没有亲手制作过他们设计的家具。他们的家具作品都是出自另外两个兄弟之手，也就是他们的合伙人约翰·霍尔（John Hall）和彼得·霍尔（Peter Hall）。这两位来自瑞典的自学成才的手工艺大师在与格林兄弟的多年合作中，为世人留下了许多堪称经典的建筑和家具作品。由于合作默契，霍尔兄弟能充分理解格林兄弟的设计意图，因此格林兄弟的家具设计手稿数量稀少，许多细部设计都自然而然被省略了。

如果说一个优秀的手工艺人的精湛技艺体现在"心手合一"之上的话，那么格林兄弟做到的更是"眼、手、心"的统一。格林兄弟对于手工艺以及材料特质有着非同寻常的洞察力。正是在他们敏锐的"匠者之眼"的观察下：橱柜上，普通的准宝石和珍珠贝母被拼贴镶嵌成了画一般的艺术佳品；桌椅中，裸露在外的柚木交接处无一不流动着优美的、手工磨砂光的曲线；梯面间，光滑的木块如同七巧板似的天衣无缝地拼接在一起。格林兄弟就是这样创造着他们眼中的建筑和家具，也在演绎着只属于他们的建筑师身份——"只为完成艺术而建造的建筑师"。

格林兄弟对于细节的把控在他们著名的集大成之作——甘布尔住宅（Gamble House）中就有着最好的体现。甘布尔住宅于1907年由大卫和玛丽·甘布尔夫妇全权委托给当时已声誉在外的格林兄弟设计，完美诠释了格林兄弟集基地环境、住宅、室内、家具设计于一体的整体化设计的理念。更重要的是，这样的整体性是由无数个精益求精的细部构成的，其中的家具设计更是体现了兄弟二人对于完美细节的不懈追求。从入口处的玻璃窗户，门把手，到灯具、陶器，再到直线条的餐桌、书桌、摇椅、矮柜，精湛而又错综复杂的细部设计比比皆是。

方栓和方钉是格林兄弟设计中出现频率最高的，这一小小的细节却不经意间成为格林兄弟的标签。几乎在所有的家具中都可以看见那些小块的方钉和方栓，这些外露的、精细的交接结构件正体现了格林兄弟对于设计的信仰。对于"折线母题"的运用更突显了格林兄弟融贯东西的细部设计特点。甘布尔住宅中的高背椅（图3-1-41）的椅背就很好地诠释了他们对于"折线母题"的运用。椅背上方的靠板如阶梯以折线递增，不同于传统欧式弧形线条的靠背，富有浓厚的东方意韵。甘布尔住宅内部处处可见"折线母题"的影子。

格林兄弟设计的大部分家具都是硬木制作的，强调木材本身的色彩和肌理，造型简朴，装饰典雅，是杰出的作品。主要作品还有1906年为罗宾逊（Robinson）住宅设计的"中国椅"（图3-1-42）、1907年为布拉克住宅设计的扶手椅（图3-1-43）、1907年设计的桃花心木高靠背扶手椅（图3-1-44）等。

图3-1-41 高背椅　　图3-1-42 中国椅　　图3-1-43 扶手椅　　图3-1-44 扶手椅

（四）工艺美术运动的主要成就与局限

工艺美术运动在理论上反对精英主义设计，强调设计为大众服务，具有强烈的民主和社会主义色彩。它最先提出的"艺术与技术结合"的原则，主张艺术家从事产品设计，反对纯艺术，以及师从自然等，是当时对工业化的巨大反思，构成了现代设计意识的开端。

工艺美术运动前后仅持续几十年，但其影响深远，遍及欧洲多国及美国，促使欧洲随后掀起了一场更为全面和广泛的新艺术运动。

工艺美术运动在设计上也形成了较为明显的风格特征：大量采用动植物纹饰，主张师从自然，形成清新活泼、富有生机的艺术效果；注重材料的选择，注意发挥各种材料的优势，注重材质肌理的表现；设计较为朴实、大方、适用。

但工艺美术运动的缺点或者说先天不足也是显而易见的，它反对机械化大批量生产，认为机械是美的产品的天敌，主张艺术家变成手工艺人，认为只有手工产品才有可能是美的，这与时代前进的步伐是相违背的。

二、新艺术运动

新艺术运动（Art Nouveau），是开始于 19 世纪 80 年代在欧洲和美国产生并发展的一次影响面相当大的"装饰艺术"的运动，于 1890—1910 年达到顶峰。这是一次内容广泛的、设计上的形式主义运动，涉及十多个国家，从建筑、家具、产品、首饰、服装、平面设计、书籍插画到雕塑和绘画艺术都受到影响。

（一）背景及起因

普法战争之后，欧洲得到了一个较长时期的和平，政治和经济形势稳定。不少新近独立或统一的国家力图跻身于世界民族之林，并打入竞争激烈的国际市场，这就需要一种新的、非传统的艺术表现形式。

与此同时，科技进步提供了更多的新型材料用于设计领域，艺术家、设计师们也热衷于在探索艺术的新形势时使用新材料、新结构。这一切都为新艺术运动的展开提供了广泛的社会需求和良好的物质基础。

英国工艺美术运动在拉斯金、莫里斯的理论指导和实践倡导下，在 19 世纪下半叶的欧洲如火如荼地展开。这场运动打破了矫饰主义盛行的沉闷之风，艺术家、设计师在彷徨之余，面对现实社会存在的问题，继续进行探索，最终导致了一场以新艺术为中心的、广泛的设计运动——新艺术运动。

（二）主要特征

① 强调手工艺，反对工业化；

② 完全放弃传统装饰风格，开创全新的自然装饰风格；

③ 倡导自然风格，强调自然中不存在直线和平面，装饰上突出表现曲线和有机形态；

④ 装饰上受东方风格影响，尤其是日本江户时期的装饰风格与浮世绘的影响；

⑤ 探索新材料和新技术带来的艺术表现的可能性。

（三）新艺术运动在各国的表现

新艺术运动的风格是多种多样的，在各国都产生了影响。在欧洲的不同国家，拥有不同的风格特点，甚至名称也不尽相同。"新艺术"一词为法文词，法国、荷兰、比利时、西班牙、意大利等以此命名，而德国则称之为"青年风格"（Jugendstil），奥地利的维也纳称它为"分离派"（Seccessionist），斯堪的纳维亚各国则称之为"工艺美术运动"。

新艺术运动的本质表现为一种线条装饰倾向或潮流。而线条的表现手法又分成曲线和直线两派。其中曲线派以法国、比利时、西班牙为代表。直线派以英国的麦金托什与格拉斯哥派、奥地利分离派、德国青年风格派为代表。

1. 法国的代表人物及其作品

法国是"新艺术运动"的发源地。"新艺术"的名字源于萨穆尔·宾（Samuel Bing，1838—1905 年）在巴黎开设的一间名为"新艺术之家"（La Maison Art Nouveau）的商店，他在那里陈列的都是按这种风格所设计的产品。作为"新艺术"发源地的法国，在开始之初不久就形成了两个中心：一个是首都巴黎；另一个是南锡。其中，巴黎的设计范围包括家具、建筑、室内、公共设施装饰、海报及其他平面设计，出现了新艺术之家、现代之家和六人集团三个设计组织，而后者则集中在家具设计上。新艺术运动期间，涌现了一批著名的设计师。

（1）赫克托·吉马德（Hector Guimard，1867—1942 年）

吉马德，法国"六人集团"之首，曾在法国国家装饰艺术学校、巴黎美术学院学习，主修建筑。他的设计多采用植物蔓枝等自然题材，过多的装饰细节使作品无法批量生产。早期作品能够保持功能与形式的平衡，晚期则出现了过分繁杂的设计倾向。具有运动中极端自然主义倾向。代表作并不是他设计的家具，而是 1900 年受政府委托而设计的巴黎地铁入口（图 3-1-45），一共有 100 多个。这些地铁入口被巴黎市民所喜爱，迄今保留完好。因为巴黎的地铁系统被称为"大都会地铁系统"，因此，"大都会"的法文缩写"Metro"被法国人用来作为"新艺术"运动风格的别称。这些建筑结构基本上是采用青铜和其他金属铸造成的。他充分发挥了自然主义的特点，模仿植物的结构来设计，这些入口的顶棚和栏杆都模仿植物的形状，特别是扭曲的树木枝干，缠绕的藤蔓，顶棚有意地采用海贝的形状来处理，令人叫绝。入口、栏杆、标牌、支柱和电灯构成了一幅和谐的有机体和抽象形状混合景观。所有地铁入口的栏杆、灯柱和护柱全都采用了起伏卷曲的植物纹样。

图 3-1-45 巴黎地铁入口

有趣的是吉马德开始并不是十分有名望，而且没有任何追随者。除了保存完好的巴黎地铁站入口以外，大部分他设计的建筑在他死后都因为各种原因被破坏了。直到 20 世纪 60 年代，部分才得以重建，他的设计也逐渐被后世学者所重视。

吉马德 1897 年设计的长椅（图 3-1-46）、1899 年设计的书桌（图 3-1-47）、1900 年设计的靠背椅（图 3-1-48）、1904—1907 年设计的茶几（图 3-1-49）等都是典型的新艺术运动设计作品。他惯于在家具表面装饰植物造型的不对称的浮雕线条，其简练抽象的造型手法很好地烘托了产品的现代感和实用性。作为一位现代设计师，他那种不受传统约束勇敢创新的自由精神为其他设计师树立了榜样。

图 3-1-46 长椅

图 3-1-47 书桌

图 3-1-48 靠背椅

图 3-1-49 茶几

（2）尤金·盖拉德（Eugene Gaillard，1862—1933 年）

盖拉德，法国新艺术风格工业设计师、建筑师，现代设计的倡导者。盖拉德原从事法律专业，后改行进行室内设计与装修。他曾受雇于萨穆尔·宾为"新艺术之家"成员，于1900 年参加了巴黎世界博览会的展览工作。

盖拉德的设计风格凝重、结实，其代表作为 1899—1900 年为巴黎世界博览会设计的家具（图 3-1-50 至图 3-1-53），采用植物蔓枝等自然题材，其雕塑感的造型是展览会中的全新形式。

图 3-1-50　橱柜　　　　图 3-1-51　靠背椅　　　　图 3-1-52　扶手椅　　　　图 3-1-53　梳妆台

（3）埃米尔·盖勒（Emile Galle，1846—1904 年）

盖勒出身法国南锡的一个手工艺者家庭，是法国南锡派的创始人。父亲是一位陶艺与家具师。盖勒在少年时学习了哲学、植物学与绘画，后来又学习了玻璃制作，普法战争后在其父亲的工厂工作。1877 年，他继承并管理父亲的工厂。1889 年，他参加了巴黎世界博览会，他的作品中所表达的自然主义与花卉图案，给人印象深刻，为他赢得了国际声誉，也预示着新艺术运动的诞生。

盖勒在设计艺术方面的成就主要表现在玻璃设计上。他大胆探索与材料相应的各种装饰，形成了一系列流畅和不对称的造型，以及色彩丰富的精致的表面装饰。他的玻璃设计显示了他对圆形的偏爱及对线条运用的娴熟技能和对花卉图案处理的高超技能。常用的图案是乳色肌理上的大自然的花朵、叶子、植物枝茎、蝴蝶和其他带翼的昆虫。

盖勒设计的家具（图 3-1-54 至图 3-1-56）也与他的玻璃设计作品一样，其装饰题材以异乡植物和昆虫形状为主，鲜花怒放和花叶缠绕构成了这些作品独特的表面装饰效果，具有象征主义的特征。盖勒的家具设计特色在于使用不同的木材进行镶嵌、拼接，并且注重保持木材天然的纹理。他常使用细木镶嵌工艺进行装饰，使其设计的家具精美而雅致。他在家具方面最有名的设计是 1904 年设计的"睡蝶床"（图 3-1-56），蝴蝶身体和翅膀所使用的玻璃和珍珠母传达了薄皮肌肤，木头黑白交替图纹则再现了翅翼的斑纹。

（4）路易斯·马若雷勒（Louis Majorelle，1859—1926 年）

马若雷勒出生于法国图勒，南锡学派的创始成员之一，也是南锡派的主要代表。

1861 年马若雷勒随父母移居法国南锡，父亲是一位家具设计师与工匠，1877 年父亲去世后，他继承了父亲的陶器与家具工厂。19 世纪 80 年代，他的家族企业主要生产路易斯十五风格的家具，90 年代开始以植物蔓枝、卷须、莲叶、蜻蜓等自然界的元素进行镶嵌装饰，并在 1900 年前，增加了金工车间，以便为制作的木家具配置金属拉手与底脚。工厂还加工金属阳台、楼梯栏杆及建筑外的一些产品。此外，还与道姆兄弟玻璃厂（the Daum Frères glassworks）合作生产灯具。从而使南锡成为新艺术运动的一个中心。在 1900 年的巴黎世界博览会上，他的设计吸引了众多客户，并赢得了国际声誉。到 1910 年，他们已经在南锡、巴黎、里昂和里尔均开设家具商店。

图 3-1-54 套几

图 3-1-55 双层几

图 3-1-56 睡蝶床

马若雷勒的作品（图 3-1-57 至图 3-1-60）受盖勒的影响，造型和装饰表现了流畅的节奏、圆形的轮廓和倾斜的线条，赋予作品雕塑感。同时他的作品又更多地融合了异国和传统的成分，包括新洛可可图案、日本风格和有机体形状，以及受自然启发的形状和装饰。由于马若雷勒设计的家具较多，成就卓著，所以有"马若雷勒式"家具的美称。

图 3-1-57 扶手椅

图 3-1-58 茶几

图 3-1-59 茶几

图 3-1-60 梳妆台

2. 比利时的代表人物及其作品

19 世纪末 20 世纪初，比利时在设计上的影响非常有限，因为国家比较小，而在资本主义的原始积累期间也没有能够如同英国、法国、德国、荷兰、西班牙、葡萄牙等国家那样以海外殖民的方式进行高速发展，因此，经济上比这几个国家要落后，造成设计发展缓慢。但是，自从工业革命开始以来，比利时也自然进入了工业发展阶段，工业发展造成的设计需求，是必然促进比利时现代设计发展的基本因素。

比利时虽然没有大规模的海外殖民运动，但是工业发达，对外事务平稳，国家安定，因此经济在这个时期也逐渐繁荣。大约在 1900 年，比利时也进入了"新艺术"运动的发展，成为欧洲"新艺术"运动的重要活动中心之一。

比利时的革新运动具有相当的民主色彩，这是与其历史发展分不开的。1884 年比利时自由派政府倒台之后，比利时的社会党人非常活跃，特别是一批具有资产阶级民主思想的知识分子更加活跃。这批人对于比利时的民主发展起到一定的促进作用，间接地促进了这个国家的经济发展。在他们的影响下，比利时出现了相当一批具有民主思想的艺术家、建筑师，他们在艺术创作上和设计上提倡民主主义、理想主义，提出艺术和设计为广大民众服务的目的，在比利时进入"新艺术"运动的时候，这些艺术家和设计师就提出了"人民的艺术"的口号，从意识形态上来说，他们是现代设计思想的奠基人。

比利时19世纪末20世纪初最为杰出的设计师与设计理论家，无疑应推凡·德·威尔德（Henry van de Velde，1863—1957年），无论是他把设计理论推向对机械的承认，还是他的设计实践，都使他成为现代工业设计史上的重要人物，其影响远远超出了他在比利时本国的活动范围。1881年，奥克塔夫·毛斯主办进步刊物《现代艺术》，在他的组织下，一批有志于绘画与设计改革的设计师组成一个"二十人小组"，1888年，凡·德·威尔德被推举为领袖，从此，这个小组转向设计、实用美术方向，1894年，小组改名为"自由美学社"，成为比利时新艺术运动的骨干。

威尔德，比利时杰出的建筑师、设计师、理论家、教育家，新艺术运动领袖。早年曾在比利时安特卫普和法国巴黎学画。1890年，他为结婚选购家具时，感到市场的所有用品都"形态虚伪"，转而自己动手设计，开始了毕生的设计事业。在这一点上，他和威廉·莫里斯颇为相似。

威尔德的设计思想在当时是相当先进的。早在19世纪末，他就曾经指出"技术是产生新文化的重要因素""根据理性结构原理所创造出来的完全实用的设计，才是实现美的第一要素，同时也才能取得美的本质"，他提出了技术第一性的原则，并在产品设计中对技术加以肯定。

1902—1903年间，威尔德广泛地进行学术报告活动，并发表了一系列文章，从建筑革命入手，设计产品设计，传播新的设计思想，主张艺术与技术的结合，反对纯艺术。作为比利时建筑师、设计教育家，他在德国活动比在本国更有影响，并一度成为德国新艺术运动的领袖、德意志制造同盟创始人之一。1906年，他考虑到设计改革应从教育着手，于是前往德国魏玛，被魏玛大公任命为艺术顾问，在他的倡导下，终于在1908年把魏玛市立美术学校改建成市立工艺学校，这个学校成为战后包豪斯设计学院的前身。

威尔德到魏玛之后，思想有进一步的发展，他认为，如果机械能运用适当，可以引发设计与建筑的革命。应该做到"产品设计结构合理，材料运用严格准确，工作程序明确清楚"，以这三点作为设计的最高准则，达到"工艺与艺术的结合"。在这一点上，他已经突破了新艺术运动只追求产品形式的改变，不管产品的功能性的局限，推进了现代设计理论的发展。

威尔德提倡艺术家从事产品设计。其主要成就体现在家具与室内设计方面，主要贡献在于继承了英国工艺美术运动。作为1900年前后以法国和比利时等国为中心的新艺术运动时期的代表人物，威尔德一改从拉斯金和莫里斯那里延续下来的对机器大批量生产的反感，明确提出了功能第一的设计原则，奠定了现代设计理论的基础。但其局限在于否定了工业革命和机器生产的进步性，错误地认为工业产品必然是丑陋的。

与法国新艺术运动风格比较，威尔德设计的家具（图3-1-61至图3-1-64）更讲究功能性，虽以卷曲线为主，但烦琐雕饰较少。

3. 西班牙的代表人物及其作品

在新艺术运动中，西班牙与法国、比利时一样倾向于艺术性和装饰的形式美感，它不是新艺术的发端，却将新艺术运动追求自然曲线的主旨发挥到极致，而其中极端、最具有宗教气氛的新艺术运动代表就是西班牙，而西班牙最重要的设计代表就是安东尼·高迪（Antonio Gaudi，1852—1926年）。

图 3-1-61　靠背椅　　　图 3-1-62　扶手椅　　　图 3-1-63　扶手椅　　　图 3-1-64　办公桌椅

　　高迪，可谓整个新艺术运动中、建筑史上最引人注目、最疯狂、最富天才和创新精神的艺术家。作为一位具有独特风格的建筑师和设计师，他出身卑微，是一名普通手艺铜匠的儿子。17 岁开始在巴塞罗那学建筑，业余时间在建筑公司打工补贴学习和生活，正是这种经历让他得到了实践经验，对其日后的设计生涯起到了非常积极的作用。在学校里，他被教授们认为不是天才就是疯子。1878 年，高迪获得了建筑师的称号。高迪备具盛名的建筑作品有 18 件，其中 17 件被列为西班牙的国宝级文物，更有 3 项被联合国教科文组织列为时间文化遗产。高迪的设计中带有强烈的表现主义色彩。虽然高迪与新艺术运动并没有渊源上的关系，但在方法上却有一致之处。在他的设计中糅合了哥特式风格的特征，并将新艺术运动的有机形态、曲线风格发展到极致，同时又赋予其一种神秘的、传奇的隐喻色彩，在其看似漫不经心的设计中表达出复杂的感情。

　　高迪以富有中世纪哥特艺术趣味的、简化的曲线形，设计了备具盛名的 18 个建筑作品，其中米拉公寓、巴特略之家和圣家族教堂被联合国教科文组织列为世界文化遗产，至今是西班牙人的骄傲。

　　高迪的才华不单显示在建筑方面，他设计的家具（图 3-1-65 至图 3-1-67）都是为某一特定的建筑室内设计的，因此它们都非常明确地成为建筑室内整体设计的一个组成部分。他所设计的家具也有雕塑般的效果，并成为难得的艺术珍品。高迪的家具不是设计主流，但却是永恒的经典。如高迪为卡尔维公寓设计的扶手椅（图 3-1-65）打破传统观念，反对对称形式，极具骨感，似乎马上就要行走似的。心形靠背、脊柱式支撑、弯曲的扶手臂、带有膝关节突出般的椅腿乃至球茎形的椅角，无不透露一股生气。

图 3-1-65　扶手椅　　　　　图 3-1-66　靠背椅　　　　　图 3-1-67　长椅

4. 英国的代表人物及其作品

　　严格来说，作为一种设计运动，英国的新艺术设计活动主要限于苏格兰。因此，它在英国的影响远远不及工艺美术运动。在这场影响有限的设计运动中，取得比较大成就的是以查尔斯·雷尼·麦金托什(Charles Rennie Mackimtosh，1868—1928年)为代表的格拉斯哥四人团(Glasgon Four，由他与妻子、妻妹、妹夫四人组成，从事家具及室内装修设计工作)。19世纪90年代至20世纪初，他们在建筑、室内、家具、玻璃和金属器皿等的设计方面形成了独一无二的苏格兰新艺术风格，即柔软的曲线和坚硬高雅的竖线交替运用的新表现，即设计史界所习称的"直线风格"。

麦金托什与格拉斯哥四人团代表了新艺术运动的一个重要的发展分支。新艺术运动设计主张曲线、自然主义的装饰动机，反对用直线和几何造型，反对黑白色彩计划，反对机械和工业化生产；而麦金托什则刚刚相反，主张直线，以工整优雅的水平垂直线条支撑出简单几何形体，并配有极少的装饰，讲究黑白等中性色彩计划。他的探索恰恰为机械化、批量化、工业化的形式奠定了可能的基础。因此，可以说麦金托什是一个联系新艺术运动之类的手工艺运动和现代主义运动的关键过渡性人物。他在英国19世纪后期的设计中独树一帜，他的探索在奥地利分离派和德国的青年风格派设计运动中得到进一步的发展。

麦金托什于1885年进入格拉斯哥艺术学校学习，毕业后进入一家建筑事务所工作。麦金托什作为一个全面的、杰出的设计家，在建筑设计方面成就尤大。他早期的建筑设计一方面受到英国传统建筑的影响，而另一方面则倾向于采用简单的纵横直线。他最成功的建筑设计是1897—1899年间设计的格拉斯哥艺术学校的一些建筑，设计上采用简单的立体几何形式，内部稍加装饰，非常富有立体主义精神，获得了极大成功，使他被公认为新艺术运动杰出人物和19世纪后期最富创造性的建筑师、设计师。

麦金托什的室内设计也非常杰出。他基本采用直线和简单的几何造型，同时采用白色和黑色为基本色彩计划，细节稍许采用自然图案，比如花卉藤蔓的形状，因此达到既有整体感，又有典雅的细节装饰的目的。他的比较重要的室内设计项目包括他在格拉斯哥的希尔住宅、南园路住宅、格拉斯哥美术学院的内部设计、杨柳茶室等。

麦金托什一生中设计了大量家具、餐具和其他家用产品，都具有高直的风格，采用高直、清瘦的茎状垂直线条，非常夸张，完全摆脱了一切传统形式的束缚，体现植物生长垂直向上的活力，也超越了对任何自然形态的模仿。麦金托什1897年为格拉斯哥阿戛茶室设计的阿戛椅(图3-1-68)，高1370mm，宽550mm，深460mm，高靠背，椭圆形靠背顶板上镂空展翅飞鸟图案。麦金托什还设计了另一把与此十分相似的高靠背椅(图3-1-69)，只是将展翅飞鸟图案改成了圆形图案，由麦金托什的妻子马格莱特·麦金托什(Margaret Macdonald Mackintosh，1864—1933年)嵌入圆形徽章。这把椅子在1899年的伦敦工艺美术运动展览会上展出。另一把没有徽章的椅子则放在格拉斯哥艺术学校。1902年为希尔住宅设计的梯背椅(图3-1-70)，靠背高1400mm，垂直的靠背为多层阶梯形式，上端则改为格子状，其装饰性强于功能性，可谓英国传统的高背椅的现代风格呈现。由水曲柳作木框架，表面饰黑漆，座面加软包。麦金托什1904年为杨柳茶室所设计的收银员专用的双人椅(图3-1-71)，高高的靠背呈弧形，好似屏风，给人以安全感与私密性。靠背以韵律感的格子及长条架构组成，像日本传统的格子门。椅背的方格组成了程序式的柳树图形，契合茶室的名字。

麦金托什所设计的椅子都采用垂直的且高高的靠背，其装饰性多与功能性，所以一般坐起来都不舒服，并常常暴露出实际结构的缺陷，制造方法上也无技术性创新。为了缓和刻板的几何形式，他常常在油漆的家具上绘出几枝程式化了的红玫瑰花饰。在这一点上，他与工艺美术运动的传统相距甚远。

图 3-1-68　阿戛椅　　图 3-1-69　带徽章的阿戛椅　　图 3-1-70　梯背椅　　图 3-1-71　收银员椅

5. 奥地利的代表人物及其作品

奥地利的新艺术运动是由维也纳分离派发起的。这是一个由一群先锋艺术家、建筑师和设计师组成的团体，成立于 1897 年，是当时席卷欧洲的无数设计改革运动的组织之一。他们声称要与传统的美学观决裂、与正统的学院派艺术分道扬镳，故自称分离派。其口号是"为时代的艺术，为艺术的自由"。主要代表人物有：建筑师奥托·瓦格纳、约瑟夫·霍夫曼等。

（1）奥托·瓦格纳（Otto Wagner，1841—1918 年）

奥托·瓦格纳是现代建筑和设计史上一个影响极大的人物。作为一位教师、作家，他的思想一直影响着后来的设计师。1857—1860 年，瓦格纳在维也纳工程技术学院学习建筑（包括在柏林工学院一年的深造）。1861—1863 年，他就读于维也纳美术学院。早年擅长设计古典复兴式样的建筑。1894 年开始担任维也纳美术学院教授。在瓦格纳的严格教导下，他的学生中人才辈出，奥别列兹（Joseph Maria Olbrich）和霍夫曼（Josef Hoffmann）等人也是闻名遐迩。他们认为，新艺术运动已流露出落后保守、过度装饰、奢侈的倾向，而且更重要的是新艺术运动提倡的"回归自然"根本无法解决工业化的问题。与之相反，他们要从设计风格、方法、功能以及工业化方面思考，去除多余装饰，只保留客观和简单的几何形式，以此鲜明特征分离新艺术运动。

1895 年，出版《现代建筑》，主张建筑设计要基于现代生活，结构和材料要简化表达，成为从维特鲁威到柯布西耶等很多大师的著作基础。这些思想创造了一种学术氛围，进而引发了由 1897 年其学生组织的维也纳分离派的建立，他也被誉为"分离派之父"。

分离派的基本观点是反对学术传统和历史主义，强调艺术作品的整体一致性和对手工艺的艺术改造。由于对分离派的支持，瓦格纳被规到官方文化的敌人队伍中。1899 年，瓦格纳也加入了分离派，并在分离派的展览上多次展出自己的作品。

瓦格纳的作品年代跨越了半个多世纪，可以说是一本展现从十九世纪中期到二十世纪初风格演变的教科书：从早期的历史主义到崭露头角的现代主义。同时，这些作品涵盖了从家具设计到城市规划之间的一个极广的范围。

瓦格纳 1904—1906 年设计的维也纳邮政储蓄银行、1904 年他与赖特合作设计的水牛城拉金大厦、1908—1909 年他与贝伦斯设计的柏林涡轮机工厂等，都成为现代主义运动的标志之一。在城市规划方面，他被赞誉为"现代维也纳城的设计者和创造者"，成为欧洲现代城市早期发展的典范。在家具设计方面，他采用了富有个性的客观几何造型的形式语言，尤其是他的椅子，通过加强其结构产生了很强的视觉冲击。他也很喜欢使用新材料，从而摆脱早期作品的装饰特征。其中，最为成功也影响最广的当数他在 1905—1906 年为维也纳邮政银行营业厅设计的家具（图 3-1-7，图 3-1-72 至图 3-1-74），采用简洁的几何形态，辅以适当的金属点缀并加强结构。

图 3-1-72　扶手椅　　　　图 3-1-73　凳子　　　　　　图 3-1-74　沙发床

（2）约瑟夫·霍夫曼（Josef Hoffmann，1870—1956 年）

霍夫曼，一位在建筑设计、平面设计、室内设计、家具设计、金属器皿设计等方面都有着巨大成就的设计师，早期现代主义家具设计的开路人，是瓦格纳的学生中在家具设计方面成就最高的设计师，为机械化大生产与优秀设计的结合作出了巨大的贡献。霍夫曼主张抛弃当时欧洲大陆极为流行的装饰意味很浓重并时常转回历史风尚的新艺术风格，因而他所设计的家具往往具有超前的现代感，其设计风格影响了整个欧洲和美国。

霍夫曼早期在维也纳美术学院学习建筑，受哈森纳尔（Karl Freiherr von Hasenauer）和瓦格纳影响颇深，尤其是瓦格纳当时所倡导功能趋向的反学院思潮及符合工业时代的现代建筑运动，对于霍夫曼的设计作品影响更为显著。

1896—1897 年，在瓦格纳设计事务所工作。1897 年，与当时同是瓦格纳门下的学生约瑟夫·奥尔布里希（SosphOblrich，1867—1908 年）、科罗曼·莫塞（KolomanMoser，1868—1918 年）和画家居斯塔夫·克林姆特（GustavKlimit，1862—1918 年）等组建了维也纳分离派。

霍夫曼在设计思想上深受麦金托什的几何构图和纤秀而富于弹性的细节处理的影响，在设计中表现出与普遍的曲线风格不同的直线风格，更加接近现代设计。由于霍夫曼在设计中偏爱方形和立体形，被学术界戏称为"方格霍夫曼"。家具是霍夫曼作品中的重要组成部分，他设计了许多家具，其造型多呈几何形态，很少装饰，力求艺术与技术完美结合，体现产品的实用性。他的由纵横直线构成的洗练的方格网装饰特征，成为象征分离派设计风格的鲜明符号。

1910 年，霍夫曼在阿根廷的一个国际展览会展出的这款库布斯沙发（或称"方块沙发"，图 3-1-75），可谓经典之作。沙发的正、侧与背面均用多块小正方形的皮革缝制而成。由正方形构成严格的几何线条重复的方格主题，使这件家具作品充满着一种冷峻而理性的现代主义情调。当时在阿根廷的一个国际展览会上闪亮登场，受到众多设计师与消费者的赞赏和青睐。它历经 100 年而不衰，无疑是经典之作。霍夫曼另一代表作便是 1905 年他为普克斯多夫疗养院设计的"坐的机器"（图 3-1-76），其材质采用弯曲的山毛榉木板和梧桐木木板。据说这件椅子的雏形是英国威廉·莫里斯公司制造的莫里斯椅。与莫里斯椅的厚重外观不同的是"坐的机器"用对机器的隐喻和外露的结构，着重表达了一种适用于机器化生产的理性而简洁的家具设计理念。同时，其长方形椅背上镂空的方格形图案、曲木环绕而成的扶手和椅腿、椅背上用于调节的木球旋钮，都是其典型的装饰风格。这把椅子集中表现了霍夫曼生活的那个时代的精神：机械的、现代的、运动的，因此也被赋予了独特的时代精神。1907年，霍夫曼为维也纳克尔特纳大街22号的蝙蝠歌厅设计的728号椅（图3-1-77），其极简主义结构完全具有了现代感。扶手和座面下方的4个小圆球为椅子增添了一份趣味。1911年，他为科勒的住宅设计的沙发椅（图3-7-78），椅背与扶手相连贯构成一个扇形，通体软包，简约、大方、美观而舒适。

图 3-1-75　库布斯沙发　　图 3-1-76　"坐的机器"　　图 3-1-77　728号椅　　图 3-1-78　沙发椅

6. 德国的代表人物及其作品

在德国，新艺术称为"青春风格"（Jugendstil），得名于《青春》杂志。"青春风格"组织的活动中心设在慕尼黑，这是新艺术转向功能主义的一个重要步骤。正当新艺术在比利时、法国和西班牙以应用抽象的自然形态为特色，向着富于装饰的自由曲线发展时，在"青春风格"艺术家和设计师的作品中，蜿蜒的曲线因素第一次受到节制，并逐步转变成了几何因素的形式构图。理查德·雷迈斯米德（Richard Riemerschmid，1868—1957年）是"青春风格"的重要人物。

雷迈斯米德的设计作品主要有：1898年设计的扶手椅（图3-1-79），1899设计的靠背椅（图3-1-80），这把椅子主要是为音乐室设计的，椅子框架由橡木构成，座面为皮革软包。椅子的倾斜支撑是为了方便某些乐器演奏时的需要。此外还有1900年设计的扶手椅（图3-1-81）。

图 3-1-79　扶手椅　　　　图 3-1-80　靠背椅　　　　图 3-1-81　扶手椅

（四）新艺术运动的主要成就与局限

新艺术运动席卷欧洲的大部分国家与美国，成为当时影响最大的一次设计运动。与工艺美术运动相比，新艺术运动似乎幸运得多，它不光继承了工艺美术运动重视手工艺、师从自然、借鉴东方风格等好的方面，还很好地避免了工艺美术运动的不足之处，不反对工业化，完全抛弃对历史的装饰和设计风格的依赖，直接从自然中发掘装饰动机。它对于历史风格的大胆否定，给后来的现代主义运动在精神上以实质性的影响。

而新艺术运动所采用的方式，比如装饰、自然主义的风格等，使这个运动依然是为豪华、奢侈的设计服务的，是为少数权贵服务的，这就决定了这场运动的延存时间和生存空间是有限的。

新艺术在本质上仍是一场装饰运动，企图在艺术、手工艺之间找到一个平衡点，但它用抽象的自然花纹与曲线，脱掉了守旧、折衷的外衣，是现代设计简化和净化过程中的重要步骤之一。

三、小结

在工艺美术运动与新艺术运动中，工业设计思想逐步形成。两者都反对矫饰的维多利亚风格和其他过分装饰风格；都是对工业化风格的强烈反映；都旨在重新掀起对传统手工艺的重视和热衷；都放弃对传统装饰风格的参照，转向采用自然中的一些装饰动机；都受到日本装饰风格（日本江户时期的艺术与装饰风格、浮世绘）的影响。

但工艺美术运动重视中世纪哥特风格，而新艺术运动完全放弃任何一种传统装饰风格，表现为一种线条装饰倾向，或以自然形态的曲线风格，或以几何形态的直线风格。

这在设计发展史上也标志着是由古典传统走向现代运动的一个必不可少的转折与过渡，其影响深远。这两场运动在 20 世纪初迅速被一个新的设计时代——现代主义时代所取代。

作业与思考题

1. 工艺美术运动的主要特征是什么？有什么主要成就与局限？
2. 新艺术运动的主要特征是什么？有什么主要成就与局限？
3. 工艺美术运动与新艺术运动有什么相同之处与区别？
4. 课外拓展：完善工艺美术运动代表人物及其作品的资料库。
5. 课外拓展：完善新艺术运动代表人物及其作品的资料库。

结语：

无论是工艺美术运动还是新艺术运动，都显然不是解决问题的最有效办法，它们的中心是逃避乃至反对工业技术，反对工业化，反对现代工业文明。而且这两个设计运动在艺术上借鉴的都是繁杂细密的传统装饰，但是，大工业生产初期的技术水平和批量化的生产方式显然无法完成产品的这种艺术追求。与手工技术相比，大工业生产技术无疑是一种进步，问题在于找到能与这种先进的大工业生产技术相匹配的艺术加以整合，创造出能代表大机器时代的优良的设计。人们希望在保持物质进步的同时，也能享受机械所带来的精神愉悦。如何掌握机械的艺术潜能，探询的目光投向了最具活力的现代艺术。在同期出现的现代艺术中，涌动着一股强劲的客观化趋势，这股潮流中涌现出的艺术家、艺术作品和艺术风格，为解决这一矛盾提供了绝佳的方案。大工业技术与现代艺术中的客观化趋势相结合，直接促成了一场现代设计史上最具影响力的现代主义设计运动。

第二章　现代家具的形成
（1907—第二次世界大战）

学习目标： 了解和掌握现代家具形成过程中一些重要的流派和风格，以及他们对现代家具的启示。重点掌握荷兰风格派形成的历史背景及地位、代表人物及作品；包豪斯学派的设计教育体系的形成与发展、包豪斯的经典作品；现代主义、装饰艺术运动、斯堪的那维亚风格的特点。

现代主义设计是从建筑设计发展起来的，20世纪20年代前后，欧洲一批先进的设计师、建筑师形成一个强力集团，推动所谓的新建筑运动，这场运动的内容庞杂，其中包括精神上的、思想上的改革——设计的民主主义倾向和社会主义倾向；也包括技术上的进步，特别是新的材料——钢筋混凝土、平板玻璃、钢材的运用；新的形式——反对任何装饰的简单几何形状，以及功能主义倾向。从而把千年以来的设计为权贵服务的立场和原则打破了，也把几千年以来建筑完全依附于木材、石料、砖瓦的传统打破了。从建筑革命出发，影响到城市规划设计、环境设计、家具设计、工业产品设计、平面设计和传达设计等，形成真正的完整的现代主义设计运动。而现代主义设计运动主要集中在三个国家进行试验，即德国、俄国与荷兰。

俄国的构成主义运动是意识形态上旗帜鲜明地提出设计为无产阶级服务的一个运动；而荷兰的风格派运动则是集中于新的美学原则探索的单纯美学运动；德国的现代设计运动从德意志制作同盟开始，到包豪斯设计学院为高潮，集欧洲各国设计运动之大成，初步完成了现代主义运动的任务，初步搭起现代主义设计的结构，战后影响到世界各地，成为战后"国际主义设计运动"的基础。

第一节　荷兰风格派
（1917—1928年）

荷兰现代主义设计运动产生于20世纪初，是早期国际现代主义设计运动的重要组成部分。一战期间，荷兰作为中立国而与卷入战争的其他国家在政治上和文化上相互隔离。在极少外来影响的情况下，一些接受了野兽主义、立体主义、未来主义等现代观念启迪的艺术家们开始在荷兰本土努力探索前卫艺术的发展之路，且取得了卓尔不凡的独特成就，形成著名的荷兰风格派。所谓风格派，是指1917年荷兰在以《风格》杂志为核心的基础上，形成的以画家、建筑师、设计师组成的松散的团体。因风格派创始人之一画家蒙德里安（Piet Mondrian，1872—1944年）曾以"新造型主义"为题发表论文，以新造型主义来形容其创作风格，故人们又把风格派称为新造型主义。

一、风格派的主要特征

荷兰风格派是活跃于1917—1928年间以荷兰为中心的一场国际艺术运动。风格派从一开始就追求艺术的"抽象和简化"。艺术家们共同关心的问题是：简化物象直至本身的艺术元素。因而，平面、直线、矩形成为艺术中的支柱，色彩也减至红黄蓝三原色及黑白灰三非色。艺术以足够的明确、秩序和简洁建立起精确严格且自足完善的几何风格。其主要特征可以概括为：

① 把传统的建筑、家具和产品设计、绘画、雕塑的特征完全剥除，变成最基本的集合结构单体，或者称为元素。

② 把这些几何结构单体进行结构组合，形成简单的结构组合，但在新的结构组合当中，单体依然保持相对独立性和鲜明的可视性。

③ 对于非对称形式的深入研究与运用，追求形式的变化性。

④ 非常特别地反复应用横纵几何结构、基本原色和中性色。

二、代表人物及其作品

风格派的核心人物是蒙德里安和凡·杜斯堡（Theo van Doesburg，1883—1931 年），其他合作者包括画家列克（Bartvan der Leck）、胡札（Vilmos Huszar）、雕塑家万东格洛（Ceorges Vantongerllo）、建筑师欧德（J. J. P. Oud）、里特维尔德（Gerrit Rietveld，1888—1964 年）等人。显然，风格派作为一个运动，广泛涉及绘画、雕塑、设计、建筑等诸多领域，其影响是全方位的。而在家具设计领域影响最大的无疑就是里特维尔德。

里特维尔德出生于荷兰名城乌特勒支，父亲是当地一位职业木匠，而里特维尔德从 7 岁起就开始在父亲的作坊中学习木工手艺。1911 年他开设了自己独立的木工作坊，同时开始以上夜校的方式学习建筑绘图。里特维尔德不是建筑学或设计方面的科班出身，但他对所学的任何实际知识都非常用心，并始终有独到的理解。

里特维尔德是一位关注社会、注重普通人生活的设计大师，尽管其设计中不断出现"革命性"手段，但为社会大众服务始终是他的宗旨。在 20 世纪 30 年代经济萧条时期，里特维尔德开始用最廉价的普通板材设计家具，完成了命名为"大众艺术"的系列家具设计，以后几十年中以普通钢管、板材、胶合板为主体材料的设计构成了这位经典设计大师家具设计中的主体。

里特维尔德一生设计了许多家具，而他 1917—1918 年受《风格》杂志影响而设计的红蓝椅（图 3-2-1），以其完美和简洁的物质形态反映了风格派运动的哲学，并向人们表明，抽象的原理可以产生满意的作品。红蓝椅是风格派的典型作品，在艺术史上人们难以找到一件能如此完美地体现一种艺术理论的作品。它由机制木条和层压板构成，15 根木条相互垂直，形成了基本的结构空间，各个构件间用螺钉紧固搭接而不用榫接，以免破坏构件的完整性。椅的靠背为红色，座面为蓝色，木条漆成黑色。木条的端部漆成黄色，以表示木条只是连续延伸的构件中的一个片断而已。这款红蓝椅在形式上是画家蒙德里安作品《红黄蓝相间》的立体化翻译，采用纯几何形态，里特维尔德将风格派艺术从平面延伸到了立体空间。红蓝椅既是一把椅子，也是一件雕塑，尽管坐上去并不十分舒服，但根据设计者的最初目的，它还是具有相当的功能性。

红蓝椅以最简洁的造型语言和色彩表现出与众不同的现代形式，终于摆脱了传统风格家具的影响，以一种实用产品的形式生动地解释了风格派抽象的艺术理论，成为现代主义设计运动的重要经典作品。而且，这种标准化的构件为日后批量生产家具提供了潜在的可能性。

里特维尔德在 1923 年德国包豪斯展览会中与红蓝椅一起推出的茶几（图 3-2-2），与红蓝椅配套使用，采用同样的设计手法。

里特维尔德1934年设计的Z形椅（图3-2-3），可谓家具设计的又一次革命。它摆脱了椅子传统的四脚落地形式，主要由4片木板采用水平、垂直、斜线元素造型。

里特维尔德1936年设计的乌得勒支沙发（图3-2-4），将座面与靠背连接直接落地，取消了后腿，也是对常见椅子构成的大胆突破。

图 3-2-1 红蓝椅

图 3-2-2 茶几

图 3-2-3 Z形椅

图 3-2-4 乌得勒支沙发

三、小结

风格派对于世界现代主义的风格形成起到了很大的影响，它的简单的几何形式、中性（黑、白、灰）的色彩计划、立体主义形式、理性主义形式的结构特征在第二次世界大战之后成为国际主义风格的标准符号，而在荷兰的现代设计中，它的痕迹也显而易见，比比皆是。

里特维尔德将风格派艺术由平面推广到了三度空间，通过使用简洁的基本形式和三原色创造出了优美而具有功能性的建筑与家具，以一种实用的方式体现了风格派的艺术原则。

作业与思考题

1. 将红蓝椅按比例绘制成三视图及零部件分解图。
2. 资料收集：风格派其他几位代表人物的设计作品。
3. 荷兰风格派的主要特征是什么？

第二节　德意志制造同盟
（1907—1934 年）

德意志制造同盟是德国第一个设计组织。1907年成立于慕尼黑，是德国现代主义设计的基石。德意志制造同盟于1934年解散，后又于1947年重新建立。该同盟是一个积极推进工业设计的舆论集团，由一群设计教育与宣传的艺术家、建筑师、设计师、企业家和政治家组成。这是一个半官方机构，也是世界上第一个由政府支持的促进产品艺术设计的中心。其创始人有德国穆迪休斯、贝伦斯、比利时亨利·凡·德·威尔德等。

一、背景

德国在19世纪末期的工业水平迅速赶上了老牌资本主义国家英国、法国，居于欧洲第一位。德国在上升期不仅要求进一步工业化，而且希望成为工业时代的领袖。为了使后起的德国商品能够在国际市场上与英国抗衡，企业家、艺术家和技术人员组成了全国性的组织——德意志制造同盟，目的在于提高工业制品的质量，以求达到国际水平。

二、宗旨

其宗旨是通过艺术、工业和手工艺的结合，提高德国设计水平，设计出优良产品。同盟认为设计的目的是人而不是物，工业设计师是社会的公仆，而不是以自我表现为目的的艺术家，在肯定机械化生产的前提下，把批量生产和产品标准化作为设计的基本要求。它努力向社会各界推广工业设计思想，介绍先进设计成果，促进各界领导人支持设计的发展，以推进德国经济和民族文化素养的提高。它表明德国在工业设计方面已进入一个新阶段，处于世界领先地位。

三、代表人物及其作品

同盟中的设计师在实践中不断取得前所未有的成就。1912—1919年，同盟出版的年鉴先后介绍了贝伦斯为德国电器联营公司设计的厂房及其一系列产品，格罗皮乌斯为同盟设计的行政与办公大楼、幕墙式的法格斯鞋楦厂房，陶特为科隆大展设计的玻璃宫；纽曼的商业化汽车设计等，都具有明显的现代主义风格。尤其是对1914年科隆大展的展品介绍，更令人耳目一新。其中，贝伦斯的贡献还在于他所培养的学生中出现了三位现代主义设计大师，即格罗皮乌斯、密斯·凡·德·罗和勒·柯布西耶。因此，贝伦斯被称为"现代主义设计运动的奠基人"。

四、历史作用

同盟出版的年鉴向人们展示国际工业技术发展新动态，如美国福特汽车公司首创的装配流水线。年鉴还发表不同观点的理论文章，让人们在争论中求得真理。1914年，同盟内部发生了设计界理论权威穆迪休斯和著名设计师威尔德关于标准化问题的论战，前者以有力的论证说明：现代工业设计必须建立在大工业文明的基础上，而批量生产的机械产品必然要采取标准化的生产方式，在此前提下才能谈及风格和趣味问题。这次论战是现代工业设计史上第一次具有国际影响的论战，是德国工业同盟所有活动中最重要、影响最深远的事件。第一次世界大战使其活动中断。但它所确立的设计理论和原则，为德国和世界的现代主义设计奠定了基础。

五、小结

19世纪下半叶至20世纪初在欧洲各国都兴起了形形色色的设计改革运动，它们在不同程度上和不同方面为对设计的新态度做出了贡献。但是，无论是英国的工艺美术运动，还是欧洲大陆的新艺术运动，都没有在实际上摆脱拉斯金等人否定机器生产的思想，更谈不上将设计与工业有机地结合起来。工业设计真正在理论与实践上的突破，来自德意志制造联盟，为20世纪20年代欧洲现代主义设计运动的兴起和发展奠定了基础。

作业与思考题

1. 德意志制造同盟的宗旨是什么？
2. 资料收集：德意志制造同盟的代表人物德国人穆迪休斯、贝伦斯、威尔德的设计作品。

第三节　包豪斯学派
（1919—1933 年）

　　"包豪斯"是德文 Bauhaus 的音译，原是 1919 年在德国魏玛成立的一所工艺美术学校的名称。该校创办人及首任校长，是德国著名现代主义建筑大师格罗皮乌斯（Walter Gropius），他别出心裁地将德文 Hausbau（房屋建筑）一词调转成 Bauhaus 来作为校名，以显示学校与传统的学院式教育机构的区别。另一位德国建筑师是也属现代主义建筑大师之一的密斯·凡·德·罗，曾任"包豪斯"第三任校长。该校于 1925 年搬到德绍，后又于 1933 年迁至柏林，同年遭纳粹法西斯查封而被迫解散。虽然从创立至遭遇"杀校"，"包豪斯"仅存世短短 14 年，但其理论与学说却对整个世界产生广泛而深远的影响，激起的涟漪至今随处荡漾。

一、历史背景

　　欧洲工业革命之前的手工工艺生产体系，是以劳动力为基点的。而工业革命后的大工业生产方式则是以机器手段为基点。手工时代的产品，从构思、制作到销售，全都出自工匠（艺人）之手，这些工匠以娴熟的技艺取代或包含了设计，可以说这时没有独立意义上的设计师。工业革命以后，社会生产分工，于是，设计与制造相分离，制造与销售相分离。设计因而获得了独立的地位。然而大工业产品的弊端是：粗制滥造，产品审美标准失落。究其原因在于：技术人员和工厂主一味沉醉于新技术、新材料的成功运用，他们只关注产品的生产流程、质量、销路和利润，并不顾及产品美学品位。而另一个重要的原因也在于艺术家不屑关注平民百姓使用的工业产品。因此，大工业中艺术与技术对峙的矛盾十分突出。19 世纪上半叶，形形色色的复古风潮为欧洲社会和工业产品带来了华而不实、烦琐庸俗的矫饰之风，例如洛可可式的纺织机、哥特式蒸汽机以及新埃及式水压机。产品设计中如何将艺术与技术相统一，引发了一场设计领域的革命，以工艺美术运动、新艺术运动、德意志制造同盟三个运动作为标志，也是在包豪斯产生之前欧洲艺术设计领域中具有重要意义的革命。

二、发展阶段

　　包豪斯前后经历了三个发展阶段：

　　第一阶段（1919—1925 年），魏玛时期。格罗皮乌斯任校长，提出"艺术与技术新统一"的崇高理想，肩负起训练 20 世纪设计师和建筑师的神圣使命。他广招贤能，聘任艺术家与手工匠师授课，形成艺术教育与手工制作相结合的新型教育制度。

　　第二阶段（1925—1932 年），德绍时期。包豪斯在德国德绍重建，并进行课程改革，实行了设计与制作教学一体化的教学方法，取得了优异成果。1928 年，格罗皮乌斯辞去包豪斯校长职务，由建筑系主任汉斯·梅耶（Hanns Meyer）继任。这位共产党人出身的建筑师，将包豪斯的艺术激进扩大到政治激进，从而使包豪斯面临着越来越大的政治压力。最后梅耶本人也不得不于 1930 年辞职离任，由密斯·凡·德·罗继任。接任的密斯面对来自纳粹势力的压力，竭尽全力维持着学校的运转，终于在 1932 年 10 月纳粹党占据德绍后，被迫关闭包豪斯。

　　第三阶段（1932—1933 年），柏林时期。密斯·凡·德·罗将学校迁至柏林一座废弃的办公楼中，试图重整旗鼓，由于包豪斯精神为德国纳粹所不容，面对刚刚上台的纳粹政府，密斯也回天无力，于该年 8 月宣布包豪斯永久关闭。1933 年 11 月包豪斯被封闭，不得不结束其 14 年的发展历程。

三、包豪斯的设计艺术教学体系

包豪斯由魏玛艺术学校和工艺学校合并而成，其目的是培养新型设计人才。虽然包豪斯名为建筑学校，但直到 1927 年之前并无建筑专业，只有纺织、陶瓷、金工、玻璃、雕塑、印刷等科目，因此，包豪斯主要是一所设计学校。

在设计理论上，包豪斯提出了三个基本观点：①艺术与技术的新统一；②设计的目的是人而不是产品；③设计必须遵循自然与客观的法则来进行。这些观点对于工业设计的发展起到了积极的作用，使现代设计逐步由理想主义走向现实主义，即用理性的、科学的思想来代替艺术上的自我表现和浪漫主义。

包豪斯教学时间为三年半，学生进校后要进行半年的基础课训练，然后进入车间学习各种实际技能。包豪斯与工艺美术运动不同的是它并不敌视机器，而是试图与工业建立广泛的联系，这既是时代的要求，也是生存的必须。包豪斯成立之初，在格罗皮乌斯支持下，欧洲一些最激进的艺术家来到包豪斯任教，使当时流行的思潮特别是表现主义对包豪斯的早期理论产生了重要影响。包豪斯早期的一批基础课教师有俄罗斯人康定斯基、美国人费宁格、瑞士人克利和伊顿等，其中康定斯基曾担任过莫里斯教育学院金属和木制品车间的绘画课教师。这些艺术家都与表现主义有很强的联系。表现主义是 20 世纪初出现于德国和奥地利的一种艺术流派。主张艺术的任务在于表现个人的主观感受和体验，鼓吹用艺术来改造世界。用奇特、夸张的形体来表现时代精神。这种理想主义的思想与包豪斯"发现象征世界的形式"和创造新的社会的目标是一致的。

包豪斯对设计教育最大的贡献是基础课，它最先是由约翰尼斯·伊顿（Johannes Itten，1888—1967 年）创立的，是所有学生的必修课。伊顿提倡"从干中学"，即在理论研究的基础上，通过实际工作探讨形式、色彩、材料和质感，并把上述要素结合起来。但由于伊顿是一个神秘主义者，十分强调直觉方法和个性发展，鼓吹完全自发和自由的表现，追求"未知"与"内在和谐"甚至一度用深呼吸和振动练习来开始他的课程，以获取灵感。这些都与工业设计的合作精神与理性分析相去甚远，从而遭到了很多批评。1923 年伊顿辞职，由匈牙利出生的艺术家纳吉接替他负责基础课程。纳吉是构成派的追随者，他将构成主义的要素带进了基础训练，强调形式和色彩的客观分析，注重点、线、面的关系。通过实践，使学生了解如何客观地分析两度空间的构成，并进而推广到三度空间的构成上。这些为工业设计教育奠定了三大构成的基础，同时也意味着包豪斯开始由表现主义转向理性主义。另一方面，构成主义所倡导的抽象几何形式，又使包豪斯在设计上走向了另一种形式主义的道路。1923年，包豪斯举行了第一次展览会，展出了设计模型、学生作业以及绘画和雕塑等，取得了很大成功，受到欧洲许多国家设计界和工业界的重视和好评。在这次展览会上，格罗皮乌斯做了《艺术与技术的新统一》的演讲，更加强调技术的作用。1923—1925 年，包豪斯技术方面的课程得到了加强，并有意识地发展了与一些工业企业的密切联系。1925 年 4 月 1 日，由于受到魏玛反动政府的迫害，包豪斯关闭了在魏玛的校园，迁往当时工业已相当发达的小城德绍，继续自己的事业。

迁到德绍之后，包豪斯有了进一步的发展。格罗皮乌斯提拔了一些包豪斯自己培养的优秀教员为教授，制定了新的教学计划，教育体系及课程设置都趋于完善，实习车间也相应建立起来了。特别值得一提的是包豪斯新建的校舍，这座新校舍是格罗皮乌斯设计的，1925

年秋动工，次年年底落成。它包括教室、车间、办公室、礼堂、饭厅及高年级学生宿舍。校舍建筑面积接近一万平方米，是一组多功能的建筑群。

包豪斯校舍本身在建筑史上有重要地位，是现代建筑的杰作。它在功能处理上有分有合，关系明确，方便而实用；在构图上采用了灵活的不规则布局，建筑体型纵横错落，变化丰富；立面造型充分体现了新材料和新结构的特点，法古斯工厂的工业建筑风格被应用到了民用建筑上，完全打破了古典主义的建筑设计传统，获得了简洁和清新的效果。如果以包豪斯实际投产的设计原型来评价格罗皮乌斯的教学方针的成果，那么这些成果并不像它在课程设置和理论研究方面那样显著。包豪斯最有影响的设计出自纳吉负责的金属制品车间和布劳耶负责的家具车间。包豪斯金属制品车间致力于用金属与玻璃结合的办法教育学生从事实习，这一努力为灯具设计开辟了一条新途径。魏玛时期的金属制品设计还带有明显的手工艺特色。例如布兰德1924年设计的茶壶虽然采用了几何形式，但却是用银以人工锻造的，与工艺美术运动异曲同工；而1926—1927年她设计的台灯不但造型简洁优美，功能效果好，并且是由莱比锡一家工厂批量生产的。这说明包豪斯在工业设计上已趋于成熟。

在包豪斯的家具车间，布劳耶创造了一系列影响极大的钢管椅，开辟了现代家具设计的新篇章。尽管在谁先想到用钢管来制作家具这一点上尚有争议，但包豪斯首先实现了钢管家具的设想并进行了工业化生产却是没有疑义的。这些钢管椅充分利用了材料的特性，造型轻巧优雅，结构也很简单，成了现代设计的典型代表。

1928年，迫于种种压力，特别是右派势力对于包豪斯进步思潮的无端攻击，格罗皮乌斯辞去了包豪斯校长的职务。格罗皮乌斯辞职后仍进行工业产品设计。1930年设计的"阿德勒"小汽车是20世纪20年代功能主义造型原则的典型例子。尽管小汽车的设计强调了实用功能和几何性原则，但它并未能批量生产，这说明如果设计只考虑功能和生产，而忽略了其他一些因素，如消费者对于象征性、趣味性等的需求，则设计也是难于成功的。

格罗皮乌斯离开包豪斯后，由建筑师汉内斯·迈耶担任校长。迈耶上任后更加强调产品与消费者、设计与社会的密切关系，加强了设计与工业的联系。在他的领导下，包豪斯各车间都大量接受企业设计委托。1930年，迈耶与格罗皮乌斯因同样的原因而被迫辞职，由密斯担任第三任校长。密斯是著名的建筑师，于1928年提出了"少就是多"的名言。1929年，他设计了巴塞罗那世界博览会德国馆，这座建筑物本身和他为其设计的巴塞罗那椅成为现代建筑和设计的里程碑。与布劳耶一样，密斯也长于钢管椅设计，1927年他设计了著名的魏森霍夫椅。

密斯到达包豪斯后，一方面禁止学生从事政治生活，一方面加强以建筑设计为主的学术研究，使学校又重现生机。但到1932年10月纳粹党控制了德绍，并关闭了包豪斯。密斯和师生只好将学校迁至柏林以图再起，后由于希特勒的国家社会党上台，盖世太保占领学校，包豪斯终于在1933年7月宣告正式解散，从而结束了14年的办学历程。在这期间共有1250名学生和35名全日制教师在包豪斯学习和工作过。学校解散后，包豪斯的成员将包豪斯的思想带到了其他国家，特别是美国。从一定意义上来讲，包豪斯的思想在美国才得以完全实现。格罗皮乌斯于1937年到美国哈佛大学任建筑系主任，并组建了协和设计事务所；布劳耶也于同期到达美国，与格罗皮乌斯共同进行建筑创作；密斯1938年到美国后任伊利诺工学院建筑系教授；纳吉于1937年在芝加哥成立了新包豪斯，该校是作为包豪斯的延续而建立起来的，它将一种新的方法引入了美国的创造性教育，但这所学校的毕业生多数成为了艺术家、手工艺人和教师，而不是工业设计师。新包豪斯后来与伊利诺工学院合并。

四、代表人物及其作品

包豪斯师生大量的产品设计，引领着当时的设计界，不仅使包豪斯成为现代设计人才培养的摇篮，而且也成为现代设计的国际中心。其中，在家具界取得较大成就与影响力的有密斯·凡·德·罗、布劳耶等。

（一）密斯·凡·德·罗（Ludwig Mies Van der Rohe，1886—1969 年）

在现代建筑发展史里，他与赖特、勒·柯布西耶、格罗皮乌斯被称为四大现代建筑大师。他的经典设计哲学"少就是多"一直被很多后来的人所追捧。他也是现代玻璃幕墙的缔造者。尽管密斯基本上被看做是一位建筑大师，但其充满创新意识和设计活力的家具设计也使他成为第一代现代家具设计大师之一。其家具设计的精美比例，精心推敲的细部工艺，材料的纯净与完整，以及设计观念的直截了当，最典型地体现了现代设计的观念。

1927 年，密斯在斯图加特主办了现代住宅展览会，展出欧洲各主要现代建筑师的作品，在密斯自己设计的四层公寓中，他首次布置了自己刚完成的 MR 椅（先生椅，图 3-2-5），这件以弯曲钢管制成的悬挑椅显然受到一两年前布劳耶和斯坦作品的启发，但却以弧形表现了对材料弹性的利用，这种特性后来被布劳耶和斯坦更尽情地发挥到极致。密斯在这里的弧形构图令人很容易回想起半个世纪以前的索耐特所设计的弯曲木摇椅。这件 MR 椅后来又被密斯以同样的手法直截了当地加上扶手（图 3-2-6），显得天衣无缝，更加高雅。1931 年，密斯又在最初 MR 椅的基础上设计出一系列的躺椅（图 3-2-7），同样很成功。这些高贵的设计造价也是昂贵的，但社会需求始终不断，其变种系列也在后来的生产中不断出现。

 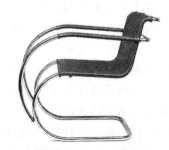 

图 3-2-5　MR 椅　　　　　图 3-2-6　MR 扶手椅　　　　图 3-2-7　MR 躺椅

1929 年，密斯为巴塞罗那博览会中德国馆设计的巴塞罗那椅（图 3-2-8），是现代家具设计的经典之作，为多家博物馆收藏。这件椅子的不锈钢构架成弧形交叉状，两块长方形皮垫组成座垫及靠背，外形美观，功能实用。巴塞罗那椅的设计在当时以超前的概念呈现，引起了较大的轰动。时至今日，巴塞罗那椅已经发展成一种创作风格。

与椅子同时设计的还有配套的脚凳（图 3-2-9），也以完全统一的构思完成，它们最初是为前来剪彩开幕的西班牙国王和王后准备的，事后看来，它们只在当时的环境气氛中才最合适。

1930 年，密斯又在巴塞罗那椅的基础上设计了巴塞罗那躺椅（图 3-2-10），整件家具成长方形，一端设置圆柱形枕头，采用桃花心木底座，不锈钢腿。这件躺椅突破了传统躺椅的形式，整体简洁优雅，坚固耐用。

（二）马塞尔·布劳耶（Marcel Breuer，1902—1981 年）

布劳耶是国际式建筑较有影响的建筑师之一。布劳耶出生在匈牙利，从小喜爱绘画和雕塑，18 岁时获得一笔奖学金前往维也纳艺术学院学习。

图 3-2-8　巴塞罗那椅　　　图 3-2-9　奥特曼凳　　　　　　图 3-2-10　巴塞罗那躺椅

　　1920 年他来到德国，成为包豪斯学校的第一期学生。布劳耶在包豪斯读书的 4 年间，是现代艺术运动早期最活跃的时期，这使布劳耶有机会接触到各种先锋派艺术观念，其中最有影响的就是表现主义、风格派和结构主义。格罗皮乌斯聘请的包豪斯教师中就有许多这些艺术流派的代表人物，如基础课教授约翰尼斯·伊顿是表现主义的一个主要代表人物，而著名画家保罗·克利（Paul Klee，1879—1940 年）和瓦西里·康定斯基（Wassily Kandinsky，1866—1944 年）更是影响极大的抽象派表现主义画家；杜斯伯格的风格派及结构主义也时常进入校园，加上后来取代伊顿任教基础课的莫霍利·纳吉（Moholy Nagy，1885—1946 年）所代表的新结构主义思潮，都对布劳耶有相当大的影响，然而，勤于思考又善于动手的布劳耶并不茫然，而是消化吸收各种有用因素，而后形成自己的设计意念。

　　布劳耶 1924 毕业后在包豪斯任教至 1928 年，成为家具部的设计老师。在这期间他更有机会进一步发展并突破他以前的设计思想，他结识了格罗皮乌斯、密斯、勒·柯布西耶等设计大师，在建筑设计方面受他们影响很大，但布劳耶家具设计方面的才华却令所有同仁敬佩。

　　布劳耶早期的家具作品主要受到荷兰风格派设计师里特维尔德的影响，家具具有明显的立体主义雕塑特征。当时他设计的椅子（图 3-2-11）大部分是木头的，加上帆布座垫和靠背，采用标准化构件，简单的几何外形。

　　在包豪斯任教期间，布劳耶设计出了一系列经典作品，在世界上首创钢管家具。他从自行车的车把上得到启发，从而萌发了用钢管制作家具的设想，1925 年设计的第一把钢管椅子——瓦西里椅（图 3-2-12），造型轻巧优美，结构单纯简洁，具有优良的性能，这种新的家具形式很快风行世界。当时，包豪斯由魏玛迁至德绍市，校长格罗皮乌斯为诸位老师设计了新住宅，并请布劳耶为这批住宅设计家具。这把椅子就是布劳耶为瓦西里·康定斯基住宅所设计的，所以命名为"瓦西里椅"。在这件作品中布劳耶引入了他在包豪斯所受到的全部影响：其方块的形式来自立体派，交叉的平面构图来自风格派，暴露在外的复杂的构架则来自结构主义，还引入弯曲钢管这种新的材料。

　　瓦西里椅突破性地将传统的平板座椅换成了悬垂的、有支撑能力的带子，使坐在椅子上的人感觉更舒适，椅子的重量也减轻了许多。这把优雅的座椅是设计师们追捧的作品，蕴含其中的设计理念远远领先于设计师所在的时代，直至今日，它的简约外观与轻巧的实用性仍令人惊叹。这件作品对设计界的影响是划时代的，它不仅影响着布劳耶以后的设计作品，而且影响着成百上千的其他设计师的作品。由于钢管家具具有包豪斯最典型的特点，瓦西里椅也被后人广泛认为是包豪斯的同义词。

　　自布劳耶设计瓦西里椅成功以后，他继续探索着弯曲钢管的进一步开发利用，并在 1928 年设计出第一件充分利用悬臂弹性原理的塞斯卡椅（图 3-2-13）。一年前密斯的 MR 椅是有一定弹性的，但现在这件塞斯卡椅无论座面还是扶手都有完全的弹性，这是对家具舒适性的进一步考虑。同时，作为第一位使用弯曲钢管设计现代椅的设计师，布劳耶也是第一个认识到这种材料给人触觉的冷漠，因此从一开始他就完整地考虑采用其他手感更好的材料接触人体。如瓦西里椅中用帆布或皮革，这里则用编藤和软木，这样人体就不会与冷漠的钢管直接接触。

图 3-2-11　扶手椅（1922 年）

图 3-2-12　瓦西里椅

图 3-2-13　塞斯卡椅

在对弯曲钢管做了多年探索后，布劳耶又继续对其他家具材料如铝合金和模压胶合板进行了卓有成效的运用。1933 年，他决定用铝合金作为构架材料设计休闲椅。这一年他参加了巴黎举办的铝合金家具国际设计竞赛，他的桌子、普通椅及休闲椅的优秀设计获得首奖，但这组铝合金家具投入生产线的时间并不长。从 1935 年起他再次转向胶合板，并很快以胶合板取代了之前家具设计中的铝合金。这段时间他去英国，在英国完成了他以胶合板为主体的一系列家具设计，如 1936 年设计的胶合板躺椅（图 3-2-14）、叠积式椅（图 3-2-15）等。1937 年，他应已前期去美国的格罗皮乌斯的邀请去哈佛大学任教，在美国继续用胶合板设计家具。但在美国他更多地置身于建筑设计当中。他对待建筑设计的理念同对待家具是完全一致的，并且也同样在建筑设计领域取得辉煌成就，不过相比之下，他在家具设计方面对后世的影响似乎更大一些。

图 3-2-14　躺椅

图 3-2-15　叠积式椅

（三）勒·柯布西耶（Le Corbusier，1887—1965 年）

勒·柯布西耶，20 世纪最著名的建筑大师、城市规划家和作家。是现代建筑运动的激进分子和主将，是现代主义建筑的主要倡导者、机器美学的重要奠基人，被称为"现代建筑的旗手"，是功能主义建筑的泰斗，被称为"功能主义之父"。他和格罗皮乌斯、密斯·凡·德·罗、赖特并称为"现代建筑派或国际形式建筑派的主要代表"。在现代建筑运动中，他最有效地充当了前后两大阶级的旗手：20 年代的功能理性主义和后来更广泛的有机建筑阶段。他的经典的建筑设计有法国的朗香教堂、萨伏伊别墅、马塞公寓等。

柯布西耶的才华主要在建筑上得到了淋漓尽致的发挥，相比而言，他设计的家具数量并不多，但每一件都有独创的设计思想，都对后世及当代设计师有深远的影响。

1928 年，他为德·阿瓦里别墅设计的一组家具可谓件件经典。LC4 躺椅（图 3-2-16）

将不锈钢钢管和皮革这两种至刚和至柔的材料完全结合在一起，每个角度都使人体有最好的托起。同时，躺椅还有极大的可调节度，可调成垂腿坐到躺卧的各种姿势。它由上下两部分构架组成，如去除基础构架，上部躺椅部分还可当摇椅使用。

巴斯库兰椅（Basculant Chair，图 3-2-17），是他在结合 19 世纪的一种殖民地椅与布劳耶的瓦西里椅基础上，采用机器美学的结果。这件椅子以钢管为主体构架材料，但柯布西耶并未像另外几位大师一样以弯曲的方式使用它们，而是用焊接的方式形成主体构架，这使这件设计更像机器形象，正是柯布西耶一贯提倡的，尤其是用作扶手的皮带完全类似于机器上的传送带，而靠背悬固在一根横轴上更增加了一种机器上的运动感。此外，还有 LC2 沙发（图 3-2-18）、LC7 椅（图 3-2-19）等也都是 20 世纪现代主义家具功能主义的代表作。

图 3-2-16　LC4 躺椅　　　　图 3-2-17　巴斯库兰椅　　　图 3-2-18　LC2 沙发　　　图 3-2-19　LC7 椅

（四）其他经典作品

包豪斯带动的现代设计变革的光芒一直闪耀到今天，其培养出的大师们也光芒四射，他们也为世人留下了许多经典的家具作品，如格罗皮乌斯 1920 年为其德绍包豪斯办公室设计的 F51 沙发（图 3-2-20）、马特·斯坦（Mart Stam，1899—1986 年）1926 年设计的悬臂椅（历史上第一把悬臂椅，图 3-2-21）、约瑟夫·亚伯斯（Josef Albers，1888—1976 年）1928 年设计的包豪斯椅（图 3-2-22）、艾琳·格瑞（Eileen Gray，1879—1976 年）1927 年设计的 E1027 茶几（图 3-2-23）等。

图 3-2-20　F51 沙发　　　　图 3-2-21　悬臂椅　　　　图 3-2-22　包豪斯椅　　　图 3-2-23　E1027 茶几

五、包豪斯的历史贡献及局限

包豪斯的产生是现代工业与艺术走向结合的必然结果，它是现代建筑史、工业设计史和艺术史上最重要的里程碑。包豪斯对于现代工业设计的贡献是巨大的，特别是它对设计教育有着深远的影响，其教学方式成了世界许多学校艺术教育的基础，它培养出的杰出建筑师和设计师把现代建筑与设计推向了新的高度。包豪斯的思想在一段时间内被奉为现代主义的经典。

包豪斯的主要成就和影响要表现在以下几个方面：

① 包豪斯打破了将"纯粹艺术"与"实用艺术"截然分割的陈腐落伍教育观念，进而

提出"集体创作"的新教育理想。

②　包豪斯完成了在"艺术"与"工业"的鸿沟之间的架桥工作，使艺术与技术获得新的统一。

③　包豪斯接受了机械作为艺术家的创造工具，并研究出大量生产的方法。

④　包豪斯认清了"技术知识"可以传授，而"创作能力"只能启发的事实，为现代设计教育立下良好的规范。

⑤　包豪斯发展了现代的设计风格，为现代设计指出正确方向。

不可否认，包豪斯所处的历史、政治、经济、社会等环境，本身不可避免地存在着某些历史局限性，这些局限性具体主要表现在三方面：

①　由于它过于重视构成主义理论，强调形式的简约，突出功能与材料的表现，忽视了人对产品的心理需求，影响了人与产品之间的情感和谐，机械、呆板、缺乏人情味和历史感，因此受到"后现代主义"的批评。

②　包豪斯在抨击旧的艺术形式、追求抽象几何形式的同时，也排斥了各民族和地域的历史及文化传统，导致了千篇一律的国际主义风格。

③　包豪斯作为一个设计组织，其人员构成很复杂，"先锋派"艺术家占了主导地位，"工艺"因素超过"技术"因素，产品设计往往停留在传统产品设计与研究上，而对现代的汽车、家电等相关产品却少有探讨。对工业和传统工艺之间的关系，仍然带有一些乌托邦色彩，对时代技术条件、机械化批量生产的方式和经济概念趋向一种抽象的美学追求，而很少对实际生活需要进行考察。这种状况，使包豪斯的历史作用和影响力受到了严重的制约，在它存在的十几年中，它的许多思想、主张大都停留在"实验室"里，只是第二次世界大战以后，在美国的发展传播，才完成其历史使命。

六、小结

包豪斯是现代设计的摇篮，其所提倡和实践的功能化、理性化和单纯、简洁、以几何造型为主的工业化设计风格，被视为现代主义设计的经典风格，对 20 世纪的设计产生了不可磨灭的影响。

无论对于包豪斯有多少保留意见，它的巨大影响是无可非议的。集合在格罗皮乌斯旗下的精英都有其鲜明的个性，但又发展了一种强烈的共性。当他们从第三帝国移民各地时，都怀着坚定的信念，在各自工作或任教的地方传播了包豪斯的思想，并使其发扬光大。

作业与思考题

1. 包豪斯设计理论上的三个基本观点是什么？
2. 包豪斯经历了哪几个发展阶段？
3. 世界上第一把钢管椅是谁设计的？
4. 课外拓展：搜集包豪斯各位大师的设计作品。

第四节　装饰艺术运动

（20 世纪 20—30 年代）

装饰艺术（ArtDeco）运动是在 20 世纪 20—30 年代在法国、美国和英国等国家开展的一次风格非常特殊的设计运动。因为这场运动与欧洲的现代主义运动几乎同时发生与发展，因此，装饰艺术运动受到现代主义运动很大的影响，无论从材料的使用上，还是从设计的形式上，都可以明显看到这种影响的痕迹。

一、背景

20世纪20—30年代，在大工业迅速发展、商业日益繁荣的形势推动下，欧美的工业设计逐渐走向成熟。仍然经常留恋手工业生产的新艺术设计运动，已不能适应普遍的机械化生产的要求。以法国为首的各国设计师，纷纷站在新的高度肯定机械生产，对采用新材料、新技术的现代建筑和各种工业产品的形式美和装饰美进行新的探索，其涉及的范围主要包括对建筑、家具、陶瓷、玻璃、纺织、服装、首饰等方面的设计，力求在维护机械化生产的前提下，使工业产品更加美化。巴黎是装饰艺术运动的发源地和中心，1925年在巴黎举办了装饰艺术展，装饰艺术运动因此得名并在欧美各国掀起热潮。它受到新兴的现代派美术、俄国芭蕾舞的舞台美术、汽车工业及大众文化等多方面的影响。

二、主要特征

装饰艺术运动演变自19世纪末的新艺术运动，当时的新艺术运动是资产阶级追求感性（如花草动物的形体）与异文化图案（如东方的书法与工艺品）的有机线条。装饰艺术运动则结合了因工业文化所兴起的机械美学，以较机械式的、几何的、纯粹装饰的线条来表现，如扇形辐射状的太阳光、齿轮或流线型线条、对称简洁的几何构图等，并以明亮且对比的颜色来彩绘，例如亮丽的红色、吓人的粉红色、电器类的蓝色、警报器的黄色、探戈的橘色、带有金属味的金色、银白色以及古铜色等。同时，随着欧美帝国资本主义向外扩张，远东、中东、希腊、罗马、埃及与马雅等古老文化的物品或图腾，也都成了装饰艺术运动装饰的素材来源，如埃及古墓的陪葬品、非洲木雕、希腊建筑的古典柱式等。总之，装饰艺术运动的装饰有下列几个主要的特征：

① 放射状的太阳光与喷泉形式：象征了新时代的黎明曙光。

② 摩天大楼退缩轮廓的线条：20世纪的象征物。

③ 速度、力量与飞行的象征物：交通运输上的新发展。

④ 几何图形：象征了机械与科技解决了我们的问题。

⑤ 新女人的形体：透露了女人赢得了社会上的自由权利。

⑥ 打破常规的形式：取材自爵士、短裙与短发、震撼的舞蹈等。

⑦ 古老文化的形式：对埃及与中美洲等古老文明的想象。

⑧ 明亮对比的色彩。

装饰艺术设计形式呈现多样化，但仍具有统一风格，如注重表现材料的质感与光泽；在造型设计中多采用几何形状或用折线进行装饰；在色彩设计中强调运用鲜艳的纯色、对比色和金属色，造成强烈、华美的视觉印象。

装饰艺术运动是装饰运动在20世纪初的最后一次尝试，它采用手工艺和工业化的双重特点，采取设计上的折衷主义立场，设法把豪华的、奢侈的手工艺制作和代表未来的工业化特征合二为一，产生一种可以发展的新风格。这场运动与世界的现代主义设计运动几乎是同时发生，也几乎同时于30年代后期在欧洲大陆结束，因而，在各个方面都受到现代主义的明显影响。但是，由于它主要强调为上层顾客服务的出发点，使得它与现代主义具有完全不同的意识形态立场，也正因为如此，所以装饰艺术运动没有能够在第二次世界大战之后再次得到发展，而基本成为史迹，只有现代主义成为真正的世界性设计运动。

三、代表作品

埃米尔·雅克·鲁尔曼（Emile Jacques Ruhlmann，1879—1933 年）设计的家具中大量采用各种昂贵的木材进行镶嵌是他的特色之一。在造型上，简单的几何外形与复杂的表面装饰形成强烈的对比，这是他取得特殊效果的手段之一。如鲁尔曼 1923 年设计的黑檀角柜（图 3-2-24）、1919—1923 年设计的梳妆台（图 3-2-25）等。此外，欧内斯特·波西（Ernest Boiceau）1930 年设计的扶手椅（图 3-2-26）、金·韦伯（Kem Weber）1928—1929 年设计的摩天大厦床头柜（图 3-2-27）等都是典型的装饰艺术运动的作品。

图 3-2-24　角柜

图 3-2-25　梳妆台

图 3-2-26　扶手椅

图 3-2-27　摩天大厦床头柜

四、小结

装饰艺术运动在装饰和设计手法上为我们提供了大量可参考的重要资料，从材料的运用，到装饰的动机，直到产品的表面处理技术，无论哪一个方面，这个风格都有不少可以借鉴和学习的地方，它的东方和西方结合、人情化与机械化的结合的尝试，更是 20 世纪 80 年代的后现代主义时期重要的研究中心。

作业与思考题

1. 装饰艺术运动的产生背景是什么？
2. 装饰艺术运动的主要特征是什么？

第五节　北欧风格
（两次世界大战之间）

两次世界大战之间，地处北欧的斯堪的纳维亚国家在设计领域中崛起，并取得了令世人瞩目的成就，形成了影响十分广泛的斯堪的纳维亚风格（简称北欧风格）。

一、发展及其主要特征

早在 1900 年巴黎国际博览会上，斯堪的纳维亚设计就引起了人们的注意，同时也标志着斯堪的纳维亚设计从地方性的隔离状态激烈地转变到面对国际性竞争。从 20 世纪 20 年代初开始，设计师和厂家就在积极为 1925 年巴黎国际博览会做准备。在这次博览会中，瑞典玻璃制品取得了很大成功，获得了多块金牌，并打进了美国市场。但最值得一提的是丹麦的工业设计，由汉宁森（Poul Henningsen，1894—1967 年）设计的照明灯具（图 3-2-28）在博览会上获好评，被认为是该届博览会上唯一堪与柯布西耶的"新精神馆"相媲美的优秀作品，并获得金牌。这种灯具后来发展成了极为成功的 PH 系列灯具，至今畅销不衰。这类灯具具有极高的美学质量，它是来自于照明的科学原理，而不是由于附加的装饰，因而使用效果非常好，这正体现了斯堪的纳维亚工业设计的特色。

图 3-2-28　PH4/3 吊灯

在 20 世纪 20 年代后期，为包豪斯所推崇的功能主义也影响到了斯堪的纳维亚各国。其中瑞典受到的影响最大，因为瑞典相对来说工业较发达。受到包豪斯启发的一些最富成果和艺术性的思想体现在 1930 年著名的斯德哥尔摩博览会之中，这标志着功能主义在斯堪的纳维亚的突破。这次展览是由瑞典工艺协会主办的，它成了现代主义的国际性广告，标准化、合理化和实用性被应用到建筑和设计中，改变了先前国际博览会炫耀和虚饰的惯例。在这次展览中，包豪斯的设计思想戏剧般地体现于斯堪的纳维亚国家，揭示了一种革命性的设计哲学，特别强调居住建筑和装修，反映出对于实用、卫生和灵活性的关注。展出的家具和日用品都十分简洁而轻巧，向世人展出了瑞典人富于个性的现代主义。

斯德哥尔摩博览会在其他斯堪的纳维亚国家引起了反响，新的功能主义迅速传播到了各个国家。在这个过程中，极端形式的功能主义并未深入大众，钢管金属家具和严格的几何形式只适宜于公共建筑，各种家具和家用产品需要一种比功能主义更为柔和并具有人文情调的设计方法，即所谓"软性"的功能主义。那些与国际潮流并驾齐驱的设计师一方面保持革新的功能主义精神，同时又以一种能够批量生产的方式应用木材等传统的材料。这一阶段的家具清楚地展示了这种新风格的特点：以直线为主的简洁的结构技术，视觉上和实际上的轻巧形状以及使用皮革、木材等天然材料，同时又不失功能主义的实用原则。

二、代表人物及其作品

（一）瑞典

马姆斯登和马松是瑞典现代设计师的代表人物，他们在 20 世纪 30 年代为创立斯堪的纳维亚设计的哲学基础做出了很大贡献，并对第二次世界大战后设计的发展产生重要影响。

1. 卡尔·马姆斯登（Carl Malmsten，1888—1972 年）

马姆斯登是瑞典现代设计师的代表人物，他在 20 世纪 30 年代为创立斯堪的纳维亚设计的哲学基础做出了很大贡献。20 世纪 30 年代，是瑞典形成自己独特设计风格的关键时期。战后功能主义在北欧盛行，但并非北欧地区的设计师们都接受这种纯粹德国式的功能主义。

马姆斯登便是当时极力反对功能主义的设计师之一。他想让自己的家具设计能够带来温暖舒适的感觉,而不仅仅是功能。在他看来,感受美丽是人类的权利,而纯粹的功能主义却要剥夺这种权利,所以他要通过自己的设计为此抗争。马姆斯登是瑞典现代设计师的代表人物,他在 20 世纪 30 年代为创立斯堪的纳维亚设计的哲学基础做出了很大贡献,研究了画家卡尔·拉森(Carl Larsson,1853—1919 年)的很多画作。拉森的画多是描绘当时瑞典居家生活,马姆斯登以此为灵感,根植于瑞典文化,运用有机线条,设计出舒适且美好的家具作品。由此,他也开创了一种新的设计方法,实现了瑞典手工艺传统、个性化和功能主义间的平衡,他与当时的布鲁诺·马松(Bruno Mathsson,1907—1988 年)、约瑟夫·弗兰克(Josef Frank,1885—1967 年)等著名设计师共同开启了真正属于瑞典的设计风格——柔性功能主义。为此,马姆斯登也获得了"瑞典现代家具设计之父"的称号。马姆斯登一生都投入到家具(图 3-2-29 至图 3-2-32)和手工艺中,即使在他去世后,仍有 10000 多张设计原稿未曾实现,他对瑞典设计的影响至今仍在继续。

图 3-2-29 萨姆森休闲椅　　图 3-2-30 梳妆台　　图 3-2-31 靠背椅　　图 3-2-32 靠背椅

2. 布鲁诺·马松(Bruno Mathsson,1907—1988 年)

马松是瑞典著名的设计师与建筑师,思想独特,有着传统工艺与现代主义相结合的理念,加上瑞典老工艺传统的熏陶,让马松成为瑞典著名的设计师。马松的设计原则是:技术的开发与形式相结合,遵循功能主义的设计原理。他喜欢用压弯成型的层积木来生产曲线型的家具,这种家具轻巧而富于弹性,提高了家具的舒适性,同时又便于批量生产。对于舒适性的追求也影响到了材料的选择,纤维织条和藤、竹之类自然而柔软的材料被广泛采用。他是现代家具设计师中研究人体工程学的先驱者之一。

1934—1936 年设计的 Eva 休闲椅(图 3-2-33)是马松的弯曲木家具代表作之一。这件作品分两部分制成:椅背和椅座的麻编、桦木实木框的扶手和椅腿。扶手和椅背加强的曲线明确地表现出身体特点。类似这件休闲椅,马松用几乎同样的材料、同样的结构设计出满足不同需求的椅子(图 3-2-34 和图 3-2-35),包括工作用的,坐、斜靠、躺用的。

(二)芬兰

在芬兰,阿尔托以用工业化生产方法来制造低成本但设计精良的家具而著称。特别有创见的是他利用薄而坚硬但又能热弯成型的胶合板来生产轻巧、舒适、紧凑的现代家具。

阿尔瓦·阿尔托(Alvar Aalto,1898—1976 年)是芬兰乃至世界著名的建筑师、工业设计师、家具设计师,同时也是 20 世纪带给人们最多家具设计革新理念的北欧设计学派的领衔人物。阿尔托被称为机器设计时代人性化设计的集大成者。

图 3-2-33　Eva 休闲椅　　　　　图 3-2-34　躺椅　　　　　　　　图 3-2-35　躺椅

　　1931—1932 年间问世的层压胶合板悬挑椅（图 3-2-36）是阿尔托在家具设计领域取得的又一伟大成就。马特·斯坦于 1926 年设计出的第一把悬挑椅，从那时起，人们就误认为钢材是唯一能用于这种结构的材料。然而，阿尔瓦·阿尔托却在经过反复实验后确信层压胶合板也具备这样的性能，并成功地设计出了这件世界家具历史上的第一把层压胶合板悬臂椅。

　　1930 年，阿尔托开始为维普瑞图书馆设计一种可以叠放的圆凳。到 1933 年，他终于成功设计出后来被称为"阿尔托腿"的层压桦木 90°弯曲结构，轻而易举地解决了椅凳设计历来的核心难题：面板与承足的连接（图 3-2-37），并因此于 1935 年获得专利。这件圆凳只有四个极为简单的构件，而腿足扩出座面从而方便其能够叠摞，而叠摞所形成的三重螺旋轨迹本身又构成了一件有趣的雕塑艺术品。这件家具设计的尺度、比例均可依具体场合的使用需要进行调整，同时也可加上或高或低的靠背形成靠背椅或酒吧椅（图 3-2-38）。

　　1932 年，阿尔托为芬兰帕米奥结核病疗养院设计的帕米奥椅（图 3-2-39），是阿尔托的家具设计走向世界的更大突破。当时，在欧洲大陆和美国，新材料和新造型得到迅速发展，但某些新材料存在自身的缺陷，比如说钢，给人的感觉很冷漠，对生活在一天只有 6h 阳光、温度时常在 0℃以下的芬兰人，尤其是对在医院的人来说是难以接受的，于是阿尔托潜心研究怎样才能使芬兰人乐于接受的木材能像钢一样任意弯曲成需要的造型，他在前辈索耐特对模压胶合板和弯曲木技术的研究基础上，对胶进行了某种程度的改进。这把椅子的卷形椅背和椅座是由一整张桦木多层复合板制成的，椅腿和扶手也是由桦木多层复合板制成的，结合成为流畅的整体，开放的框架曲线柔和亲切。这件造型简洁而又使用方便的家具被认为是对国际主义风格的修正。

　　阿尔托家具设计中的一个重要特征是他乐于挑战，总是试图解决不寻常的实际设计问题。这方面最著名的例子是他 1936 年为现代家庭日常生活服务而设计的一种室内手推车（图 3-2-40）。这种手推车系列的第一种是 1933 年为帕米奥疗养院设计的，供护士每天调换护理用品时使用。随后几年阿尔托又对这件家用推车做了不同的调整与材料、色彩的更换。

　　阿尔托非常重视设计的连贯性，认为一种设计不可能一次就很成熟，总存在不足之处，至少可以变化多种不同面貌以满足各种受众的需求（图 3-2-41 和图 3-2-42）。

图 3-2-36　悬臂椅　　　　　图 3-2-37　圆凳　　　　　　图 3-2-38　酒吧椅　　　　　图 3-2-39　帕米奥椅

图 3-2-40　手推车

图 3-2-41　休闲椅

图 3-2-42　躺椅

（三）丹麦

卡尔·克林特（Kaare Klint，1888-1954 年）是丹麦现代家具设计的开山鼻祖，他善于将现代生产技术与历史传统结合起来。1917 年，克林特成立了自己的设计事务所，主要从事家具设计。在这期间，他致力于协调人与家具的关系，并取得了一定成果。1924 年，他受命建立哥本哈根皇家艺术学院的家具设计系，并长期出任教授及系主任，培养了众多影响整个世界的家具设计精英，如穆根斯·库奇、布吉·穆根森、汉斯·瓦格纳等。从此，丹麦设计学派形成并得到巨大的发展。

克林特并不标榜自己是功能主义者，但他早期对于设计的研究关注于标准化、模数结构和实际功能要求，而不是风格上的自我表现。他十分尊重材料本身的特点和手工艺传统，并善于吸收不同文化和不同历史阶段的精华（他的设计中能发现很多中国的明代家具与英国18 世纪的乡村家具元素）。他设计的椅子能满足用户在实用上和美学上的需要。通过采用不上油漆的暖色木材，不着色的皮革和素色织物，他创造了一种接近自然的设计语汇，成了斯堪的纳维亚风格的重要特点。

克林特 1914 年专为 Faaborg 博物馆设计的 Faaborg 椅（图 3-2-43），采用桃花心木、藤、皮制作而成。1927 年设计的红椅（图 3-2-44），显然受到英国著名家具大师齐宾代尔作品的影响。1933 年设计的折叠轻便 Deck 躺椅（图 3-2-45），搁腿的部位可以折叠至座面下，座椅本身也可以折叠，方便储藏。1939 年设计的 Safari 椅（图 3-2-46），原型是英国军队在印度殖民地使用的一款椅子。此椅造型简洁，可以折叠，方便携带。

图 3-2-43　Faaborg 椅

图 3-2-44　红椅

图 3-2-45　Deck 躺椅

图 3-2-46　Safari 椅

三、小结

北欧风格是一种现代风格，它将现代主义设计思想与传统的设计文化相结合，既注意产品的实用功能，又强调设计中的人文因素，避免过于刻板和严酷的几何形式，从而产生了一种富于"人情味"的现代美学，因而受到人们的普遍欢迎。

对于北欧国家来说，20 世纪 30 年代是一个探索试验和适应的时代，是设计与功能成为同一概念的两方面的时代，两者产生了一种美妙的和谐。许多 20 世纪 30 年代的作品超越了时尚而成了永恒的经典之作，而且继续对第二次世界大战后的国际设计界产生影响。

作业与思考题

1. 北欧风格的主要特征是什么？
2. 课外拓展：收集北欧几位著名设计师的设计作品。

第六节　民国家具

（1912—1949 年）

民国时期是指从 1912 年中华民国成立到 1949 年中华人民共和国成立之间的 37 年时间。1912 年，统治中国数千年的封建制度轰然崩塌，历史前进的车轮碾过千疮百孔的华夏大地，也带来了西方世界的各种新鲜事物。民国家具就是在这种动荡的社会环境中诞生的。

应该说，中国的近代家具始于鸦片战争时期。鸦片战争打开了清政府闭关自守的大门，西方列强用侵略的手段、奴役的政策压迫和剥削中国人民，掠夺中国的资源，但在客观上也带来了西方文明。中国，是在痛苦和辛酸中接受近代文明的，但毕竟走出古代，走向了近现代，这就是历史的正反两个方面。

鸦片战争后，丧权辱国的《南京条约》的签署，迫使中国向帝国主义列强开放通商口岸。于是，这个长期闭关自守的国家以一种史无前例的方式打开了国门。根据《南京条约》，上海、宁波、福州、厦门和广州五个城市相继开放为通商口岸，并将土地使用权一并割让。在这些地区，外国势力集团开始确立自己的治外法权，并逐步建立自己的社区以支持其特有的生活模式。于是便出现了租界，外国人可以在租界里建造房子。这些房子当然是按照外国人的工作、生活等需求出发，也按照他们的文化形态建造和布置，从此就有了越来越多的"西式"建筑和"西式"家具。

随着广州、上海、天津、青岛等城市的开埠，西方家具逐渐传入，其中除各式西式木家具外，还有铁床、铜床等金属家具，沙发、弹簧床垫等软体家具等，丰富了中国近代家具的品种。不久，国人纷纷设厂、开店，生产经营各式家具。从此，中国传统家具也逐渐失去了在这些城市和上流社会的市场，家具行业逐渐形成了以传统方式生产的中式家具和按进口仿制的西式家具并存的局面。

就家具产品而言，民国家具的主流应该是在中国传统家具的基础上，吸收部分西方先进技艺和借鉴西方流行样式，逐渐分为中式、西式以及在此特定背景下逐渐形成的兼具中、西特色的近代家具，其中最具代表性的就是海派家具。

对于中西文明相碰撞产生的民国家具，人们常常给民国家具戴上"崇洋媚外"的帽子。由于它是处于明显高势位的文明浪潮般地冲击低势位文明的产物，中国近代社会在接受工业文明的传播过程也同时与西方列强的巧取豪夺相叠印，这是一个离奇的、令国人刻骨铭心的历史演变过程，使得后来的中国人对这一阶段形成的家具不自觉地产生了一种抵触心理。这种家具形式可以说是作为列强侵略一个主权国家并蹂躏其本国文化的罪证，理应受到鞭挞，我们应没齿不忘，但作为一种存在，则应从学术上心平气和地评析其对近代中国的家具发展起到的客观作用。任何东西都有它存在的理由和价值，民国家具作为社会转型、中西文化交融的产物，适应时尚需求而起，它自身表现了极大的包容性，是一种独具特色的中国家具。

一、家具样式

明清家具按其功能分类，一般分为坐具类、桌案类、床榻类、橱柜类和其他类五类。但到了民国时期，由于城市生活方式的改变，家具设计的思路也有重大的改变。家具设计的重点不再是重客厅轻卧室，而是重实用，按照使用方式，推出了成套的家具。如有客厅家具、卧房家具、书房家具、餐厅家具等。此外，还有办公室和写字楼用的办公台和桌椅、各种具有特殊功能的专用椅、文件柜、书柜、书报架、打字台、绘图台和凳等；会议室用的长形、方形和椭圆形的会议桌和靠背椅等；还有公共场所使用的排座椅、凳、沙滩椅、尼龙椅和可供憩息的椅类。各种家具的款式和规格，多依人们生活习惯、工作环境要求和人体工程学而设计，也有根据用户美化环境的特殊要求单独设计。使用的材料、工艺、档次和尺寸大小都不尽相同。

（一）卧房家具

中国传统家具的重心一般是客厅和书房家具，因为传统的观念中客厅和书房是向外人展示的一个窗口，那时中国建筑的重心也是在客厅和书房，而非卧室。因此在家具制作方面格外用心，无论使用的材质还是设计的样式都力求考究。

随着西式洋房建筑不断矗立在中国各沿海城市，住房的格局发生了变化。受此影响，人们的思想意识也不再像以前那样传统保守，卧室不再是外人的禁地，开始具有一定的"公开性"；另外，由于西方历来重视卧室，加之一些接受欧洲文化的人们对卧室和家具的陈设及用途产生了新的要求。于是出现了大量精美的近代卧房家具。其中，变化最大、在社会上影响最深远的是片子床、挂衣柜、梳妆台、穿衣镜。当时，一些富贵人家娶妻，需要成套地购买卧室家具，一些有女儿出嫁的大户人家也要购买一套卧室家具作为陪嫁。所以，留存到现在的民国家具中数卧房家具最多。

1. 片子床

床是最典型的卧房家具，明清时期，床可以说是中国封建家庭中最封闭的地方，卧房设在平房的暗间，床是卧房家具中最大的一件，像拔步床、架子床也有了许多新变化。例如，采用车木腿足构件、雕刻西洋花纹等。

民国家具中，最有特色的是"片子床"（图3-2-47和图3-2-48），是清晚期受欧式家具影响而在我国出现，并一直延续至今的一种新式床的形式。所谓"片子床"，是因为这种结构由两块一高一低的片子状的床屏（分高屏、低屏）连接两根床梃而成床架，在床架上再放置木制床板和与床一起引进的西方席梦思弹簧床垫（图3-2-49）或直接放置由棕绳编织而成的床垫（俗称棕绷）（图3-2-50）。造型变化主要体现在两块床屏上。因为片子床多是套头家具，故它的造型、雕刻纹饰、腿足样式都要与整套家具保持统一的艺术风格。

由于受西方文化的影响，在当时也有不少家庭使用那种在宾馆标准客房使用的两张单人床的形式（图3-2-51），有的则干脆将两张单人床合并成一张大床（图3-2-52），需要时可随意分开，方便舒适。

片子床是民国家具在结构和形式上的一次大革命，也成为了之后我国床的主要雏形之一。它的造型与明清的床榻相比较，有了很大程度的简化，但是却不失雍容典雅的气派。同时又节省了空间，增强了卧室的透光性。从这一点可以表明，当时的中国人已经比较讲究生活和家具使用的舒适性了。

片子床的流行原因概括起来主要有两个：

一是受当时新建的建筑房屋的影响。由于当时房屋居室向小型化发展，从单层向多层进化，从本土式到洋式，例如上海的石库门就是典型的建筑，以及后来的新式里弄房子与公寓式房子、花园别墅等。这些房屋的变化，非常迅速地改变了家具的生产进程。传统的架子床体积庞大，虽然私密性很强，但同时也占据了卧室的大部分面积。片子床结构较为简单，制作方便，使用也方便，尤其适合于面积较小的房间使用，增加了卧室的通透感。这很符合当时的国情，当时由于城市化进程很快，城市人们的居住空间相对变小，而且因就业的原因，人们的迁移性增大，以前那种宛若房间一般的拔步床、架子床根本不能够适应社会发展的需求。所以"片子床"一经出现，便迅速流行开来。

二是由于思想意识的解放。晚清与民国初期，西方文化的进入带领人们冲破了封建思想的禁锢。卧房、床不再那样的不可见人，于是人们开始接受床的开放形式。同时，在这种演变过程中，家具的实用性成为第一选择要素。这一时期的家具已不再是权力和财富的象征，更加强调舒适与方便。中国古代的卧具不论是拔步床、架子床，还是罗汉床，甚至炕，都是单面上下的，这就有了主次，有了先后，有了等级观念，而西式的床则是两面都可以自由上下，没有以上的差别。

另外，金属床也可算是一种新的家具形式，其中以铜床（图3-2-53）和铁床最为常见。常用金属管件制作，形式与木片子床相仿，即由床的高、低屏组成，考究一点的在中间嵌装各种形式的板件加以装饰。有的甚至将床头管件加长，便于张挂蚊帐，形成一种架子床的形式。铁床通常也呈片子床形式，并加工成栏杆形式。

图 3-2-47　西洋花饰片子床

图 3-2-48　车木片子床

图 3-2-49　席梦思床垫片子床

图 3-2-50　棕绷床垫片子床

图 3-2-51　单人片子床

2. 床头柜

明、清时代，中国传统的架子床床头一般摆设几，而没有专门的床头柜。床头柜作为床的配套家具，是随着西式片子床而引进到中国的，是放在片子床旁边的矮柜，常与片子床、衣柜等形成一整套卧房家具。

图 3-2-52 单人片子床

图 3-2-53 铜床

床头柜置于床的床头一边或两边。为了配合床的设计，床头柜的款式也格外丰富。一般床头柜的功用是收纳日常用品、放置床头灯或电话机等，正面或装有室内用电开关，并有小抽屉或小柜。也有与床头连为一体的。有的床头柜上方配有镜子（图 3-2-54），或方或圆，主要用于妇女睡前的卸妆；还有一种则只在床头柜面板的后方设置一块挡板，主要用于防止放置在面板上的物品掉落到床头柜后面的墙缝隙中。

3. 梳妆台

梳妆台（图 3-2-55 至图 3-2-57）是女性的专用家具，主要功能是用于梳妆打扮。然而，纵观中国传统家具的历史，有专门用于琴、棋、书、画的琴桌、棋桌、书桌与画桌，甚至酒桌，但不见女性的梳妆桌。当时的梳妆桌就是卧房里的长条桌，或者方桌，使用时在其上放置镜箱或镜台。它们不是独立的家具，都是依附于其他家具之上的奁匣之类的器件，不使用时，桌具还充他用。清末民初，西式家具传入中国后，出现嵌有镜子的四斗橱和面盆架，还有仿西方剧院舞台化妆室专用的梳妆台，以后又有将镜子与写字台连为一体、并配备小妆凳的梳妆台，功能趋于多样。民国时期，受欧洲文化的影响，尊重女性的呼声越来越高，与女性有关的物品也越来越受到社会的关注。在这样一个大背景下，梳妆台成为家庭不可或缺的家具。在嫁女的陪嫁中都少不了梳妆台。民国梳妆台的大量出现，侧面体现了当年女性社会地位的提高。

图 3-2-54 玫瑰花饰床头柜

由于梳妆台是闺房用具，器形做工普遍都很精巧，大都有雕花，以烘托闺房卧室的华丽，以显示主人的高贵。有的小巧精致，有的富丽豪华，有的简约大方。用柚木制作的梳妆台有不同的档次。其中有高档品，如有的采用法国路易十六式，雕花涂金，风格豪华；有的则是玲珑剔透，式样小巧；但也有做工粗劣的。

图 3-2-55 扇贝纹饰梳妆台

图 3-2-56 三弯腿梳妆台

图 3-2-57 几何纹饰梳妆台

4. 大衣柜

明清以来，中国柜的样式有圆角柜、方角柜等，但主要是用来存放各种物品的，并没有专门用来收藏衣服的柜子，用来存放衣服的家具主要还是箱子，因为我国明清时期的服装都是叠放的。大衣柜的出现应该是民国初年，由于民国初期开始盛行洋服（西服），同时和民国政府推广新式服装有着密切的联系，而这些新式服装和洋服需要挂放，所以受西方影响，大衣柜引进到中国来。

大衣柜在欧洲出现，最初阶段内部都有多层隔板，用以放置物品，有的衣柜索性就是由柜橱两部分组成，柜中装有可以调节的搁物板，下面是多屉柜，由三至四只大抽屉组成，很明显，这是存"叠放"衣服的衣柜。从18世纪中期一直到19世纪早期，这种橱柜很流行，此后便渐渐地被挂衣橱取代。

挂衣橱现叫做大衣柜，一般为立式，高2m左右，进深50～60cm，设有一个立式空间，以利于衣服的挂放，同时在衣柜的外面装上镜子，这种装有镜面的橱门又兼有穿衣镜的功能。大衣柜分为单门、双门、三门，也有四门的。民国时期的大衣柜（图3-2-58和图3-2-59）打破了中国传统柜子单调呆板的样式，不仅在柜下出现了抽屉，而且将雕花装饰等多种美化手段也加了进来。

大衣柜的尺寸也比明清时期的柜类要大得多，有资料记载明清时期的柜类最大属圆角柜，一般高约1.7m，宽在1m左右，那是因为受当时房屋所限。但据笔者研究情况并非如此。事实上，中国传统民居的内部空间也相当大，有足够的空间来容纳像民国时期大衣柜这样大的家具。明清时期最大的属四件柜，是两件竖柜的上面

图 3-2-58 玫瑰花饰大衣柜　　图 3-2-59 葡萄纹饰大衣柜

有两只顶箱，放在一起高1.8m，宽也不超过2m。而民国家具中的大衣柜高和宽均可超过2m，甚至有的宽达2.5m。原因在于民国时期的生活质量比以前有大幅度提高，尤其是人们开始注重服饰打扮，要求有较大的储藏空间；另外，那些洋服需要挂放，自然需要较大的内部空间；三则虽然民国挂衣柜的式样很多，但一般都由檐帽、柜身和底座三部分组成，姜维群先生在他的《民国家具的鉴赏与收藏》中将这种形式形象地称为"穿靴戴帽"；四是因为人造板的使用。这就是之所以收藏衣服的大衣柜尺寸较大的原因。民国大衣柜，名副其实，不仅体积大，而且功能性和实用性也大大增强。

5. 小衣柜（或抽屉柜）

民国时期的卧房家具通常设有一件小型的柜子，介于大衣柜与梳妆台之间。也是随着西式家具的引进而出现的，这种柜子源于欧洲的小衣柜，法文叫commode，意指多屉柜，因绝大多数此类柜正立面不设柜门，而是明设几个大抽屉，所以俗称抽屉柜（图3-2-60和图3-2-61），而又以五个抽屉为最多见，故又称五斗

图 3-2-60 三弯腿小衣柜　　图 3-2-61 玫瑰花饰小衣柜

橱（柜）。这种小衣柜主要用来挂短衣、存放一些可折叠的衣物和一些细软物品。虽然中国早在宋代就有了抽屉柜，但一直到清末，抽屉才被普遍使用在柜子上，尤其到了民国，这显然是受欧洲家具的影响。

这种柜子的柜面高通常为1.2m左右，面板上可以摆放物品。面板后侧多加装挡板，一则可以防止物品掉落到柜子后侧墙缝中，同时也起一定的装饰作用。有的则干脆将其改装成镜子，同时也起供站立使用的梳妆台的作用；也有的镜子与柜子分离，镜子单独挂装在柜子后侧墙面上。

为了追求造型上的美观，通常会突破方方正正的外形，加入许多变化元素。柜子正立面根据需要划分为抽屉和柜门，有的只安装抽屉，而不设柜门，其中又以五个大抽屉最为常见，成为五斗橱（柜）。柜子的装饰则主要在边框边上有浮雕装饰，有的还在柜门或抽屉面上用镶嵌或用瘿木作贴面装饰。

6. 贵妃榻

贵妃榻（图3-2-62和图3-2-63），又称"美人榻"，与中国传统的榻不同，它是一种小型的榻床，受欧洲上流社会女性使用的一种长椅影响而在中国出现的一种家具，因专供女性使用，通常被置于小姐的闺房里，故美其名曰"贵妃榻"，也有称"贵妃床"的。据目前可见的实物，它大概出现于清中期以后，南方多于北方，因为南方的天气暖和，适于小憩。

由于贵妃榻是古代女性专用的家具，所以它的造型和罗汉床恰恰相反，一个纤细，一个庞大，一个秀灵，一个粗硕。造型轻灵的贵妃榻有着十分考究的制作工艺，材质比较优良。贵妃榻的基本造型是缩小的罗汉榻，但它与罗汉榻不同，最大的区别在于贵妃榻只有后围板，在它的两侧或一侧顶头要安装藤编或木制的榻枕，以供主人休息卧睡。贵妃榻的造型还吸取了西方长椅的形式，使其进深变短，有时要将长椅的扶手改换成枕头，这一点我们可以从清代广式家具的长椅中看到。

根据使用的材质不同，贵妃榻主要可分为两种。一种是受西式影响更多的采用软包形式，另一种则结合中国传统家具的制作工艺和材料，以木材为主要原料，由于中国人的审美特点，尤以红木为最多见。

图 3-2-62 芭蕉叶饰贵妃榻

图 3-2-63 大理石嵌屏贵妃榻

（二）客厅家具

民国时期，客厅家具的最大变化要数其陈设模式，它比其他类家具更讲究装饰性、与环境的一致性，追求雅致而随和的生活气氛。租界中有许多洋房设有面积较大的客厅，供主人们会客休闲。按欧洲人习惯，在客厅主要陈设沙发、茶几、陈列柜、牌桌及椅子等家具。

1. 沙发

沙发是纯舶来的复制家具，包括"沙发"这个词都是英语的译音，沙发的进入开始了中国坐具的第二次革命，使原有的罗汉床、三人榻受到空前的挑战，同时也大大改变了人们的生活方式。沙发大约是于清代中晚期随着帝国主义的洋枪、大炮一起进入中国的。但由于当时制作沙发的原辅材料弹簧、棕丝和面料等大多从国外进口，售价昂贵，所以沙发属高档商品，一般市民很少问津。

沙发在20世纪的20—30年代，已在中国大行其道（图3-2-64至图3-2-66）。用得较多的是和洋人打交道的家庭，以及接受新思想较快的家庭。20世纪后，随着西式家具店增多，沙发业有了发展。部分西式家具店自设沙发工厂，中小家具店出售的沙发由小型工厂或个体户提供。这些沙发工厂除了为家具店或大公司的家具部承做沙发外，有的还接受旅馆、饭店的定制业务，生产业务比较稳定。

图 3-2-64　包布沙发

图 3-2-65　出木扶手布沙发

图 3-2-66　广作硬座沙发

中国传统的椅类家具设计中，礼仪强于舒适，要求坐姿端正、腰背挺直，不够放松。所以，沙发这种柔软舒适的坐具一经引进，中国人就很快接受了这种舒适且豪华的坐具，并对后来坐具在柔软舒适性方面起到了很大的影响。

因为沙发是纯粹的舶来品，所以受中国的影响较小，20世纪上半叶的沙发造型基本沿袭西方的沙发样式，没有太大的改变。沙发主要有单人、双人和三人沙发之分。这时的沙发主要是以木制框架为主要结构材料，辅以弹簧、麻布、海绵等垫物，外表用沙发布、人造革、织物等面料包覆制作成型的。当时流行的主要有全包沙发和出木沙发两种，因为其造型丰满，使用起来舒适、柔软，较受使用者青睐。而全部用木材制作的实木沙发则较少受欢迎。由于沙发在当时属于豪华奢侈产品，所以在沙发外包一个布套，也是当时常见的形式。

2. 牌桌（麻将桌）

牌桌其实也是中西结合的产物。18世纪以来，西方上层社会流行沙龙文化，为满足娱乐活动的需要而发展演变出这种小巧、灵便的桌子。使用时，一般配四把带靠背的椅子，正好用于打牌。这种牌桌随着洋人传入我国之后便迅速传开。在京津地区把这种桌子叫做"牌桌"，南方则称之为"麻将桌"（图3-2-67和图3-2-68）。

从造型上看，牌桌一般都采用四方形桌面，比中国传统的八仙桌要小一点，高度也矮于八仙桌，一般在80～90cm，最明显的区别是桌子四围有四个小抽屉，便于打牌时存放赌资或小杂物。这种桌子一般置放在客厅中央，四周各摆放一把椅子，既可打牌，平时也可围桌饮茶、聊天。这是受欧式家具影响而后出现的家具，而且摆放方式也受

图 3-2-67　独脚牌桌与椅子

到欧洲影响。这是将桌子贴墙而放到移至屋中央而放的一个过渡。

绝大部分牌桌为欧式风格，椅子的样式也多为洋式，为方便打牌时上肢的活动，多数没有扶手。牌桌桌面从其根本功能出发多设计成正方形，但由于又是休闲家具，造型变化多样。为显其小巧，有的是活动桌面；有的可以放下四角，变为"八角"形，既节省空间又美观；有的桌面四周有高于桌面的框棱，这是为了安装玻璃台面用的；有的在桌子的四条腿处还设置可以放置茶杯的位置；有的将四条腿改成底座形式；有的甚至将桌面设计成多功能的形式。

图 3-2-68 车木腿牌桌与凳子

3. 陈列柜

民国客厅除了休闲功能外，还有一个重要的功能——展示功能，因为它是一个家庭对外的窗口，所以，除了沙发、茶几、牌桌、椅子以外，还有一种大件家具，那就是陈列柜（图3-2-69 和图3-2-70）。柜的正面和侧面一般均由玻璃组成，用来摆设珍藏艺术品或书籍以供观瞻，同时又显示了主人的身份地位和文化修养。陈列柜的样式很多，一般在柜门和侧边都安装玻璃，体积都很大，柜子的结构多由顶帽、柜身、底座等装配式结构组合而成。

在中国，玻璃被引用到家具始于清代中期，但不普遍。清朝末期，随着八国联军进入中国，西方文化也日益渗透。玻璃开始较多地被使用到建筑和一些达官贵人的家居物品中。玻璃被引进家具之中，增加了柜体的密闭性，可以遮挡灰尘，从而保持柜内的清洁。透明玻璃既不影响物品的展示陈列，同时也起到了密闭保护作用。这类陈列柜也经常被用作餐具柜。另一方面，玻璃的应用也给家具增添了现代感和时尚感。所以，玻璃在陈列柜上的应用，改变了明清以来传统的

图 3-2-69 高脚陈列柜　图 3-2-70 螺旋柱式陈列柜

架格、橱柜的形式，是一种典型的中国近代家具。

由于陈列柜主要起陈列作用，所以本身造型的展示功能非常重要，一般体积都很大，以显气派；加上繁复的装饰雕刻的顶帽，还有雕刻精美的底座；装有透明玻璃的柜门、柜山，既起防尘作用，又有晶莹通透的装饰效果。宽敞的客厅适宜放置高大且具有陈列功能的柜子，增加客厅的气派。

4. 椅子

民国客厅中的椅子一般有两种形式：一是与牌桌配套的靠背椅，放置在客厅中央；二是两把休闲椅或扶手椅中间配置一茶几，布置在客厅的一边，这种椅子多有扶手。调查发现，椅子可谓民国家具中的大宗产品，品种、花样、数量在所有家具中都是最多的（图3-2-71 至图3-2-78）。

民国椅子中不少是清式椅的延续，也有在清式椅的基础上融合外国的式样或装饰雕刻；还有许多就是欧式洋椅，它们在造型上明显受欧洲的影响，出现了许多变化。一是尺寸变

小，椅子整体变小，更加符合人体生理特征；二是靠背变化，明清时期讲究坐姿的端正，椅子的靠背一般与座面接近垂直，而民国椅子的靠背略向后倾斜；三是座垫的变化，明清时期的椅、凳座面都使用木材或藤面，也有大理石面的，冬天使用时另配软垫，这样使人坐上不至于太凉。但在民国椅子中，有一部分椅子的座面采用嵌入式（俗称"活面"），可以两面使用。一面为木质，另一面为织物软包座垫（也有皮包面），可供冬夏两季选用。这是民国时期对椅子座面的一大改进。这种做法在清以前家具中是没有的，主要是受到欧洲椅子座垫的启发；四是腿足变化，吸取了欧洲巴洛克和洛可可式的装饰风格，精雕细刻，强调方圆变化和曲线型的优美。从以上几个方面可以看出民国椅子比中国传统的明、清家具更加注重功能性、舒适性和时尚性。

图 3-2-71 绳纹靠背椅　　图 3-2-72 花瓶靠背椅　　图 3-2-73 嵌瓷扶手椅　　图 3-2-74 拐子纹扶手椅

图 3-2-75 圈背椅　图 3-2-76 圈背椅　　图 3-2-77 三角椅　　　　图 3-2-78 对椅

5. 几

民国几（图 3-2-79 至图 3-2-82）的造型除沿用清式几的造型外，也有不少洋式几的出现。由于几要与沙发、洋式扶手椅配套使用，几面不再局限于方形、长方形、椭圆形等几何形，而是采用更富有变化的形状；有的几采用彭牙，体量也较大，配以流畅的线脚；腿足也不再是方形直腿或圆腿，优美流畅的弯腿在当时十分流行，腿在中部开始向内收，快到接地部分又往外翘，使家具的整体曲线呈流动状，足则采用写实性较强的兽爪抓球式。这样的曲

图 3-2-79 折叠茶几　　　图 3-2-80 双层茶几　　　图 3-2-81 六角茶几　　　图 3-2-82 角几

线家具在清代花几、香几中偶有所见，但在这个时期，则十分普遍，为一个显著特征。造型轻盈，动感十足，具有西洋式风格。

此外，由于现代技术的不断革新，在几的制作上也同样增添了一些新的工艺手段，如弯曲木技术等也出现在当时的家具中。另一方面，这个时期的几更加注重功能性，有的采用双层面板的形式，有的在下面腿之间增加隔板，有的则采用折叠形式，有的在面板下增设抽屉等，形式多样，追求功能的多变性。

（三）书房家具

随着西方强势文化的大量传入，到了民国，中国的书房发生了巨大变化。这时的书房已不同于明清时期的书房，这时的书房除了书写外，还兼作会客的功能，一般摆设有书桌、书柜、转椅及一几两椅（或沙发）。

1. 书桌

书房中的书桌是文人最重要的家具，书桌的造型从明至清至民国，经历了三个阶段，即明代的案到清代的桌，再到民国写字台的演化过程。明代的书案，采用案式结构，不设抽屉只是面板比一般案宽了许多，以便于书写作画。清代的书桌，采用桌式结构，有几个抽屉的书桌已经十分普遍，大大方便了文人墨客的写作、读书及存放小物件。到民国时期，西欧家具的引进加大了桌面的面积，使得看上去更像一个台子，于是有人又称其为"写字台"。另外，民国的书桌在桌面下增设了许多小抽屉，大大增加了收藏空间，这也是民国书桌的一个主要特征。

民国的书桌（图 3-2-83 至图 3-2-85），式样较清代书桌也要多许多，改变了书桌淡雅清纯的文房气氛，增添了厚重感和华丽感，取消了明清以来与书桌配套的脚踏，增设了抽屉甚至柜门，更加注重实用功能，同时很大程度上又借鉴了欧式书桌的样式。

图 3-2-83　南瓜形拉手书桌　　　　图 3-2-84　腰形书桌　　　　图 3-2-85　车木腿书桌

2. 书柜（书架）

清末开始，一方面由于受到西洋文化的影响；另一方面由于书籍的装帧形式逐渐改为西式装帧，书的摆放方式也改为站立摆放，于是，随着西式装帧书籍的普及，出现了专门适合于站立摆放书籍的书柜和书架。事实上，书柜在当年并不多见，属于一种高级的藏书柜，主要为文人墨客、官员及附庸风雅的商人等使用，常与陈列柜混用。当时的书柜流行上下两节的形式，上节常装透明玻璃，人们可直视柜中的藏书。另外，所藏之书也可点缀书斋气氛，下节仍保持传统的暗藏式。此类书柜大多为红木所制。由于书房是文人阅读与创作的场所，追求雅致的情趣，所以，书柜的装饰一般较为简单，不做过分装饰（图 3-2-86 和图 3-2-87）。

民国书架（图 3-2-88）也是受到欧式家具影响而逐渐演变而来的。传统的多宝格虽有放书的功能，但依然以置放文玩器物为主。书架式样比较简单，是由几块横板与两块立板连接而成。书架大小不一，有的还和书桌连在一起。然而，调研过程中几乎见不到民国书架，分析可能是由于书架制作简单，一般人看不上眼，故而拆掉了。

3. 转椅

民国时期，随着办公建筑、办公家具的兴起，出现了一种新式办公椅，即转椅（图 3-2-89 和图 3-2-90）。它源自欧式同类家具，是一种座位可转动、可升高或降低座面的靠背椅。转椅在民国风行一时，主要用于办公室，而且是一种高级的坐具，一般职员和工作人员是不会配备转椅的。于是，一些富豪之家也将转椅用于书房之中，放置在书桌旁使用。这是椅子类坐具的一大革新，是铸铁工业进入木器的一个标志，是自机械加工参与木器制作以后的一个飞跃。

图 3-2-86　分体式书柜　　图 3-2-87　翻门书柜　　图 3-2-88　书架　　图 3-2-89　无扶手转椅

转椅是将椅座与椅腿分离，椅座靠一根粗的螺旋钢（或铁）柱的旋转进行转动。人坐在上面，可随意转动，也可按个人身高或个人习惯调整座面的高度。由于它是一种高级坐具，形制较大。

（四）餐厅家具

民国的餐厅家具由于受西方生活方式的影响，也出现了许多新的形式。

1. 餐桌

民国的餐桌（图 3-2-91 至图 3-2-93）基本可以分为两大类，一类继续沿用中国传统的八仙桌样式，只是局部受时代影响进行了一

图 3-2-90　圈背转椅

些变化；另一类则基本是拷贝了西方餐桌的造型，有的局部采用中式雕刻图案或加工工艺。餐桌式样丰富，样式繁多，有长方形、正方形、圆形、椭圆形等多种形状。为了方便使用，有的桌面还加工成拉伸形式，需要时将桌面拉伸接长，不用时桌面可以变小，节约空间。甚至有的餐桌爪部装有滑轮，可以自由地推动，以便于用餐。

2. 餐椅

民国的餐椅，式样变化非常丰富，有软包、有硬座，有中式、有西式，也有中西结合的式样等。在实际使用过程中，它与牌桌配套使用的椅子，甚至与书桌配套使用的椅子等没有明确界限划分，所以，从形式上与这些椅子没有什么明显区别，而有关椅子的介绍已在客厅家具中阐述，在此不再赘述。

3. 餐具柜

餐具柜是配置在餐桌边，用来存放盘碟、酒瓶、小菜和其他餐饮附件的一种家具，一般靠墙放置。餐具柜源于中世纪时期的欧洲，放在大厅或卧室内，用来展示碟盘等餐具，并用于给重要宾客敬酒，是身份等级的一种附属物。它是一种简单的阶梯状家具，有敞开的架子，架子的多少表明了主人的身份，男爵的餐具柜一般有二阶架子，每晋升一个阶层及增加一阶架子，如此类推知道皇宫贵族阶层。发展到 20 世纪，这些餐具柜也有了很大的改进和简化。

图 3-2-91　蜜瓜形柱腿餐桌　　　　图 3-2-92　圆餐桌　　　　图 3-2-93　长圆形餐桌

民国时期的餐具柜主要可分为两种：一种是高大的餐具柜，分上下两层或多层，上面部分多设有玻璃柜门或侧山，所以通常与客厅的陈列柜通用（图 3-2-94）；另一种是矮型的餐具柜，高度与一般的台面差不多，其实是一种餐具柜与抽屉桌相结合的餐具台，所以也叫备餐台（图 3-2-95）。

（五）其他家具

民国时期，中国虽然推出了成套家具的概念，但有些家具由于其功能因素，其使用空间并不受

图 3-2-94　餐具柜　　　图 3-2-95　备餐台

制约，如衣帽架、角架、摇椅等，既有在客厅使用，也有在卧房使用。在实际调研过程中，也发现除了以上所述的民用套装家具外，还有大量的其他家具。

1. 衣帽架

衣帽架的前身是衣架，是指张挂衣服的架子，它是中国古典家具特有的品种之一，非常富有民族特色。民国以后，由于受西方家具的影响，这时的衣架把挂衣服和挂帽子的用途组合在一起，在造型上也做了新的设计，所以叫做衣帽架。它是当时办公室、门厅、客厅、卧室常用的家具，是传统家具中的架，结合西洋元素和先进技术演变而成。

民国衣帽架（图 3-2-96 至图 3-2-98）主要有三种形式：一种继续沿用传统的"座屏式"，只是在上面横枨处增设挂钩，改变了原先披搭衣服的方式；另一种则采用"立柱式"，中间为一根直立的粗柱，下有支撑腿，上端钉有几个铜挂钩，便于挂衣服和帽子；还有一种则采用三根旋木柱支撑，上端交叉处用螺丝连接，靠近脚端用横撑连接，安装底板后围成一个三角形围栏，稍往上每两根旋木柱间用铜构件连接，围成一个圈，与下面三角形围栏组成一个扇架，旋木柱上端安装铜挂钩，用以挂放衣服和帽子。

2. 穿衣镜

穿衣镜（图 3-2-99 和图 3-2-100）是民国时期出现的新家具，是典型的中西结合的产物。我国历代都没有穿衣镜，人们照容一直使用铜镜。至清代中期，镀水银玻璃镜有少量传入，宫廷王府认为是西洋奇技，便把镀水银玻璃镜装入座屏之中，作为一种奢侈陈设品，但一般百姓仍不得其用。民国初年，外国镀水银玻璃镜大量传入我国，穿衣镜立刻成为一种时尚的物品在民间传开，不仅在家庭，就连一些学校、商家也在门口放一面镜子以正衣冠。一些富家豪门还有在门口设穿衣镜的，以便主人、客人出门前照一照。这在当时都是时尚的文明之举。

穿衣镜的式样没有太多变化，与中国传统家具的插屏式屏风造型十分相似，只是将框子中间大理石或中国画等改换成镜子。结构上秉承了传统屏架的做法，装饰纹样上结合了西洋图案。镜子宽度一般在 40cm 左右，高在 150～180cm，装在一个下有底座、上有帽子的木框里，木框多选用欧式风格的旋木柱，并用透雕或浮雕进行装饰。

图 3-2-96　座屏式衣帽架　　　　图 3-2-97　立柱式衣帽架　　　　图 3-2-98　三角形围栏衣帽架

3. 门厅镜台

门厅镜台也是民国新出现的家具，源于欧洲，一般放在宴会厅或大厅入口靠墙处（图3-2-101）。民国时期，随着西方文化的传入，门厅镜台也被引入，但多用在办公楼等公共场所，家庭很少使用。但现在，人们将其尺寸改小，镜子和桌子或橱柜分体，镜子直接安装在墙壁上，常用在门厅或入口处。这类家具上面是大型镜框，镜框立面安装旋木柱，上端有檐帽。下面配以欧式桌子或橱柜，整个家具显得非常高大、气派。

图 3-2-99　团花纹穿衣镜　　　　图 3-2-100　百结纹穿衣镜　　　　图 3-2-101　门厅镜台

4. 躺椅

古人讲究"站有站姿，坐有坐相"，因此，在中国古代家具系列中没有摇椅。它在国内最早出现于近代时期的两广和上海地区，为西洋"舶来品"。由于它特有的舒适感，深得上流家庭的垂青，后逐渐普及并融入一些本民族的元素符号，出现多种造型和款式。

躺椅（图3-2-102）是一种靠背很高，以很大的角度向后仰着，椅座较长，又带扶手的椅式，因人仰躺在上面而得名。其实也是当时人们追求生活舒适性的一个标志。

摇椅（图3-2-103）则是躺椅中的一种，它是在躺椅的结构上再于足部加两条圆弧形的摇板，人坐在上面能随着重心的转移而前后摇动。这种动态使用的椅式，又叫"逍遥椅"或"安乐椅"。摇椅属欧式椅，是一种休闲椅，从设计上当以追求新奇的式样为特色，由于躺椅是高靠背扶手椅的一种，式样很多，如摇椅可分为躺式、半躺式、坐式，这主要是因靠背板向后倾斜的角度不同而得名的。故摇椅的式样也不少。

5. 梯椅

这种特殊形态的来源不详，也源于欧洲。虽然我们现在很难见到，但到古旧家具市场上却还是能在不经意间发现它的踪影，这是民国时期特有的一种椅子形式（图 3-2-104）。从目前较多的遗留下来的实物判断，这种椅子在当时曾经很流行。

这种椅子的座面分为两半，中间装有合页，可以前后翻转活动。左右两边的椅腿框架也可分为两半，形状为梯形，椅背的高度与椅子座面的高度相同，稍往后倾斜。把椅背向前翻转 180°，后半部分重叠在前半部分之上，成为一把梯子。椅背支地，成为一个支点，与梯子底部形成三角形，使梯子更加稳当。平时当一把椅子用，需要登高时，翻转变成一把梯子，加上人的身高，足以够得着天花板，比较节省空间。

图 3-2-102　躺椅　　　　　图 3-2-103　摇椅　　　　　图 3-2-104　梯椅

二、主要特征

民国时期，中国经历了几千年来的大变革，人们的政治观念在变，对西方的政治文化由抵制变为"西为中用"。从国家体制到服饰发型、建筑家具都出现前所未有的大变革。民国家具正是在这种大背景下出现的。这时出现的家具也从样式、造型、装饰、用材、结构、地域性等多方面进行了大变革。

1. 品种丰富、式样多变

民国家具是在中国传统家具以及西欧与东洋家具的基础上发展起来的，它们互相影响、互相融合，并且随着社会的进一步发展，适应各种新功能的家具形式纷纷出现，因此家具的式样达到了空前繁多的局面，出现了许多以前没有的品种和样式，如座椅类中有软垫椅、转椅、躺椅、摇椅、沙发、对椅、三角椅等；桌台类中有梳妆台、牌桌、写字桌等；其他还有穿衣镜、角架、角柜等。伴随西方强势的近代文明而来的西方社会的生活方式、文化意识等，还有卫生间家具的出现。

2. 中西合璧、绚丽多姿

随着西方外来文化的不断渗透，传统家具讲究的形、神为主的审美观念被打破了，取而代之的是西方家具的舒适性和重视实体造型为主的新观念。同时，由于新材料、新结构、新技术的发展，传统的家具形式也要求发生相应的变革，而一些思想先进的上层人士和社会名流便为此提供了经济后盾。在这种情况下，一方面，为了追求时尚和新奇，民国家具引入当时的西方家具艺术，由于当时正是欧洲各种形式的复兴与折衷主义家具盛行的时期，于是巴洛克、洛可可、新古典主义等家具艺术手法，均可以在民国家具上找到；另一方面，根深蒂固的中国传统审美情趣又促使一部分中式的家具形制或家具元素得以保留，于是，民国家具从单纯的传统式样中解放出来，成为当时追求的时尚，成为一种中西合璧式家具，形成了绚丽多姿的局面，呈现丰富多彩的国际化倾向。

3. 舒适实用、大小相宜

民国家具是在帝国主义的坚船利炮和经济、文化入侵的环境下产生的，这是一种单向强势交流，但也确实给民国家具带来了许多新鲜的元素与刺激，尽管国内也包含着复杂的苦涩。中国素有"礼仪之邦"之称，明、清以来的家具体量均较大，主要表现的是一种端庄的仪态。特别是清代追求华丽和富贵的世风影响，清代家具的用料阔绰，尺寸宽大，体态丰硕。但是到了近代，由于受西式家具影响，家具更加注重实用性和舒适性，比较讲究人体功能，体现了人本主义的精神。与人体直接接触的桌椅类家具，尺寸上更加符合人体尺寸。坐具由于取消了脚踏，采用脚落地的形式，高度普遍降低，有的还加上了软垫，变得小巧、舒适而实用。而储藏类家具的尺寸则变大，增加了贮存空间，更加实用。

4. 雕刻写实、薄木镶嵌

民国家具的装饰手法相比喜于装饰的清代家具，无论是在装饰手法还是在装饰图案上都要明显减弱很多，但装饰手法仍以雕刻为主。雕刻图案中有中有西，中西结合的样式十分多见。

这个时期家具上的装饰图案以中国传统图案最为多见，如果木花卉类的梅、兰、竹、菊、桂花、桃、葫芦、牡丹；灵禽羽族类的鹤、喜鹊、鸳鸯；文字器物类的福寿双喜、平安如意、聚宝盆；瑞兽鳞虫类的狮、羊、象、鹿、鱼、蝙蝠；人物故事类的八仙、福禄寿三星以及理想吉祥物龙凤等；也有一些云纹、夔纹、海水纹等；以及一些吉祥组合图案……不难看出，这些纹饰图像始终贯穿着一条主线，即人们对美好与希望的憧憬，对吉祥与幸福的渴求。人们不论自己地位贵贱或处境优劣，总是希冀一生平安，合家喜庆，四季富足，颐年长寿。

另一部分装饰直接取材于当时甚为流行的西式纹样。植物纹样中最常见的是西番莲，这是一种外形酷似中国牡丹的花卉。西番莲的特点是花纹线条流畅，变化无穷，可以根据不同器形而随意延伸。它多以一朵花或几朵花为中心向四围伸展枝叶，且大都上与下、左与右对称。如果装饰在圆形器物上，则枝叶多作循环式，各面纹饰衔接巧妙，很难分辨它们的首尾。另外还有玫瑰花、葡萄、茛苕叶、卷草纹的变体纹样、漩涡纹、垂花蔓草纹和麦穗纹，还有一种扇贝形图案（俗称"摩登花"），常装饰于家具显眼的位置上。动物纹样则以狮子、鹰、羊最为流行，风格写实。这些新纹样的流行，改变了明清家具"图必有意，意必吉祥"的装饰观念。这种变化可从社会变迁找到答案，因为封建王朝毕竟在中国土地上已经结束，人们生活在共和的新时代。同时，受西式家具的影响，家具的雕刻在工艺形式上开始注重圆润，注意表现物体本身的质感和自然形态，表现物象的立体感和前后的空间感都较强。因此，民国家具的装饰既有西洋壮观富丽之美，又有东方和谐舒展的华贵神韵。

虽然西方文化不断渗透，但中国传统文化仍有顽固的阵地，于是表现在一些装饰图案上是一些中西结合的样式。有的是将中西装饰图案放在一起，形成组合图案，有的则经过变形处理，形成一种非中、非西的新样式。

薄木镶嵌是雕刻之外的另一种常用工艺手段。西式家具一直把薄木镶嵌工艺看作是家具做工好、有品位的标志。受西方家具这种装饰工艺的影响，民国家具的门板、抽屉面、桌面等部位进行了贴面装饰，有的还做成放射状等拼花图案。

5. 工业材料、初见端倪

虽然清末以来铜、铁、铝合金、玻璃等材料已出现在家具上，但总的来说，这个时期家具的主流材料仍是木材，主要集中为红木和柚木。

一方面，由于"硬木为贵"的审美观点在国人心中根深蒂固，所以当时以泰国红木和印度红木为最高档材料，用量最多，这在海派家具中表现最为明显。除了红木外，花梨木家具也占有一定的数量。

另一方面，西式家具则以白木制作，其中以柚木为最常见，因为西方人视柚木为名贵木材之一，是西洋家具的首选用材。随着上海、天津、青岛等城市出现了租借地，用柚木制作的西洋风格家具在我国大城市开始流行。此外，也有不少是用榉木、柞木、榆木、沙榆木制作的。这些木材质地坚硬，纹理和色泽均美，与欧洲讲究木纹装饰的审美方式是相吻合的；加之当时在租借地居住的外国人并没有硬木的观念，只认柚木、榉木为最佳的材质。所以那些即便是用榉木、柞木、榆木制作的欧式家具，只要式样、做工优秀，一样受人欢迎。

每当一种新的先进的家具材料和家具技术被发明后，不仅会启发人们新的家具艺术构思，同时也会加强人们审美视野的扩张力度，创造出新的家具美。随着工业化时代的到来，可供家具之用的新技术、新材料不断出现，如胶合板、薄木、玻璃、金属等现代工业材料开始不断被应用到这个时期的家具上，成为民国家具的一个鲜明特征。

虽然这时的胶合板只是贴上薄木皮后用作家具的表层，但为现代板式家具的开始出现奠定了基础。另外，玻璃成为木质材料以外最重要的材料，也使民国家具尤其带有近现代工业化的色彩。

三、小结

民国家具彻底打破了以往那种讲究礼仪的规整形式，大胆地应用了多变的曲线，这可以说是家具设计上的一次飞跃。这个时期的家具主题风格可以概括为：品种丰富、式样多变；中西合璧、绚丽多姿；舒适实用、大小相宜；雕刻写实、薄木镶嵌；工业材料、初见端倪。由此可见，民国家具并不像许多人认为的无话可说，更不是没有风格特点。

中国明、清家具采用传统手工制作，但在民国家具中，我们经常可以看到如旋木这些具有明显机械加工痕迹的构件。此外，胶合板、薄木、玻璃、金属等现代工业材料开始不断被应用到这个时期的家具上。这从侧面反映了西方工业文明对中国近代家具的发展起到的客观作用，机械化生产的中国现代家具处于萌芽状态，然而由于当时上层阶级对豪华生活的追求，使得家具设计仍然停留在对形式的追求上，没有摆脱古典主义的范畴。

家具不仅是有形的文化载体，也是一种文明和文化的象征符号。在近代中国这种带有异国情调的家具风格中隐藏着非比寻常的历史经历。这些家具是那个时代的象征和标志。人们从中可以感受曾经存在的昨天，感受用指尖触摸先辈杰作的感觉。从那风韵犹存的形态中，也可以感受到中国近百年历史的沉重。

作业与思考题

1. 片子床流行的原因是什么？
2. 为什么民国大衣柜的尺寸比明清时期的柜类要大得多？
3. 民国家具的主要特征是什么？

结语：

现代主义设计运动跟装饰艺术运动基本上是同时兴起的。装饰艺术运动秉承了以法国为中心的欧美国家长期以来的设计传统立场：为富裕的上层阶级服务，因此它仍然是为权贵的设计，其对象是资产阶级；现代主义设计运动则强调设计为大众服务，特别是为低收入的无产阶级服务，因此它是左倾的、小知识分子理想主义的、乌托邦式的。斯堪的纳维亚风格是功能主义的，但又不像 20 世纪 30 年代现代主义设计那样严格和教条。几何形式被柔化了，边角被光顺成 S 形曲线或波浪线，常常被描述为"有机形"，使形式更富人性和生机。

由于历史的原因，中国家具比西方发展迟缓了一些，此时尚处于从传统向现代转变的迷茫与彷徨中，中西风格混合表现在民国家具上，相当于西方的折衷主义阶段。

第三章 现代家具的发展
（第二次世界大战以后）

学习目标：了解各国现代家具的发展过程以及历史背景，重点掌握美国、意大利、英国、法国、日本、德国、北欧、中国现代家具的发展特点以及代表人物与作品。

第二次世界大战后，世界局势处于相对平稳时期。随着工业技术的迅速发展，材料日新月异，为现代家具的进一步发展提供了有利的物质基础。现代家具经过了工艺美术运动的洗礼，经历20世纪20—30年代稳定的发展，逐步走向成熟。

在战后经济复苏和城市重建的过程中，科学而系统的理性主义得到了进一步发展；经济的发展和消费的高涨刺激了美国商业性的设计；而意大利设计将现代的理性设计与传统的文化相结合，重视个性化与人文精神的表现；日本也在这个时期开始将西方现代设计与民族文化进行融合；而北欧家具对传统价值的尊重以及人性化的设计理念也使其走上一条独特的设计道路。

西方在20世纪50年代进入了消费时代，现代主义开始脱离战前刻板、几何化的模式，并与战后新技术、新材料相结合，突破了正统的包豪斯风格而开始走向"软化"。这期间，由于北欧的不断发展、美国战后的迅速崛起及其他国家的进一步恢复壮大，在家具及室内设计等方面形成了一种新的设计风格——当代主义风格。它的基础仍然以功能作为第一要素，其实质是20世纪20—30年代国际式家具的发展。它源于斯堪的纳维亚和美国，使其设计具有弹性和有机的特点。它提倡室内设计、家庭用品、工作和生活空间具有一种可移动性和灵活性的特征，强调轻盈活泼、简捷明快的设计风格，又有人将它称为后国际主义（Post-International Style）。这种后国际主义风格一直影响着设计界的发展，这些尤为明显地体现在美国米勒公司、诺尔公司的产品及北欧丹麦、芬兰等国一些优秀设计师的作品中。

进入20世纪70—80年代，家具及室内设计已进入了多元化并存的时期，即多种风格并存的时期。现代家具的设计伴随着大工业的进程开始迈向一个崭新的纪元，各国设计理念的发展也日趋完善，这标志着现代家具开始进入一个更加成熟繁盛的时期。

第一节　美国现代家具

第二次世界大战期间，大批优秀的欧洲建筑师和设计师来到美国。这些设计师到了美国以后，一方面试图建立类似德国包豪斯的设计学院；另一方面，结合美国的政治、社会经济和文化进行一系列设计活动，这无疑对美国的现代设计是一个重大的促进，包豪斯的现代设计思想火花，在美国形成了燎原之势，这对于推动美国现代家具的发展，使美国家具走向世界都起到了巨大的作用。

一、概述

美国现代设计的形成源于20世纪30年代初的经济大萧条时代。在这个经济大危机时代，美国资本家为了商业利益而不是使用者利益，或者说通过设计来有意识地刺激消费，每年推出许多新产品，设计变成了企业生存最基本的经济支撑原则。在商品经济规律的支配下，现代主义的信条"形式追随功能"被"设计追随销售"所取代。美国商业性设计的核心是"有计划的商品废止制"，即通过人为的方式使产品在较短时间内失效，从而迫使消费者不断地购买新产品。

在第二次世界大战期间，一大批为逃离战争而来的欧洲包豪斯的建筑师和设计师在美国找到了实现自己理想和抱负的广阔天地。美国现代家具在 20 世纪 50 年代迅速崛起，引领世界家具设计潮流。同时，随着美国工业，尤其是航空工业、塑料和有机化学工业的迅速发展，家具可以使用的材料有了进一步的扩展，在新材料的发掘和应用上出现了一场革命性的变革。

二、主要特征

在 20 世纪现代家具风起云涌、丰富多彩的舞台上，第二次世界大战后的美国现代家具设计是其重要的设计学派。当一些欧洲国家还停留在注重家具设计工艺表现的时候，美国人则开始用机器来大批量制造家具产品。由于与欧洲大陆的渊源以及地理位置的关系，美国家具脱胎于欧洲家具体系，受到欧洲各种设计艺术运动影响。经过数次设计运动和思潮的影响，美国现代家具不仅在外观、结构、材料方面发生了一系列的变革，而且融入了一定的民族文化精神，形成了一定的风格特征。

实用主义与功能主义的结合。20 世纪中期美国设计的主流是在包豪斯理论的基础上发展起来的现代主义，其核心是功能主义，强调实用物品的美，应由其实用性和对于材料、结构的真实体现来确定。不过与战前欧洲包豪斯的空想现代主义不同，战后的美国现代主义已经深入到广泛的工业生产领域，并且脱离了之前刻板的、几何化的模式，并与战后的新材料、新技术相结合，形成了成熟的工业设计美学，由现代主义走向"当代主义"。

商业化的特征。经过第二次世界大战后十余年的经济恢复，美国开始进入"丰裕社会"，消费主义发展到一个新的高度。20 世纪 50—60 年代，战后一代逐渐成为重要的消费阶层，为了适应他们的消费需求和文化需求，新的设计、新的产品和新的文化形式都逐渐涌现，用完即弃的消费主义逐渐成为西方消费的主要方式和行为。为商业利益而设计成为该时期家具设计的一个重要特征。

新颖与个性化。需求和供给是相互影响的，美国的快餐式消费品的设计也在很大程度上刺激着消费市场的繁荣，而这种瞬息万变的消费方式又不断地刺激着消费品的设计。在此趋势的影响下，美国现代家具开始步入崇尚时尚的反主流文化的时期。以米勒公司为例，设计师运用高纯度的原色与强烈的对比色进行色彩构成，受到了喜欢新颖和刺激的美国人的欢迎，大大提升了该公司的企业形象和知名度。

开放性和包容性。美国作为一个多民族的移民国家，素有"民族熔炉"之称，不同民族、不同信仰的居民各自保留自己的传统，各种思想、种族、文化来到美国相互冲撞，相互吸收，从而形成一个独特的美利坚民族。它接受来自不同国家的家具风格、众多外来设计思潮，其中最具代表的就是对北欧家具设计风格的吸收，先后引入和融合了斯堪的纳维亚、瑞典、芬兰、丹麦等国的家具设计风格以及技术，且经过自身民族文化的融合，从而形成带有明显民族特征的家具设计。

三、著名设计师及其作品

（一）埃罗·沙里宁（Eero Saarinen，1910—1961 年）

埃罗·沙里宁，又称小沙里宁（以便与同样著名的父亲老沙里宁区别开来），20 世纪中叶美国最有创造性的建筑师之一。出身芬兰一个艺术家家庭，父亲老沙里宁是建筑师，母亲是雕塑家。从小受母亲影响喜好雕塑，后学建筑，他的作品富于独创性，不落前人窠臼，作品之间很难找到相同的痕迹。他一生中没有形成自己定型的建筑风格，而是在不断地创立新的风格。

1940 年，小沙里宁和伊姆斯设计的胶合板制作的靠背椅（图 3-3-1）获得了 1941 年美国纽约现代艺术博物馆举办的有机设计竞赛大奖，这张椅子外形美观，又适合大工业生产，所以使他立即成为设计界引人注目的人物。这次竞赛中，两人合作的还有一件经典作品是 1940 年设计的有机椅（图 3-3-2）。

20 世纪 40 年代，小沙里宁与诺尔公司合作从事家具设计，1946 年设计了蚂蚱椅（Grasshopper Chair，图 3-3-3），这张椅子直至 1965 年一直是诺尔公司目录中的产品。椅子造型简洁，结构材料主要是薄板，因为 20 世纪 40 年代只有这种材料，诺尔夫人对这张椅子的评价很高，但这还不是小沙里宁最好的设计，因为他的设计思想受到材料的限制。直到玻璃纤维出现以后，小沙里宁的设计才有了突破，他也因此成为美国乃至世界设计界有影响力的人物之一。

小沙里宁设计了许多利用玻璃纤维为材料的家具。他最著名的设计是 1946 年设计的胎椅（Womb Chair，图 3-3-4），也叫子宫椅。采用玻璃纤维增强塑料模压成形，覆以软性织物，被称为一件真正的有机设计。胎椅的设计构想也源自人体舒适与现代美感之间的最默契的结合。这种椅子直至现在还在美国及世界各国广泛使用，受其影响而派生出来的椅子更是不计其数。这种椅子是用玻璃纤维模压而成，上面再加上软性的材料，式样大方，利于大规模工业生产。

图 3-3-1　靠背椅　　　图 3-3-2　有机椅　　　图 3-3-3　蚂蚱椅　　　　　图 3-3-4　胎椅

图 3-3-5　郁金香椅　　　　　图 3-3-6　郁金香桌　　　　图 3-3-7　主管椅

　　1956 年，小沙里宁设计的郁金香椅系列（Tulip Chair，图 3-3-5）以圆形盘柱为足，整体用玻璃纤维挤压成型，在西方十分流行。郁金香椅子的特点是有机的造型和支撑基座的处理，大面积的圆形支撑还消除了椅子腿对地面的压力。简单基座椅子的设计是他在家具设计中创造性的发挥，塑料技术的进步使他可以实现单一材料、单一造型椅子的愿望。由于当时使用人造材料制造，加上曲线的灵动造型，郁金香椅被认为是"太空时代"的，更因出现在 20 世纪 60 年代的《星际迷航》系列中而风靡起来。1957 年，小沙里宁用同样的手法设计了郁金香桌（图 3-3-6）、主管椅（图 3-3-7）。

　　这些作品都体现出有机的自由形态，而不是刻板、冰冷的几何形，小沙里宁是一位多产的建筑师，同时也是一位有才华的工业设计师。他的家具设计常常体现出有机的自由形态，被称为有机现代主义的代表作，成了工业设计史上的典范，至今仍广为流传和使用，为诺尔公司、美国家具奠定了坚实的基础。也标志着现代主义的发展已突破了正统的包豪斯风格而开始走向"软化"。这种"软化"趋势是与斯堪的纳维设计联系在一起的，被称为"有机现代主义"。

（二）查尔斯·伊姆斯（Charles Eames，1907—1978 年）与蕾·伊姆斯（Ray Eames，1912—1988 年）夫妇

　　美国夫妻档设计师查尔斯和蕾·伊姆斯是 20 世纪最有影响力的设计师，是建筑、家具和工业设计等现代设计领域的先锋设计师。他们于 1946 年开办设计事务所，1947 年加盟著名的米勒公司，1949 年底带来惊世之作——伊姆斯躺椅和脚凳。他们的代表作还有伊姆斯办公椅、伊姆斯餐厅扶手椅、餐厅比基尼木制椅和层压板椅等。这对设计界的超级夫妻搭档一生设计了很多产品，几乎所有产品都是经典之作，被各大博物馆永久收藏。

　　查尔斯·伊姆斯与小沙里宁于 1940 年合作设计的胶合板制作的靠背椅（图 3-3-1）获得了 1941 年美国纽约现代艺术博物馆举办的有机设计竞赛大奖。1946 年现代艺术博物馆专门为伊姆斯夫妇举办了胶合板家具展览，取得了很大成功。伊姆斯夫妇的不少作品都是为米勒公司设计的，这些设计使他成为 20 世纪杰出的设计师之一。1946 年，伊姆斯夫妇在洛杉矶设立了自己的工作室，成功地进行了一系列新结构和新材料的试验。他们多年研究胶合板的成型技术，试图生产出整体成型的椅子，但最终还是使用了分开的部件以便于生产。以后，他们又将注意力放在铸铝、玻璃纤维增强塑料、钢条、钢管等材料上，产生了许多极富个性但又适于批量生产的设计。

　　伊姆斯夫妇与米勒公司合作后，将他们在 1946 年以来一直持续研究的系列原创家具作品由米勒公司批量生产，如热压成型的多层夹板系列椅、塑料壳体系列椅、休闲系列椅和铝合金系列椅等。1946 年，伊姆斯夫妇为米勒公司设计了第一件作品——LCW 椅（图 3-3-8），是他们早年研究胶合板的结果。椅子的座垫及靠背模压成微妙的曲面，给人以舒适的支撑，镀铬的钢管结构十分简洁，并采用了橡胶减震节点。所有构件和连接的处理都非常精致，椅子稳定、结实而且很美观。

　　1948 年设计的躺椅（图 3-3-9）、1950 年设计的 DSW 椅（图 3-3-10）、DAW 椅（图 3-3-11）、RAR 摇椅（图 3-3-12）、1951 年设计的 DKR 线椅（图 3-3-13）、1956 年设计的躺椅（图 3-3-14）等都是 20 世纪美国设计的杰出代表。

（三）哈里·贝尔托亚（Harry Bertoia，1915—1978 年）

　　贝尔托亚，美国建筑师，珠宝、家具设计师，雕塑家。出生于意大利圣劳伦佐，1930 年随全家移居美国。1937 年进入老沙里宁主持的著名设计学府——克兰布鲁克艺术学院学习。

图 3-3-8 LCW 椅　　　图 3-3-9 躺椅　　　图 3-3-10 DSW 椅　　　图 3-3-11 DAW 椅

图 3-3-12 RAR 摇椅　　　图 3-3-13 DKR 线椅　　　图 3-3-14 躺椅

毕业后留校任教，开设了他的金属工作室，主要讲授珠宝与金属加工方面的课程。1943 年担任金属工艺系主任，与小沙里宁、伊姆斯等优秀设计师的共事与合作对他的设计影响非常大。由于战争原因，贝尔托亚工作室暂时关闭，随后他又去克兰布鲁克学院的平面设计系工作了一段时间。

1943 年，贝尔托亚加入伊姆斯夫妇工作的伊文斯产品设计公司（Evans Products Company），参与研究模压多层胶合板的技术。二战结束后落脚于著名的诺尔公司，在诺尔公司贝尔托亚设计出他一生中最重要的家具作品。

1950 年，他在宾夕法尼亚建立了他的设计与雕塑工作室，并不断与诺尔公司技术人员一起为公司设计开发家具系列产品。

1952 年，他设计的钻石椅（图 3-3-15）轻盈而具雕塑感，立即为建筑师与设计师接受，作为理想的家具，被公司大量生产。该椅的座面、靠背、扶手及支架由粗细不同的金属钢丝构成，并装配成型，座面上可放不同材质的软垫。因为这张椅子，贝尔托亚在现代设计史写下一个脚注，并将工业用的金属丝线引进家具设计的世界。

此外，贝尔托亚 1951 年设计的贝尔托亚椅（图 3-3-16）、1952 年设计的鸟椅（图 3-3-17）也相当著名。它们都是采用金属丝线的椅子，其有机样式、亲近人性的形式，为现代主

图 3-3-15 钻石椅　　　图 3-3-16 贝尔托亚椅　　　图 3-3-17 鸟椅

义的表现注入了一股新的风貌。

20 世纪现代家具设计领域，贝尔托亚从一个雕塑家的角度进行了他独特的探索并取得成功，他的设计不仅完善地满足了功能上的要求，而且与他的纯雕塑作品一样，也是对形式和空间的一种探索。

（四）乔治·尼尔森（George Nelson，1908—1986 年）

尼尔森是建筑师、家具设计师和产品设计师，他的设计生涯和他在 20 世纪现代设计中的地位类似于意大利的吉奥·庞蒂，他们都横跨现代设计的多个领域，对现代设计的影响极为深远。

尼尔森于 1931 年毕业于耶鲁大学建筑系，获得罗马奖学金，于 1932—1934 年在罗马的美国学院学习。1935 年他成为《建筑形式》杂志的副主编，同时又为当时一本主要杂志《铅笔尖》撰写大量文章，介绍当时著名的建筑师，为现代建筑的发展推波助澜。1936—1941 年，尼尔森与好友在纽约成立合伙人建筑事务所，而后又任教于耶鲁大学建筑系，此间发展出一系列建筑设计和城市规划的新观念，包括最早的绿色设计的概念。1941—1944 年，他任教于纽约哥伦比亚大学的建筑系，1946 年又担任纽约帕森斯设计学校室内设计系的顾问，同年他受聘接替吉尔伯特·罗德担任米勒公司的设计部主任，直到 1972 年退休。在任职米勒公司期间，他成功地聘请了许多一流的家具设计师加盟米勒公司，如查尔斯·伊姆斯等，使米勒公司成为世界上较有影响的家具制作公司之一。与此同时，尼尔森开始发展他自己的设计体系。1947 年，他在纽约建立自己的设计事务所，不仅设计家具，还设计灯具、钟表、塑料制品等工业产品。1957 年以后，他开始关注建筑中的环境设计，是最早注意研究建筑生态学的建筑师之一。作为著名的设计评论家，尼尔森的设计思想影响非常大，并时常富有卓越的远见。

尼尔森家具设计中最有创意的可能是他对模数制储藏家具系统及模数制办公家具的研究，这两种系统都在世界范围内产生了影响。尼尔森的椅子和沙发设计也非常有创意，如 1955 年设计的椰壳椅（Coconut Chair，也叫做椰子椅，图 3-3-18），以八分之一的椰子壳作为椅子的外形。椰子椅凭借着它可爱的造型、精简的结构和极大的视觉冲击力，改变了美式家具的外观和人们对它的印象，成为 20 世纪 50 年代的一个经典设计。

尼尔森另一件著名的家具设计是 1956 年设计的蜀葵沙发（Marshmallow Sofa，图 3-3-19），该沙发的主体被分解成一个个的小圆盘，并覆以不同颜色的面料（也可采用同一色彩），更加强调了其分离的效果，其色彩的大胆使用和明确的几何形式都预示着 20 世纪 60 年代波普艺术的到来。尼尔森对模数的钟爱也扩展到他的沙发设计中：简洁的造型和自由组合的构思多年主导着家具市场。米勒公司的产品目录册将其描述为"第一款孕育着全新软椅概念的产品。独具趣味性的蜀葵沙发是现代设计中的一项划时代杰作"。

尼尔森既是一位很有成就的建筑师，又是一位多产的家具设计大师。20 世纪 50 年代，他设计了很多家具作品，如 1952 年的卷饼椅（Pretzel Chair，图 3-3-20）、1956 年的袋鼠椅（Kangaroo Chair，图 3-3-21）、1958 年的流浪椅（Swag Chair，图 3-3-22）与 DAA 椅（图 3-3-23）等。

尼尔森 1946 年设计的长凳（图 3-3-24）采用橡胶木全实木制作，明确、简单的线条是尼尔森的建筑理念在家具设计方面的反映。

图 3-3-18　椰壳椅　　　　图 3-3-19　蜀葵沙发　　　　图 3-3-20　卷饼椅　　　　图 3-3-21　袋鼠椅

图 3-3-22　流浪椅　　　　图 3-3-23　DAA 椅　　　　　　图 3-3-24　长凳

（五）沃伦·普拉特纳（Warren Platner，1919—2006 年）

普拉特纳是美国的一位建筑师与室内设计师。他于 20 世纪 60 年代设计了一些经典的现代家具。他的经典室内设计作品有纽约的福特基金总部办公室、世贸中心顶部世界餐厅的窗户等。

普拉特纳出生在美国马里兰州的巴尔的摩，1941 年毕业于考奈尔大学建筑系。1945—1950 年，他在美国工业设计之父雷蒙·洛伊（Raymond Loewy，1893—1986 年）与华裔建筑大师贝聿铭（I. M. Pei，1917—）手下工作。1955 年获得建筑罗马奖。1960—1965 年，普拉特纳在小沙里宁公司工作，曾参与杜勒斯国际机场、林肯中心戏剧院、约翰迪尔公司总部以及耶鲁大学一些宿舍楼等项目。1966 年，普拉特纳设计了经典的椅子、脚凳与桌子（图 3-3-25 和图 3-3-26），由诺尔加工生产，这些家具的底座均采用许多根镀镍的细钢丝排列展开，极具雕塑与韵律美感，形成独特的视觉效果。

图 3-3-25　休闲椅与脚凳　　　　　　　　　

　　　　　　　　　　　　　　　　　　　　　图 3-3-26　桌子

（六）乔治·中岛（George Nakashima，1905—1990 年）

中岛是美国当代著名的木匠和第一代工作室家具（Studio Furniture）设计师代表人之一。所谓的工作室家具，实际上是 20 世纪 40 年代在北美出现，80 年代兴起，目前在美国、加拿大、澳大利亚等国主要发展的一种家具设计与制作模式。它是一种与批量生产的家具完全不同的家具,通常以木材为主要原料,由艺术家原创设计,具有鲜明的个性,并由艺术家自己在工作室完成制作,充分反映其加工技能和制作水平的家具。工作室中一般拥有一些小型的如平刨、压刨、小型带锯、铣床、砂光机等制作实木家具的主要机械设备。

1905年在华盛顿州出生的日本后裔乔治·中岛,分别在华盛顿大学和麻省理工拿到建筑学的本科和硕士,毕业后申请到一个艺术基金的资助去了法国,在巴黎待了一段时间后到了日本东京,得到了一个建筑事务所的固定工作,又被派到印度,直到第二次世界大战爆发,他又回到美国。珍珠港事件后,他们全家被遣送到爱达荷州的一个日本人集中营,在那里,他跟着一个日本老师傅学会了传统的日本木工工艺,然后通过在农场里干活挣的一些钱在宾夕法尼亚州偏僻的地方买了一块地,在那一切从零开始,建立自己的家和工作室,房子自己设计,就地取材,自己建造。他还经常去森林砍荆棘开路,经过几十年的积累和努力,在那块原始的土地上,他不仅建造了自己的家、工作室、展厅,还建立了一个博物馆(Minguren Museum),现在这块地方已经成为美国的历史保护点,也成了宾夕法尼亚州一个有名的景点。

虽然中岛已经去世,但他的女儿,同样也是学建筑并深受日本传统文化影响的米拉继承了父亲的传统,继续主持着工作室。

中岛对木材的研究已经到了出神入化的境界。他书写的《树的灵魂》(*the soul of a tree*)中介绍他可以通过看木材的纹路知道一棵树的历史,就好像算命先生给人看手相一样,比如这棵树哪年遭受过水灾,或者哪年遭受过风灾等。正因为对木材如此了解,他很懂得尊重每一块材料,根据每一块木材来做设计,通过现代的设计将木材天然的美展现出来。中岛的成就使他成为美国第一代工作室家具设计师的代表人之一。他的家具作品(图3-3-27至图3-3-32)基本都是在充分了解木材特性的基础上展开,更多展示的是木材的自然美。

图3-3-27 草垫椅　　　图3-3-28 休闲椅　　　图3-3-29 长沙发

图3-3-30 茶几　　　图3-3-31 写字椅　　　图3-3-32 桌椅

(七)山姆·马鲁夫(Sam Maloof,1916—2009年)

马鲁夫是一位家具设计师和木工,也是第一代工作室家具设计师代表人之一,美国工艺复兴运动的重要发起人。他以其精湛的手工家具赢得了麦克阿瑟基金会最有威望的"天才巨子"称号。马鲁夫于 1916 年出生于美国加利福尼亚州，其父母从黎巴嫩移民到美国。他于 1941 年 10 月 11 日被征召入美国军队。之后，在太平洋战区服务，然后转移到阿拉斯加，1945 年离开军队回到南加州，后居住在加利福尼亚州安大略。马鲁夫的作品是美国几家主要的博物馆的收藏品，其中包括纽约大都会艺术博物馆、洛杉矶艺术博物馆、费城艺术博物馆，以及史密森美国艺术博物馆。他被形容为史密森学会的"美国最知名的现代家具工匠"，人民杂志称他为"阔叶木的海明威"，但是，他的名片上却称自己为"木工"。

马鲁夫的家具（图 3-3-33 至图 3-3-35）设计非常注重木材的自然美感，同时，他喜欢用有机形态表现，简洁流畅，既有北欧风格的简洁，又有新艺术运动时期那些优美的有机曲线与形态表现出的优雅。

图 3-3-33 摇椅　　　　图 3-3-34 躺椅　　　　图 3-3-35 休闲椅

四、小结

脱胎于欧洲家具体系的美国家具发展至今，对欧洲各时期家具风格的模仿痕迹已不见踪影，且完全从欧洲家具体系的母体中脱胎换骨，将欧洲家具的传统精华通过文化融合的创新，把美利坚民族自身传统文化中的平等主义、实用主义和朴素风格注入家具中，呈现厚重中不失洗练、大气中蕴含个性的特点。高大的家具造型来自于欧洲的古典建筑和家具，美国人在创新的基础上继承了这些欧洲文化的精华，家具设计厚重而大气。经过不断发展与创新，色彩、结构、线条这些简单的元素在美国家具设计中尽显创意的光芒，并在概念艺术影响下形成了独树一帜的美国审美观。美国现代家具设计的这种以传统为源，以创新为本的设计思想让美国人的家居生活发生无形变化的一种力量，正是一群年轻而富于创造想象的设计师们在观察生活、理解生活、设计生活。设计是一个无止境的挑战，但他们相信，这种年轻的活力，乐观进取与叛逆的精神将把美国设计带入一个新时代。

作业与思考题

1. 美国现代家具的主要特征是什么？
2. 资料收集：美国现代家具著名设计师及其作品。
3. 临摹三件美国现代家具经典作品并分析其主要特征。
4. 资料收集：美国诺尔（Knoll）与米勒（Miller）公司的企业概况。
5. 课外拓展：美国有哪些国际性的家具展会？其主要特征是什么？

第二节　意大利现代家具

工业化原本就比较缓慢的意大利，由于第二次世界大战的破坏，其设计艺术发展起步比较晚。但由于各种原因，意大利的现代主义设计异军突起，在家具、汽车、服装、电子产品、家用电器等领域的设计赢得了国际市场的认可。意大利是欧洲的艺术摇篮，是文艺复兴的发源地，也是现代艺术流派诞生的温床。它将现代科学与民族文化内涵相互融合，并以质量佳和造型新而享誉世界。意大利现代家具的设计中心是米兰和都灵，一年一度的米兰国际家具博览会历来有世界家具的奥斯卡之称。

一、概述

第二次世界大战后，意大利设计的发展被称为"现代家具的文艺复兴"，对全世界设计界产生了巨大的冲击。在世界现代艺术设计发展史中，意大利是一个不断创新的设计风格发源地。意大利作为一个文明古国，在 20 世纪现代艺术设计的发展进程中，意大利又一次扮演了重要的角色，第二次世界大战后迅速崛起与腾飞的意大利设计学派在世界上享有盛誉，以科技与艺术的完美结合引领着全球的设计时尚与潮流。意大利现代设计学派表现为一种整体性的设计文化，它融汇于产品、服装、汽车、办公用品、家具等诸多的设计领域中。

作为"意大利制造"较具代表性的家具设计，得益于意大利本国独特的设计哲学、民风秉性、人文历史、设计传统、科技创新和优秀人才。总之，意大利现代家具设计荟萃了意大利悠久的人文历史，以其独特的艺术风貌及优雅、美观的造型赢得了世人的喜爱，在世界家具史上占有举足轻重的地位。

二、主要特征

1. 独特的设计哲学与设计文化

在第二次世界大战以后，意大利设计的重新崛起和成功归功于建筑设计与工业制造的紧密结合，这是意大利设计独特的成功经验。意大利设计既不同于商业化的美国设计，也不同于传统手工艺味很浓的北欧设计，而是建筑思维、现代设计、个人风格、传统工艺、现代制造等的综合体。意大利在全球现代设计界所占据的领导地位，是由于其在设计政策、设计研究、设计教育、工业制造、产品品牌、市场推广、设计展览、设计传播等方面形成了一个完整的设计产业链。

2. 艺术与技术、传统与现代的结合

意大利优秀的艺术文化传统奠定了意大利设计起飞的坚实基础。意大利设计师们懂得如何来继承发扬祖先的遗产，如何恰当地处理传统和创新的关系，不为潮流所左右，也不为传统所束缚。由于他们能将实用主义、技术知识与坚实的古典文化相结合，从而使他们的设计从战后至今都打上了自己的烙印，表达了一种充满想象和个性的设计文化，富于人性和诗意的价值。在工业化的进程中，他们一方面引进现代批量生产方式，一方面又尊重传统工艺。正是由于他们能坚持民族特色，才使意大利的设计力量首屈一指。

3. 线条风格

意大利战后的家具设计追求流线型超现实主义形式，常采用极为特殊的有机外形，同时注意功能的复合性。这种风格便是意大利吸收美国流线式样而形成的"意大利线条"独特风格。纯美的线条和合适的功能性比例，让世人感叹意大利的现代家具设计被赋予了无与伦比的艺术魅力。

三、著名设计师及其作品

（一）吉奥·庞蒂（Gio Ponti，1891—1979 年）

庞蒂是意大利著名建筑师和设计师，1918—1921 年在米兰学习建筑学。他参与了建筑、室内、家具、灯具、包装、展示及玻璃等领域的设计。1928 年起，庞蒂先后创办过《多姆斯》和《风格》两种设计刊物，大力宣传现代设计思想。《多姆斯》是对意大利设计影响最大的杂志，成为意大利介绍国外优秀设计以及向外国同行介绍意大利设计的重要窗口，虽然第二次世界大战期间曾经一度停刊，但战争结束后，很快又开始出版，一直到今天，《多姆斯》都是意大利设计重要的论坛，影响了一代又一代意大利乃至国外的年轻建筑师、设计师们。

1936 年起，庞蒂担任米兰理工大学的建筑学教授。他还是意大利蒙扎设计双年展和米兰设计三年展的积极组织者、"金圆规奖"的发起者、"设计工业协会"的共同创办者。他的一生，总结起来就是一个充满激情的意大利现代设计"传教士"、一个全能的"文艺复兴人"。

庞蒂的传世经典作品包括：为卡西纳（Cassina）公司设计的"超轻椅（Superleggera）"（1957 年，图 3-3-36）、为帕瓦尼公司设计的咖啡机（1949 年）、为阿雷多卢西公司设计的公园灯（1957 年）和为理想标准公司设计的卫生洁具（1954 年）等。庞蒂在战后最重要的建筑作品是与著名工程师纳尔维共同设计的皮瑞利大厦，该作品被公认为是具有国际水准的杰作。

庞蒂的设计追求真正的形式美，并把功能与形式美结合在一起，在造型上偏重于有动感的线条和不对称的形体，形成了一种独特的体现人类情感的造型形式和哲理精神。庞蒂设计的家具（图 3-3-36 至图 3-3-42）大胆采用几何造型，简洁大方，突破传统的设计观念。

图 3-3-36　超轻椅　　　图 3-3-37　休闲椅　　　图 3-3-38　休闲椅　　　图 3-3-39　休闲椅

（二）乔·科伦博（Joe Colombo，1930—1971 年）

科伦博是一位杰出的意大利现代设计大师。1954 年，他毕业于米兰理工学院建筑专业。科伦博在 20 世纪 50 年代早期是一位积极的现代抽象表现主义画家和雕刻家，参加了著名的"原子绘画运动"。但是大约在 1958 年他放弃绘画而转向追求职业设计生涯。1959 年父亲逝

图 3-3-40　桌子　　　　图 3-3-41　书桌　　　　　图 3-3-42　抽屉柜

世以后，他接手父亲留下来的一个制造家用电器设备的家族工厂。在此期间，他开始在设计中对新型合成材料进行试验，同时还研究新的结构技术和制造方法。1962 年，科伦博在米兰创立了个人设计工作室，主要从事建筑、室内、家具设计。

科伦博的家具设计充满着对材料结构的探索。科伦博与意大利 Kartell 家具公司建立了长期合作关系。他的第一件成名作是 1963 年设计的 4801 号扶手椅，以三块胶合板相互穿插形成弹性结构。经过 Kartell 公司两年的技术改进，1965 年才正式生产并销售（图 3-3-43）。这种椅子的流线型设计形式沿用到了他后来的塑料家具的设计当中。这件简洁而雅致的扶手椅适合大批量生产，符合科伦博设计它的初衷——为中产阶级市场设计一把时髦的椅子。

科伦博 1963 设计的埃尔达椅（Elda Chair，图 3-3-44），以妻子名字命名，这是第一把用玻璃纤维做整个支撑框架的椅子，用了 7 根香肠形的垫子，底座可旋转，整体宽大舒适。1964 年设计的超级舒服椅（Super comfort），最初的框架采用模压多层板，座面与靠背采用软包形式，十分舒适。后改用锻压钢框架，因形态与月球探测飞船相似，后被改名为 LEM椅（图 3-3-45）（意为"月球探测飞船"）。1965—1967 年，他为卡特尔设计的 4860 号椅子（图 3-3-46），是世界上第一把用 ABS 塑料注模而成的椅子，可以叠放。1969 年，他为 Flex-form 公司设计的多功能管状椅（Tube Chair，图 3-3-47）可以通过变化，组合成多种形式。

图 3-3-43　4801 椅　　　图 3-3-44　埃尔达椅　　　图 3-3-45　LEM 椅　　　图 3-3-46　4860 椅

科伦博十分擅长设计塑料家具，他特别注意室内的空间弹性因素，认为空间应是弹性与有机的，不能由于室内设计、家具设计使之变得死板而凝固。因此，家具不应是孤立的、无生命的产品，而是环境和空间的有机构成之一。他最具前瞻性的创新设计当数其 1969 年设计的"一体化生活空间"（图 3-3-48），于同年由德国拜耳公司在科隆家具展展出。在这个生活空间中，家具与空间结构融为一体，充分利用了先进技术与新材料形成一个多功能的一体化生活空间。

图 3-3-47　管状椅　　　图 3-3-48　一体化生活空间　　　图 3-3-49　整体家居单元

1971 年，科伦博的遗作"整体家居单元"（图 3-3-49）在 1972 年美国纽约现代艺术博物馆举办的"意大利——家居用品新面貌"中展出，引起了普遍的关注。这套整体家居单元包括了厨房、起居室、卧室、卫生间四个部分，总面积不超过 28m²。里面的产品可折叠、组合或变动，使空间具有较大的灵活性。

非常令人惋惜的是，1971 年 41 岁的科伦博因患心脏病不幸英年早逝，过早地结束了他杰出的充满创造力的设计生涯。科伦博是意大利历史上的传奇人物，他相信通过科技的力量、设计和文化的改革潜力能解决多数问题。时至今日，科伦博家具技术的先进性可能已经被替代，但科伦博设计的大部分家具仍然被生产，很多人仍然对科伦博及他设计的充满创造力的产品充满兴趣。这些设计的灵活性和多功能性在今天的家具设计中仍然被广泛提倡。

（三）马可·扎努索（Marco Zanuso，1916—2001 年）

扎努索，意大利现代设计学派的领头人，1939 年毕业于米兰理工大学建筑系，1945 年在米兰创办设计事务所——扎努索工作室，1946—1947 年，他与罗杰斯（Ernesto Rogers）共同主编《多姆斯》杂志，1947—1949 年又继续主编《卡萨贝拉》杂志，他与庞蒂一样，为推动意大利设计学派的形成和培养新一代设计师做出了杰出的贡献。早在 1956 年，扎努索就参与创建了意大利工业设计协会，并于 1966—1969 年担任该协会主席。1956—1960 年，他担任米兰市参议员，并于 1961 年担任米兰城市规划委员会委员，由于他以及其他设计师的努力，米兰成为著名的工业设计中心。

在家具设计领域，扎努索与意大利的一些著名家具制造公司合作，特别是 Arflex 公司，创造了许多应用新材料和新技术的现代家具作品。他在将乳胶泡沫应用于软体家具造型方面进行了成功的探索，并于 1949 年推出第一件用乳胶泡沫成型的椅子——Antropus 椅（图 3-3-50），在纽约现代艺术博物馆"廉价家具设计比赛"中获奖。1951 年设计的女士椅（Lady Chair，图 3-3-51），四片厚厚的泡沫塑料组成椅背、椅座与两侧扶手，运用新型合成材料，创造了端庄、舒适的有机形态，而且可以拆装，获得 1951 年米兰家具博览会的金奖，代表了意大利战后设计第一个高潮的来临。1954 年，他继续设计了软包椅——Martingala 椅（图 3-3-52）。

图 3-3-50　Antropus 椅　　　　图 3-3-51　女士椅　　　　图 3-3-52　Martingala 椅

他将玻璃、金属与板材一起应用到设计的 Cosimo 书桌（图 3-3-53）中。此外，1964 年，他与设计师理查德·山普（Richard Sapper，1931—）合作，设计了用聚丙烯制作的椅子——Lambda 椅（图 3-3-54）与可以叠放的 K4999 儿童椅（图 3-3-55）。

图 3-3-53　Cosimo 书桌

图 3-3-54　Lambda 椅

图 3-3-55　K4999 椅

（四）马里奥·贝利尼（Mario Bellini，1935—）

贝利尼是意大利的一位与众不同的、多才多艺的现代设计大师。1935 年出生于意大利米兰，1959 年毕业于意大利米兰理工大学建筑专业。贝利尼一生中获过许多次设计大奖，美国的设计年度奖、西班牙的"金代尔塔"奖（Deltade Oro）和德国的"德国制造奖"，并史无前例获得八次"金圆规"设计奖，1986—1991 年担任世界知名设计杂志《多姆斯》总编辑，1987 年纽约现代艺术博物馆（MoMA）为他举办个展，当时从没有仍在世的设计师获此殊荣，并有 25 件作品被收入博物馆永久典藏，才华横溢的他，更于 2004 年获得意大利总统颁发的一等文化与教育奖章，以表彰他对世界的贡献。

在设计中，贝利尼排斥过分地强调功能，而注重功能与情感价值的有机融合。他清楚地知道在家具设计及建筑设计中文化的重要性。他也热衷于设计的目标群及其与周围社会环境的关系问题的研究。

贝利尼在家具设计上的成绩是令人记忆犹新的（图 3-3-56 至图 3-3-60）。贝利尼一生设计了许多座椅，且每一款都堪称销量之王，最经典杰出的也最能代表他设计天赋的是他在 1977 年为卡西纳公司设计的 Cab 椅（图 3-3-56）。这个经典之作花费了贝利尼将近 20 年的时间，只为可以设计出一张只有皮革和框架，既可完全贴合身体曲线又能承载身体全部重量的"纯粹的椅子"，当这样一张运用高级成衣般缝制工艺并且将坚韧皮革"穿"在金属骨架上的椅子问世，即成为贝利尼诠释其设计高度的完美答卷，后世再无可超越之作。

图 3-3-56　Cab 系列

图 3-3-57　Break 椅

图 3-3-58　Le Bambole 沙发

图 3-3-59　贝利尼椅

图 3-3-60　Teneride 椅

Le Bambole 沙发（图 3-3-58）是由一组软泡沫构成的坐具。20 世纪 70 年代的意大利，许多家具设计师都用软泡沫制作家具，Le Bambole 沙发与这些产品最大的不同是构成这件产品的每一块软泡沫都是必不可少的结构件，外表柔软而受力稳固。

为留住经典，后世铭记，1987 年，纽约现代艺术博物馆（MoMA）将贝利尼的经典设计作品收入，作为永久收藏在该馆长期展出，贝利尼因此成为第一个在纽约现代艺术博物馆（MoMA）举办个人作品展的设计师，展馆内的其他国际知名大师大多辞世，而贝利尼成为为数不多的、可以在当代博物馆回顾一生作品的设计师。

（五）阿切勒·卡斯蒂格利奥尼（Achille Castiglioni，1918—2002 年）

卡氏三兄弟：列维奥·卡斯蒂格利奥尼（Livio Castiglioni，1911—1979 年）、皮埃尔·加科莫·卡斯蒂格利奥尼（Pier Giacomo Castiglioni，1913—1968 年）与阿切勒·卡斯蒂格利奥尼（Achille Castiglioni，1918—2002 年）先后毕业于米兰理工大学建筑系，在意大利设计的形成过程中是一组非常有活力的设计团队。他们在建筑、家具、灯具、展览设计等领域中创造了许多成功的作品，并且对创立意大利金圆规奖和意大利设计协会做出了重要的贡献。卡氏兄弟与全世界许多著名公司进行了成功的设计合作，他们的许多充满结构创新和美学魅力的设计作品为意大利现代设计增添了宝贵的财富。相比，在家具设计领域，阿切勒为我们留下了更多的经典之作。

阿切勒，这位系出米兰理工大学名门的建筑博士，米兰理工大学和都灵理工大学的室内设计和工业设计教授，曾 8 次荣获"金圆规"大奖。阿切勒，称得上是意大利设计黄金年代举足轻重的大人物，是意大利近代设计史上不可抹去的名字。

阿切勒在设计领域活跃了近 60 年，最初是和自己的兄弟 Pier Giacomo 合作，直到 1968 年才自立门户，独立创作。和意大利战后代表设计名师 Marco Zanuso 和 Ettore Sottsass 一样，阿切勒也是意大利精湛手工艺传统以及家族感性遗传的完美结合。他也是米兰设计三年展和设计界的权威"金圆规"奖的创始人之一。和许多其他设计界的同行一样，他为意大利战后设计的复兴做出了不可估量的贡献——在资金缺乏的年代，相比于大型建筑，设计师反而更容易将注意力集中在家具、灯具以及产品设计这些小成本领域。

阿切勒曾经服务的 ALESSI，FLOS，MOROSO 等家居制造商现在已经成为世界顶级的生产制造商。阿切勒是陪伴着这些品牌成长起来的，现如今阿切勒的许多设计还在生产，已经生产销售了几十年，成为经典。他的很多作品已被收藏并展览于纽约现代艺术博物馆（MoMA）。

阿切勒与兄弟皮埃尔 1957 年为 Zanotta 公司设计的 Mezzadro 凳（图 3-3-61），采用拖拉机的凳面形式。1960 年设计了优雅高贵的 Sanluca 椅（图 3-3-62）。阿切勒在研究东方人的坐姿和习惯基础上，于 1970 年为 Zanotta 设计了 Primate 凳（图 3-3-63）。东方人喜欢屈腿而坐，直立腰板而没有椅背，该设计的巧妙之处在于，坐和跪同时满足，同时进行。阿切勒在 1989 年设计，并于 1990 年由 Zanotta 公司生产制造的可旋转的 Joy 书架（图 3-3-64）。其最大特点就是每个层板都能够绕着中间一根垂直且用来固定层架的钢棍 360°随意旋转，并且其架子的数量可以按照不同需求进行增减。

（六）埃托·索特萨斯（Ettore Sottsass，1917—2007 年）

索特萨斯是西方现代设计史中一位非常重要的艺术与设计人物，是著名设计组织——孟菲斯（Memphis）设计事务所的创始人之一，也是意大利著名的后现代主义设计集团的成员之一，围绕着艺术观念和时尚文化进行了大胆的设计探索与创作实验。

图 3-3-61　Mezzadro 凳　　　图 3-3-62　Sanluca 椅　　　图 3-3-63　Primate 凳　　　图 3-3-64　Joy 书架

　　1935—1939 年在都灵接受建筑学教育，擅长建筑、室内、家具、展示与装饰等设计。1947 年在米兰独立开设设计事务所。从 20 世纪 60 年代后期起，他的设计从严格的功能主义转变到了更为人性化和更加色彩斑斓的设计，并强调设计的环境效应。

　　1981 年，由其率领的"孟菲斯"（Memphis）设计小组，引发了 20 世纪 80 年代备受注目的后现代设计，至今仍是各大设计师竞相效仿的榜样。"孟菲斯"的后现代设计充满浪漫主义色彩，他们反对功能主义与所有固定模式，热情拥抱象征与艳俗，决裂于现代主义的"高品位"设计，迅速占领流行文化市场。索特萨斯的设计反映了勇于探索、刻意求新的精神，正是这种精神，使他在 20 世纪 80 年代的设计界中引起广泛争议，造成了巨大冲击。

　　索特萨斯于 1981 年设计的 Carlton 书架（图 3-3-65），是他突发奇想而成就的作品。它是一个天真滑稽的怪诞家具，像小孩子玩的积木，采用明快的色彩搭配，奇形怪状又像一个机器人。它以非常规的结构组合、积木式充满趣味的造型和鲜明活泼的色彩，渗透出一种显见的波普风格，受到战后成长起来的青年一代的喜爱。索特萨斯设计的这款书架已并不仅仅是为书本提供存放空间的单纯使用家具，它们远离日常生活中对书架约定俗成的理解，可以看成是独立存在且能够与环境并存的具有审美意义的准艺术品。这种在实用功能上的忽略性设计，使人们不再把它们看作是简单的使用器物，而是透过产品表面人们将看到更多内在的人文内涵，使产品增添了许多实用功能之外的其他人文的功能。

　　秉承着实验高于实用的开放性思想，同年他又设计了 Casablanca 餐柜（图 3-3-66），它采用当年被视为"庸俗"材料的层压塑料，借助一种图腾的形状，在餐柜的表面布满了同样一种孢子和细菌的重复连续花纹图案，营造了一种神秘气息和异域情调，这种花纹图案迅速传染了 20 世纪 80 年代艺术设计中的众多作品。

　　索特萨斯将色彩的魅力发挥运用在其设计作品中，他认为色彩的光波可激发最直觉的感官解读，认为色彩是产品信息传达的重要语言。他不遵守色彩配置规则，不分主调色和背景色，喜欢用不同色调的色块并置，使它们相互干扰产生共振，造成新的冲击。这些带有鲜明亮丽的色彩并装饰得五光十色的作品，虽然有些稀奇古怪，但看起来轻松活泼，它们赢得了人们的喜爱。如他 1983 年为诺尔公司设计的西边沙发（图 3-3-67），采用高纯度的色彩组合（明显受到了波普艺术风格的影响），蓝色与橙色这一补色对的强烈对比，同时也是冷色与暖色的强烈对比，再配以火热的红色，顿时使沙发制品的亮度提升，鲜明愉快。他大胆地将颜色运用到设计当中，将色彩的同时对比运用到了极致。

　　索特萨斯的设计多体现了一种强调把一切形式还原到圆形、方形、三角形等基本形，有意识地放弃功能主义的设计理念。1986 年为诺尔公司设计的 Mandarin 椅（图 3-3-68）采用简单的形态构成，钢管扶手与椅腿架构着靠背与座面。

图 3-3-65　Carlton 书架　图 3-3-66　Casablanca 餐柜　图 3-3-67　西边沙发　图 3-3-68　Mandarin 椅

索特萨斯的作品体现出三种特色，即个性独特的造型思维、情趣诗意的设计形式和鲜艳亮丽的对比色彩，向世人展示了其独特的设计视角，对人们以往形式服从功能的产品批量化、标准化和实用化的现代派设计观念进行了冲击，引起了设计师、消费者及整个设计界的思考，对欧洲社会、文化和经济等各方面也有深刻的影响。他的设计往往采用高度娱乐、戏谑、夸张的方法，设计中常带有一种玩世不恭的气息，与正统的现代主义设计背道而驰，通常采用奇特的造型和媚俗的色彩，明显具有波普和东方神秘主义的风格，展现出其独特而前卫的后现代主义的设计理念。

作为生活用品来说，满足功能的要求应该是设计作品成为消费产品起码的前提，可是索特萨斯的许多作品显然缺乏这些基本的要求。他的作品多数是实验型的，虽然那些缺乏功能、颜色鲜艳的设计作品很多成了博物馆的藏品，但没有成为千家万户生活中的一部分。然而，他的作品却带给了设计界一些清新的空气，使人们在批评他作品的同时也得到某些震动或受到某种启示，开始反思现代派功能主义设计的优缺点，探索设计新思路。

（七）盖当诺·佩西（Gaetano Pesce，1939—）

佩西，意大利杰出的多才多艺的家具设计大师。1939 年出生于意大利斯塔西亚，在威尼斯和巴黎生活与工作。1958 年，就读于威尼斯大学建筑专业。1959 年，在威尼斯高等工业设计学院听课。同年，佩西成为帕多瓦"N 小组"的创始人之一。通过这个小组，佩西与德国的"零小组"、法国的"视觉艺术研究小组"和米兰的"T 小组"取得了联系。1961 年，他在德国的乌尔姆（ULM）造型设计学院短期进修，丰富的教育背景使他具备了多种才能，表现在建筑、家具、戏剧、电影、音乐和美术等不同领域。

佩西先后生活在米兰、马赛和巴黎。1980 年，他搬到纽约生活和工作。他的家具作品采用多学科的建筑和设计方法，而实际上佩西的艺术作品同样也让他负有盛名。佩西在多家大学执教过，他的作品也被全球多家博物馆收藏。

佩西 1962 年开始其设计活动，像不少意大利设计师一样，佩西收缩其目光，专门为特定的客户设计，为小企业设计小型产品。同时，他又根据意大利设计的主流，采用新材料、新工艺创造新的家具形态。他完全打破了设计与艺术的界限，把家具制作得像雕塑，用纯艺术的创作手法和意境来进行设计艺术的创意，使作品带有别样的艺术趣味，作品中充满柔性的曲线。佩西热爱有机的形状，喜欢曲线，以及表面凹陷的空间，他把用泡沫塑料做成的形体看成是这个世界在 20 世纪的设计语言，在设计中注入了更深刻的文化和艺术含义。他同时也是著名的孟菲斯小组成员之一。

1969 年，他和意大利 B&B 公司的技术人员合作，推出了他的第一组家具设计作品——

"UP" 系列坐具 (图 3-3-69)。"UP" 系列共 6 件, 在这一系列中, 他构想了全新的家具概念: 座椅内部无刚性构架, 全部用织物包裹的聚氨酯类泡沫塑料, 填满在真空乙烯基容器内。当泡沫椅完全成型之后, 它们被压扁和抽走泡沫中的空气, 其体积可以被压缩到原来的十分之一, 经过真空包装后, 就可以轻而易举地带回家里, 大大方便了包装和运输。它们的外形模仿了女性性感的曲线外形, 而且为了使用者坐在上面能有超级舒服的感觉, 特意把性感曲线的各个部位都加以放大。其中 UP5 扶手椅和 UP6 脚凳构成了一套休闲家具 (图 3-3-70)。UP5 扶手椅造型丰满, 带有柔和的曲线和对于女性人体美的欣赏的审美趣味, 其深坑似的座位设计, 成为一种特别流行的、柔软的人性化家具设计, 是 20 世纪 60—70 年代波普家具的典型代表作品。

1983 年, 佩西设计了"纽约的日落"沙发 (图 3-3-71), 设计创意来自纽约曼哈顿建筑群的启发, 是设计师丰富想象力的产物, 具有戏剧般的效果。沙发的靠背是红色的半圆形, 沙发前面摆放着几个错落有致、连在一起的附加对象, 附加对象的造型和表面处理成摩天大楼, 看上去就像夕阳正从城市的摩天大楼背后徐徐落下。

1987 年, 佩西为 Cassina 公司设计的 Feltri 椅 (图 3-3-72), 最初是作为一个采用热硬化树脂的试验品。座椅的支撑结构由灌注了树脂的毛毡构成, 虽然毛毡很软, 但经过此种处理便增加了其本身的强度与硬度。此外, 座椅的支撑构架还加入了一排排的麻绳, 并且装饰在了座椅柔软的边缘。在当时来讲, 该座椅可谓是一种新材料与新工艺的大胆运用。

图 3-3-69 UP 系列坐具

图 3-3-70 UP5 与 UP6

图 3-3-71 "纽约的日落"沙发

佩西的设计深受他的戏剧和美术才能以及建筑设计的影响, 如 1983 年设计的 Pratt 椅 (图 3-3-73)、1993 年设计的百老汇椅 (图 3-3-74) 等。数年前设计的 Montanara 沙发 (图 3-3-75), 表面印刷山、湖、瀑布、树木等自然景观, 将自然界的清新带入室内空间。

图 3-3-72 Feltri 椅

图 3-3-73 Pratt 椅

图 3-3-74 百老汇椅

图 3-3-75 Montanara 沙发

四、小结

意大利现代家具代表了意大利人对生活的热爱, 也代表了对完美的理解和追求, 这种追求不仅体现在家具的风格上，也体现在设计的细节上。意大利现代家具的设计理念就是不为潮流所左右，也不为传统所束缚。他们在设计每一件作品时，既注重紧随潮流，又重视民族特征的地方特色，同时还强调发挥个人才能，通过在不断创新变化中，带给现代人耳目一新的现代生活。他们有着高度的审美敏感性和超常的空间感，对材料价值有着自己独到的见解，此外，悠久的工艺和技术传统，也构成了与众不同的意大利风格的现代家具。

作业与思考题

1. 孟菲斯设计集团的设计特征是什么？有哪些代表人物与经典作品？
2. 索特萨斯设计作品的特点是什么？
3. 意大利有哪些著名的设计奖项？
4. 资料收集：意大利现代家具著名设计师及其作品。
5. 资料收集：意大利著名家具品牌，并了解其概况。
6. 课外拓展：意大利有哪些国际性的家具展会？展会的主要特征是什么？

第三节　英国现代家具

英国作为世界上最早发生工业革命的国家，其工业设计有着悠久的历史，也是现代设计最早发生的地方。然而，英国却从工艺美术运动发生之初开始，就陷入了永无休止的理论争执之中。无论是在理论上，还是在设计实践中均无大的发展，落后于时代潮流。在第二次世界大战期间，一方面由于一些包豪斯的重要人物流亡到英国，另一方面由于战争的迫切需要和国家在物资和人力上的短缺，使得强调结构简单、易于生产和维修的功能主义设计得以广泛应用，这样现代主义才开始在英国扎下根来。

一、概述

20 世纪初，英国政府对自己的工业生产状况进行反思，逐步认识到英国现代设计的落后，根本原因在于：①热衷于理论争执，忽视实践探索；②政府不重视，没有进行引导和给予支持。所以，战后的英国政府对设计十分重视，各种设计组织展开了卓有成效的工作。1949 年，英国工业设计协会创办了《设计》杂志，积极推动以轻巧、灵活和多功能设计为特征的"当代主义"风格。在英国政府扶持型的发展模式之下，英国工业设计的组织及活动得到规范，全民对设计的尊重和认识得到提高，工业设计的专业地位得到巩固，为世界工业设计的发展开创了一种有别于美国式市场引导的方式，为 20 世纪 70—80 年代英国设计后来追上并跻身于世界优秀设计之林创造了条件。

二、主要特征

英国是一个含蓄、内敛、具有大国优越感的民族，因此英国设计在很大程度上都具有强烈的设计风格历史化、传统化倾向，也自然对战后现代主义或者国际主义设计风格，特别是密斯·凡·德罗的"少即是多"的观念极其反感。同时，对设计讲究品质，注重细节以及设计所表达的社会象征性。由于对传统的珍视，古典题材一直是英国设计最富意味和最具沉淀感的主题。优雅调和的古典田园风，向来是人们对英国家具的固有看法。然而发展至今，女性柔美主流逐渐退潮，"未来派"风格不断抬头。高科技感、坚固的钢铁家具，譬如带有宇宙光泽的个性化产品，已成为英国现代设计的固有风格。

三、著名设计师及其作品

（一）欧内斯特·雷斯（Ernest Race，1913—1964 年）

雷斯，英国现代家具设计的代表人物之一。毕业于英国伦敦的巴特来特建筑学院室内设计专业，毕业后成为一家著名的灯具公司的设计师。1945 年，雷斯与他人合作创办艾奈斯特·雷斯制作有限公司，专门大批量生产廉价家具，这类家具都只能用当时政府规定的材料制作，也只用于战后物资奇缺时普通家庭临时的使用，雷斯的这批家具都切实解决了实际问题，因此销量非常好。

雷斯设计的家具（图 3-3-76 至图 3-3-79）由于受到当时物质供应的限制，所以大多造型简练，多采用细小的金属腿支撑。雷斯 1945 年设计的 BA 椅（图 3-3-76）在不到 20 年间销售了 25 万件，而这些家具都是用战时飞机残骸制造的再生铝制造的。BA 椅在 1951 年第十届米兰三年展上荣获金奖。

1951 年，他利用钢条和胶合板设计了著名的羚羊椅（图 3-3-77），这把椅子的造型轻巧而有动感，既可用于室外，也可放置在居室。这把椅子的纤细钢条与贝尔托亚的网状椅颇有相似之处，但胶合板模压的曲面及靠背那种如同羚羊的造型大有英国人自己的特征。这件椅子曾在 1954 年米兰工艺设计大展中获得大奖。

图 3-3-76　BA 椅

图 3-3-77　羚羊椅

图 3-3-78　摇椅

图 3-3-79　苍鹭椅

（二）罗宾·戴（Robin Day，1915—2010 年）

罗宾·戴 1915 年出生于英格兰海威考姆勃（High Wycombe）。这个城市传统上是一个家具制作中心，主要生产椅子。戴毕业于英国皇家美术学院，是英国战后最活跃的设计大师，为推动英国现代设计的发展做出了举足轻重的贡献。戴在 1948 年开办了自己的设计事务所，主要从事家具设计、展览设计、平面设计及各类工业设计。今天以设计闻名的英国在第二次世界大战结束后还是荒痍遍地，廉价、实用的家具是大众最需要的。罗宾·戴对新科技的发展有着敏锐的嗅觉，是他通过设计将塑料、钢铁、胶合板、聚丙烯这些材料带到了普通人的生活里。

1949 年，纽约现代艺术博物馆（MoMA）举办全球性的"低造价家具设计国际竞赛"，戴提交的胶合板储物柜（图 3-3-80）荣获一等奖，为他赢得很大声誉，同时也使英国设计得以被世界关注。

戴的家具设计同雷斯一样，也是以工业化批量生产为目标的，因此设计师自然会在使用材料上花大力气。1950 年，戴开始发展他的弯曲胶合板家具，但因当时没能研制出三维层

　　压制作胶合板的方法，其家具作品中均使用二维层压的构件，但实际上戴采用了两次二维层压后所取得的构件，形式已与三维层压制作的构件效果差别不大。使戴一举成名的就是1950年戴为本土品牌Hille设计的658号胶合板椅（图3-3-81），在1951年英国艺术节亮相，并大获好评。

　　戴一生中最成功的家具设计则是1963年完成的聚丙烯椅（图3-3-82）。戴认为可以利用新材料发展出一系列更低造价的椅子，其单件造型的壳体座位是第一次用聚丙烯模压而成，这是当时刚发明不久的一种价格便宜、经久耐用又轻便的合成塑料，当时这种单体模具一周能制作出4000个同样的壳体座位并且能变换不同色彩。戴的这件设计也立刻大获成功。这应该是世界上最畅销的一把椅子了，自1963年至今，一直批量生产并销售。后来许多年间，设计师又在原来作品的基础上做了许多变体设计，满足了更广泛的市场需求，从而使这件作品成为20世纪人们熟悉的现代家具之一。2009年初，英国皇家邮政发行的一套十枚的英国经典设计邮票中，戴的这把聚丙烯椅就榜上有名，成为英国设计的代表之一。

图3-3-80　储物柜　　　　图3-3-81　658号椅　　　　图3-3-82　聚丙烯椅

（三）洛斯·拉古路夫（Ross Lovegrove，1958—）

　　拉古路夫曾就读于曼彻斯特理工大学、英国皇家美术学院工业设计专业，获硕士学位。原德国青蛙设计公司设计师，Studio X事务所创办人。曾担任路易威登、杜邦、诺尔等大牌设计顾问，设计了SONY随身听、苹果电脑；空中客车，法国标致，奥林巴斯，三宅一生，日本航空公司，赫尔曼米勒，Kartell，Ceccotti，Cappellini，Moroso，Driade，Vitra等知名公司均为其客户。他的作品曾获得多项国际大奖，并在国际上广泛刊登和展出。目前，他的作品被美国纽约现代艺术博物馆、巴黎蓬皮杜中心和巴黎设计博物馆等收藏。时代杂志和CNN于2005年11月授予拉古路夫世界科技奖。

　　拉古路夫，以自然主义和未来主义设计风格而闻名，别称"有机船长（Captain Organic）"，是当代具有想象力的设计师之一。他善于通过新颖的材质和电脑高科技结合，从大自然中汲取灵感，在形态、材质和技术上达到平衡，创造出具有未来科技风格的产品（图3-3-83至图3-3-89）。他充满未来感的产品设计，带动了有机美学的新潮流，为21世纪设计界开拓出崭新路向。其次，他的设计作品的廓形都具有舒适的流线风格，有机而性感，有意无意间流露出自然之美。

　　拉古路夫于1999年设计的Go椅（图3-3-84）是世界上第一把用金属镁制作的椅子，于2001年首次在纽约当代国际家具展上亮相，即引起广泛关注。Go椅集中体现了拉古路夫标志性的流线、面向未来的风格与优雅的设计。拉古路夫和美国Bernhardt公司斥资170万美元联合研发的这把气体注入的单件式聚合物椅子"Go"，最初的灵感来自大自然："自然会在物体里钻洞，移除任何多余的事物，这些空洞结构最大程度地节省材料，还表现出异乎寻常的美"。这把椅子的连接方式类似骨骼的结构，不规则的空洞造型将贵金属的耗材降至极限，而同时生成的完美外形又堪称一件浑然天成的艺术品。

　　拉古路夫于 2005 年为意大利 Moroso 公司设计的超自然椅（Supernatural Chair，图 3-3-85）传承了他有机的设计理念，结合人体工程学与先进制造技术，用两层玻璃纤维增强的 PM 聚胺来调和内部结构框架和外表美观要求。当阳光照射过靠背的孔洞时，光影效果增强了环境的空间美感。椅子采用有机性感的曲线，苗条而富有生命力。

　　拉古路夫为意大利 Vondom 公司设计的 Bilphilia 椅（图 3-3-88）探索了一种全新的设计语言，在时间、形式与空间三种元素间建立对话，其纤细、尖塔一般的椅背设计受到了建筑大师高迪圣家族大教堂的有机概念影响。这把椅子利用先进的塑模技术进行生产制作，突破了材料结构与形式之间的界限。

图 3-3-83　骨骼椅　　　　　图 3-3-84　Go 椅　　　　　图 3-3-85　超自然椅　　　　　图 3-3-86　MOOT 椅

　　2014 年米兰家具展上，意大利 Moroso 公司推出了拉古路夫设计的可垂直叠放的"硅藻"椅（Diatom Chair，图 3-3-89）。椅子形状灵感源于浮游生物硅藻，拉古路夫采用了应用于汽车工业设计的技术设想，椅子的设计完全由电脑生成。此椅采用全铝制作，适用于室内外。

图 3-3-87　Apollo 椅　　　　　图 3-3-88　Bilphilia 椅　　　　　图 3-3-89　硅藻椅

（四）罗恩·阿拉德（Ron Arad，1951—）

　　阿拉德 1951 年出生于以色列的特拉维夫，在 1951 年就读于耶路撒冷美术学院，后迁移到伦敦，在伦敦建筑学院学建筑，师从英国建筑师彼得·库克和瑞士建筑大师伯纳德·屈米，和叱咤建筑界的扎哈·哈迪德是同班同学。

　　这位在以色列出生、长期生活在伦敦的设计师，对形式、结构、技术、材料及其通用性，以及对工业设计、手工制作、雕塑、建筑及混合媒体装置等创作类型都表现出极大的好奇心，并勇于在设计中尝试各种材料，如钢铁、铝、铜、热塑性塑料大棚水晶、光纤和发光二极管等，还对一些经典家居原型做出重新诠释，被称为当代设计先驱。

　　阿拉德设计的家具以其具有建筑感和雕塑感的设计闻名，他一直坚持以不锈钢、铝和聚酰胺作为主材料，设计出了很多具有 Ron 氏风格的新奇外形作品。除了他工作室的限量版设计，他还为很多大型国际公司设计产品，这些公司包括 Kartell，Vitra，Moroso，Driade，Cappellini，Cassina，Magis 等。

阿拉德的设计生涯可以说是从 1981 年他设计的路虎椅（Rover chair，图 3-3-90）开始的。20 世纪 70 年代末开始盛行的高科技风格给他的设计带来灵感。1981 年，当时年仅 24 岁的阿拉德选择英国路虎 2000 的座椅，有宽大的尺寸、舒适的头靠、坚实的后背和对称的形式，他为这些旧皮椅焊上坚固的钢管支架底座，两根半圆形的钢管充当扶手，让微微后倾的旧椅子具有一种宝座般的气势。这些钢管也是回收材料，用英国 20 世纪 30 年代的脚手架管锯成。这把椅子从英国衰落的汽车工业提取元素，将其剪辑到一些 DIY 式的高科技结构中，立刻成为当时的朋克标志。路虎椅最早的购买者之一是法国时装设计师让·保罗·戈蒂埃（后来为麦当娜设计著名的尖锥形胸衣的设计师），他先后买走了 6 把。

1986 年，他用软质回火钢板模仿传统的软垫扶手椅，塑造出有机形体，做成了好脾气椅（Well-Tempered chair，图 3-3-91）。这把椅子用四块柔软的回火钢板卷曲，再用铆钉固定，分别构成椅面、靠背和两侧扶手，除此之外再无其他。这件宛如雕塑般的家具，呈现与一般家具截然不同的风格。在一定程度上显示"无规则"的设计效果，同时，也折射出设计师对材料和技术的驾驭能力。

做完"好脾气椅"还剩下一些回火钢板，刚好他搬进了伦敦的新公寓，于是他把一整条长钢板随意弯曲成多个 S 形，中间插几个钢板当作挡板，固定成一个五层的墙上书架，彻底颠覆了传统书架的藏书方法。1997 年，意大利 Kartell 公司看中这一实验性项目，用 FPE 塑料和多种色彩转化为量产的"书虫"壁挂式书架（Bookworm shelf，图 3-3-92）。Kartell 原本以为这件奇怪的书架最多能讨媒体喜欢，并没有对市场销售抱有多大期望，但它居然持续多年是 Kartell 最畅销的产品，创下一年卖出 1000km 长度的纪录。

1988 年，他从金属锤子得到灵感而设计了一个笨重的宝座廷克椅（Tinker chair，图 3-3-93），他利用废置的铜、铁材料，以手工方式敲打加工修整成质感豪迈、奔放的椅子。这件作品启发了后来的 Tom Dixon 等许多设计师，开创了以废弃物创作的先河。

图 3-3-90　路虎椅　　　　图 3-3-91　好脾气椅　　图 3-3-92　书虫书架　　图 3-3-93　廷克椅

1989 年，阿拉德设计出著名的 Schizzo 椅（图 3-3-94），这件具有抽象雕塑感的作品由两组完全相同而又独立的胶合板构件构成，两组部件无论是分开或是结合都有明确的使用功能。

1997 年，阿拉德利用太空科技技术为意大利设计杂志 *Domus*，首次利用工业技术设计了 100 张 Tom Vac 椅（图 3-3-95）。这把椅子采用波纹形塑料作为椅面，配合着四条不锈钢腿，可以叠放，形式优雅，使用舒适。

1997 年，阿拉德为意大利 Kartell 公司设计的 FPE 椅（图 3-3-96），集绝妙（Fantastic）、塑胶（Plastic）和弹性（Elastic）于一身。一整片经过弯曲处理的塑胶面板与旁边两条平行的铝管椅腿结合得干净利落，采用一长条色彩鲜亮的塑胶板，使这把椅子看起来非常活泼，十分符合 20 世纪 90 年代末乐观向上的时尚风尚。最绝妙的是，当有重量压在上面的时候，它会随着人的身体改变形状，而后还会反弹回原来的形状，是一款实用性很高的椅子。

2002 年，阿拉德为意大利 Magis 公司设计的 Voido 摇椅（图 3-3-97），有机设计理念的代表之作，采用聚乙烯吹塑形成，整个椅子保持了优雅、流畅的线条美，极富造型感。

图 3-3-94　Schizzo 椅　　图 3-3-95　Tom Vac 椅　　图 3-3-96　FPE 椅　　图 3-3-97　Voido 摇椅

2005 年，阿拉德为意大利 Moroso 公司设计的可以叠放的波纹椅（Ripple chair，图 3-3-98），采用天然聚氨酯泡沫棉，椅面上分布着灵动柔和的线条，构成优美的弧线感，两边均匀挖空一洞，就像它的名字"Ripple"所代表的含义一样，唤起人们对海浪在沙滩上留下的层层印记。椅面像蝴蝶张开的翅膀，也如水波纹，给人以无限想象。同时，宽阔的椅座及扶手曲线优雅舒适。这把椅子获得 2011 年伦敦设计奖。

2007 年，阿拉德为意大利 Driade 公司设计的三叶草椅（Clover Chair，图 3-3-99），以三叶草的外形为设计结构，采用聚乙烯材料制成，表面处理得光滑平整，侧面弧度均匀，边角圆滑。

2010 年，阿拉德为意大利 Moroso 公司设计的 Do-Lo-Rez 自由组合沙发（图 3-3-100），以音乐为主题，整个沙发由高度从 27.5～83cm 不等、不同色彩的多个立方体组成，所有立方体底面都为边长 21cm 的正方形，这样可以通过变化重新布置成许多种不同的形状与组合。

图 3-3-98　波纹椅　　图 3-3-99　三叶草椅　　图 3-3-100　Do-Lo-Rez 沙发

四、小结

第二次世界大战以后，英国政府对设计教育的重视和为迅速恢复、发展工业生产对工业设计所采取的一系列政策措施，使得工业设计在整个设计领域取得了巨大成就，并涌现出一批优秀的设计师，极大地推动了英国现代家具的发展。在家具设计中注重新材料与新工艺的探索，注重造型、色彩等心理因素，并结合高科技风格特征。

作业与思考题

1. 英国现代家具的主要特征是什么？

2. 资料收集：英国现代家具著名设计师及其作品。

3. 资料收集：英国著名家具品牌，并了解其概况。

第四节　法国现代家具

　　法国的家具曾有过辉煌的历史，其工业设计在西方也是起步很早的国家之一，20 世纪初期的新艺术运动和永载史册的装饰艺术运动等，都对世界有着极大的影响。与其他国家的现代设计相比，法国的艺术装饰家具设计显得十分突出。

一、概述

　　第二次世界大战后，法国虽然成为战胜国，但为战争付出了巨大的代价。在 20 世纪 50 年代，西方各国的现代工业设计方兴未艾，美国的有机家具迅速崛起，意大利现代家具引领潮流，德国系统家具自成一体，北欧家具风靡全球，相比之下，法国家具明显落伍了。曾经一度领先的法国家具在国际市场上一落千丈，国外家具大量输入法国，关键原因还是在于设计的落伍和观念的陈旧。

　　为了重新振兴法国设计，从 20 世纪 80 年代起法国政府采取了一系列有力措施，扶植现代工业设计事业。密特朗总统决定，首先在他的爱丽舍宫的总统官邸中推广现代设计，把原来的古典家具全部换掉，重新设计现代风格的家具，以表示政府对工业设计的支持。与此同时，为了改革高等艺术设计教育，在 1982 年建立了一所"国家高等工业设计学校"，培养非传统艺术型的现代设计人才。在政府部门还建立了"国家产品设计促进办公室"，帮助推广和设计现代新型家具产品。进入 20 世纪 80 年代中期，政府的工业设计扶持政策开始有了成效，法国工业设计有了明显的进步，一批年轻的设计师脱颖而出，开始在国际设计舞台上展露才华。

二、主要特征

　　法国拥有设计、生产豪华家具产品的悠久历史，新艺术运动和装饰艺术运动就起源于法国，并对现代设计产生持久的影响。由于传统的影响，现代新古典主义的法式家具仍然带有浓郁的路易式的贵族和宫廷色彩，强调手工雕刻及优雅、复古的风格。

　　法国现代家具有很多种风格，有现代时尚的，也有典雅细腻的。在法国家具文化中，古典和现代各行其道，有着不同的消费人群。但是在法国现代家具当中，那种源自民族文化的艺术气息却没有因为样式的简洁而有所大意，古典家具当中烦冗复杂的洛可可风格演变成了现代家具中的浑然天成。

　　法国的家具价格很高，除了对于材料的百里挑一，还有就是在加工工艺上也相当考究。法国人喜欢用橡木和枫木，而且制作高档的法国家具在选材上都相当严格，主要是对木材天然纹理的挑选。法国家具远远看去色彩比较柔和，但是细看却又是花纹细腻。而在与不同材质和色彩的搭配当中，到底是选择亮光还是哑光，也是经过工匠精心设计的，每一个细节都有它的说法。

　　法国不仅以驰名的时装、香水、葡萄酒闻名世界，其优雅的生活方式被称为"法兰西生活艺术"，而这种艺术的最重要组成部分——法国家具，也一直占据世界家具的领导地位。法国现代家具传承了法国人特有的艺术气质——完美与感性。天性浪漫的法国人简直是把家具当成时装来设计与制造，以高雅、单纯与装饰见长，非常讲究美学造型，饱含艺术与文化气息，就像它的时装一样时尚，因此，法国现代家具被称为"感性家具"。

三、著名设计师及其作品

（一）简·普鲁威（Jean Prouve，1901—1984 年）

普鲁威，作为一位以金属为主体材料的现代设计大师，普鲁威已经非常独特；同时又从政当过大都市的市长并长期担任大公司的头号老板，普鲁威可能是绝无仅有的了。虽生于巴黎，却是南锡人，父亲是著名的"南锡艺术学派"创始人之一。普鲁威曾学习金属工艺，所以普鲁威后期的家具设计都与金属有关。1923 年在南锡开办了金属工艺设计室。刚开始他只为顾客设计制作一些门、窗、栅栏花格之类，但从 1924 年起他开始充分利用刚发明不久的电焊技术制作金属薄板家具，其设计中强烈的现代工业美学气息立刻吸引了一批前卫设计大师的注意，包括勒·柯布西耶及其事务所其他设计师。他们都开始从普鲁威工作室中订购他设计制作的金属家具。普鲁威的设计极其新颖而大胆，并时常结合机械装置设计出各种可调节的椅子来，为此他多次获得奖项。1929 年，他与他人一起创建了"国际艺术家联盟"，并在 1930 年联盟的第一次展览会上展出他的一批作品。同年，他创立自己的家具制作公司，并在南锡开办了一家更大的工厂，生产家具及有关机械，其家具设计更多地被用于机关、学校中。随着 1944 年法国解放，普鲁威被选为南锡市长；繁忙的公务并不妨碍他于 1947 年大规模扩建他的工厂，使之更为成功，它很快成为吸引当时青年建筑师的一个设计中心，到 1950 年已有拥有 250 名工作人员，普鲁威的创始性工作赢得了举世公认并被授予许多荣誉。1954 年，普鲁威辞去工厂老板的职务而去巴黎重新建立他的设计事务所，但第二年又与别人合作成立另一家家具制作公司，并一直为这家公司工作到 1966 年。

普鲁威的家具设计风格是对金属的使用和大胆的处理方式，对机械调节系统的探索，同时也使用流行的现代材料，如层压胶合板等（图 3-3-101 至图 3-3-104）。

图 3-3-101　标准椅　　　图 3-3-102　G-Star 椅　　　图 3-3-103　Antony 椅　　　图 3-3-104　躺椅

（二）皮埃尔·波林（Pierre Paulin，1927—2009 年）

波林出生于 1927 年的法国。那是个动荡的年代，也是设计界最为活跃、大师层出不穷的时代。波林正是这个时期诞生的法国设计大师中成功人士之一。尤其在软体家具设计领域，波林可以说是当之无愧的先行者，泰斗级现代设计大师。

波林曾在法国 Ecole Camondo 学院学习石雕和陶艺，这为他未来家具设计的雕塑形态风格奠定了坚实的基础。1945 年，他开始为欧洲著名的索耐特家具公司设计家具。1958—1959 年，波林先后在荷兰、德国、日本和美国工作，全球性的旅行和东西方文化的交融，使波林成为一个具有国际性视野和前瞻性的前卫设计师。设计生涯达 60 年的波林，先后为法国总统蓬比杜与密特朗在爱丽舍宫布置家具与摆饰，他的家具至今仍装点着巴黎的爱丽舍宫。他所设计的家具堪比艺术品，被多家享誉世界的博物馆收藏。

波林的作品主要由荷兰 Artifort、法国 Ligne Roset、意大利 Magis 三个公司制作。为了能够记住作品的材料和技术发展的轨迹，波林为自己设计的家具进行了编号。通过与 Artifort 50 年的成功合作，波林通过具有革命性的风格和丰富的风格特征成就了荷兰软体家具的专业地位。

20 世纪 50 年代开始，波林进行了一系列的关于泡沫塑料、聚酯纤维和模数技术的探索。此后他设计出了一系列经典作品，如 1954 年设计的 F156 号牡蛎椅（Oyster chair，图 3-3-105）、1959 年的 F422 号球椅（Globe chair，图 3-3-106）、1960 年的 F427 号小球椅（Little globe chair，图 3-3-107）、1960 年的 F427 号桔瓣椅（Orange slice Chair，图 3-3-108）、F560 蘑菇椅（Mushroom chair，图 3-3-109）、1965 年的 F545 号郁金香椅（Tulip chair，图 3-3-110）与 F163 号小郁金香椅（Little tulip chair，图 3-3-111）、1966 年的 F582 号飘带椅（Ribble chair，图 3-3-112）、1967 年的 F577 舌头椅（Tongue chair，图 3-3-113）、F574 号聊天椅（Le Chat chair，图 3-3-114）、1968 年的 ABCD 沙发（图 3-3-115）、1971 年为法国巴黎的爱丽舍宫设计的南瓜系列沙发（Pumpkin sofa，图 3-3-116）、1972 年的 F598 号沟槽椅（Groovy chair，图 3-3-117）等。这些作品具有强烈的抽象雕塑形态，以玻璃纤维为壳体，以金属钢管为骨架，覆以泡沫塑料和弹力织物为软垫的座椅，具有特别的视觉美感和舒适感，达到了美学与功能的高度统一，成为当时非常流行的波普艺术和反映新一代生活风格的代表作品。

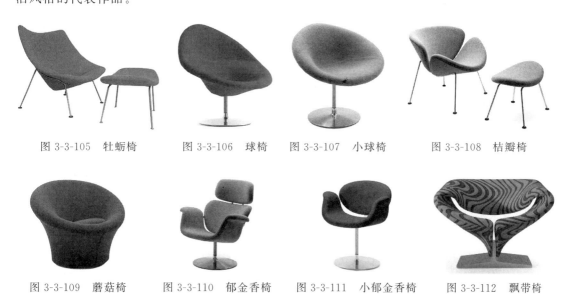

图 3-3-105 牡蛎椅　　图 3-3-106 球椅　　图 3-3-107 小球椅　　图 3-3-108 桔瓣椅

图 3-3-109 蘑菇椅　　图 3-3-110 郁金香椅　　图 3-3-111 小郁金香椅　　图 3-3-112 飘带椅

波林后期的作品风格有较大的变化，如 2009 年为意大利 Magis 设计的花椅（Flower chair，图 3-3-118）等。

波林除了大量的创新家具设计外，同时又从事室内设计、包装设计、汽车内部设计和电话设计等，波林为法国家具的现代化进程做出了巨大贡献，他的一系列具有现代抽象雕塑造型语言的座椅更是成为 20 世纪现代家具的经典作品。

图 3-3-113　舌头椅

图 3-3-114　聊天椅

图 3-3-115　ABCD 沙发

图 3-3-116　南瓜沙发

图 3-3-117　沟槽椅

图 3-3-118　花椅

（三）菲利普·斯达克（Philippe Starck，1949—）

菲利普·斯达克是 20 世纪末西方较有影响的、较具个性的设计师之一，也是才华横溢的成功的多面手。他的作品涵盖了建筑、室内设计、家具、摩托车、家电、榨汁机、过滤器、刀叉餐具、厨房用品，甚至门把手、花瓶等细微的家居产品。不论是清洁口腔的牙刷，还是庞然巨大的建筑物，都可以显示他对细节的执着。他的作品或者被赞美，或者被厌恶，很少能激起人们的中性反应。

这位世界顶级的设计师于 1946 年出生于巴黎，父亲是位飞行器设计师，他的童年就是在他父亲的工作室度过的，在父亲的工作室中缝缝补补、切割、黏合，用砂纸打磨、分解各种各样的物品。他的这个爱好伴其一生，延续着儿时的热情，改造着触手能及的一切。

他天生就是一位设计神童，1965 年不满 16 岁的他就赢得 La Villette 家具设计竞赛第一名，3 年后就受两家公司委托设计可膨胀式家具，并于同年建立自己的公司并生产这种家具。1969 年，刚满 20 岁的斯达克被任命为著名的皮尔·卡丹（Pierre Cardin）时装公司的艺术总监，并且设计出 65 种家具。

真正令斯达克声名大噪的是 1983 年他参与了法国巴黎爱丽舍宫的总统密特朗的住宅设计。装饰爱丽舍总统住宅的成功，不仅提升了斯达克作为室内设计师和建筑师的名气，同时也为他带来了许多新的机会。20 世纪 80 年代的欧洲是设计渗入生活各个方面的年代，也是设计艺术迅速繁荣的时代。这种繁荣首先表现在设计的迅速发展，经济的发展使新一代设计师逐步走向独立，设计师能够以专家的方式独立自主地表达个人设计观念。斯达克的家具经历了一个工业设计师的典型经历：在致力于建筑、室内设计和家具设计之后，逐步成为一个设计明星和偶像。他在电视闲谈节目中露面，在大众杂志上被特别介绍，斯达克成为 20 世纪 80 年代设计和设计师时尚身份的典型代表。

20 世纪 80 年代以后，斯达克完成了数量和质量都非常惊人的建筑与室内设计项目，包括巴黎的考斯特斯（Costes）咖啡馆、纽约皇家饭店、纽约巨人饭店、香港半岛酒店的时尚 Felix 餐厅、美国迈阿密的摩根酒店、西好莱坞蒙德里安洛杉矶酒店、巴黎莱佛士皇家蒙索酒店、俏江南集团的兰·北京会所等。斯塔克在此以耀眼夺目的法国装饰传统作为主体构思，并在设计中大量使用他自己的产品，如家具、灯具、扶手以及花瓶等细小物件。

斯达克与许多知名的家具公司有过合作：意大利的 riade，Cappellini，Kartell，Flos，Fiam，Alessi，Baleri；西班牙的 Disform；瑞士的 Vitra；日本的 Idee，Casatec 等。与这些公司的大量合作，进一步促使了斯达克家具设计的商业化，并且激励他始终走在设计革新领域的最前列。这位设计界的鬼才为我们设计了无数经典的家具作品（图 3-3-119 至图 3-3-146）。

图 3-3-119 Costes 椅　　图 3-3-120 MissMilchIdee 椅　　图 3-3-121 Passion 椅　　图 3-3-122 OscarBon 椅

图 3-3-123 Masters 椅　　图 3-3-124 Caprice 椅　　图 3-3-125 MissDorn 椅　　图 3-3-126 Ring 椅

图 3-3-127 Ghost 椅　　图 3-3-128 RichardIII 椅　　图 3-3-129 LordYo 椅　　图 3-3-130 Peninsula 椅

图 3-3-131 Impossible 椅　　图 3-3-132 Mademoiselle 椅　　图 3-3-133 MagicHole 椅　　图 3-3-134 Dr. No 椅

图 3-3-135　DrSonderbar 椅　图 3-3-136　VonVogelsang 椅　图 3-3-137　PatConleyI 椅　图 3-3-138　MinMing 椅

图 3-3-139　Toy 椅　图 3-3-140　EdArcher 椅　图 3-3-141　Out/In 高背椅　图 3-3-142　Elk 椅

图 3-3-143　MissLacy 椅　图 3-3-144　Sarapis 椅　图 3-3-145　W. W. 凳　图 3-3-146　Royalton 吧凳

四、小结

在 20 世纪 50—80 年代，法国家具相对美国、德国、北欧家具要明显落后，但随着 20 世纪 80 年代起法国政府采取的一系列有力措施，法国工业设计明显进步，并出现了一批年轻的设计师，开始在国际设计舞台上展现法国现代设计作品。

> **作业与思考题**
>
> 1. 法国现代家具的主要特征是什么？
> 2. 资料收集：法国现代家具著名设计师及其作品。

第五节　德国现代家具

德国是最早开展现代设计教育的国家，包豪斯设计学校的教学体系一直是今天设计教育的基本模式。但德国也是不断发展的国家，早在 20 世纪初，当其他国家还沉浸在对手工艺的怀旧情绪中时，德国就明智地接受了工业化生产的这一现实，创造出适合标准化、大批量生产的现代设计形式，使现代设计朝着符合时代需要的理性化方向发展。德国重质量、重功能、重技术的设计思想成为现代设计的思想核心。

一、概况

德国的现代家具设计在战前就有坚实的基础，以布劳耶为代表的包豪斯设计大师开创了现代家具设计的"金属时代"，而德意志制造同盟促进艺术与工业结合的理想和包豪斯的机器美学仍影响着战后的家具设计。自1933年纳粹政府上台以来，德国以包豪斯为中心的现代主义设计几乎遭到了毁灭性的打击。特别是第二次世界大战爆发以后，大批重要的德国设计师，包括包豪斯的主要成员们都纷纷离开德国，在美国又重新建立了国际主义设计风格。

战后德国的设计界面临着许多复杂的任务，而大量优秀的德国设计人员在第二次世界大战期间流亡美国和其他国家，造成了德国设计力量的大大削弱。因此，设计界很多人都认为，他们的首要使命是要使设计成为一个独立的职业，而不仅仅是依附于工程、建筑的装饰或一个附庸而已。战后初期的德国经济基本上处于恢复阶段，整个50年代都还没有办法恢复到战前的水准，因此，工业设计也只是处在逐步恢复之中。德国的经济在20世纪60年代开始迅速发展，企业，特别是大企业在设计上有越来越高的要求，而企业内部结构也日益完善，分工日益精细，工业设计逐步成为一个独立的、高度专业化的行业。因此，从经济发展的角度来看，设计专业化和分工精细化是德国发展的必然结果。

二、主要特征

（一）重理性、以技术品质为特征的德国现代家具

德国现代家具一贯以款式简洁、功能实用和制作精良为特色，强调家具材料本身的质感和色彩，所以素有"理性家具"之称。从德国家具设计理念及用色取材上可以看出日耳曼民族的冷静与精确性。德国人对于品质的追求似乎是天生的，"德国制造"的家具不仅讲究质量，同时更强调功能、美感、触觉、人体工程学和环保等各方面统一起来的完整设计理念。德国家具外观简洁的理性设计风格、简练的造型和单纯的色调，在一流工业品质制造技术的支持下，以精密五金配件和简洁线条造型而闻名于全世界。德国的办公家具处于国际领先地位。德国也是世界厨房家具设计与制造大国。

德国设计长期以来强调设计中的功能主义原则，强调设计中的民主特色，并反复提倡"优良造型的原则"，正是这种思想造成了几代德国设计师对于责任感的高度重视。设计中的理性原则、人体工程学原则、功能原则对于他们而言是设计上天经地义的宗旨，绝对不会因为商业的压力而放弃。德国产品设计的总体特征表现为：理性、高质量、可靠、功能化、冷漠的机器外表与色彩，设计中很少采用鲜艳的色彩，以黑色、灰色为主要色彩。

（二）现代系统家具的设计与制造

德国在现代家具方面的一个重大贡献就是系统家具的设计与制造。系统化与标准化是工业化大生产中的一个重要方面，贯穿其中的是标准化元件，不用或经少许调整组合，即可以把不同的产品装配在一起。系统化与标准化的优势是显而易见的：它提高了效率、产量，使制造商得以有效地"克隆"产品，从而提高产品的质量控制水平。

早在20世纪初期，德意志制造同盟的穆迪休斯等成员倡导标准化，并将它看作是倡导设计民主化的一个强有力工具。AEG是早期开始采用标准一体化系统的公司之一。它的一体化生产线由贝伦斯设计，反映其对现代生产技术的深刻理解。

后来包豪斯校长格罗皮乌斯强调了标准化的重要性，并联合布劳耶、吉哈德·马科斯（Gerhard Marcks）和威尔赫姆·瓦根费尔德（Wilhelm Wagenfeld）进行标准化设计以实现大规模工业化生产。

1927 年，格罗皮乌斯就开始了与建筑空间配套的系统家具设计研究，并且为柏林的菲德尔（Feder）百货公司设计可以现场组装的系统家具，包豪斯学院的家具实习工厂在布劳耶的领导下也进行了家具部件标准化的实验，设计与制造出成套的包括卧室、起居室、儿童房和厨房的住宅家具。

1925 年，在德国法兰克福，新上台的社会民主党政府计划通过建筑与家具设计实现一个"新法兰克福"的城市公寓建设规划，德国家庭家具陈设协会法兰克福分会顾问、建筑设计师弗兰兹·斯库斯特（Franz Schuster，1892—1976 年）为这些公寓设计了装配式单元家具，在市政工厂中用胶合板作基本材料，通过机械化大批量生产，成为一种廉价的大众化民主家具，斯库斯特在很多展览会上推广他装配式单元家具的系统设计思想，除了单元家具之外，还包括完整的室内设计，从色彩设计一直到纺织品和灯具设计，这是系统家具设计对现代生活方式的一种指导。后来北欧对家具设计尺度和标准的研究，都是以斯库斯特开创性的工作为基础的。

1925 年，维也纳女建筑师格瑞特·舒特也加入到"新法兰克福"的城市公寓建设规划中的法兰克福市政工厂的系统家具研究工作，她集中精力设计开发标准化整体厨房家具。一年后，她的第一个整体厨房家具设计在市政厅展出，然后安装在法兰克福的一座公寓里。很快这种新型的"法兰克福厨房"年产量就达到了 4000～5000 套，制造商也成功地降低了成本，把每套的价格从 400 马克降到 280 马克。这种价格被分摊在整体的公寓设备费中，并且包括在房租之内，每月只比没有厨房设备的公寓多 1 马克。新型的"法兰克福厨房"很快就普及到欧洲所有关心公共住宅及其改进的国家。格瑞特·舒特开创了现代整体厨房系统家具的标准设计，为第二次世界大战后现代整体厨房系统家具在全球的全面普及打下了设计原则和制造基础。

现代系统家具的设计与制造，经过 20 世纪 20—30 年代的早期探索，50 年代的逐步形成，到了 60 年代初具规模，70 年代开始产生规模效应。第一台板式家具自动封边机、第一只杯状暗铰链、第一批 32mm 系列家具五金配件，都是 20 世纪 60 年代初由德国设计制造出来的，世界上第一批 32mm 系列家具就是以德国海福乐公司（Hafele）家具五金配件"Varianta32"而命名的。

32mm 系统家具融合了现代系统设计理论的设计概念和方法，是在现代制造技术的支持下实现的，在家具设计与制造上掀起了一场革命性的变化。32mm 系统家具有四个主要特点：第一，产生了"部件即产品"的全新概念，即以单元组合设计理论为指导，通过对零部件的设计、制造、包装、运输、现场装配来完成板式家具产品；第二，采用无榫卯结构的平口接口方法，而寻求新的更为简便接合方式，就是采用现代家具五金配件与圆（棒）榫连接来实现板件的接合，达到了简化结构、减少工时、节约材料的目的；第三，用高精度和自动控制的机械设备加工，摆脱了传统手工艺家具对工人技巧和经验的依赖，保证了高品质，并且可实现零部件的标准化与互换性；第四，提高了生产效率，以一个欧洲的 10 人小型工厂为例，在 400m² 的场地上，每年可实现产值 100～150 万美元。

32mm 系统自从在德国诞生后，很快就成为世界现代板式家具的通用体系，现代板式家具结构设计被要求按 32mm 系统规范执行。

32mm 系列自装配家具，其最大的特点是产品就是板件，可以通过购买不同的板件，自行组装成不同款式的家具，用户不仅仅是消费者，同时也参与设计。因此，板件的标准化、系列化、互换性成为板式家具结构设计的重点。

以 32mm 系统设计为代表的德国办公家具、厨房家具、学校家具、民用套房家具等，其造型直截了当地反映出产品在功能和结构上的抽象几何特征，都具有均衡、精练和无装饰的特点，色彩上多用黑、白、灰等"无彩色"。在材料上应用人造板、金属、塑料、玻璃等，在制造上应用机械化批量生产，在工艺上应用标准化模数部件，在装配上应用五金连接配件。

32mm 系统设计理论对于国际现代家具设计与制造做出了突出的贡献，为现代板式家具的设计与制造提供了依据和原则，32mm 系统设计家具迅速在全球现代家具工业中迅速推广普及开来，成为现代板式家具的主要设计与制造方式。

三、著名设计师及其作品

（一）路易吉·克拉尼（Luigi Colani，1928—）

路易吉·克拉尼是世界著名的设计师，是当今最著名的也是最具颠覆性的设计师，被国际设计界公认为"21世纪的达·芬奇"。他设计了大量造型极为夸张的作品，被称为"设计怪杰""世界流线型设计之父"。

路易吉·克拉尼出生于德国柏林，早年在柏林学习雕塑，后到巴黎学习空气动力学，1953 年在美国加州负责新材料项目。这样的经历使他的设计具有空气动力学和仿生学的特点，表现出强烈的造型意识。当时的德国设计界努力推进以系统论和逻辑优先论为基础的理性设计，而克拉尼则试图跳出功能主义圈子，希望通过更自由的造型来增加趣味性，他设计了大量造型极为夸张的作品，被称为"设计怪杰"，并逐步成为世界著名的设计大师。他认为他的灵感都来自于自然："我所做的无非是模仿自然界向我们揭示的种种真实"。

克拉尼还被誉为曲线大师，他说："地球是圆的，所有的星际物体都是圆的，而且在圆形或椭圆形的轨道上运动，甚至连我们自身也是从圆形的物种细胞中繁衍出来的，我又为什么要加入把一切都变得有棱有角的人们的行列呢？我将追随伽利略的信条：我的世界也是圆的。"克拉尼提出："地球是圆的，我的世界也是圆的"。

科拉尼走到哪里线条就流动到哪里。早在 20 世纪 50 年代，他就为多家公司设计跑车和汽服，到了 20 世纪 60 年代他又在家具设计领域获得了举世瞩目的成功，之后，克拉尼用他极富想象力的创作手法设计了大量的运输工具、日常用品和家用电器，包括美国航天飞机、宝马、奔驰、法拉利汽车以及上海崇明岛生态科技城等设计工作。虽然它们并非百分之百都是"优良设计"。但由于有极高的造型质量，受到舆论和公众的普遍认可，与此同时，他也遭到了来自坚持现代主义的设计机构的激烈批评。

路易吉·克拉尼根据自己坚信的自然界法则，利用曲线发明独特的生态形状，并将它们广泛地应用于家具设计当中。路易吉·克拉尼的家具设计（图 3-3-147 至图 3-3-152）充满奇幻未来主义色彩，线条流畅，造型超越固有传统模式，对家具造型设计做出设想和革新，把曲线设计哲学贯彻到底。

图 3-3-147　Poly-Cor 椅

图 3-3-148　TVRelax 椅

图 3-3-149　TVRelax 椅

图 3-3-150　儿童椅

图 3-3-151　组合沙发

图 3-3-152　坐具系统

（二）迪特·拉姆斯（Dieter Rams，1932—）

拉姆斯为著名德国工业设计师，出生于德国黑森邦威斯巴登市，与德国家电制造商博朗和机能主义设计学派有很密切的关系。

1943—1957 年，拉姆斯在威斯巴登工艺学校攻读建筑与学习木工。1953—1955 年，他曾为建筑师奥图·阿培尔（Otto Apel）短暂地工作，随后便加入家电用品制造商博朗的设计部门，同时期建立起与乌尔姆造型学院的产学合作关系，1961 年晋升为博朗首席设计师，一直到 1995 年仍留有这个头衔。

拉姆斯曾经阐述他的设计理念是"少，却更好"（Less，but better），与现代主义建筑大师密斯·凡·德罗的名言"少即是多（Less is more）"对比出有趣的意涵。他与他的设计团队为博朗设计出许多经典产品，包括著名的留声机 SK-4（素有"白雪公主之棺"之昵称）、高品质的 D 系列幻灯片投影机 D45、D46。

拉姆斯 1960 年为家具制造商 Vitsoe 设计的 606 通用置物架系统（图 3-3-153）堪称经典。606 系统根据不同场合使用的需求设计不同的模块，可以在卧室、厨房、书房、客厅使用。整合化的设计可以很大程度减少占用的空间，又能够满足收纳、搁置的使用需求，更成为家

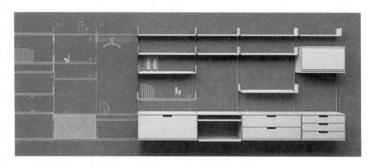

图 3-3-153　606 通用置物架系统

庭空间统一整洁的视觉元素。它一直被 Vitsoe 生产销售至今，经过半个多世纪的发展，这套系统无论从理念还是从设计本身随着时代的变化不断完善和拓展适应现代人们的新需求，它是一款超越时间的作品，同时也是以人为本、从实际使用体验的事实出发的创新设计。

拉姆斯 1962 年设计的 620 沙发椅（图 3-3-154），既是一个沙发，但是却又没有沙发那样臃肿，精瘦得像把椅子，坐起来也非常舒适。

拉姆斯设计的 621 边几（图 3-3-155 和图 3-3-156）可以实现多种搭配组合，满足不同的生活需求。

图 3-3-154　620 沙发椅

图 3-3-155　边几

图 3-3-156　系统家具

四、小结

第二次世界大战后，随着经济的复兴，德国成了世界上先进的工业化国家之一，并发展成一种以强调技术表现为特征的工业设计风格。在现代家具工业方面，德国继续保持着在金属家具上的优势，设计制造出世界一流品质的现代金属家具，同时也拥有世界上最精密的家具五金配件工业和最发达的现代家具制造装备工业。

作业与思考题

1. 德国现代家具的主要特征是什么？
2. 资料收集：德国现代家具著名设计师及其作品。
3. 课外拓展：了解德国的著名家具品牌及其概况。
4. 课外拓展：德国有哪些著名的设计奖项？

第六节 日本现代家具

日本家具的起源与中国传统家具有着密不可分的联系。但日本的现代家具发展非常迅速且独具特色。日本在第二次世界大战之前并没有什么重要的设计活动。日本真正的设计发展是第二次世界大战之后，特别是在1953年结束的朝鲜战争之后。第二次世界大战后的日本，由于高度重视工业设计，全面向西方学习先进的科学技术与现代设计思想，不但在战争的废墟上重建家园，而且在经济上迅速发展，现代设计也有了非常大的进步。日本正逐渐成为设计大国，并已成为名列前茅的家具强国。

一、概况

日本用了很短的时间，从1953年前后开始发展自己的现代设计，到20世纪80年代已经成为世界上重要的设计大国之一，不但日用品设计、包装设计、耐用消费产品设计达到国际一流水准，连汽车设计、电子产品设计这类需要高度技术背景和长期人才培养的复杂设计类别，也达到国际水平，使世界各国对日本设计另眼相看。

日本的文明发展基于大量地借鉴外国文明的精华基础之上，7—9世纪从中国学习文化，乃至文字的借鉴；明治维新之后开始从德国学习工程技术，从英国借鉴文官制度和社会管理体系；第二次世界大战之后从美国学习先进的现代企业管理技术和科学技术等，把这些因素结合起来，加上自己的消化，达到融会贯通的地步，形成自己的独特文化。日本的设计发展也是基于这种模式。因此，从传统的日本设计中可以看到中国、韩国的影响；从日本现代的设计中，则可以看到美国的、德国的、意大利的影响。日本是一个学习外国先进经验最好的学生，但是，也是最能够把别人的经验和自己的本国国情结合，发展出自己独特体系的国家。

日本设计的一个非常重要的特点是它的传统与现代双轨并行体制，针对日本国内市场与国际市场不同的两种设计体制也是双轨并行的。世界上很少国家在发展现代化时能够完整地保持、甚至发扬了自己的民族传统设计，也很少有国家能够使两者并存，同样得到发扬光大。日本在这方面为世界，特别是为那些具有悠久历史传统的国家提供了非常有意义的样板。

二、主要特征

综观日本的设计，可以看到两种完全不同的特征：一种是比较民族化的、传统的、温煦的、历史的；另外一种则是现代的、发展的、国际的。可以把这两种设计特征大致归纳如下。

（一）传统设计

这是基本日本传统民族美学的、宗教的、讲究信仰的、与日本人的日常生活息息相关的。因此，是民族的设计传统。这类设计主要针对日本国内市场，并且有相当程度不仅仅是商品设计，而且是文化的组成部分之一。日本的传统设计在日本的民族文化基础上发展起来，通过很长的时间，不断洗练，达到非常单纯和精练的高度，并且形成自己特别的民族美学标准。

（二）现代设计

日本的现代设计（特别是第二次世界大战以后的日本现代设计）是完全基于从外国，特别是从美国和欧洲学习的经验发展而成的。利用进口的技术、为出口服务是日本现代设计发展的一个非常重要的中心和目的。日本现代设计从国内来讲，大幅度地改善了战后日本人民的生活水平，提供了西方式的、现代化的新生活方式；对国际贸易来说，日本现代设计使日本的出口达到登峰造极的地步，极大地促进了日本的出口贸易，为日本产品出口树立了牢固的基础，为日本设计树立了非常积极的形象，把战前日本产品质量低劣、设计落后的形象一扫而空。现在，日本设计是良好设计的同义词，日本制造是优秀产品的同义词。因此，可以说日本现代设计是为日本人民的现代生活方式、为日本的出口贸易服务。

三、著名设计师及其作品

（一）柳宗理（Sori Yanagi，1915—2011 年）

柳宗理，日本现代设计开山鼻祖。毕业于东京国立艺术大学。1942 年起，任勒·柯布西耶设计事务所派日本参与改进产品设计工作的夏洛特·佩利安的助手。1954 年任金泽工艺美术大学教授。1977 年起任东京日本民艺馆总监。

1950 年，柳宗理成立了 Yanagi 设计机构，所设计的家具（图 3-3-157 至图 3-3-160）、家用工具器皿不断获得包括日本工业设计竞赛首奖、意大利米兰"金圆规"奖以及日本工业设计界最高荣誉 Good Design 奖等国际奖项。

柳宗理一直坚持着他的设计哲学，排除设计师的一切自我主张，最大限度地追求在生活场景中使用时的功能性和舒适度，才是最高境界的设计。他的作品注入并展现了新工业时代的乐观主义，但又不失传统日式设计中的优雅纤细与恬淡，贴近并融合大自然的形式风格。造型朴实无华，但在不断接触中，你会越来越惊叹于他对细节的考究，对使用者的呵护。柳宗理的成就，不止融合东西方的设计，更超越其中并到达另一个更简约的境界。

柳宗理 1954 年设计的蝴蝶凳（Butterfly Stool，图 3-3-157），由两片相同的层压胶合板组成，通过一个轴心，反向而对称地连接在一起，连接处在座位下用螺丝和铜棒固定，展现了东方美学与现代科技的融合。凳子的造型很像是一只蝴蝶正在扇动一对翅膀，因而取名为蝴蝶凳。在 1957 年米兰设计三年展上蝴蝶凳获得"金圆规"奖。尽管这种形式在日本家用品设计中并无先例，但它使人联想到传统日本建筑的优美形态，对木纹的强调也反映了日本传统对自然材料的偏爱。

柳宗理 1954 年设计的可以叠放的象脚凳（Elephant Stool，图 3-3-158），当时采取 FRP

材质亮面处理，后改用 PP 塑料制作发行。凳子简约又具有优雅曲面的漂亮外观集结了理性与感性，兼具了东西方并蓄的美学特质。

图 3-3-157　蝴蝶凳　　　　图 3-3-158　象脚凳　　　　图 3-3-159　扶手椅　　　　图 3-3-160　贝壳椅

（二）雅则梅田（Masanori Umeda，1941—）

雅则梅田于 1962 年毕业于日本 KUWASAWA 设计学院。1967—1969 年，他来到意大利米兰，在著名的阿喀琉斯·卡斯提琉尼兄弟设计工作室工作，随后在 1970—1979 年又成为著名的奥利维蒂（Olivetti）公司的顾问设计师，在那里他与公司的首席设计师索特萨斯建立了紧密的关系，此后他被索特萨斯邀请加入了著名后现代主义设计组织"孟菲斯"集团，成为第一批成员。1981 年，他设计了著名的 Tawaraya 交谈站（图 3-3-161）、动物椅（图 3-3-162）等，成为后现代主义的象征作品。Tawaraya 交谈站除了明显的床用功能外，还可以用作一个婴儿用围栏或是一个聚友聊天的地方。

1986 年，他回到东京建立了 UMeta Design 个人设计工作室，从此开始专注于家具领域的设计，随后产生了一系列以花卉为题材的家具作品（图 3-3-163 至图 3-3-166）。其中最为经典的就是其 1990 年设计的百合椅（图 3-3-162）与玫瑰椅（图 3-3-163）。这些椅子造型简练，通过抽象的手法提炼花卉形态特征，作为整件家具造型的艺术表达形式，使家具具有雕塑般的自然美感，表达了现代人对自然美的向往和追求。

图 3-3-161　交谈站　　　　　图 3-3-162　动物椅　　　　　图 3-3-163　百合椅

图 3-3-164　玫瑰椅　　　　　图 3-3-165　Soshun 凳　　　　图 3-3-166　玫瑰沙发

百合椅的主体为六片花瓣，其中向上的三片，一片为靠背，另外两片为扶手，向前的一片充当座垫，向下的两片与花柄一起形成三角支撑，还有两片形成支腿，整个椅子仿佛一朵正在盛开的百合花。该椅子是高新科技与专业手工技术的结合，以不锈钢为构架，外部包裹天鹅绒面料，内部用聚亚安酯和厚毛料填充，将美观与舒适融合一体。

玫瑰椅也如一把盛放的玫瑰花，一片片花瓣重叠起来的座垫，一看就让人觉得非常舒服。该椅的架构用了金属和木头两种材料，其椅脚为铝制，实际上也是玫瑰花的一部分——玫瑰花的刺，整个设计浪漫之中带有高贵的气质。

在这些作品中可以看出，雅则梅田在日本传统与西方现代文化之间进行有意的尝试与探索。雅则梅田认为现代的商业社会破坏了日本美丽的自然环境，他希望通过采用花卉的造型，重现自然的美，挖掘日本文化的根，在传统与现代的冲突中找到一条具有日本文化特色"和魂洋才"的现代设计风格。

（三）喜多俊之 （Toshiyuki Kita，1942—）

喜多俊之是土生土长的日本大阪人，是活跃在当今环境、空间和工业设计领域国际舞台上的世界知名日本籍设计大师。他的作品被纽约近代美术馆以及世界主要博物馆选定为永久收藏品，受到很高的评价。喜多俊之一直致力于将濒临失传的传统技术和材料运用于现代设计，以及资源的再利用。

喜多俊之现任罗马大学进修学院工业设计客座教授和大阪艺术大学教授。1967 年，他在日本成立了工业与家具设计室。1969 年，他来到意大利米兰，开始与众多知名的设计大师开展广泛合作，同时积极着手研究居住环境、生活方式以及与日本传统工艺等相关的设计主题。多年来，喜多俊之一直往返工作于意大利米兰与日本大阪之间，深厚的文化积淀与独特的生活经历使其设计作品驾驭东西方两种文化，深谙两种文化的精髓并游弋来去自如。在他看来，米兰与大阪之间漫长的距离只是一个物理学上的概念。

在欧洲，他与著名的 Cassina 公司、Olivetti 公司以及 B&B Italian 公司等，以及在日本与夏普公司、索尼公司和日本家具公司进行合作，设计出包括家具、电器和生活用品在内的许多经典的案例。

喜多俊之 1981 年为 Cassina 公司设计的 Wink 椅 （图 3-3-167），造型卡通，采用糖果般的色彩，米老鼠耳朵般的靠枕与鱼鳍般的脚垫，可以随意伸缩折叠，因为长着两只大"耳朵"，被人昵称为"米老鼠"。"如果你细心观察，就会发现 Wink 椅的侧面像极了一位跪坐于地的日本妇女"喜多俊之说。坐入 Wink 椅，就像我们依偎在母亲的怀抱中。这把椅子靠背可以调整角度，脚部和头支持部可以折叠，椅身可以用多种色彩的椅罩替换，追求发挥汽车椅子的多种功能，在所有场合下满足人们对椅子的欲望和需求，重视产品的实用性能，是日本和西方设计的巧妙结合，被纽约现代艺术博物馆和巴黎蓬皮杜艺术中心永久收藏。1983 年，该椅获得美国商业设计师协会产品设计大奖，让他名声大噪。

1984 年设计的同样可爱的 Kick 桌 （图 3-3-168），也被选入纽约现代艺术博物馆。此后，喜多俊之的诸多作品 （图 3-3-169 至图 3-3-172） 相继入选德国汉堡 Kunstund Gewerbe 博物馆、法国 Saint-Etienne 当代艺术馆及巴黎蓬皮杜艺术中心。

（四）深泽直人 （Naoto Fukasawa，1956—）

深泽直人，日本著名的产品设计师，家用电器和日用杂物设计品牌"±0"的创始人。1980 年，深泽直人毕业于多摩艺术大学的产品设计系艺术 3D 设计专业。1989 年，他离开日本到达美国。在旧金山，他加入了一个只有 15 个人的小办公室"ID two"，即"IDEO"前身。1997 年，深泽直人返回日本，协助组建了"IDEO"在日本的分部。深泽直人等 8 位设计师主要针对日本市场服务，他在其中工作到 2002 年 12 月。2003 年，他在东京创立了"深泽直人设计公司"。2006 年，与另一名设计师共同创建 Super Normal 工作室。

图 3-3-167　Wink 椅

图 3-3-168　Kick 桌

图 3-3-169　Multilingual 椅

图 3-3-170　Wing 椅

图 3-3-171　Dodo 躺椅

图 3-3-172　Aki-Biki-Canta 椅

深泽直人曾为多家知名公司进行过产品设计，如苹果、爱普生、日立、无印良品、NEC、耐克、日本精工株式会社、夏普、Steelcase、东芝等。其设计在欧洲和美国曾获得五十多项大奖，其中包括美国 IDEA 金奖、德国 IF 金奖、"红点"设计奖、英国 D&AD 金奖、日本优秀设计奖。他的设计主张是：用最少的元素（上下公差为±0）来展示产品的全部功能。

作为日本工业设计的领军人物，深泽直人在吸收西方经典设计理论的基础上，融入了日本传统文化的精髓，并把其应用到设计实践中，独创了"无意识设计"。他以受众的无意识行为作为灵感来源，让人们在无意识行为中实现产品的功能，即为通过有意识的设计，实现无意识的行为，给人有意味的享受。深泽直人在生活中"关注细节、关注情感"，把握产品自身和产品所处环境的关系，且注重受众细微的感情变化，并把这些要素应用到自己的设计实践中。他还抓住日本禅宗的精髓，让设计在满足需求的基础上力求简洁，使其作品做到了"象以圜生、简约细腻"。他明确提出没有说明书的设计才是好的设计，以最少的视觉语言，调动我们最丰富的情感，让我们使用起来更加自由，而不是被产品所控制。通过以上方式他最终设计出一系列"无意识设计"的经典作品，包括家具（图 3-3-173 至图 3-3-178），为日本乃至世界的工业设计发展做出了杰出贡献。

图 3-3-173　Hiroshima 靠背椅

图 3-3-174　Hiroshima 扶手椅

图 3-3-175　Hiroshima 折叠椅

（五）吉冈德仁（Tokujin Yoshiok，1967—）

吉冈德仁 1967 年出生于日本，毕业于日本桑泽设计学校，学习室内设计和工业设计，并

图 3-3-176 Roundish 椅

图 3-3-177 Blocco 椅

图 3-3-178 Papilio 沙发

在这里遇到了对他有知遇之恩的老师——已故日本设计大师仓俣史郎（Shiro Kuramata, 1934—1991 年）。曾先后就职于设计大师仓俣史郎与三宅一生的事务所，进行空间设计并创作装置作品。2000 年，他成立了自己的吉冈德仁工作室。其实验性的创新作品跨界艺术、设计与建筑，在全球范围内赢得了高度评价。

吉冈德仁在家具设计和室内设计领域已很有成就，出道至今，曾获 Wallpaper Design、权威设计杂志 I.D., ELLE, Mainichi，宝格丽等评选的设计大奖。他为日本高级时装品牌三宅一生设计的东京旗舰专卖店是其室内设计代表作，同时他还为尼桑、宝马、资生堂设计空间，为爱马仕、三宅一生、无印良品设计展厅。在他的设计中，简洁、现代感和东方哲学完美融合在一起。他总在作品中大量使用白色和透明材质，因为"白色在东方世界意味着精神、空间和思考"。

吉冈德仁 2001 年设计的蜂巢椅（Honey-Pop Chair，图 3-3-179）采用非常朴素的原料和制作方法，只是将 120 层玻璃纸用胶水粘在一起并加以精确剪裁，使之成为六角的蜂窝造型。这把椅子会随着使用者的体态和动作而改变造型，不同体重的人坐在椅子上会把椅子压成不同的形状，随之还会发出玻璃纸展开时的嘎嘎声。这把椅子在 2002 年米兰家具展上展出后，使吉冈德仁获得较大的国际知名度。这把椅子也成为纽约现代艺术博物馆、蓬皮杜艺术中心、Vitra 设计博物馆的永久收藏。

意大利顶级家具品牌 Driade 在展会后立即邀请吉冈德仁设计了一系列以此为灵感的高级家具，并命名为"东京时尚"（Tokyo-Pop，图 3-3-180）。

2003 年，他为三宅一生商店设计的 Brook 凳（图 3-3-181），采用挤压的六角几何形状为初始形状，通过 3D 建模得到的立体形状，搭配纯色布料，可爱、实用。这些凳子有绿色、粉色、褐色，由著名意大利家具制造商 Moroso 生产，最大尺寸的凳子有 1m 宽，最小的有 39cm。

2007 年，他设计的 Pane 椅（图 3-3-182）将医疗用的直径 0.5mm 的纤维，卷成长 120cm、宽 90cm、高 80cm 的半圆柱形，然后用布包上填入纸的圆筒容器，再放进 104℃的炉子里烧成纤维椅子，在烧烤时稍微调整，椅子的形状也会随之膨胀，就像面包一样，远远看去就像一朵白色的花朵。

吉冈德仁为 Kartell 公司设计的 Ami Ami 椅（图 3-3-183），设计灵感源于日本的机织织物。材料依旧是胶质，却做出编织的图案，乍看如上色的藤织物。简单的方格条与丰富的装饰主题对应，通过复杂的加工将内外交错的编织纹理清晰展现。

吉冈德仁为 Moroso 公司设计的花束椅（Bouquet Chair，图 3-3-184），由细碎布料手工缝合而成，绚丽的造型令人惊叹，看起来就像一朵盛开的花，有纯白色的，也有多种颜色组合在一起的，配色风格也不尽相同。人坐上去就如被花朵包围，而特制的材料会在人起身时自动恢复原状，完全不必担心压垮这朵美丽的"花"。花束椅由 269 片花瓣组成，远看像一朵盛开的向日葵，表达设计师对自然的感受。"花瓣"为手工折叠、缝制在一起的方形仿小麂皮面料，经耐心缝制后完全覆盖在蛋形座身上。

吉冈德仁的设计风格含蓄内敛，在作品简洁的造型之下，其实蕴含了很多构思和想法。他花费了很多时间和精力，但设计出的作品却并不显得浮夸，也没有过多的装饰，所用的材料也是简单朴素的。

图 3-3-179　蜂巢椅　　　　　　　　　　　图 3-3-180　Tokyo-Pop 系列

图 3-3-181　Brook 坐凳　　　图 3-3-182　Pane 椅　　　图 3-3-183　Ami Ami 椅　　　图 3-3-184　花束椅

四、小结

日本，一个地域狭小的国度，由于生活空间的窄小，日本人掌握了一套高效率利用空间的本领。他们善于在尽可能小的空间用尽可能少的资源去做尽可能多的事情。

在现代设计发展进程中，日本始终坚持传统文化与现代设计共同发展，既没有对西方现代设计亦步亦趋，也没有拘泥于传统设计裹足不前，使得外来文化和本国文化都有所发展，并创造了独具魅力的日本现代设计。日本设计师在不断从外界汲取养分的同时，结合日本文化特色，积极发展出充满人文关怀的、简洁而不单调的现代家具设计。

作业与思考题

1. 日本现代家具的主要特征是什么？
2. 资料收集：日本现代家具著名设计师及其代表作品。

第七节　北欧现代家具

北欧的现代风格于 20 世纪 40 年代逐步形成，它将德国崇尚实用功能的理念和其本土的传统工艺相结合，形成富有人情味的设计，享誉国际。

一、概况

20 世纪以前，现代工业尚未在北欧确立，在手工业传统盛行的时代背景下以实用为第一原则，在材料、工艺、造型等方面传承了纯正的北欧血统的家居风格。它所呈现出来的是非常接近自然的原生态的美感，没有一点多余的装饰，一切材质都袒露原有的肌理和色泽。

20 世纪初，现代工业在北欧确立后，本土传统的手工艺与工业化结合起来，并受到欧洲大陆现代主义设计运动的影响，掀起了一场设计思潮的革命，将艺术与实用结合起来形成了一种更舒适更富有人情味的设计风格。它改变了纯北欧风格过于理性和刻板的形象，融入了现代文化理念，加入了新材质的运用，更加符合国际化社会的需求。所以，越来越受到国际社会的欢迎。

二、主要特征

北欧五国虽然在政治、文化、语言和传统上各有差异，但其相近的工业化进程及对传统和现代的共同态度，使他们保持了家具设计特征上的统一因素，并共同走上一条独特的设计道路。概括起来有以下几个方面的共同特点。

（一）人情味

北欧家具在 1900 年巴黎博览会初次与世人见面时，就以既具现代化又有人情味的展览品在设计界引起轰动。它与德国、欧洲其他国家的功能主义不同，在使用本土地域文化环境的同时，在外形上一反德国功能主义作品中常见的冰冷、严肃的纯几何形式，将不必要的直线换成曲线，并倾向于运用当地传统的木材、皮革等天然材质，使北欧的功能主义显示对自然与社会的亲和力，因此被称为"人文功能主义"，满足了生理和心理需求。这种人文功能主义既遵循功能主义原则，同时又具有北欧设计深厚的人文特点，将功能和人情味融为一体。

北欧设计与其他国家的设计最大的不同在于突出一个"情"字，这个"情"不仅指的是具有人情味的人性化设计，同时也是指本民族深厚传统的情调。它与漠视民族差异、忽视人的心理情感的早期功能主义形成鲜明对比。因此，这个"情"字便是北欧设计的灵魂所在，无论是北欧的建筑设计、室内设计还是家具设计，都充分考虑了"情"字的发挥，这不仅是北欧人性化设计的典型特征，也是其民族传统发扬光大的支点。

北欧五国同处北极圈附近，冬天和黑夜都很漫长。由于气候原因，北欧各国对"家"的概念更加重视，对"家"的氛围也更加敏感。因此，北欧的住宅、室内、家具、陈设及家居用品等设计往往浸透了人情味。

（二）有机型

北欧的功能主义为了适应本土的文化环境做了较大调整，在理论上不受过于僵化教条的制约；在形式上，则进一步柔化了刻板与过于理性的几何造型，使棱角和平面转变为"S"一样的曲线或波浪线，从而形成圆润自然而具有抽象雕塑感的"有机"形态。这一形态无论是在心理上还是在视觉上，显然与自然界存在的相关形态有着更为丰富的联系，具有浓郁的人情意味，易于为人们所普遍接受。在机械加工的功能主义中，北欧家具的感性形式对于生活情感来说的确具有不凡的意义和价值。

（三）尚自然

北欧五国与西欧等欧洲其他国家关系相对松散，具有相对独立的文化传承和设计传统。当欧洲其他国家工业革命迅速发展时，北欧五国还处于传统的手工业时代。直到 19 世纪 70 年代，工业革命之风才徐徐吹来。但是，这里与英国等国家的设计领域表现出了明显的不同，即北欧五国的设计在工业革命的过程中，并未出现工业化与手工艺的强烈冲突和对抗，而是处于一种和谐共处的平衡关系。在这种状况下的设计具有崇尚朴实自然，忠实于自然材料的平民化风格，这正好与工业革命下机械化生产所要求的产品设计简洁、经济和高效的要求相吻合。因此，就总体而言，北欧的设计所体现出的风格特征是既包含严谨精细的手工艺传统精神，又体现大工业功能主义和理性主义，既有时代特征，又极富人情味。

三、北欧各国的现代家具

（一）丹麦现代家具

1. 丹麦设计概况

丹麦是斯堪的纳维亚五个国家中最小的一个。领土狭小，经济高度发达，这种背景使丹麦人长期以来对设计具有高度的重视。丹麦人一向把设计的对象看成"工具"。对他们来说，所有的人创造的物质存在都是工具。丹麦设计师致力于把他们设计的产品做成良好的工具。表达了这种"工具主义"的丹麦设计原则。因为是工具，所以应该具有工具的特点：性能良好，功能杰出，安全，有现代感等。这些正是丹麦设计的基本特征。对丹麦设计师来说，好的设计，就是具有好的功能的设计，产品之所以美观，是因为它的功能良好。丹麦设计优美的几何外形来自功能的要求，一个美丽的工具之所以美丽，是因为你能够感到它具有良好的功能。

丹麦具有悠久的民主传统，反对显耀财富。因此，设计上也反映民主特征，现代主义的民主主义内容因而受到丹麦人民的欢迎。丹麦设计基本上是私人企业的事情，政府很少介入设计事务。丹麦现代设计师主要有两个背景：一个来源是建筑行业；另外一个背景是手工艺行业，丹麦具有非常杰出和悠久的手工艺传统，不少现代设计师都出身于手工艺人。因为背景不同，所以他们的设计发展也不相同。建筑行业比较倾向国际主义，而手工艺行业的则比较倾向于对工艺细节的重视。两者的结合，是丹麦设计之所以达到国际高度，同时具有自己民族鲜明特点的原因。这两个背景，使丹麦的家具、灯具设计成为世界杰出的代表。当代丹麦家具是世界最优秀的家具之一，它们既具有非常现代的结构，也同时具有典雅的、细腻的手工艺特点。无论是功能还是造型，都精益求精，无懈可击。

对于丹麦的设计风格，丹麦的现代社会也提供了重要的影响。丹麦现代设计中贯穿了一种冷静的、严肃的、高度功能化的风格，体现了大企业的精神。原因是丹麦的都市化和国际经济化的发展，使整个国家具有一种企业特征，这个特点是很多设计理论家都已经注意到的。

第二次世界大战后，丹麦的家具设计、家庭用品和室内设计均达到了世界先进水平，在设计上把传统的设计风格与功能主义相结合，创造出既简洁明快又颇具人情味的作品，其产品造型、材料和人的因素深深地融合在一起，丹麦的设计师们深深懂得产品不仅应当吸引用户，同时也应明确地、合情合理地把产品的功能表现出来。在家具和室内设计中，设计师们在大量采用北欧国家特有的自然材料（特别是木材，如桦木、柚木等）的同时，也探索了家具设计的新兴材料和新技术，如使用钢管材料等。

2. 著名设计师及其作品

丹麦，这个童话大师安徒生的故国，其独特的文化氛围孕育了一批批世界级的设计大师，其独特的设计理念落下了丹麦民族文化的深深烙印，形成了浓郁的丹麦民族风格。

（1）阿诺·雅各布森（Arne Jacobsen，1902—1971年）

雅各布森出生于丹麦首都哥本哈根，是 20 世纪丹麦著名建筑师、工业产品与室内家具设计大师，毕业于哥本哈根皇家艺术学院建筑系。在学生时代，雅各布森就显露大有希望和前途的设计师的特质，他设计的一张椅子在 1925 年巴黎国际艺术装饰博览会获得银奖。大学毕业后，1927—1929 年，雅各布森在保罗·霍尔松（Paul Holsoe）的建筑设计事务所工作，随后他就创建了他自己的设计事务所，开始成为一个独立的建筑与室内设计师。

雅各布森是第一位将现代主义设计观念导入丹麦的建筑师，他将丹麦的传统材料与国际风格相结合，创作了一系列建筑作品，奠定了其在北欧建筑师中的领袖地位。尤其是他把家具、陈设、地板、墙饰、灯具、门窗等细部看成和建筑总体及外观设计一样重要，使其浑然一体。

雅各布森的家具设计具有强烈的雕塑形态和有机造型语言，将现代设计观念与丹麦传统风格相结合，注重材料的应用和完整的结构，巧妙的功能设计与大批量生产相结合，使他的家具作品具有非凡的、永恒的魅力，他在建筑、室内、家具和工业产品设计方面的综合成就，使他成为 20 世纪的现代设计全才和大师。

雅各布森的第一个著名的整体建筑作品是 1958 年设计的北欧航空公司（SAS air）在哥本哈根的皇家旅馆，雅各布森为这个建筑进行了从内到外的整体设计，包括了从纺织品到雕塑风格的家具和室内装饰，以及灯光设计、烟灰缸和刀叉餐具等产品设计。其中最具代表性的是"蛋形椅"（Egg Chair，图 3-3-185）和"天鹅椅"（Swan Chair，图 3-3-186），这两把椅子与他 1955 年设计的"蚂蚁椅"（Ant Chair，图 3-3-187）一起成为 20 世纪的家具经典之作。这三把椅子均是热压胶合板整体成型的，具有雕塑般的美感。

20 世纪 50 年代中期，丹麦 FH（Fritz Hansen）家具公司，取得了一种新方法的使用权，这种方法是在椅子内部浇铸，以使它的外壳成为一个连续的整体，在得知这种技术以后，雅各布森开始设计能够应用这种技术的椅子，在雅各布森的由车库改成的工作室里，他以石膏模型的形式，像雕刻那样，制成了作品原型。蛋形椅和天鹅椅的成功应该感谢技术和美学的美妙结合。

蛋形椅据说是受到沙里宁胎椅的影响，但蛋形椅的设计却成熟许多，它的扶手和椅背看起来就像抱着一颗隐形的蛋，给人十足的安全感。和蛋形椅十分相似的则是天鹅椅，在制造技术上十分创新，椅身由曲面构成，完全看不到任何笔直的线条，椅身为合成材料，包裹泡绵后再覆以布料或皮革，表现了雅各布森对材质应用的极致追求。

雅各布森 1955 年为 Knoll 公司设计的蚂蚁椅，因其形状酷似蚂蚁而得名。多层胶合板被生动地裁剪成小蚂蚁的身体形态，在尾巴部位一弯，便成了椅子的座面与靠背。纤细的镀铬钢管构成椅腿，稳固地支撑起轻巧的身躯。最初椅子设计成三条腿，但为了更加稳定，后增加了四条腿的版本。

雅各布森 1963 年为牛津大学圣凯瑟琳学院的教授们给餐桌配套设计的牛津椅（Oxford Chair，图 3-3-188），现已成为经典的办公椅。

图 3-3-185　蛋形椅　　　图 3-3-186　天鹅椅　　　　图 3-3-187　蚂蚁椅　　　　图 3-3-188　牛津椅

（2）汉斯·瓦格纳（Hans Wegner，1914—2007 年）

瓦格纳，作为丹麦四大巨匠之一，他用 92 年生命、500 多把椅子作品在世界家具设计史中谱写了一曲华美的乐章。被世人冠以"椅子大师""20 世纪最伟大的家具设计师"等光环，是全球公认的最具创造力和最多产的家具设计师。他的作品被纽约联合国大厦、华盛顿世界银行及世界各地的设计博物馆所珍藏。

他所有最热切的情感都来自于木头，他与它们之间建立了一种亲人般的关系。对木头的痴迷从他记事起就已经开始。1914 年，汉斯·瓦格纳出生于南丹麦区西南部一个普通鞋匠家庭。每个人的童年回忆都是愉快的，尽管可能充满了各种调皮捣蛋。瓦格纳的乐趣则是把村里废弃的老木头房子拆掉，用那些老橡木的碎料制作和雕刻船只模型。早期的岁月让他学到了工具的重要性以及注重细节的手工艺技能。

1928 年，14 岁的瓦格纳开始做木工学徒。15 岁时，他做成了人生第一张椅子。4 年后他已经是一名合格的木工了，拥有了全面的手工艺技能。少年的梦想开始具体起来，他想开一间自己的工作室。不过这梦想暂时被打断了，他到了服兵役的年龄。在首都哥本哈根，他有机会看到木工协会家具展览（Carpenters' Guild Furniture Exhibits），认识到自己在技术上的局限。于是，他报读了一个在技术学院主办的为期两个半月的木工制作课程。1936—1938 年，瓦格纳去哥本哈根工艺学校接受专业而系统的训练。1938—1942 年，他分别在雅各布森（Arne Jacobsen）和莫勒（Erik Moller）的建筑师事务所担任家具设计师。1943 年，他自己的设计工作室终于开张，此后的发展顺理成章，他的人生被参与细木工协会家具展览（直到 1966 年才结束）、设计了几款新的椅子、与多家家具品牌合作生产、获得某重量级设计奖项等条目填满。

瓦格纳一生创作了超过 500 多件椅类作品，制作了超过 2500 个家具图样和接近 1000 幅家具草图，是设计史上优秀的家具设计师中创作量最丰富的一位。他的作品常被冠以"永恒""不朽"的称谓，因其超越了时代风格和潮流的局限，不以特异的符号特征或狂野的自由灵感让人印象深刻，而是专注于实现在人体最舒适的基础上挖掘材料的最大潜能。瓦格纳的设计融入了很强的北欧风情。其作品结构科学、造型完美、细节完善，充分表现材料特性。他一改国际主义的机械冷漠，融合了富有人情味的现代美学。椅子多使用圆润的转角，给人安全感与亲近感。

毫无疑问，瓦格纳设计的家具中名气最大的当是 1949 年设计的"The Chair"椅（图 3-3-189）。这是一张看起来挺简单和普通的椅子。它是如此的普通，以至于每个人都觉得可以与它亲近，并且，下意识地会觉得坐上去应该蛮舒服。它的四只椅脚柔和地向两端逐渐收窄，让整体造型显得轻盈。上端承接着弧形椅背，雕塑般的曲面转圜得不动声色，但仍能看出木头插接的榫卯痕迹，由此形成对称的锯齿状纹路，几乎成为整把椅子唯一一处可称为装饰的地方。扶手处蜿蜒而下，转角微微向前凸出，正可承托手肘以最自然的姿势下垂或支撑起上半身。座垫部分微微向下弯曲，契合身体坐下的弧度，从正面看去，正好处于椅子的黄金分割点——完美的比例。靠背和座垫之间空的区域给予整个结构一种放松而经济的形态，让坐它的人无论胖瘦都能自由调整到最舒适的位置。它端庄而温和，不具丝毫的侵略性，仿佛可以被放在任何地方而不与环境产生冲突，却又无时不在静静地释放它的优雅，让人无法忽视它的存在。这把椅子刚设计出来时，因其周身圆润而无锐角，被称呼为"The Round Chair"（圈椅）。1961 年，美国历史上第一次电视直播的总统竞选辩论中，肯尼迪总统坐的就是这把椅子。于是，很快这把椅子引起了美国人的广泛关注，同时在全世界范围掀起了一股对斯堪的那维亚设计的兴趣上升的热潮。从此，人们直接称它为"The Chair"。

中国人对瓦格纳的椅子会有一种天然的亲切感，因为它们具有明显的明式家具影子，虽然线条更洗练、结构更简洁，有着北欧林木特有的冷寒涤尘的干净气息，可是把两者放在一起，这些椅子对中国传统家具尤其是明式家具的传承元素显而易见，如瓦格纳 1946 年设计的中国椅（图 3-3-190）、1950 年设计的 Y 椅（Y-Chair，也称"Wishbone Chair"叉骨椅，图 3-3-191）。Y 椅，Y 字形背板的特殊设计而得名。Y 型背板支撑着人后靠的身体，后腿足直接向上与圆弧形的搭脑相连，并往前弯曲，起到明椅中"联帮棍"的作用。

从中国椅、The Chair 到 Y 椅，以及 1952 年设计的牛角椅（Cow Horn Chair，图 3-3-192）、1956 年的肘托椅（Elbow Chair，图 3-3-193）、1961 年的公牛椅（Bull Chair，图 3-3-194）等一系列椅子可以看出，瓦格纳在吸收明式椅子端庄、稳健的基础上不停地做着减法，越到后期中国味越淡，而北欧的简约及自然主义风格越浓。

纵观瓦格纳一生的设计可以发现，"中国元素"在其作品中仅占三成左右。这位大师擅长从各个地方的传统设计中汲取灵感，并净化其已有形式，进而发展自己的构思。即便在早期的设计中，瓦格纳的兴趣也并非仅限于从中国的明式椅中汲取精华，比如他于 1947 年设计的孔雀椅（Peacock Chair，图 3-3-195）就具有某种后现代主义的仿生特征。孔雀椅的灵感源泉是 17 世纪流行于英国的温莎椅（Windsor Chair），靠背上那些酷似孔雀翎的木条扁平部分不仅仅是好看而已，它们刚好是肩膀骨和椅子靠着的地方，展开的扇形后背让人备感舒适。孔雀椅一经展出，立即成为公众关注的焦点。

瓦格纳 1950 年设计的帆船旗椅（Flag Halyard Chair，图 3-3-196）的灵感来自瓦格纳一次海滩之旅，使用了现代主义的手法。

1951 年设计的熊爸爸椅（Papa Bear Chair，图 3-3-197），在设计之初曾有评论家称它的扶手"好像一只大熊用熊掌从后面拥抱着你"而得名。自面世以来，熊爸爸椅以活泼的有机造型而广受好评，简约凝练的特质也深得北欧设计精髓，而且其坐感极为舒适，充满了安全感。

1953 年设计的衣帽架椅（Valet Chair，图 3-3-198），椅背相当于衣帽架，座位掀起来下面是一个储物盒，座板的顶端可以挂一条裤子，并保持笔挺。这是源自 1953 年瓦格纳同建筑师 Steen Eiler Rasmusse 和设计师 Bo Bojesen 聊天谈到就寝时折叠衣服的麻烦，瓦格纳就做了这个有趣的设计。为了让它看起来不笨重，从 4 条腿减到 3 条。

1960 年设计的公牛椅（Ox Chair，图 3-3-199）自西班牙斗牛得来的灵感，将勇猛壮硕的斗牛化身为沉稳厚实的黑色单椅。这款椅子早在 1960 年已经生产问世，但是 20 世纪 60 年代初期，因显得过于前卫，到了 1962 年便停产，直至 1985 年才再次生产。公牛椅获得了许多享誉世界的奖项，被世界各地知名博物馆陈列收藏。

1963 年设计的贝壳椅（Shell Chair，图 3-3-200）一共有三只脚，座椅像一个笑脸，又像胡子，外形现代、美观、独特，既可以用来看书读报，也可以用来休闲娱乐，是 20 世纪优秀的椅子设计之一。

图 3-3-189 The Chair

图 3-3-190 中国椅

图 3-3-191 Y 椅

图 3-3-192 牛角椅

图 3-3-193　肘托椅

图 3-3-194　公牛椅

图 3-3-195　孔雀椅

图 3-3-196　帆船旗椅

图 3-3-197　熊爸爸椅

图 3-3-198　衣帽架椅

图 3-3-199　公牛椅

图 3-3-200　贝壳椅

　　瓦格纳的一生都在重复不断地研究中国和英国的座椅和其他家具，提炼精髓将其融入到他的现代设计中。但无论是何种风格，瓦格纳的设计给人的感觉依然是非常"北欧"的。他的设计不跟随潮流，尊重传统，承袭文化，欣赏自然，是一种富于"人情味"的现代美学。

　　（3）芬·居尔（Finn Juhl，1912—1989 年）

　　居尔生于丹麦的首都哥本哈根，是丹麦著名的家具设计师、建筑师和雕塑家。居尔致力于传统自然材料在现代家具的实践与运用，将力与美结合，呈现流畅且较为柔软的有机设计，表达亲切优雅的视觉感与触觉感，成为 20 世纪 50 年代丹麦家具设计最重要的人物。

　　1934 年，居尔自丹麦皇家艺术学院建筑系毕业后，作为一名建筑师在劳瑞森（Vihelm Lauritzen）设计事务所工作了 10 年，在此期间，除做了许多建筑设计外，还与著名家具制作者尼尔斯·沃戈尔（Niels Vodder）合作，设计制作了一大批家具作品，以其精湛的结构为人所称颂。其椅子设计中雕塑般的构件造型，材料的精心选用及搭配组合，明显地区别于卡尔·克林特（Kaare Klint）及其追随者们所倡导的在优秀传统家具的基础上进行再创造的设计模式，从而开启了丹麦设计学派中向有机形式靠拢的新设计理念。1945 年居尔建立了自己的工作室，并更专注于设计家具，以雕塑式的造型手法，以实木为主体的构架材料，配合皮革的应用，设计了大量的桌、椅、沙发等休闲类家具（图 3-3-201 至图 3-3-204），并通过不断参加国际国内博览会，迅速取得国际声誉，成为第二次世界大战以后丹麦学派的杰出代表之一。

图 3-3-201　塘鹅椅

图 3-3-202　45 号椅

图 3-3-203　酋长椅

图 3-3-204　茶几

　　1954—1957 年的米兰国际博览会上，他曾获得六次金牌奖；而在哥本哈根木工行业组织的丹麦现代家具设计年展上，居尔的作品曾获 14 次大奖，成为丹麦木质家具重要的旗手之一，同时，居尔在设计制作家具的过程中发展了许多精巧的构造方式，以独特的角度唤起了人们对材料的潜在认识。1945年起居尔就开始担任丹麦技术学院室内设计系的学术带头人，多年在这一关键位置的工作使他对丹麦设计的发展方向起着主导作用。

丹麦家具设计建立在它的有机造型和轻巧风格上面，但另一方面则根植于它的优美质感和纯熟制作技艺，大部分的北欧设计家都认为成熟的造型就是最完美的形式，更将材料特性发挥到最大限度，视任何完美设计为优先处理。而居尔也承袭着这一贯的丹麦风格，运用灵巧的技法，从木材、籐编、纺织物等所有家具材料的特殊质感中，求取力与美的结合，表达一种自然舒适、亲切优雅的视觉感与触觉感。除此，居尔的风格则更加独树一帜，力度与流线型的细腻与俭朴美，加上高品质的传统工艺精神，呈现在家具的边缘角落和曲度上，使得众人皆为之倾倒。居尔不但发展了相当多的结构技术革新，同时还大力推广柚木的使用，并在丹麦家具设计界掀起了众所周知的"柚木风格"。

1940年设计的塘鹅椅（Pelican Chair，图3-3-201）以塘鹅为灵感，椅背宛如塘鹅的翅膀，环抱住就座者的身体，其弯曲而柔软的流线型线条则充分表现力与美的精髓；而三个有斜度的木质椅脚，则忠实呈现原木质感。居尔在设计完成这张沙发后，手稿丢失，无法复制，因此世界上仅存12张。直到2007年，才由日本一位北欧家具收藏家——织田宪嗣提供收藏，并由One Collection复刻成功，因此这张椅子不仅是设计艺术经典，也是家具史上的传奇。

1945年设计的45号椅（No.45 Chair，图3-3-202）是居尔的代表作之一。1945年首次在丹麦艺术与设计博物馆展出，由One Collection公司生产。胡桃木的结构支撑，显现雕塑般的流畅与温润线条。椅背、座椅及可分离的座垫，采用黑色顶级牛皮，呈现属于绅士的内敛与质感。居尔身为北欧建筑与室内设计者，也承袭了尊崇自然造型与材质的设计理念，45号椅正是他设计理念的完美诠释。

1949年设计的酋长椅（Chieftain Chair，图3-3-203）是居尔的另一个代表作。灵感来自于古老的武器及民俗。用最好的工匠手艺，以坚固的核桃木和柚木制作骨架，椅背、座椅及扶手则以皮革包覆，曲线设计与木质骨架的线条相呼应。特殊的造型让这张椅子本身成为空间中的吸睛焦点。

总而言之，芬·居尔的设计理念可以归纳为"整体外形大刀阔斧犹如雕塑，细节又需无比细致优雅"，这一理念深深地影响了一代又一代斯堪的纳维亚的设计师们。

（4）布吉·莫根森（Borge Mogensen，1914—1972年）

北欧家具设计在第二次世界大战之后风靡全球，众星璀璨，其中就有丹麦四大设计巨匠，除了前面所述的三位以外，还有一位就是布吉·莫根森。

莫根森的设计生涯开始于20岁，从木匠学徒开始。1936—1938年，莫根森在哥本哈根工艺学校深造，并受教于"丹麦现代家具之父"卡尔·克林特。从此莫根森与克林特开始了长达十年的亦师亦友的合作关系。除了在家具设计上相互砥砺外，莫根森还担任了克林特在丹麦皇家建筑学院的主教，同时也开始与丹麦连锁平价家具卖场FDB合作，以合理的价格提供高质量的家具（图3-3-205）。

1955年开始，莫根森应FREDERICIA公司总裁Andreas Graversen的邀请，担任FREDERICIA主席设计师，直到1972年逝世。这期间，Borge Mogensen 与 Andreas

图3-3-205　Tremme沙发

Graversen 结为莫逆之交，共同将 FREDERICIA 打造成高质量家具的品牌。在 1971 年获得丹麦家具大奖，吸引了丹麦皇室的目光，使得 FREDERICIA 成了丹麦皇室御用家具品牌。

莫根森一生最大的理想就是要为丹麦人民提供每个人都负担得起的高质量家具，为此他总是夜以继日的工作，并随时将每个想法记录在任何能取得的物品上，著名的狩猎椅（Hunting Chair，图 3-3-206）便是在 1950 年拜访好友时，随手将灵感画在火柴盒上而来的。如此兢兢业业的态度，的确为丹麦人民设计了无数高质量经典家具，并在丹麦人民心中留下不可撼动的不朽地位。

图 3-3-206　狩猎椅

莫根森的作品表现向以简单有力，深受美国夏克文化机能主义和苦行生活方式的影响。1958 年设计的西班牙椅（Spanish Chair，图 3-3-207），是总结西班牙旅行的灵感，将受到古伊斯兰教文化影响地区——从西班牙南部安达鲁西亚以至印度北部地区常见的传统座椅重新给予高明巧妙的设计诠释。他将其造型现代化，去除繁复雕刻，但保留主要特征：宽平的扶手，便于放置玻璃杯皿。

（5）维纳尔·潘顿（Verner Panton，1926—1998 年）

潘顿是丹麦著名工业设计师，后定居瑞士巴塞尔。因其对现代家具设计革命性的突破和创新，对新技术、新材料的研究和利用，创造了一系列具有抽象几何造型新形态，带有未来主义梦幻空间色彩的家具和室内设计作品，被誉为 20 世纪最富创造力的设计大师。

作为建筑师、设计师的潘顿，1951 年毕业于哥本哈根丹麦皇家

图 3-3-207　西班牙椅

美术学院，随后进入雅各布森设计事务所工作，雅各布森雕塑形态的家具设计语言对潘顿产生了很大影响。1955 年，他创建了自己的建筑与设计事务所，由于在建筑设计理念上的创新开始初露锋芒，他创作了一系列具有探索性质的建筑作品，如折叠房屋、硬纸板屋和塑料屋等。

潘顿在家具设计中，打破北欧传统工艺的束缚，执着地追求抽象几何造型构成和对新材料新技术的研究，因其独特的创意，运用抽象的造型、大胆的色彩、鲜艳的色彩与崭新的素材，更具革命性的突破，创造许多划时代的家具作品。

1955 年，潘顿尝试设计了一个单体悬臂的 S 形多层胶板椅（图 3-3-208），这是与索耐特公司合作开发的。从 20 世纪 50 年代末起，他就开始了对玻璃纤维增强塑料和化纤等新材料的试验研究，1958 年他应邀为丹麦"重返旅馆"（Come Again Inn）所做大红色调的"燃烧空间"酒吧室内设计和为之配套设计的著名作品"锥形椅"（Cone Chair，图 3-3-209），这张突破常规造型的椅子和 1959 年的"心形椅"（Heart Chair，图 3-3-210）被批量生产，受到市场欢迎。

随后，他又试图将这种模压成型的方法用于塑料家具的设计，经过几年的实验和摸索，在 1960 年终于实现了他的目标，试制成功了全世界第一张用塑料一次模压成型的 S 形单体悬臂椅，这是现代家具史上一次革命性的突破，被命名为"潘顿椅"（图 3-3-211）。

潘顿应用单纯的抽象几何造型和雕塑形态、更加饱满强烈的色彩、更多的新技术和新材料于它的家具设计中，创作了一系列具有创新突破、将装饰性与情趣性融为一体的艺术作品。在他的设计生涯中，产生了很多具有创新的、反叛的、勇敢的、富有情趣的设计，营造出一个充满乐观主义精神的、未来世界的生活空间，创造出许多完美的划时代的生活用品（图 3-3-212 至图 3-3-216）。

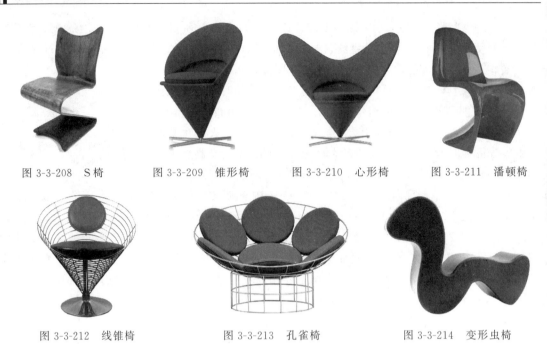

图 3-3-208　S椅　　　　图 3-3-209　锥形椅　　　　图 3-3-210　心形椅　　　　图 3-3-211　潘顿椅

图 3-3-212　线锥椅　　　　　图 3-3-213　孔雀椅　　　　　图 3-3-214　变形虫椅

（6）南娜·迪策尔（Nanna Ditzel，1923—2005 年）

南娜·迪策尔是北欧学派中最有成就的女性设计师，多才多艺，天生的色彩专家，她将女性的优雅、柔美释放到纺织品、珠宝和家具设计中。作为北欧设计奖史上第一位女评委，她一生获奖无数，是北欧设计学派当之无愧的"无冕女王"。

1944 年，南娜与她未来的丈夫琼根·迪策尔（Jorgen Ditzel，1913—1961 年）相遇，两人志趣相投，共同设计的家具在当年的哥本哈根工艺协会年度展览会上展出，开始在设计界崭露头角。两年后，这对设计伴侣结为夫妻，成立了自己的设计事务所，并孕育了 3 个可爱的女儿。

作为 3 个孩子的母亲，南娜心中充满了温存的母爱，基于对孩子们生活的真切观察，她和丈夫在 1946—1961 年间设计了一系列儿童家具。其中，著名的莫过于用竹藤编织的悬挂蛋椅（Egg Chair，图 3-3-217），有机的造型、舒适的椅座、坚实的基座，再加上连接支架和座椅的链条，它完全成了孩子们的游乐椅。然而，两人的合作在 1961 年戛然而止，斯人早逝，Jorgen 的突然离世成为南娜一生的遗憾。

图 3-3-215　双层椅　　　　　　图 3-3-216　生活塔　　　　　　图 3-3-217　蛋椅

1968 年，南娜决定离开丹麦移居伦敦，并于两年后在伦敦再次创立设计事务所。她毫不吝啬地将她对于美的诠释播撒到当时在她看来正日渐过时和老旧的英国设计界。1981 年，凭借其在业界的影响力，南娜荣登英国设计与工业协会的主席职位，最终成为一位具有国际影响的著名女性设计师。丹麦工艺艺术协会在 1998 年封她为终身艺术大师（Lifelong Artist's Grant）。

作为一名女设计师，南娜将大师的气质和女性的情感融为一体，非常注重产品的形式美和情感因素。她的设计充满现代感，简洁中见高雅，尤其擅用光线、波浪等概念。在家具设计方面，她对具有节奏与韵律美感的圆弧、环形等几何造型有着特别的爱好。多年来她一直沉迷于蝴蝶这种具有大自然造化的美丽昆虫，并试图从蝴蝶的飞翔中抓住一种飘浮于空中的轻松感觉，最终创作出了广受好评的代表作之一"蝴蝶椅"（Butterfly Chair，图 3-3-218）。它蝶翼般的椅身和细长而坚实的变形钢足椅腿，完美地演绎了丹麦设计理念中的"蚊子"和"大象"。"蚊子"指轻盈优雅的造型，而"大象"则确保了家具的稳定性。最摩登的设计理念与其作为女性所特有的敏锐感官相结合，南娜发掘了一个极为有趣的设计方向，相继完成了著名的双人椅、特立尼达椅（图 3-3-219 至图 3-3-226）等造型轻盈而又结构坚实的经典设计。

图 3-3-218　蝴蝶椅　　　图 3-3-219　双人椅　图 3-3-220　特立尼达椅　图 3-3-221　儿童椅

图 3-3-222　南娜椅　　图 3-3-223　圈椅　　　图 3-3-224　Oda 沙发　　图 3-3-225　Oda 椅子　图 3-3-226　玻璃
　　　　　　　　　　　　　　　　　　　　　　　　　　　　　　　　　　与脚凳　　　纤维椅

作为一位艺术气质极为浓厚的女设计大师，南娜有时宁愿让功能服从于情感，如她所言："我尝试所有方面的可能性：技术、材料、形式和功能，但我心中最关心的仍是人的情感因素。"

（二）芬兰现代家具

1. 芬兰设计概况

在 20 世纪的世界现代设计史上，芬兰的设计如异军突起，在现代设计的每个领域都取得了骄人的成绩，以至于芬兰设计几乎成了现代设计的代名词。因为环境因素的影响，芬兰的文化也有一定的边缘性，无论建筑还是家具设计，芬兰设计都没有受巴洛克、洛可可设计思潮的影响，始终保持了简洁明快、功能至上、朴素自然的设计风格。实际上，芬兰设计就是对生活的设计，本着功能实用、美感创新和以人为本的设计风格，其设计的触角已经进入了人们生活的每一个角落。所以说芬兰设计是功能主义的设计毫不为过。

芬兰的家具设计起步较晚，20 世纪初才进入所谓的"现代时期"。当时出现了一批具有全球性影响的建筑师、工艺家，如建筑大师 Eliel Saarinen，Louis Sparre 等。他们制作了具有"民族浪漫主义"色彩的建筑、家具作品。从 20 年代末开始的 50 年里，芬兰的现代家具设计进入了具有历史意义的大师时代。期间大师辈出，成就非凡，对北欧及世界设计的现代家具设计产生了极其深远的影响。

2. 著名设计师及其作品

(1) 艾洛·阿尼奥（Eero Aarnio，1932—）

在 20 世纪 60—70 年代，塑料在芬兰家具设计师的设计作品中被广泛使用，这是因为塑料可以使设计师们创造出任何一种形状，以及使用任何一种他们想要的颜色。这引起了家具在功能和娱乐两方面的巨变，并且产生了让人着迷的结果，一种背叛"功能主义"而以"艺术为本"作为家具设计出发点的浪漫主义。艾洛·阿尼奥是在工业设计中使用塑料的先驱者之一，他高度艺术化的塑料家具作品及时地体现了时代的气息。

阿尼奥出生在芬兰首都赫尔辛基，1957 年毕业于赫尔辛基工艺美术学院。1962 年阿尼奥成立了自己的设计室，从事室内设计与工业设计。

阿尼奥早期的家具设计善于从传统中取材，尤其是中国的藤编家具，如 1960 年设计的蘑菇凳（Mushroom Stool，图 3-3-227）。20 世纪 60 年代，阿尼奥开始用玻璃纤维进行实验。玻璃纤维牢固和可塑性强的特点使得阿尼奥在设计时不受限制，同时造型符合人体工程学，设计出让人着迷的新型形体，让家具告别了由支腿、靠背和节点构成的传统设计形式。

20 世纪 60 年代初，芬兰最大的家具企业 Asko 公司决心改变多年来以木材作为家具设计主要材料的传统面貌，于是请阿尼奥为他们设计一款塑料椅。1962 年，阿尼奥用报纸和褙糊粘成一个塑料椅的样板。从此以后，他开始了一生最为重要的"塑料革命"。1963—1965 年，在反复试制合成材料的前提下，他终于设计出采用新型材料——玻璃纤维制成看似航天舱的球椅（Ball Chair，或称 Globe Chair，图 3-3-228）。这把椅子从圆形的球状体中挖出一部分或使它变平，形成一个独立的单元座椅，甚至形成一个围合空间。这种前部开口、内部铺软垫的球状椅子不仅外观独具个性，而且塑造了一种舒适、安静的气氛，使用者在里面会觉得无比的放松，避开了外界的喧嚣。同时，椅子可以绕着固定在底座上的轴旋转，使用者能欣赏到不同的外界景象，因此感到与外界不完全隔离。这把椅子在 1966 年科隆家具博览会上展出后，阿尼奥一举成名。

阿尼奥取得成绩后对创新家具设计的探索仍然没有停止，1968 年科隆家具博览会上展出的他设计的香锭椅（Pastil Chair，图 3-3-229）再次引起轰动。这件作品将传统椅子设计中的座位、椅腿等要素融为一体，形成美观的有机造型。

同年，阿尼奥又设计出一款泡泡椅（Bubble Chair，图 3-3-230），其构思源于球椅，为了解决球椅与外界过于隔绝的问题，他将椅子用材改为透明的材料，这样一来就可以躺在椅子里看书并享受充足的阳光了，悬挂的方式尤其适合泡泡椅这一名称。

1971 年，阿尼奥又成功地设计出具有波普特征的西红柿椅（Tomato Chair，图 3-3-231）。这款椅子由三个大小相同的圆巧妙组合而成，其中两个形成扶手，一个则经过拉长变形后变成靠背，并将一个四分之一圆颠倒过来使之成为座席。当人们从不同角度观看西红柿椅时，会发现它更像一个雕塑品。

香锭椅与西红柿椅为阿尼奥进一步赢得了国际声誉。这是 20 世纪 60—70 年代浪漫主义生活气息的典型体现，这些椅子不仅在室内和室外都可使用，而且还可以飘浮在水中，甚至可以在雪地上滑动。

1998 年，阿尼奥在此基础上又设计出方程式椅（Formula Chair，图 3-3-232），他将早期玻璃纤维设计中雕塑的元素与舒适性更好融合在一起，椅子的一侧还开设一个小洞，便于放置杯子。

　　1973 年设计的这一件小马椅（Pony Chair，图 3-3-233），不但是小朋友的最爱，成人见了都会童心大起、放松。事实上，阿尼奥的原意是为成年人设计一张能让他们找回童趣的家具。椅子的每个细节都展现设计师超现代的设计风格。人可以正儿八经地骑着它，也可以把它当作凳子一样坐在上面，还可以把它当作椅子，因为它的两只耳朵这时成为一个很特别的靠背。当然更不用说孩子们可以把它当作玩具来玩耍。在此基础上，阿尼奥后来又延伸设计了小狗椅（Puppy Chair，图 3-3-234）、小鸡椅（Tipi Chair，图 3-3-235）。

　　阿尼奥的设计并不仅限于椅子，他还设计了许多有趣的玻璃钢产品模型，如 1991 年的科帕卡瓦纳几（Copacabana Coffee Table，图 3-3-236）、1992 年的螺杆桌（Screw Table，图 3-3-237）、2002 年的蘑菇桌（Parabel Table，图 3-3-238）及其配套的 2003 年的焦点椅（Focus Chair，图 3-3-238）。

图 3-3-227　蘑菇凳

图 3-3-228　球椅

图 3-3-229　香锭椅

图 3-3-230　泡泡椅

图 3-3-231　西红柿椅

图 3-3-232　方程式椅

图 3-3-233　小马椅

图 3-3-234　小狗椅

图 3-3-235　小鸡椅

图 3-3-236　科帕卡瓦纳几

图 3-3-237　螺杆桌

图 3-3-238　蘑菇桌与焦点椅

　　艾洛·阿尼奥的创作是一种不知疲倦的发自内心的本能，他深信艺术与设计之间没有任何不同。因为他认为，不论是艺术还是设计都意味着更新与再调整的不断发展。

　　（2）约里奥·库卡波罗（Yrjo Kukkapuro，1933—）

　　库卡波罗是 20 世纪设计大师中获奖最多的人，在 20 世纪下半叶的 50 年间，他几乎荣获过国际、国内有关室内和家具设计的所有著名奖项，计有 40 种之多，平均每年都有奖。库卡波罗的设计风格一直被誉为简洁、洗练、秀美、架构暴露，没有多余的装饰，这种风格成了当代北欧简约主义设计的典范。

　　库卡波罗自幼喜爱绘画，并表现出非凡的天分，1954 年考入赫尔辛基工艺设计学院后，便鹤立鸡群。在大学四年多次设计竞赛中，他不仅包揽一等奖，而且他的大部分获奖设计都很快被投入生产，当他 24 岁时，就有近 30 项设计投入生产，而且市场效果非常好。1959年，他在芬兰成立了自己的设计事务所，注重与家具工厂的合作，并先后与芬兰数家著名家具公司合作，授权制造他的家具设计作品。

1969—1980 年，库卡波罗在赫尔辛基工艺设计学院、赫尔辛基艺术设计大学（UIAH）任教，1978—1980 年任赫尔辛基艺术设计大学（UIAH）校长。1980 年，他开始在瑞典、丹麦、挪威、英国、日本、澳大利亚、意大利、克罗地亚及中国等世界各地巡回讲学。

库卡波罗是一位坚定的功能主义者，也是第一位将人体工程学引入现代家具设计的设计师。他的诸多优秀现代设计作品简洁、质朴、高雅，充分体现北欧设计风格；他将生态学、人体工程学、美学、经济学列为家具设计要素，使产品更舒适、可靠、耐用、环保。其作品14 次被世界知名博物馆包括维多利亚·伦敦阿尔伯特博物馆、纽约现代艺术博物馆、德国VITRA 设计博物馆等永久收藏，历久弥新。

库卡波罗引起国际轰动的成名作是 1964 年初面世的 Atelijee 椅（图 3-3-239），当它首次出现在这年的德国科隆国际博览会上时，立即大获成功，当时就有几个著名家具公司要求制作该椅。紧接着，这件杰作又被介绍到美国参加各种展示，其中最重要的是在纽约现代艺术博物馆举办的现代家具设计展览上亮相，因为正是在这个展览之后，该博览馆决定永久收藏这件作品。受这一殊荣的鼓舞，同时刚发明不久的玻璃纤维塑料已可以在芬兰生产，库卡波罗以旺盛的精力夜以继日地投入对 Karuselli 椅（图 3-3-240）的设计制作。早在 1959 年库卡波罗就开始构思一种"坐上去真正舒适的椅子"，由此开始对 karuselli 椅长达 5 年的探索，终于在 1964 年圣诞节刚过的第二天被放进展示厅，10min 过后进来的第一位顾客立即订购，这种热烈场面持续一天之后，与库卡波罗已合作数年的芬兰著名的海米（Haimi）家具公司决定立即将该设计投入生产，至今，上述两件杰出的设计仍由海米公司的继任者阿旺特（Avarte）公司制作着。这把椅子使他一夜成名，该椅被多家著名博物馆收藏，成为现代设计的一件经典作品。

20 世纪 70 年代的能源危机，使他在设计上广泛采用塑料、钢铁的时代告一段落，开始了强调人机工学、环保的新设计时代，在现代设计史上称为"人机工学和生态科学的黄金时代"。库卡波罗这个时期做了大量的人体测量工作，收集数据，为设计服务。在材料上开始放弃塑料和玻璃纤维钢，转向木材，利用热压方式生产新的、具有环保内涵的夹板家具。1978 年的 Fysio 椅（图 3-3-241）就是这个探索的结晶。这把椅子被称为"全世界第一把完全根据人体形态设计的办公室座椅"，是人体工程学中具有历史意义的椅子。

库卡波罗的设计除了讲究人体工程学的特征、讲究生态、突出技术和现代材料的要素之外，还在于他的设计都具有强烈的平面形态，他的椅子的轮廓都非常特殊，在平面角度看很耐看（图 3-3-242 至图 3-3-246）。他对于新材料、传统材料、各种技术手法的探索总是领先于其他设计师，大约正是这种设计方式，才使他能够一直成为芬兰家具最杰出的代表。

库卡波罗对中国文化的兴趣由来已久。1997 年，他如愿以偿地实现了首次中国之旅，随后几年多次访问中国，并在南京林业大学等多所高校讲学。1998 年，库卡波罗教授和芬兰赫尔辛基阿旺特（AVARTE）家具公司及他在中国的合作伙伴们，创立了上海（中国）阿旺特家具公司。随着库卡波罗与中国交流的加深，他参考名师家具的一些形式特点，并结合中国的剪纸、红木与竹材，设计出一系列具有东方味道的椅子（图 3-3-247 至图3-3-250）。

图 3-3-239 Atelijee 椅　　　图 3-3-240 Karuselli 椅　　　图 3-3-241 Fysio 椅　　　图 3-3-242 Funktus 椅

图 3-3-243 靠背椅　　　图 3-3-244 摇椅　　　图 3-3-245 实验椅　　　图 3-3-246 Nelonen 椅

图 3-3-247 靠背椅　　　图 3-3-248 靠背椅　　　图 3-3-249 红木椅　　　图 3-3-250 竹椅

（3）伊玛里·塔佩瓦拉（Ilmari Tapiovaara，1914—1999 年）

塔佩瓦拉 1937 年毕业于室内设计专业，其设计主要受阿尔瓦·阿尔托的影响。毕业后曾在法国名建筑师勒·柯布西耶的事务所当了 6 个月的助理，随后展开他一连串与设计相关的职业生涯，包括芬兰最大家具工厂 Asko 的艺术总监、芝加哥伊利诺设计学院的教师、联合国发展部门的设计师。此外，塔佩瓦拉还曾与密斯·凡·德·罗有过非常好的合作经验。当然，包豪斯风格也是影响他设计之路的一大关键。不仅如此，塔佩瓦拉的设计实力，更让他于历届米兰三年展中斩获至少 6 枚金牌。1959 年被芬兰总统授予"芬兰专业勋章"（Pro-Finlandia medal）。然而，他在国际设计圈中的知名度远不及于芬兰国内的影响力。

即便没有他的前辈暨偶像阿尔瓦·阿尔托那么出名，塔佩瓦拉依旧秉持着同样的设计理念——"设计该是给所有人的非奢侈品"。塔佩瓦拉与他生命中的得力贤内助 Annikki Tapiovaara 在 1946—1947 年负责位于赫尔辛基的多姆斯学院（Domus Academica）的学生宿舍室内及家具设计，其中也诞生了往后最广为人知的 Domus 椅（图 3-3-251）。

第二次世界大战过后，欠苏联一大笔债的芬兰，所需的并非突

图 3-3-251 Domus 椅

显个人特色的小众设计，而是整个国家社会的重建。这也让塔佩瓦拉更加坚定理念——以简洁现代的设计、随手可得的原材料，大量供应国民物美价廉、功能多元的家具，被认为最亲民实用的芬兰家具。

Kiki（图 3-3-252）是塔佩瓦拉所有设计中最完整的一套家具系列，包含沙发、长椅、椅凳、边桌等。而 Domus 椅、小姐椅（Mademoiselle Chair，图 3-3-253）、Nana 椅（图 3-3-254）、Aslak 椅（图 3-3-255）与 Kiki 堪称塔佩瓦拉家具设计中不可不知的 5 大经典。

图 3-3-252　Kiki　　　　图 3-3-253　小姐椅　图 3-3-254　Nana 椅　图 3-3-255　Aslak 椅

（三）瑞典现代家具

1. 瑞典设计概况

瑞典是在斯堪的纳维亚国家中最早出现自己的设计运动的国家，早在 1845 年瑞典便成立了工业设计协会，这个组织的功能与德意志制造同盟类似。该协会对推广优秀设计、发展瑞典家具事业、推动艺术与技术的合作做出了巨大的贡献。

20 世纪 30 年代初，包豪斯等现代主义设计展览在瑞典的成功展出，使得现代主义设计艺术思想在瑞典国内迅速传播开来。在建筑设计、家具设计、室内设计方面，瑞典本土的设计师把德国现代主义设计思想与国内特殊的文化和自然环境相结合，探索适合瑞典自身自然环境、文化特征的设计风格，最终于 20 世纪 40 年代形成了瑞典风格的现代主义。

瑞典家具设计强调现代主义的功能主义原则，但并不十分强调个性，而更注重人体工程学、工艺性与市场性较高的大众化家具的研究开发，喜欢用本国盛产的松木、白桦为材料制作白木家具。追求便于叠放的堆叠式结构，线条明朗，简化流通，以便制作与运输，并以此凝结成瑞典家具的现代风格。

2. 著名设计师及其作品

（1）阿凯·阿克塞尔森（Ake Axelsson，1932—）

阿克塞尔森由于专注于家具设计，被称为"新布鲁诺·马松"。他的作品有木头椅、Zen 椅、Rotor 椅（图 3-3-256 至图 3-3-258）等。他在 2010 年设计了他最广为人知的作品：木头椅，这也是向索尼特 14 号椅致敬的椅子，它的组成部件简洁轻巧，使用了蒸汽曲木技术制作，可以很容易拆卸打包在一小纸盒当中，广告词也寓意深长："A chair for future"。阿克塞尔森设计的家具都很符合人体工程学的原理，并且表达了简洁的生活设计思想。

图 3-3-256　木头椅　　　　图 3-3-257　Zen 椅　　图 3-3-258　Rotor 椅

（2）约翰·霍尔特（Johan Huldt）与简·德兰格（Jan Dranger）

20世纪60年代，人们普遍认为团体行动比单独的行动成功的几率要高，这种思想也影响到许多年轻的设计师，特别是在有集体设计和协同合作制造悠久历史传统的瑞典。1969年，约翰·霍尔特与简·德兰格合作建立自己的家具公司。1972年，两人合作设计的Stuns椅（图3-3-259）于次年在科隆家具展上展出，以"革新设计"在国际上异军突起，引起广泛关注。这种用帆布和聚氨酯座垫构成的实用性很强的金属弯管安乐椅以其简洁的造型令人耳目一新，并预见了一种新的高科技风格的诞生。作为一种组合椅，在出售时只需将其零部件散装在一个纸板箱里就可以保证椅架的完好无损，后来在宜家也出售这种家具。1974—1976年，霍尔特被聘请为瑞典家具设计研究小组的组长，1983年被任命为瑞典建筑协会的主席。自20世纪80年代中期以来，德兰格就一直与宜家合作，并专门从事可持续设计的研究工作。

图3-3-259　Stuns椅

（3）乔纳森·博赫林（Jonas Bohlin，1953—）

博赫林1981年毕业于斯德哥尔摩的瑞典国立艺术与设计大学室内设计专业，此前是一位土木工程师。1981年，博赫林以一名自由设计师的身份在卡莫勒公司工作。1983年，博赫林建立了自己的设计事务所，两年后建立了一家本部在斯德哥尔摩的艺术和设计美术馆，其中，斯德哥尔摩动感雕塑的造型、功能和感情展示了他自己的才能。1988年，博赫林受聘于斯德哥尔摩的贝克曼设计学校，后来被推荐为形式科学的领导（1992—1996年）。同年他被授予声望很高的乔治·杰森（Georg Jensen）奖。1991—1993年，博赫林担任瑞典建筑协会（SIR）的主席，从此以后一直是瑞典当代设计领域的领袖人物之一。1998年他在斯德哥尔摩建立了博赫林设计公司。

博赫林最喜欢的设计表现技法是对比材料的应用，如1981年，博赫林用混凝土设计制作了一张椅子（图3-3-260），他的设计震惊了瑞典的设计公司。这种椅子由一根钢管和混凝土结构组成，与其说那是一件可用的家具产品，倒不如说是一件艺术品。混凝土椅的产生与乔纳森·博赫林早期的桥梁工程师身份是有必然的联系的，这把椅子与北欧"好的设计"原则是截然相反的，是瑞典后现代主义的象征。1982年，卡莫勒公司限量版生产了这种混凝土椅子。卡莫勒公司还生产了他设计的另一件后现代主义作品凹陷躺椅（图3-3-261），这种椅子呈扇形，其轮廓呈高度的图像化。博赫林1990年设计的Sto椅（图3-3-262），与混凝土椅的设计手法相同，采用金属座面、橡木框架。在整个20世纪80年代，像这些特制的设计都得到了广泛的宣传，并使博赫林成为前卫的设计师之一。

（四）挪威现代家具

1. 挪威设计概况

1814年前几乎四个世纪的时间里，挪威一直处于丹麦的统治之下。1389年，挪威与瑞典、丹麦合并，1814年被归为瑞典统治，直到1905年挪威才真正获得独立，而有限的君主世袭制一直保持至今。第一次世界大战后，机器生产模式开始在挪威普及。1939年，在Arne Korsmo教授的倡议下，挪威开始进行对家具设计的改良，而这些改良措施大多数都是丹麦式的。

图 3-3-260　混凝土椅　　　　　图 3-3-261　凹陷躺椅　　　　　图 3-3-262　Sto 椅

　　挪威人对装饰自己的家有着极大的兴趣。由于相对宽敞的居住条件，挪威人会将收入的很大一部分用来装修和再装修。因而挪威的家具制造大多都是针对于国内市场的，而且偏爱设计物美价廉的家具。然而这种只注重家具质量而忽略其独特性的设计性格，也是挪威缺乏知名设计师的重要原因之一。

　　第二次世界大战爆发后，德国入侵了挪威，给挪威造成了巨大的打击，大量建筑、桥梁和道路被毁。这也造成了战后大量的住宅建设需求，与之相配的家具制造业得到了发展。家具工厂雇佣工人的数量空前增多；很多制造商甚至为建筑师提供资金，鼓励他们去学习设计家具。然而现代主义依旧进展缓慢，尽管挪威一直积极参与重要的国际展览、交流活动。同时，相对于丹麦、芬兰、瑞典，挪威的设计风格与"斯堪的纳维亚设计"关联甚疏。

　　20 世纪 60 年代末，石油推动了挪威经济的发展并成为其国民经济的主导。包括家具业在内的其他工业都受到了不同程度的损伤。比起家具用品制造，石油化工业可以带来更大的利润。而且购买现有的设计要比培育本国设计的发展容易得多。因而，设计师转行，工厂倒闭，设计业萧条。如今挪威国内销售的家具绝大部分都是由国外生产的。

　　幸运的是，在 20 世纪对于设计这种肤浅的态度得到了纠正。1994 年的利勒哈默尔奥运会大大提升了挪威人的民族自豪感，也使挪威人开始意识到设计的重要性。挪威政府开始将设计视为一种市场财富，不同于石油，设计具有更大的潜力和长久的价值。在教育方面，挪威自然和技术学院（NTNU）引入了"设计管理"这个全新的概念，与设计工业紧密结合，挪威新一代的设计师们展现出了新鲜的活力和杰出的创造能力。

　　2. 著名设计师及其作品

　　彼得·奥普斯韦克（Peter Opsvik，1933—）曾在挪威和德国两地学习，最初奥普斯韦克作为一名工业设计师受雇于挪威著名的泰德无线电厂（Tandberg Radio Factory），在那里设计了一系列便携手提式收音机——在 20 世纪 60 年代，这可是一项伟大的创举。1970 年，奥普斯韦克离开泰德无线电厂，开始他自由设计师的生涯。

　　奥普斯韦克独立创业之初正逢电子计算机开始进入个人化的时代，1975 年，美国 IBM 公司推出了首台个人计算机，从此，计算机开始深入人类生活的各个方面。个人计算机的发明在给人们的工作与生活带来便利的同时，也带来了很多问题，人们不得不长时间地端坐在电脑前工作，活动的只有手指和大脑，身体几乎完全不动，导致背部和颈椎、腰椎疼痛等现象。

　　作为一位专业的设计师，奥普斯韦克非常注意观察人类的行为方式和人们与空间之间的互动，他意识到这一问题，决定探索解决方案。奥普斯韦克认为，人们天生就是喜欢"动"的，他们不应该长时间地坐在同一个地方，至少，应该尽可能地变换一下姿势。于是，奥普斯韦克决定将人体工程学理论引入座椅设计，让椅子在提供基本的坐的功能之外，给使用者更舒适的体验。

　　在这一理论的指导下，奥普斯韦克设计出一系列看起来完全不像椅子的椅子。无论从形式还是功能上都完全打破了固有的椅子模式。他跟随着"陌生感"来设计，重新定义了典型的座位姿势的概念。他的经典作品"陷阱之旅"（Tripp Trapp）椅（图 3-3-263），看起来就像是一把梯子，可调节的坐板高度

图 3-3-263　Tripp Trapp 椅

使从 8 个月的婴儿到 18 岁的青少年都能舒适地坐下使用。1972 年，挪威老牌家具制造商斯托克公司（Stokke）将"陷阱之旅"投入生产，迄今为止这把椅子已经陪伴过欧洲的 400 多万儿童一起成长。

　　这把椅子的成功也开启了奥普斯维克和斯托克公司的长期合作之路。作为斯托克公司的首席设计师，奥普斯韦克与他的朋友汉斯·克里斯蒂安·孟肖尔（Hans Christian Meng-shoel）一起致力于研究符合人体工程学的动态座椅的解决方案，1979 年，另一件著名作品"多变平衡"凳（Variable Balans，图 3-3-264）诞生，它的特别之处在于革命性地改变了"坐"的方式，以双膝着力的跪坐方式使用，没有靠背。

　　此后，奥普斯韦克又逐渐发展了"平衡"系列，陆续设计出有靠背的 Thatsit Balans 椅（图 3-3-265）与 Gravity Balans 椅（图 3-3-266）和多点支撑的 Supporter 椅（图 3-3-267）等。

图 3-3-264　平衡凳　　　　图 3-3-265　Thatsit Balans 椅　　　　图 3-3-266　Gravity Balans 椅

除斯托克公司外，挪威其他几家知名的家具制造商，如 Hag，Varier 和 Naturellement 等也开始生产由奥普斯韦克设计的家具，并出口到欧美各国。这种"平衡"系列家具一度为 20 世纪 80 年代美国最畅销的坐具。

　　已进入古稀之年的奥普斯韦克仍然继续着他的创造，他最近的作品是 2009 年设计的 Reflex3 椅（图 3-3-268）与 2012 年设计的 Globe Garden 椅（图 3-3-269）。

图 3-3-267　Supporter 椅

图 3-3-268　Reflex3 椅　　　　　　　　图 3-3-269　Globe Garden 椅

四、小结

　　第二次世界大战后，北欧五国选择了一条独特的设计道路，这就是现代家具与传统风格相结合、与地方材料相结合、与工艺相结合的道路。他们的设计得到了国际的承认，普遍认为这是有人情味的现代家具。北欧家具设计从人性化角度出发，产品不仅具有合理的功能性，而且在视觉和心理上给人以美的享受。北欧家具表现出对形式和装饰的节制，对传统价值的尊重，对天然材料的偏爱，对形式和功能的统一，对手工艺品质推崇，使北欧家具成为世界现代家具瑰宝之一。

作业与思考题

1. 北欧现代家具的主要特征是什么？
2. 列举丹麦现代家具的著名设计师及其作品。
3. 列举芬兰现代家具的著名设计师及其作品。
4. 列举瑞典现代家具的著名设计师及其作品。
5. 平衡凳的设计者是谁？他还设计了哪些经典作品？
6. 资料收集：北欧各国著名的家具品牌及进入市场的经典作品。

第八节　中国现代家具

　　中国的现代家具发展可以分为两个阶段：新中国成立后前 30 年到改革开放前的自主创新阶段、改革开放后的现代家具形式与发展阶段。

一、新中国成立后前 30 年的中国自主创新家具（1949—1978 年）

　　中华人民共和国政府于 1949 年 10 月 1 日在北京宣告成立，中国的家具工业进入了一个新的时期。1978 年 12 月召开的党的十一届三中全会，结束了粉碎"四人帮"之后两年中党的工作在徘徊中前进的局面，实现了新中国成立以来党和国家历史上具有深远意义的伟大转折，开辟了改革开放和集中力量进行社会主义现代化建设的历史新时期。

（一）家具样式

　　1. 套装家具

　　20 世纪 50 年代初期，新中国刚刚成立，百废待兴，加上帝国主义的经济封锁，尚处于艰难的创业阶段。这时的家具主要还是沿用民国时期流行的一些样式。也就是说，民国家具继续是这时的主流，但由于战争的因素，经济遭到很大程度破坏，所以这时制作的民国风格的家具趋向简单，也是20世纪50—70年代流行的套装家具的萌芽。

这种套装家具是当时结婚户的首选，于是出现了"成套热"，其中又以卧房家具最具代表性。当时结婚兴起数"腿（指家具的腿）"之风，以"36条腿"（图3-3-270）或"48条腿"最为流行。这是因为当时结婚户流行购买成套卧房家具，共9或12件。床、床头柜、大衣柜、五斗橱、桌子加4张椅子或凳子，共9件计36条腿（由于住房紧张，大多情况床一侧靠墙摆放，因此只需配一个床头柜）；12件的主要是床和2个床头柜、大衣柜、五斗橱、桌子加4张椅子或凳子、1张写字台（或梳妆台）与1张椅子或凳子，共48条腿。

套装家具无论在款式还是在品种、类型上都是民国家具的延续。它以民国家具为蓝本，为了适应时代变化，在装饰、结构、线型等方面做了一些改变与调整。

图 3-3-270　樟木贴面卧房套装家具

2. 单件家具

在新中国成立后相当长的一段时间里，一般市场家具品种比较单一，当时以单件家具为主，有床、大衣柜、五斗橱、床边柜、台子和凳子等，主要由添置户和农民购买。其艺术风格基本与套装家具相似，有些则更简化一些。按照功能可分为椅凳类、桌几类、柜架类、床、其他类（图3-3-271至图3-3-281）。

这些单件家具以实用为主，造型简朴。这些简朴、实用的家具的出现与流行，与当时人们生活水平低下、生产技术不发达有着直接的关系。另一方面，在国家提倡"适用、经济和

图 3-3-271　凳子　　　图 3-3-272　靠背椅　　　图 3-3-273　软包椅　　　图 3-3-274　折叠椅

在可能条件下注意美观"原则指导下，设计首先要从经济与节俭的角度出发，家具的本质也就被定位在满足生产与生活需要的基本框架内，因此，当时的家具产品以满足广大市场需要为主。除个别家具特别简陋以外，单件家具的主体风格与当时的套装家具风格基本一致，只是套装家具追求整套家具风格的一致性和协调性，而单件家具则是拆零制作、销售，以满足更多人的需要。

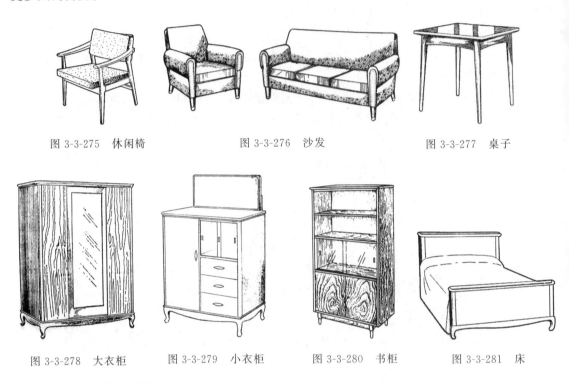

图 3-3-275　休闲椅　　　　图 3-3-276　沙发　　　　图 3-3-277　桌子

图 3-3-278　大衣柜　　图 3-3-279　小衣柜　　图 3-3-280　书柜　　图 3-3-281　床

（二）材料、结构与装饰

木材仍是家具生产的传统原材料，基本采用国产木材，常以水曲柳、柞木、楸木、榆木、桦木、黄波罗、椴木、榉木、樟木、梓木、椹木、麻栎、栲木、桐木、木荷等为表面用材，松木、杉木等为家具内芯材。此外，随着人造板技术的引进和改善，胶合板在家具上的应用大大增加，同时也开始应用纤维板和刨花板。但由于刨花板本身质量及表面装饰二次加工技术没有得到解决，在家具制作中还未普及。

虽然仍然以框架结构为主，但随着胶合板在家具中的进一步推广，一改原先的框架嵌板结构为包镶结构，虽然当时人们称之为板式家具，但其实还不是真正意义上的板式家具，只能算是传统的框式结构向板式结构的一种过渡形式。

在木框表面覆上胶合板的结构形式称为包镶结构。木框内可以采用木格栅、蜂窝板、格子板等形式作为芯材，增加其牢固度。包镶结构又分为单包镶结构和双包镶结构两种。双包镶结构是在木框的两侧都覆盖胶合板，单包镶结构则只在木框一侧覆盖胶合板。中高档家具多采用双包镶结构。20 世纪 60 年代中期开始，大中城市的家具基本从传统的框架嵌板结构转为采用双包镶的空芯板结构，从而也改变了中国长期以来的装饰手段。因为双包镶结构的应用使得家具表面为大面积的平面造型，于是很少采用雕刻、镶嵌等传统家具的常用装饰手段，即使应用也只是少量、局部应用，有的甚至完全取消了传统的雕刻、镶嵌等装饰手段，从而为后期的板式家具埋下了伏笔。

此外，这时的家具底部基本都采用脚架形式，成为这一阶段木家具的一个典型特征，也是当时结婚时数家具腿数的一个原因。家具柜体不直接落地，安放在一个独立的部件即脚架上。然后，用螺钉通过框架的上横档，自下而上将柜体固定在脚架上。

20世纪60年代中期开始，大中城市的家具基本上从传统的框架嵌板结构转为采用包镶结构，从而也改变了中国长期以来的装饰手段。这时期家具上常用的装饰方法有薄木贴面、镶嵌带图案的木线、烫花（烙花）等。

薄木贴面装饰在这阶段有了进一步的发展。将有各种木质花纹的优质木材切成薄皮，黏合在胶合板上用作家具的表层，从而提高家具外表美观度，这一工艺是清末民初从西方国家传入的。当时，薄皮和夹板等材料大都从美国、加拿大、澳大利亚进口，有黑桃木、胡桃木、梅泊尔（枫木）和雷司（梧桐木）等品种。建国后，停止薄皮进口，但薄皮胶贴工艺已在中、西式家具生产中得到普及。1966年，上海家具厂为解决薄皮奇缺，从意大利引进刨切机，采用水曲柳、樟木加工薄皮。将樟木薄皮小面积地应用到家具表面，曾是当时家具的一种时尚特色。

镶嵌带图案的木线是一种在家具正立面上靠近边框或边框处镶嵌细条印有带色图案的单板条的装饰方法，以直线为主（图3-3-282）。这种装饰方法一直流行到20世纪80年代初期。

烫花（烙花）也是这时期经常被采用的一种装饰方法。它是利用烧热的电烙铁在家具上烫出图案，装饰效果带有几分中国水墨画的韵味，线条流

图 3-3-282　嵌线卧房套装家具

畅、富于变化。画面呈茶褐色、古朴清雅，美观大方，别具一格（图3-3-283）。

（三）小结

我国的家具行业在新中国成立后到改革开放的30年间，基本处于半机械化、半手工的作坊式生产状态。由于计划经济以及人民生活水平低下，思想封闭自守，对国外家具工业的信息知之甚少，缺乏借鉴和比较，但中国

图 3-3-283　烙花卧房套装家具

家具并非像很多人认为的那样是停滞不前的，属于空白阶段。相反，我国的家具业人士真是在这艰苦条件下，进行了相对独立的自我探索过程，因此，这一阶段的家具设计完全是我国的自主创新形式。

在新中国成立后的近30年间，在手工业和资本主义工商业社会主义改造的基础上，中

国家具开始了对现代家具的探索，开始从重装饰向重功能转变、从重手工向重机械、从繁琐的形式向简洁的形态转变、从作坊生产向工厂化生产转变，突破了传统家具只追求产品形式、不管产品功能的局限性。这是我国现代家具的自我创新阶段，也是平民家具的开拓阶段。这时的家具不再只是上层阶级的专利品，众多满足广大平民百姓需要的家具形式得到开发，从而大大推进了现代家具设计的发展，在中国家具的近现代发展史上有着相当重要的作用。

二、改革开放后的中国家具

1978 年以来，我国家具行业进入新的发展时期。随着改革开放方针的贯彻实施和国家经济体制由计划经济向市场经济的转变，中国处于相对平稳时期，科学技术获得了日新月异的发展，人们的思想观念也不断更新，为现代家具的形成与发展提供了物质和精神基础，中国的家具行业发生了深刻而巨大的变化。尤其是进入 20 世纪 90 年代以后，我国家具行业加快了向市场经济转变的进程，各式各样的家具店、家具商场如雨后春笋般地在全国遍地开花，家具工业迅猛发展。

（一）家具样式

1. 成套家具和单件家具继续流行

20 世纪 70 年代末至 80 年代初，人们的家居生活发生了翻天覆地的变化，囊中渐丰的人们开始关注自己的居住环境，一时间刊载新型家具图纸的书刊成了畅销书，家具也变成人们生活富裕程度的标志。由于当时刊登的多是一些大型家具企业正在生产或研究开发的成套家具，于是单件家具和由单件组成的套装家具一下子变得更为畅销和流行。只是随着社会的发展，在家具配置方面略有改变，更加注重舒适美观，如卧房家具中很少再配置方桌及配套的椅凳，取而代之的则多是沙发和茶几。这些成套家具和单件家具仍以直线为主，腿足多用脚架，主要采用薄木贴面、镶嵌木线、烙花等装饰。

2. 板式组合家具

板式组合家具简称组合家具（图 3-3-284 和图 3-3-285），这是一种板式箱柜叠加组合形成的一种家具。组合家具在中国的古家具中早已出现，如明代的顶箱柜，下面是柜架，柜上面有顶箱。大柜成对，每对顶箱立柜由四件组成，所以又叫四件柜，也有六件柜等。从宫廷到民间都有使用。有硬木造的，而以杉木造的居多。也有几种用硬木制作的套叠式类型。民国之后多采用单体家具，组合式则少见。

图 3-3-284　水曲柳成套组合卧房家具

图 3-3-285　防火板面组合柜

1925 年，时任德国法兰克福工艺专科学校的建筑与室内设计学科主任的弗兰兹·舒斯特（Franz Schuster，1892—1976年）首先提出了"用少数种类的部件组装成尽可能多的家具"这种设想，这就是后来我们所说的组合家具。

板式组合家具通常是由几种标准部件组成的单体柜架，按照使用需要互相并列、叠加或交叉等方式组合成为一个整体的框架，因此也叫组合柜架。这种组合家具可根据房间尺寸和使用需要，将单体柜架灵活组合，用户可根据需要陆续添置，充分利用空间，并且搬运方便，生产效率高。

后来，瑞典、芬兰等又对家具最佳尺寸等标准化进行了研究，还进一步对组合家具的系列化及模数化等问题进行了探讨。20世纪60年代中期起，板式组合家具由于符合当时居住面积小的要求，成为风靡世界的家具。

20世纪70年代中后期，我国的上海、北京等地率先提出组合家具的概念，并尝试设计制作，但直到20世纪80年代中期，这种组合家具才真正流行开来，以柜类及橱、架居多，常见的有五件组合，包括单衣柜、小衣柜、杂物架和两个顶箱，都是板式结构。

20世纪80年代中期，我国的住宅建筑进入了高速发展阶段，居室平面布局更趋合理，但人均居住面积仍然不大。与此同时，人们的生活水平却大幅度提高，各种家用电器进入千家万户，生活内容开始发生了变化。由单件组成的套装家具不仅占据了大量的室内面积，而且单一的使用功能已无法满足使用者要求。这种以组合柜为代表的组合家具，它集多种使用功能于一体，有效地利用了室内有限空间，满足了多功能的使用要求，也改变了多年来单件家具的老面孔，增加室内环境的整体感。

3. 聚酯家具

20世纪80年代中期，欧美聚酯家具漆技术及材料在我国香港、澳门、台湾地区开始流行，并很快传入我国广东地区。20世纪90年代初，"聚酯家具热"已从沿海延伸到内地，由城市影响到农村。当时，聚酯家具漆的产量已占我国家具漆总量30%。

所谓聚酯家具（图3-3-286），它其实是一种家具的命名或分类，是指在家具表面涂上一层聚酯涂料（也叫聚酯漆），它是以不饱和聚酯为主要成膜物，加上活性稀释剂，再加上所需的颜料制成的，用这种涂料油漆的家具就叫做聚酯家具。聚酯漆外观丰满、厚实，具有极高的光泽度、透明度和硬度，耐磨性和保光性好，特别是耐水、耐高温、耐寒和耐化学药品性能好。这类家具通常也是以中密度纤维板或刨花板为基材，因此，按其材料和结构形式来说也是一种板式家

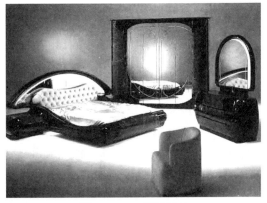

图3-3-286 聚酯家具

具，只是当时由于人们较为热衷于这种表面涂装材料，于是按其表面涂装材料的名称来命名，叫聚酯家具。其实跟早已出现的"泡力水家具""蜡克家具""聚氨酯家具"的由来一样。

聚酯家具可分为亮光和亚光两类。而从表面涂饰层来看，花色则更多，其中有银光系列，如浅粉银光、咖啡银光、宝石蓝银光；闪光系列，像宝石蓝闪光、桃红闪光；银珠系列，如黑银珠、墨绿银珠；清水漆系列，即透明层直接原木纹饰面，例如柚木、花梨木、水曲柳的原色泽。在聚酯家具上除了可作各种颜色涂料或透明装饰外，还可添加其他材料或助

剂，实施不同的工艺，在表面做出贴纸、银珠、珍珠、珍珠爆花、云石、幻彩等装饰，以产生良好效果。

4. 板式拆装家具

事实上，板式拆装指的是一种结构形式，目前板式拆装家具被简称为板式家具。它是在前期包镶结构的基础上发展而来的。包镶结构的家具与一般的传统家具不同，它是用结构组成框架，框架上拼装（镶嵌）胶合板或贴有贵重木材薄片的人造板而制成。

板式家具是从 20 世纪 70 年代末兴起的一种现代家具构形，它的出现是家具工业史上的一次革命。板式家具是指主要部件由各种人造板作基材，并以现代五金件接合的家具（图 3-3-287）。板式家具具有板块式部件构造、简明流畅的造型、易大规模机械化、自动化生产等特点，而且还具有节省材料、性能和质量稳定、易组装、便于搬运等优点，满足了群众对家具的需求，因此它一

图 3-3-287　板式家具

出现便很快风靡世界。板式家具于 20 世纪 80 年代进入中国，于 20 世纪 90 年代发展到鼎盛时期，标志着中国现代家具进入快速发展的时期。

板式家具的出现使家具生产发生了质的变化，结束了传统手工操作为主的作坊式的生产方式。家具制造实现了机械化、自动化大规模生产。推动了家具工业的快速发展。随着现代工业技术的不断进步，家具生产设备、家具五金配件和工业化家具材料的协调发展，实现了板式家具部件的机械化、自动化高效率、高质量生产，为现代家具工业化生产创造了有利条件。

板式家具刚问世时，先是将制备好的细木工板或刨花板裁成所需要的规格，构成基体，再配备辅件，组成板式家具。也有一些家具厂先用手工配制成空心细木工板，经热压或冷压成型以后，用单机裁边、手工封边或简易机械封边、单机开合页槽及打拉手眼等，再用木框架组装成型，经手工刮配碰珠、抽屉滑道等辅件，最后经手工油饰制成成品。

近来的板式家具主要以中密度纤维板、刨花板等人造板材为主要基材，也有企业开始采用在木框内填蜂窝纸，两面涂脲醛树脂胶，外饰胶合板或单板，经过热压制成的蜂窝纸板，这是 20 世纪 70 年代末兴起的一种新材料。这种结构的家具具有重量轻、用材少、成本低、强度高、表面平整、不易变形、环保等特点，越来越受到人们的关注。覆面材料也随着工业技术的不断发展，塑料、金属等非木质材料逐渐被用于板式家具的生产当中，主要有防火板、三聚氰胺浸渍纸、装饰纸、PVC 薄膜、奥克赛、转印膜、金属板、薄木和柔性薄木等。随着覆面技术的不断提高，多元化的覆面材料使板式家具的外观装饰效果美观而丰富多彩，特别是仿实木的薄木板式部件达到了足以"以假乱真"的程度，使板式家具的档次也得到不同程度的提高。我国是木材资源匮乏的国家，特别是实施天然林保护工程之后，发展非实木家具，特别是板式家具，大力开发利用多元化的家具覆面、饰面材料，是节约木材资源、保

护家具工业可持续发展的有效途径。

20世纪90年代中期，中国市场的板式家具主要表现出两大趋势。一是贴纸装饰的板式家具进一步扩大在二三级市场的销售份额，使更多的低收入阶层享受到现代板式家具所营造的现代生活方式和物质文明，为城镇和广大的农村营造小康生活的家居环境服务。板式家具的另一个走向就是通过精心设计，采用珍贵实木贴面，创新涂装效果，提高工艺精度和质量可靠性，并按绿色产品标准进行开发，以提高板式家具的文化品位和综合水平，以求在中、高档市场获得一席之地。

5. 整体橱柜

整体橱柜（图3-3-288）是以厨房家具为核心，将家具与设备融为一体，经过精心设计并与家庭装饰风格配套的厨房设施。整体橱柜的形式与板式家具相似，但这类产品受使用功能及环境条件、面积的制约，又有一些与板式家具不同的特性。它是用精心设计的橱柜去适应千差万别的厨房环境，去遮盖纵横交错的管道，去组合相关的电器与设备，以确保整体环境的完美和谐，同时又不影响操作和使用。

图3-3-288 整体橱柜

整体橱柜是由维也纳女建筑师格瑞特·舒特·利兹基（Grete Schütte-Lihotzky）于1926年在德国法兰克福市政机关展出，当时叫"标准化的厨房家具"。这种家具非常符合人在厨房内的活动路线，使各方面达到优化设计，因此，不久就被各国采纳，成为部件化、低成本的整体橱柜。

这种厨房文化真正融入中国也就二十多年的历史，它是在借鉴欧美先进国家的基础上，融合中国自身的饮食文化和居住特点而形成的一种新的厨房家具文化。

改革开放以来，我国兴建了大量民用住宅和经济适用房，从而大大缓解了住宅短缺的局面，但关乎人们生活质量的厨房设施问题也逐渐暴露出来。随着居住条件的逐渐改善和提高，加上人造板在国内家具行业的广泛应用，一些简易的橱柜产品出现在大中城市的家居及装饰市场。20世纪80年代初，出现在厨房中的主要为用于贮物用的组合式吊柜，开创了我国现代橱柜制造的先河。80年代后期，国家建设部也提出了改善我国居民厨房整体化环境的创新性课题。这些研究与开发为今天我国整体橱柜产业的发展奠定了一定的市场和技术基础。进入90年代，随着我国人民生活水平的提高及现代板式家具的发展，欧美等发达国家生产的整体橱柜逐渐进入我国，其功能及性能方面的诸多优势引起了许多家具、相关企业以及学者的关注，开始研究欧美国家整体橱柜先进的设计手段、加工工艺及设备，一些企业开始尝试生产橱柜产品，由此，中国的厨房设施由简单的搭建进入橱柜单元的专业制作阶段，这种改变催生了中国橱柜产业的兴起及发展。从90年代中期开始，这种集烹饪、洗涤、储存为一体的整体橱柜以其独特的造型、多变的色彩、齐全的功能以及优良的性能而风靡我国的大中城市，成为室内装饰中的一个新亮点。

整体橱柜主要由上柜、下柜、高柜及台面等部分组成，上柜、下柜由柜体和门板组成，柜体与门板通过铰链连接。柜体由基材根据所需规格锯截封边、排钻打孔、圆榫连接而组成。门板是在基材表面粘贴覆面材料，通过压机和机械设备封边成型。用于橱柜基材的材料有刨花板、中密度纤维板和细木工板，进口防水刨花板和中密度纤维板应用相对比较广泛。适用于橱柜的覆面材料主要有防火板、PVC 贴面材料和三聚氰胺装饰板。橱柜上使用的五金配件主要有铰链、拉手、滑道和拉杆、吊钩连接螺丝等。台面材料主要有防火板贴面台面和人造大理石台面。除了这四种主要材料外，水槽、水龙头、灶具、油烟机等标准件及米箱、拉篮等附件可根据自己的要求和审美观点选用。另外，橱柜还有用不锈钢材料制成，橱柜门板有水晶板门板、喷漆门板和实木门板等。

6. 多元发展的现代家具设计潮流

在全球化背景下，随着各种文化传统和现代文明的融合，文化发展的多元化已经成为世界范围的一个重要趋势，多元的文化也带来了现代家具设计观念和形式的多元化和多样化，因此，"多元化"风格成为 20 世纪 90 年代中期以来家具的潮流，时尚简约、自然休闲、欧式经典、新中式等多元的风格、多元的色彩演绎出多姿多彩的家具潮流。

如果说索耐特堪称世界现代家具工业探索的先驱，而索耐特椅更被举世公认为全世界出现的第一件真正意义上的现代家具。那么，联邦与联邦椅则可以说是中国的索耐特与索耐特椅。

联邦家私与索耐特有着很多相似的经历与元素。广东联邦家私集团有限公司是由杜泽桦、王润林、郭泳昌、陈国恩、杜泽荣、何志友六人于 1984 年在广东省佛山市南海区创立的家具企业。与索耐特公司一样，联邦家具公司最初也是生产藤家具，1985 年开始制作原木家具。1986 年联邦推出的 8601 系列（图3-3-289）、8602 系列原木沙发，将北欧风情与中国元素相结合，两个系列大胆采用一级东北松，结实耐用（潮热天气对木的侵蚀问题），有凉爽的质感和触

图 3-3-289　顾客家中仍在使用的 8601 系列沙发

感，排列式背靠设计（在空调还没有普及时皮革沙发的闷热不透气问题），沙发扶手、背靠融入了科学的人体工程学设计（家具使用的舒适度问题）。自然清新的风格、超前的设计理念，使其成为在市场上风行一时的第一代原木家具。

沙发是舶来品，而中国传统家具又是木家具，对应于消费者的实际生活需求，西式沙发和中式木家具结合的新产品就这样诞生了，成为联邦以及联邦设计史上经典型的一幕，其背后的设计哲学和方法成为联邦不变的品牌 DNA。

1992 年，具有这种品牌 DNA 的联邦又一款经典产品诞生了，即 9218 实木沙发（俗称"联邦椅"，图 3-3-290）。联邦椅在设计上融入了中国明式家具的优秀元素（鼓形的椅腿等），但整体造型又是抛物流水线条。尤其是在选材上，舍弃了名贵的木种，代之以更大众化的橡胶木，满足了大众的经济性需求。而为了能够使用橡胶木，联邦又攻克了相关的材料工艺设

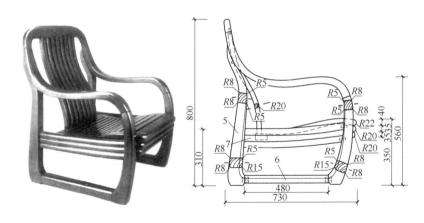

图 3-3-290　联邦椅

计问题。

　　市场与消费者证明了联邦椅的成功。1992 年，联邦椅上市后，迅速红遍大江南北，创造畅销不衰的奇迹。在联邦椅面世后的整个 90 年代，几乎全国大大小小的家具销售场所都可以找到联邦椅的身影。其中不乏其他企业仿制的联邦椅。据不完全统计，包含仿冒销售的数量在内，联邦椅至今至少销售上亿张。

　　然而"联邦椅"的重要意义并不在其产品本身，而在于其背后宣誓的以现代技术诠释东方家具，使东方家具焕发全新价值的制造方式。"联邦椅"的出现大大影响了后来的家具设计领域、生产领域与消费领域，对中国现代家具风格的构建与发展起到了星火燎原的作用。从这一层意义上讲，联邦家私堪称中国现代家具工业探索的先驱，而联邦椅也堪称"中国现代化家具的里程碑"。

　　简单梳理联邦的设计史，就可以看得很清楚，联邦以及联邦设计的历史，正是对应了改革开放释放全民创富活力之后，中国中产阶层开始崛起的大变局。用联邦自己的话说，其要服务的消费群体是"中高端中的大众，大众中的中高端"，这是一个日益成型的橄榄型社会结构里不断壮大的中间部分，即中产阶层。联邦的设计正是为他们的生活方式而来。联邦以及联邦的设计完整地参与、满足和引领了这一新兴社会阶层生活方式的成型历史，在每一个重要节点都是领风气之先。

　　随着历史的推进，中产阶层内部也分化出不同的经济能力、消费偏好、年龄阶段等，但都能在联邦不同产品系列里面找到适合自己的产品，并可以进行全屋家居配套。如今，经过市场的不断锤炼，联邦已经发展成为除金属、塑料和藤家具之外品类齐全的家具品牌企业，并且，其每个产品系列有不同的情感、不同的体量、功能以及不同的价位，对应于规模不断扩大的中产阶层内部群体的分化，满足个性化需求。

　　成就令人自豪，未来充满希望。今天，联邦将再次扬帆起航，只为续圆最初质朴的梦，为创造"高素质艺术生活"的追求，为全人类幸福的家居生活，一路向前。我们祝愿联邦能代表中国家具品牌，不断前进，走向世界，引领世界家居。也希望更多的中国家具品牌走向世界。

（二）小结

　　改革开放使得社会繁荣，人民的生活水平明显提高。对于家具而言，这是一个引进、消化的阶段。这个时期可划分为两个阶段：1978—1995 年，家具发展处于相对平稳的时期，开始走上现代主义的道路；1995 年以后，由于住宅建设及科学技术获得日新月异的发展，人们的思想观念也不断更新，为现代家具的发展提供了物质和精神的基础，现代家具也由形成期步入快速发展时期。

20 世纪 80 年代初，由于经济刚刚开始复苏，家具的发展变化尚处于酝酿阶段，于是包镶结构的套装家具继续流行。

20 世纪 80 年代中期，在改革开放形势的带动下，全国兴起了板式组合家具热。但流行时间却并不长，原因是人们很快就感觉到它的不方便：只能放在一个位置，不能随意挪动，也不能任意拆装。这种单一不变的样式不能满足当时人们不断求新的生活追求。

20 世纪 90 年代初，聚酯家具在国内兴起。由于具有"爆花""珍珠""幻彩""云石"等特殊的装饰效果和良好的理化性能，在一定时期内受到人们的广泛欢迎。

20 世纪 90 年代，板式拆装家具以简明流畅的造型、易组装、便于搬运、价格低廉等优点而畅销。

20 世纪 90 年代中期以来，中国的家具市场一片繁荣景象，万商云集，商品有进口、国产、"三资"、个体等，家具品种琳琅满目，丰富多彩，呈现多元化的趋势。

作业与思考题

1. 什么是套装家具？
2. 新中国成立后中国家具的结构有什么变化？它对家具风格有什么影响？
3. 为什么说建国后近 30 间的家具是一种中国家具的自主创新形式？
4. 板式组合家具与板式拆装家具的区别是什么？
5. 中国在什么时期流行聚酯家具？
6. 整体橱柜什么时候引入中国的？主要有哪些部分组成？
7. 什么是中国的索耐特？什么是中国的索耐特椅？它对中国的现代家具设计有什么启发意义？

结语：

家具是人类物质文明与精神文明的集合体。人类的历史是一个连续发展的过程，一个国家的家具风格也必须具有连续性，否则，这个国家的家具就会失去它应有的魅力。如果一个国家在建设发展中丢掉它的传统，抹去它的文脉，这个国家就会变得面目全非，世界就会千篇一律，那才是人类社会文明发展的真正悲哀。家具风格的延续，并不意味着家具创作可以墨守成规。相反，我们的设计师必须懂得任何一种家具文化都不可能是凝固的，它们都应有与时俱进的品质。为此，我们一方面要努力继承传统文化的精华，吸吮世界优秀文化的雨露，抓住国家发展的文脉，融会贯通；另一方面，又要在大思路明确的基础上，积极发挥创造能力，在家具形态、色彩、结构等的处理上弘扬风土人情，进行精心设计、精心创作，为传承、发展已有的个性特色，构筑新的精神面貌，贡献自己的聪明才智。

可以预见，在机遇与挑战并存的 21 世纪，可持续发展观念引导下的绿色生态设计、信息时代的科技创新以及民族风格的继承与发扬将继续是中国家具设计师追求和探索的方向。

参考文献

[1] Judith Gura. Sourcebook of Scandinavian Furniture：Designs for the Twenty-first Century［M］. New York：WW Norton & Co, 2012.

[2] Luigi Settembrini，Enrico Colle，Manolo De Giorgi. 500 Years of Italian Furniture：Magnificence and Design［M］. Milan：SKIRA，2009.

[3] Danielle O. Kisluk-Grosheide，Wolfram Koeppe，William Rieder. European Furniture in the Metropolitan Museum of Art：Highlights of the Collection［M］. New Haven：Yale University Press，2006.

[4] Adam Bowett. English Furniture from Charles II to Queen Anne 1660-1714［M］. Woodbridge：ACC Art Books，2002.

[5] John Andrews. British Antique Furniture［M］. Woodbridge：ACC Art Books，2011.

[6] Gillian Wilson，Charissa Bremer-David，Jeffrey Weaver. French Furniture and Gilt Bronzes：Baroque and Regence［M］. Santa Monica：Getty Trust Publications，2008.

[7] Oscar P. Fitzgerald. American Furniture：1650 to the Present［M］. Lanham：ROWMAN & LITTLEFIELD，2017.

[8] Patrica E. Kane. 300 years of American Seating Furniture［M］. New York：New York Graphic Society，1976.

[9] Luis Feduchi. A History of World Furniture［M］. United Kingdom：Editorial Blume，1975.

[10] Elizabeth Bidwell Bates，Jonathan Fairbanks. American Furniture 1620 to the Present［M］. United States：Richard Marek Pubs，1987.

[11] Morrison Heckscher. American Furniture at the Metropolitan Museum of Art［M］. Morrison Heckscher，1986

[12] Jeffrey P. Greene. American Furniture of the 18th Century［M］. Taunton，1996.

[13] Joseph Aronson. The Encyclopedia of Furniture［M］. New York：Random House USA Inc，1961.

[14] Fiona & Keith Baker. 20th Century Furniture［M］. London：Carlton Books，2002.

[15] Charlotte Fiell，Peter Fiel. 1000 Chairs［M］. Cologne：Taschen GmbH，2013.

[16] Charlotte & Peter Fiell. Scandinavian Design［M］. Cologne：Taschen，2002.

[17] Adriana Boidi Sassone，etc.. The History of Furniture Design from Rococo to Art Deco［M］. Cologne：Taschen，2000.

[18] Judith Miller. Furniture：World Styles From Classical to Contemporary［M］. London：Dorling Kindersley Ltd，2011.

[19] Berry B. Tracy，Mary Black. Federal Furniture and Decorative Arts at Boscobel［M］. Harry N Abrams，1981.

[20] Germain Bazin. Baroque and Rococo［M］. London：Thames & Hudson，1985.

[21] Leslie Pina. Furniture in History：3000 B. C. - 2000 A. D.［M］. Upper Saddle River：Prentice Hall，2002.

[22] Louise Ade Boger. The Complete Guide to Furniture Styles［M］. Waveland Press，1997.

[23] 陈于书. 20 世纪中国家具艺术风格解读［D］. 南京：南京林业大学，2008.

[24] 吴智慧. 室内与家具设计——家具设计［M］. 北京：中国林业出版社，2005.

[25] 胡文彦. 中国家具鉴定与欣赏［M］. 上海：上海古籍出版社，1995.

[26] 阮长江. 中国历代家具图录大全［M］. 南京：江苏美术出版社，1992.

[27] 董伯信. 中国古代家具综览［M］. 合肥：安徽科学技术出版社，2004.

[28] 李雨红，于伸. 中外家具发展史［M］. 哈尔滨：东北林业大学出版社，2001.

[29] 何镇强，张石红. 中外历代家具风格［M］. 郑州：河南科学技术出版社，1998.

［30］ 聂崇义（宋）. 三礼图集注 ［M］. 广州：粤东书局，清同治十年刊行.

［31］ 路玉章. 中国古代家具鉴赏与收藏 ［M］. 北京：中国建筑工业出版社，2006.

［32］ 杨耀. 明式家具研究 ［M］. 北京：中国建筑工业出版社，1986.

［33］ 王世襄. 明式家具珍赏 ［M］. 北京：文物出版社，1985.

［34］ 张绮曼，郑曙旸. 室内设计资料集 ［M］. 北京：中国建筑工业出版社，1991.

［35］ 胡景初，方海，彭亮. 世界现代家具发展史 ［M］. 北京：中央编译出版社，2005.

［36］ 方海. 20 世纪西方家具设计流变 ［M］. 北京：中国建筑工业出版社，2001.

［37］ 姜维群. 民国家具的鉴赏与收藏 ［M］. 百苑文艺出版社，2004.

［38］ 梁仁. 简明中国近现代史 ［M］. 广州：广东人民出版社，2005.

［39］ 唐开军. 家具装饰图案与风格 ［M］. 北京：中国建筑工业出版社，2004.

［40］ 《上海二轻工业志》编纂委员会. 上海二轻工业志 ［M］. 上海：上海社会科学出版社，1997.

［41］ 武汉地方编纂委员会. 武汉工业志（下卷）［M］. 武汉：武汉大学出版社，1999.

［42］ 王毅之. 当代中国的轻工业 ［M］. 北京：中国社会科学出版社，1985.

［43］ 菲奥纳. 贝克基斯. 贝克. 20 世纪家具 ［M］. 北京：中国青年出版社，2002.

［44］ 何人可. 工业设计史 ［M］. 北京：北京理工大学出版社，2000.

［45］ 王受之. 世界现代设计史 ［M］. 广州：新世纪出版社，1995.

［46］ 朱和平. 世界现代设计史 ［M］. 合肥：合肥工业大学出版社，2004.

［47］ 梅尔·拜厄斯，阿尔莱特·巴雷·德邦. 百年历史/百件设计 ［M］. 北京：中国纺织出版社出版社，2001.

［48］ 蔡军，徐邦跃. 世界顶级设计作品选——世界著名设计公司卷. 哈尔滨：黑龙江科技出版社，1999.

［49］ 海因茨·富克斯，弗朗索瓦·布尔克哈特. 产品形态历史——德国设计 150 年 ［M］. 北京：对外关系学会，1987.

［50］ 马克·第亚尼. 非物质社会—后工业世界的设计、文化与技术 ［M］. 成都：四川人民出版社，1998.

［51］ 李亮之. 世界工业设计史潮 ［M］. 北京：中国轻工业出版社，2001.

［52］ 劳智泉，黄建才，吕克胜，陈增弼. 家具设计图集 ［M］. 北京：中国建筑工业出版社，1975.

［53］ 浙江省二轻局家具工业公司. 浙江家具展览图集 ［M］. 1979.

［54］ 康海飞. 家具设计经典图集 ［M］. 天津：天津大学出版社，1998.

［55］ 江西省工艺美术研究所. 家具造型艺术 ［M］. 南昌：江西人民出版社. 1976.

［56］ 江西省工艺美术研究所. 家具图集 ［M］. 南昌：江西人民出版社. 1979.

［57］ 长春二轻科技（二）家具图集 ［M］. 长春市第二轻工业局技术情报站. 1976.

［58］ 湖北省家具技术组. 家具图集 ［M］. 1975.

［59］ 哈尔滨市木器家具工业研究所，哈尔滨市龙江木器制造厂. 木制家具 ［M］. 1980.

［60］ 翁乾礼. 家具设计资料 ［M］. 广西工艺美术研究所. 1977.

［61］ 沈阳市家具工业公司，沈阳市家具研究所. 家具图册 ［M］. 1980.

［62］ 安徽常用家具 ［M］. 安徽省轻工局二轻公司.

［63］ 吉林省二轻局家具设计组. 吉林家具 ［M］. 1976.

［64］ 北京市木材工业研究所. 常用家具图集 ［M］. 1977.

［65］ 北京市木材厂. 家具图集 ［M］. 北京：北京出版社，1981.

［66］ 上海家具研究室. 常用家具图集 ［M］. 上海. 上海科学技术出版社，1978.

［67］ 天津工艺美术设计院. 常用家具图集 ［M］.

［68］ 广州市木器家具工业公司. 广州木家具图册 ［M］. 广州：广东科技出版社，1982.

［69］ 北京市木材厂. 家具图集 ［M］. 北京：北京出版社，1981.

［70］ 杭州市第二轻工业局. 杭州家具图集 ［M］. 1973.

［71］ http：//www. pinterest. com